U0742876

Discrete Mathematics

离散数学

（第3版）

陈建明 曾 明 刘国荣

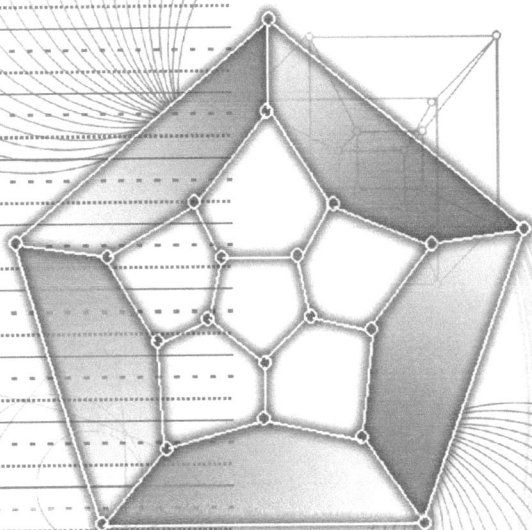

西安交通大学出版社
XI'AN JIAOTONG UNIVERSITY PRESS

内容简介

本书系统地介绍了各种离散的数学结构，其中包括数理逻辑、集合论、代数系统和图论的基本内容。本书以证明方法和证明过程为重点，以关系的理念贯穿全书。在编写过程中力求内容精练、重点突出、深入浅出，有助于读者自我学习。书中内容可满足计算机专业后继课程的需要。

本书可作为计算机软件专业、计算机通信专业、计算机制造专业和各类相关信息专业的本科生"离散数学"课程的教科书及教学参考书，同时也可供有关考研人员和自考人员学习和参考。

图书在版编目(CIP)数据

离散数学/陈建明,曾明,刘国荣编. —3 版. —西安：
西安交通大学出版社,2012.1(2025.8 重印)
ISBN 978 - 7 - 5605 - 4154 - 9

Ⅰ.离… Ⅱ.①陈…②曾…③刘… Ⅲ.离散数学
Ⅳ.①O158

中国版本图书馆 CIP 数据核字(2011)第 281934 号

书 名	离散数学(第 3 版)	
编 者	陈建明 曾 明 刘国荣	
责任编辑	叶 涛	

出版发行　**西安交通大学出版社**
　　　　　（西安市兴庆南路 1 号　邮政编码 710048）
网　址　http://www.xjtupress.com
电　话　(029)82668357　82667874(市场营销中心)
　　　　　(029)82668315(总编办)
传　真　(029)82668280
印　刷　西安日报社印务中心

开　本　727mm×960mm　1/16　印张　22.25　字数　412 千字
版次印次　2012 年 1 月第 3 版　2025 年 8 月第 9 次印刷
书　号　ISBN 978 - 7 - 5605 - 4154 - 9
定　价　32.00 元

如发现印装质量问题,请与本社市场营销中心联系。
订购热线：(029)82665248　(029)82667874
投稿热线：(029)82664954
读者信箱：jdlgy@yahoo.cn

第 3 版前言

本书第 2 版(书名为《离散的数学结构》)自 2004 年 4 月出版发行至今已有 8 年,几年来使用本教材的兄弟院校和读者提出了许多意见和建议,同时为了配合西安交通大学 2010 新版本科生培养方案的实施,我们对该书进行了改版和修订。

为了与国内大多数学校保持一致,我们将书名改回第 1 版书名:《离散数学》。同时将原来的教材内容顺序做了调整。第一部分调整为数理逻辑(第 1、2 章);第二部分调整为集合论(第 3、4、5 章);第三部分调整为代数系统(第 6、7 章);第四部分调整为图论(第 8 章);第五部分调整为证明方法(第 9 章)。在修订过程中局部还增加了一些内容,并修订了原教材中的错误和不足之处。

本书第 1、2 章由曾明编写,第 3、4、5、6、7、9 章由陈建明编写,第 8 章由刘国荣编写,最后由陈建明统稿。由于编者水平有限,不妥之处还望读者批评指正。

感谢西安交通大学出版社对本书出版的大力支持。

感谢兄弟院校使用本教材并多提宝贵意见。

编 者

2012 年元月

第 1 版前言

本教材是根据原教育部委托吉林大学编写的计算机软件专业《离散数学》的教学大纲,结合我校计算机专业、自控专业、应数及计数专业、教改班等班级多年的教学实践,在自编讲义的基础上修改编写而完成的。

本教材由集合论、代数系统、图论、数理逻辑四部分组成。适用于理工科大学计算机专业,也可供其他专业使用。

在教材内容的安排上,力求做到选材既能满足计算机专业后继课程的需要,又比较精练。同时,考虑到计算机科学与技术发展对数理逻辑的要求,在教材中加强了数理逻辑部分,而且在形式推理部分采用了比较严格的符号规则,避开了 P 规则和 T 规则。我们认为这样的处理便于读者清楚地理解和掌握数理逻辑的形式推理过程。讲授本教材约需课内 80~108 学时,其中集合论中的基数部分、群中陪集的概念及有关内容,布尔代数中原子及布尔表达式概念,Euler 图中的中国邮路问题、Hamilton 图中的货郎担问题及谓词演算部分可根据学时多少及教学要求进行取舍。

本书中集合论(一、二、三章)由祝颂和编写,代数系统(四、五章)由陈建明编写,图论(六、七章)由陆诗娣编写,数理逻辑(八、九章)由曾明编写。

西北工业大学张遵濂教授审阅了全部书稿并提出了宝贵的意见。在此,我们向他致以诚挚的谢意。

由于编者水平有限,不妥之处在所难免,恳请读者提出批评意见。

编者　1991 年 5 月

第 2 版前言

当《离散的数学结构》出版之时,我们深深地怀念由西安交通大学出版社出版的《离散数学》主编——祝颂和教授,如果没有他早年的教学实践活动和教材编写思想就不会有今天这本《离散的数学结构》,特将这本《离散的数学结构》献给我们尊敬的祝颂和老师。

1991 年由西安交通大学出版社出版的《离散数学》是根据教育部的计算机软件专业"离散数学"教学大纲编写的,时至今日已有 10 年之久。随着计算机科学技术日新月异的发展,有必要对该书进行补充和修改。此次出版着重参考了 ACM 和 IEEE - CS 所制定的适用于计算机科学的 2001 计算机教程(CC2001)中关于"离散结构"课程的要求。首先,根据 2001 计算机教程将书名改为《离散的数学结构》以还其课程的本来名称。《离散数学》时常被人们误解为数学的一个分支。"离散数学"课程和教材源自于国外,最先使用的书名为《DIS-CRETE MATHEMATICAL STRUCTURES》。国内最早的一本相关的书为《离散数学结构导论》,后来由于其他原因被翻译成《离散数学》。借此次出版之时,仍将书名改为《离散的数学结构》,以免引起误解。其次,书中内容完全符合 2001 计算机教程中的内容要求。考虑到"计数基础"和"离散概率"这两部分的内容在为计算机专业开设的"组合数学"和"概率统计"两门课程中均有详尽的介绍,因而未将这两部分的内容编进书中。在教学安排中我们将 2001 计算机教程中的"离散结构"分成三门课程,它们分别是"离散的数学结构"、"组合数学"和"概率统计"。

在本书中还作了如下的考虑和变更。

1. 增加了函数一章的部分内容。除了原有函数的基本概念和基本性质以外,增加了"原始递归函数"和"可计算函数"两节,目的是让学生更好地理解和掌握函数对应规则的内涵和多样性。

2. 2001 计算机教程强调"离散数学"课程的学习重点是关于证明过程和证明方法的学习,在我们多年的教学实践活动中发现这也是学生学习的难点。在书中除了加强每一章中的定理证明内容外,还专门增加了"证明方法与证明过程"一章。将书中使用的所有证明方法进行归类整理,并举出若干证明实例辅以说明。

3. 《离散的数学结构》介绍了大量抽象的知识内容,而贯穿这些知识内容的关键是人类活动中不同事物之间的关联关系,为此,书中重点突出了关系的理念。从集合一章中的个体与集合的关系开始直到数理逻辑中命题公式和谓词公式之间的各种逻辑关系为止。我们认为关系是结构的灵魂,从而对于各种关系的描述成为贯穿这本书的主线条。

本书集合、关系、函数、代数系统、格与布尔代数、证明方法与证明过程(第 1,2,3,4,5,9 章)由陈建明修编,图论(第 6 章)由刘国荣修编,命题逻辑和谓词逻辑(第 7,8 章)由曾明修编,最后由陈建明统稿。

在本书的修编过程中,李文为本书搜集了大量的资料,在此表示感谢。

感谢西安交通大学出版社对本书出版所给予的极大支持。

由于编者水平有限,不妥之处在所难免,恳请读者提出批评意见。

编者　2004 年 4 月

目　录

第一部分　数理逻辑

第二部分　集合论

第三部分　代数系统

第四部分 图论

第8章 图论

第五部分 关于证明

第9章 证明方法与证明过程

第一部分

数理逻辑
Mathematical Logic

第1章

命题演算

数理逻辑是研究推理的一种理论。其特点在于运用数学上形式化的方法来研究形式逻辑中的推理规律,使形式逻辑的研究归结于对由一整套符号所组成的形式系统的研究。

命题演算是数理逻辑中最基本的内容。

1.1　命题与真值联结词

1.1.1　命题

命题是推理的基本要素。

在日常生活中,经常要对某个具体的或抽象的事物进行适当的描述,诸如其特征或者一定的依赖关系等。

一种描述,当通过某种方式说明能够成立时,称这种描述为**真命题**。

一种描述,当通过某种方式说明不能成立时,称这种描述为**假命题**。

在数理逻辑中,真命题与假命题统称为命题,而真与假称为**命题的值**。

例 1.1　判断下列语句是否为命题。

(1) 请把门关上。

(2) 您昨晚看电视了吗?

(3) 吸烟有害健康。

(4) 是药都可以治好病。

(5) 今天真冷啊!

(6) 台湾是中国最大的海岛。

在这些例子中,(1),(2)和(5)都不是命题。(3)和(6)是真命题,而(4)是假命题。从上面的例子中可以看出,只有陈述句才能分辨真假,而其他一些类型的句子,如祈使句、疑问句、感叹句等,均不能对其分辨真假。一般地说,只有陈述句才可能是命题。

当然,要判断一个陈述句的真假有时也不是容易的,它与人的思想感情、语句所处的环境、判断标准、认识程度等有着密切的联系。

例 1.2　判断下列语句的真假性。

(1) $1 + 1 = 10$。

(2) 数理逻辑是枯燥无味的。

对于(1),当它表示的数为二进制时,此语句是真的;但如果它表示的数为十进制或其他进制时,此语句是假的。可是,一般说来,这种语句必处在一系列语句中的一个特定位置上,因此,由上下文关系,立即可以确定它所表示的数是二进制还是非二进制。同时,一个数不可能既是二进制,又是非二进制,故此语句是能分辨真假的。

至于(2),那些喜欢学习数理逻辑的人认为该语句是假的,而那些不喜欢学习数理逻辑的人,则认为该语句是真的。因此,该语句的真假取决于说话人的主观判断,而且对于具体的某个人来说,也只能得到一种判断结果,故该语句也是能分辨真假的。像这类语句,都可以看作命题。

简单地说,凡是能分辨其真假的语句就是命题。但是,这里所说的"能分辨其真假"指的是"本身具有真假"这一事实,并不意味着"已知其真假"。

例 1.3　判断下列语句的真假性。

(1) 中国将在 2020 年接近西方发达国家的生活水平。

(2) 地球之外还存在有智慧的动物。

第一个语句的真假性将在 2020 年得到验证,而第二个语句的真假性将随着人类知识的发展得以证实。像这类语句,尽管暂时还不知道其真假性,但它们本身确实是具有真假的,故仍是命题。通常所说的"猜想"大多属于这种情况。所以说,命题就是具有真假值的陈述句。

然而,数理逻辑的特点并不在于研究具体某个命题的真假性,而是把逻辑推理变成类似数学演算的完全形式化的逻辑演算。为此,首先要将推理所涉及到的各个命题符号化。

习惯上,用 P, Q, R 等大写拉丁字母表示命题。而命题的真与假分别用"T"与"F"表示。用以表示命题的符号称为**命题标识符**;表示特定命题的标识符称为

命题常量;表示任意命题的标识符称为**命题变元**。当命题变元用特定的命题代入时,该命题变元就有确定的真假值 T 或 F。

1.1.2　真值联结词

上面所说的命题都是一些简单陈述句,这种命题称为**原子命题**(成分命题)。在日常语言中,由一些简单陈述句通过适当的联结词可组成较为复杂的语句。在命题演算中,由原子命题通过特定的"联结词"所构成的新命题称为**复合命题**。

例如"西安和南京都是中国的古都"是由下面两个原子命题经联结词"并且"复合而成的复合命题。

P:西安是中国的古都。

Q:南京是中国的古都。

在日常语言中常用的联结词有"不"、"并且"、"或者"、"如果 …… 则 ……"、"当且仅当"等等。在命题演算中也有类似的一些联结词。但是从严格的意义上讲,它们的含义与日常语言的联结词并不完全一致,故称之为**真值联结词**或**命题联结词**。在实际意义上不发生混淆的情况下仍称之为联结词。一个自然语言中的联结词能够成为真值联结词的关键是:经此联结词所构成的复合命题的真假值完全依赖于组成该复合命题的成分命题的真假性,而不取决于成分命题的含义。

下面介绍常用的五个真值联结词。

(1) 否定联结词

否定联结词将成分命题 P 组成新的命题"非 P",记为 $\neg P$。

符号 $\neg$ 称为**否定联结词**,简称**否定词**。$\neg P$ 称为 P 的**否定式**。

$\neg P$ 为真,当且仅当 P 为假。它们的真假值关系由表 1.1 确定。

表 1.1　否定词之真值表

P	$\neg P$
T	F
F	T

例如,P 为"今天天气好",则 $\neg P$ 是"今天天气不好"。

(2) 合取联结词

合取联结词将成分命题 P,Q 组成新的命题"P 并且 Q",记为 $P \wedge Q$。

符号 $\wedge$ 称为**合取联结词**,简称**合取词**。$P \wedge Q$ 称为 P 与 Q 的合取式,P,Q 称为该合取式的**合取项**。

$P \wedge Q$ 为真,当且仅当 P 与 Q 同时为真。它们的真假值关系由表 1.2 确定。

表 1.2　合取联结词之真值表

P	Q	$P \wedge Q$
T	T	T
T	F	F
F	T	F
F	F	F

合取所表示的逻辑关系是两个命题同时成立。因此,日常语言中的"并且","不仅 …… 而且 ……","既 …… 又 ……","尽管 …… 仍然 ……"等,都可以符号化为 $\wedge$。

例如,"尽管天气不好,但运动会仍然照常进行。",可写成 $P \wedge Q$,其中 P 为"天气不好",Q 为"运动会进行"。

（3）析取联结词

析取联结词将成分命题 P,Q 组成新的命题"P 或者 Q",记为 $P \vee Q$。

符号 $\vee$ 称为**析取联结词**,简称**析取词**。$P \vee Q$ 称为 P 与 Q 的析取式,P,Q 称为该析取式的**析取项**。

$P \vee Q$ 为真,当且仅当 P,Q 至少有一个为真。它们的真假值关系由表 1.3 确定。

表 1.3　析取联结词之真值表

P	Q	$P \vee Q$
T	T	T
T	F	T
F	T	T
F	F	F

在日常生活中,"或者"常常是带有二义性的。它们有时表示的是"可兼或",即允许 P,Q 同时为真;而有时表示的是"不可兼或",即不允许 P,Q 同时为真。在数理逻辑中所说的析取,采用的是前一种意义下的"或者"。

例如,"小王或者是学习不用功,或者是学习方法有问题。",可以符号化为 $P \vee Q$,其中 P 为"小王学习不用功",Q 为"小王学习方法有问题"。而"小王或者在图书馆,或者在教室"就不能简单地符号化为 $P \vee Q$。因为小王不可能同时既在图书馆,又在教室,因此这是一种"不可兼或"。

关于"不可兼或",将在后面采用其他形式来表示。所以,日常语言中的"或者","不是 …… 就是 ……","可能 …… 可能 ……"等,是否能符号化为 $\vee$ 应根据具体的命题加以分析。

（4）蕴涵联结词

蕴涵联结词将成分命题 P,Q 组成新的命题"P 蕴涵 Q",记为 $P \rightarrow Q$。

符号 → 称为**蕴涵联结词**,简称**蕴涵词**。$P \to Q$ 称为 P,Q 的**蕴涵式**,P 称为蕴涵式的**前件**,Q 称为蕴涵式的**后件**。

$P \to Q$ 为假,当且仅当 P 为真且 Q 为假。它们的真假值关系由表1.4确定。

表 1.4　蕴涵联结词之真值表

P	Q	$P \to Q$
T	T	T
T	F	F
F	T	T
F	F	T

$P \to Q$ 所表示的逻辑关系是:P 是 Q 的充分条件,或者说 Q 是 P 的必要条件,即"有之必然"。在日常语言中,"只要 P 就 Q","如果 P 必然 Q"等,可以写成 $P \to Q$ 的形式。

值得注意的是,在数理逻辑中,P 蕴涵 Q 是一种复合命题的形式。在某种意义上,这种处理方式与日常的习惯是有一定差异的。

首先,在日常语言中所说的"如果 P 则 Q",总是关心在 P 成立的前提下的情况,而对于 P 不成立时,则往往认为该命题已失去意义。例如,小张对小李说:"如果我去图书馆,就帮你借一本《数理逻辑》。"事实上,小张并没有去图书馆,所以小张的这句话也就没有什么意义了。但我们并不因此而认为小张失信。尽管习惯上认为小张这句话等于没说,但按照数理逻辑的观点,小张仍然是说的"真"话。

其次,在日常语言中说"如果 P 则 Q",那么 P 与 Q 之间总是有着某种内在的联系。例如:

如果 $2+2=4$,则地球将停止自转。

如果贪污是合法行为,那么战争则是控制人口的有力工具。

上面两个例子看起来似乎很荒唐,然而它们都可以写成 $P \to Q$ 的形式。而且由蕴涵的定义可知前者是假命题,后者是真命题。

从上面对蕴涵词的分析,不难发现,蕴涵词的"蕴涵"与日常所说的"蕴涵"的意义并不完全一致。日常用语中的蕴涵前件和蕴涵后件一定是意义上有关联的两个词句,随意将两个语句用蕴涵式联系起来是无意义的。因此,人们决不会把风马牛不相关的语句用"如果 …… 则 ……"联系起来。但是数理逻辑中一个复合命题的真假完全由其成分命题的真假所确定,而与成分命题的内容毫不相干。正因为如此,所以有时将数理逻辑中的蕴涵称为形式蕴涵或实质蕴涵。

(5)等价联结词

等价联结词将命题 P,Q 组成新的命题"P 等价 Q",记为 $P \leftrightarrow Q$。

符号 ↔ 称为**等价联结词**,简称**等价词**。$P \leftrightarrow Q$ 称为 P 与 Q 的**等价式**,其中 P

称为等价式的**左端**，Q 称为等价式的**右端**。

　　$P \leftrightarrow Q$ 为真，当且仅当 P 与 Q 的真假值相同。它们的真假值关系由表 1.5 确定。

表 1.5　等价联结词之真值表

P	Q	$P \leftrightarrow Q$
T	T	T
T	F	F
F	T	F
F	F	T

　　$P \leftrightarrow Q$ 所表示的逻辑关系是：P 与 Q 互为充分必要条件，即有之必然，无之必不然。所以，日常语言中的"当且仅当"，"除非不 …… 否则 ……" 等可以写成 $P \leftrightarrow Q$ 的形式。例如，"一个三角形等边当且仅当等角"，"除非小张不打算从事计算机科学的研究，否则他就必须学好数理逻辑。"均可以用 $P \leftrightarrow Q$ 的形式来表示。

　　与蕴涵类似，数理逻辑中所说的等价也只是一种形式等价，而不注重成分命题在内容上的联系。

　　以上介绍了五个比较常用的真值联结词及用它们组成的复合命题的形式。我们关心的是这些复合命题与成分命题之间抽象的逻辑关系，即只要其成分命题的真假值一旦确定，无论其内容如何，相应的复合命题的真假值都是唯一确定的。因此，一些内容毫不相干的成分命题可以通过这些联结词组成"荒唐"的复合命题。但事实上，如果将数理逻辑应用于一个具体学科，那么诸成分命题之间总是会有联系的。正如小学算术中不可能将"$1+1=2$"实际应用于"一枝铅笔加上一座大山是两个××"这类荒唐的加法。

　　另外，可以利用联结词来区分原子命题与复合命题的概念。如果一命题中含有真值联结词，则称其为**复合命题**，否则称为**原子命题**。原子命题是命题演算中的基本单位。

　　最后，通过几个例子说明如何运用上述五个真值联结词将日常语言中的命题转化成数理逻辑中的形式命题。通常称这个过程为**命题符号化**。命题符号化是运用数理逻辑解决实际问题的基本出发点。

　　例 1.4　将下述命题符号化：

　　(1) 小张既聪明，又勤奋，所以他的学习成绩一直很好。

　　(2) 小王总是在图书馆看书，除非他病了或图书馆不开门。

　　(3) 小李没在图书馆看书，他要么找老师答疑去了，要么因身体不舒服先回宿舍去了。

解　各命题符号化如下：

（1）$(P \land Q) \to R$

其中，P：小张聪明。Q：小张勤奋。R：小张的学习成绩一直很好。

（2）$\neg(P \lor \neg Q) \leftrightarrow R$

其中，P：小王病了。Q：图书馆开门。R：小王在图书馆看书。

（3）$\neg P \land (Q \lor (\neg R \to S))$

其中，P：小李在图书馆看书。　　　Q：小李找老师答疑。

　　　R：小李身体舒服。　　　　　　S：小李回宿舍。

命题符号化的关键在于找出适当的真值联结词，这就要求对日常语言中语句之间的逻辑关系及每个真值联结词的含义有比较正确的理解。当然，由于自然语言本身的不明确性，可能带来对同一语句命题的理解形式不尽相同，但我们希望符号化的结果基本上能反映原自然语言命题的逻辑含义。至于某些形式的差异或一些细节问题是允许有出入的，如将不可兼或往往也写成 $P \lor Q$ 的形式，上面例子中的（3）就属于这种情况（严格地说，其中第二个联结词应为不可兼或）。

1.2　命题公式与真假性

1.2.1　命题公式

上一节介绍了五个常用的真值联结词以及利用这些联结词将具体命题表示成符号化的形式。数理逻辑的目的在于利用这些符号化的表达式来研究命题之间的逻辑关系，所以从本节开始，讨论的对象集中于对符号化命题的研究。为此，首先给出符号化命题的一个严格的形式定义，这就是**命题公式**，也称**合式公式**，记为 WFF(well formed formula)。为方便起见，在讨论命题演算时，常将命题公式简称为公式。

以真假为变域的变元称为**命题变元**，用 $P, Q, R, \cdots$ 表示。并将真、假分别用 T, F 表示。下面给出命题公式的形式定义。

定义 1.1　命题公式定义如下：

（1）命题变元及 T, F 是命题公式；

（2）如果 α 是命题公式，则 $\neg \alpha$ 是命题公式；

（3）如果 α, β 是命题公式，则

$$(\alpha \land \beta), \quad (\alpha \lor \beta), \quad (\alpha \to \beta), \quad (\alpha \leftrightarrow \beta)$$

都是命题公式。

（4）只有有限次使用（1），（2），（3）构成的符号串才是命题公式。

习惯上，用 $\alpha, \beta, \gamma, \cdots$ 表示命题公式。

　　从命题公式的定义中可以发现,命题公式的结构可以很简单,也可以很复杂。如果一个命题公式中总共含有 n 个不同的命题变元,则称其为 **n 元命题公式**。

　　例如
$$(P \wedge \neg (P \vee Q))$$
$$((P \vee (\neg Q)) \rightarrow Q)$$
$$((P \rightarrow Q) \wedge ((Q \rightarrow R) \leftrightarrow (R \wedge Q)))$$

都是命题公式,其中前两个是二元命题公式,而第三个是三元命题公式。

　　根据定义,符号串
$$(P \rightarrow Q, R \wedge R), \quad ((P \wedge Q) \rightarrow (\wedge Q))$$

不是命题公式。

　　从命题公式的构造过程及上面的例子中可以看到,一个命题公式中可能出现许多的圆括号。为了减少圆括号的使用数量,我们作如下约定:

　　(1) 命题公式的最外层圆括号可以省略;

　　(2) 在命题公式中诸联结词的优先次序为:$\neg$,$\wedge$,$\vee$,$\rightarrow$,$\leftrightarrow$。但是,其中 $\wedge$ 与 $\vee$ 的优先次序相同,$\rightarrow$ 与 $\leftrightarrow$ 的优先次序相同。

　　按照这种约定$((P \wedge \neg Q) \leftrightarrow Q)$ 可写为 $P \wedge \neg Q \leftrightarrow Q$。

　　符号串
$$P \wedge P \vee Q \text{ 和 } P \rightarrow Q \leftrightarrow R$$

仍然不是命题公式。

1.2.2　指派和真值表

　　对于含有命题变元的命题公式,只有当其中每个命题变元的真假值或其中一部分命题变元的真假值确定之后,命题公式的真假值才能确定。

　　定义 1.2　设 α 为 n 元命题公式,α 中所含的命题变元为 $P_1, P_2, \cdots, P_n$,由这些命题变元组成的序列$(P_1, P_2, \cdots, P_n)$ 称为 α 的命题变元组,简称 α 的变元组。对 α 的变元组$(P_1, P_2, \cdots, P_n)$ 中的每个变元 P_i 确定一个相应的真假值 P_i^0 后所得到的序列$(P_1^0, P_2^0, \cdots, P_n^0)$ 称为 α 关于该变元组的一个**指派**。α 在该指派下所确定的真假值记为 $\alpha(P_1^0, P_2^0, \cdots, P_n^0)$。

　　习惯上,将 α 的一个指派$(P_1^0, P_2^0, \cdots, P_n^0)$ 用 π 表示,而 α 在该指派下的值记为 $\alpha(\pi)$。

　　显然,当 α 的任一指派给出后,α 在该指派下的值也将随之确定。

　　例如,三元命题公式
$$\alpha = (P \rightarrow Q \vee R) \leftrightarrow Q$$

在指派 $\pi_1 = (T, T, F)$ 下的值为 T，即 $\alpha(\pi_1) = T$。在指派 $\pi_2 = (T, F, T)$ 下的值为 F，即 $\alpha(\pi_2) = F$。

定义 1.3 设 α 为一命题公式，π 为 α 的一个指派。

(1) 若 $\alpha(\pi) = T$，则称 π 为 α 的**成真指派**；

(2) 若 $\alpha(\pi) = F$，则称 π 为 α 的**成假指派**。

注意到 α 中含有变元的个数总是有限的，并且每个变元至多有两种取值方法，所以 α 的所有不同指派的个数也是有限的。具体地说，n 元命题公式的指派个数为 2^n。于是，对于一个给定的命题公式，可以写出该命题公式在所有不同指派下的值。将一命题公式在各指派下形成真假值的过程排列起来，便形成了该命题公式的**真值表**。例如，三元命题公式

$$\alpha = (P \rightarrow Q \vee R) \leftrightarrow Q$$

的真值表如表 1.6 所示。

表 1.6 $(P \rightarrow Q \vee R) \leftrightarrow Q$ 的真值表

P	Q	R	$Q \vee R$	$P \rightarrow Q \vee R$	$(P \rightarrow Q \vee R) \leftrightarrow Q$
T	T	T	T	T	T
T	T	F	T	T	T
T	F	T	T	T	F
T	F	F	F	F	T
F	T	T	T	T	T
F	T	F	T	T	T
F	F	T	T	T	F
F	F	F	F	T	F

1.2.3 命题公式的永真性

在给出命题公式永真性的概念之前，先来看一个例子。

例 1.5 给出 $(P \wedge (P \rightarrow Q)) \rightarrow Q$ 的真值表如表 1.7 所示。

表 1.7 $(P \wedge (P \rightarrow Q)) \rightarrow Q$ 的真值表

P	Q	$P \rightarrow Q$	$P \wedge (P \rightarrow Q)$	$(P \wedge (P \rightarrow Q)) \rightarrow Q$
T	T	T	T	T
T	F	F	F	T
F	T	T	F	T
F	F	T	F	T

验证此真值表不难发现，无论对该命题公式进行怎样的指派，所得的结果都是相同的。这类命题公式在命题演算中极为有用。

定义 1.4 设 α 为命题公式,

(1) 若对于 α 的任意指派 π,均有 $\alpha(\pi) = T$,则称 α 为**永真公式**或**重言式**;

(2) 若对于 α 的任意指派 π,均有 $\alpha(\pi) = F$,则称 α 为**永假公式**或**矛盾式**。

定理 1.1 设 α, β 是命题公式,

(1) 如果 α 是永真命题公式,则 $\neg\alpha$ 是永假命题公式;

(2) 如果 α, β 是永真命题公式,则

$$(\alpha \wedge \beta), (\alpha \vee \beta), (\alpha \rightarrow \beta), (\alpha \leftrightarrow \beta)$$

均为永真命题公式。

1.3 命题公式间的逻辑等价关系

1.3.1 基本概念

定义 1.5 设 α, β 是两个命题公式。如果对于 α 与 β 的合成变元组(即这两个公式所有不同命题变元合在一起)的任意指派 π,均有 $\alpha(\pi) = \beta(\pi)$,则称 α 与 β **逻辑等价**,也称**永真等价**或**同真假**,记为 $\alpha \Leftrightarrow \beta$。

判断两个命题公式逻辑等价的最简单的方法就是利用真值表。先将 α 与 β 的合成变元组的各种指派与 α 及 β 在各种指派下的真假值写在同一张表上,然后检验 α 与 β 在相应位置上的真值是否相同。例如,利用表 1.8 即可验证命题公式 $P \wedge Q$ 与命题公式 $P \wedge (P \rightarrow Q)$ 逻辑等价。

表 1.8 $P \wedge Q$ 与 $P \wedge (P \rightarrow Q)$ 的真值表

P	Q	$P \wedge Q$	$P \rightarrow Q$	$P \wedge (P \rightarrow Q)$
T	T	T	T	T
T	F	F	F	F
F	T	F	T	F
F	F	F	T	F

表 1.9 给出了一些最基本的逻辑等价式,请读者利用真值表加以验证。

表 1.9 基本逻辑等价式

1	$\neg\neg P \Leftrightarrow P$	双重否定律
2	$P \vee P \Leftrightarrow P, \ P \wedge P \Leftrightarrow P$	幂等律
3	$(P \vee Q) \vee R \Leftrightarrow P \vee (Q \vee R)$ $(P \wedge Q) \wedge R \Leftrightarrow P \wedge (Q \wedge R)$	结合律
4	$P \vee Q \Leftrightarrow Q \vee R$ $P \wedge Q \Leftrightarrow Q \wedge R$	交换律

续表 1.9

5	$P \lor (Q \land R) \Leftrightarrow (P \lor Q) \land (P \lor R)$ $P \land (Q \lor R) \Leftrightarrow (P \land Q) \lor (P \lor R)$	分配律
6	$\neg (P \lor Q) \Leftrightarrow \neg P \land \neg Q$ $\neg (P \land Q) \Leftrightarrow \neg P \lor \neg Q$	De Morgan 律
7	$P \lor F \Leftrightarrow P, P \land T \Leftrightarrow P$	同一律
8	$P \lor T \Leftrightarrow T, P \land F \Leftrightarrow F$	零律
9	$P \lor \neg P \Leftrightarrow T, P \land \neg P \Leftrightarrow F$	否定律
10	$P \rightarrow Q \Leftrightarrow \neg P \lor Q$ $P \leftrightarrow Q \Leftrightarrow (P \rightarrow Q) \land (Q \rightarrow P)$	联结词化归

研究两个命题公式之间逻辑等价关系的方法之二是利用命题公式的永真性。

定理 1.2　设 α, β 为命题公式，$\alpha \Leftrightarrow \beta$ 当且仅当 $\alpha \leftrightarrow \beta$ 为永真公式。

这个定理提供了一个重要的事实，即两个命题公式间的逻辑等价问题可以转化为另一命题公式的永真性问题。反之，某种形式的命题公式的永真性问题可转化为其他两个命题公式的逻辑等价问题。

命题公式间的逻辑等价是一种等价关系，即有以下三种性质：

（1）自反性：$\alpha \Leftrightarrow \alpha$；

（2）对称性：若 $\alpha \Leftrightarrow \beta$，则 $\beta \Leftrightarrow \alpha$；

（3）传递性：若 $\alpha \Leftrightarrow \beta$ 且 $\beta \Leftrightarrow \gamma$，则 $\alpha \Leftrightarrow \gamma$。

应当指出的是，两个命题公式逻辑等价与两个命题公式相等是有所区别的。前者是指结果相同，后者是指形式相同（当然结果必相同），因此相等比逻辑等价的要求更高。以后仍用"＝"表示相等。

1.3.2　替换定理

定义 1.6　设 α 是命题公式，δ 是命题公式 α 的一部分且 δ 是命题公式，则称 δ 是 α 的**子命题公式**。

定义 1.7　设 α 是命题公式，若将 α 的子命题公式 δ 用另一命题公式 γ 替换，则称替换后产生的命题公式 β 是 α 关于 δ 替换为 γ 的结果。

利用替换，可以将原有的命题公式改造成新的命题公式。

例如，命题公式 $\neg P \lor (P \land (P \rightarrow Q))$ 关于 $P \land (P \rightarrow Q)$ 替换为 $P \land Q$ 的结果为 $\neg P \lor (P \land Q)$。

在命题公式中进行无目的的替换是没有意义的。我们希望替换前和替换后的两个命题公式保持一定的逻辑关系,这就是替换定理所要回答的问题。

定理 1.3(替换定理)　　设 β 是 α 关于 δ 替换为 γ 的结果,如果 $\delta \Leftrightarrow \gamma$,则 $\alpha \Leftrightarrow \beta$。

为了证明替换定理,先给出如下引理。

引理 1.3.1　　设 $\alpha_1, \alpha_2, \beta_1, \beta_2$ 均为命题公式。若 $\alpha_1 \Leftrightarrow \beta_1, \alpha_2 \Leftrightarrow \beta_2$,则

(1) $\neg \alpha_1 \Leftrightarrow \neg \beta_1$;

(2) $\alpha_1 \vee \alpha_2 \Leftrightarrow \beta_1 \vee \beta_2$;

(3) $\alpha_1 \wedge \alpha_2 \Leftrightarrow \beta_1 \wedge \beta_2$;

(4) $\alpha_1 \rightarrow \alpha_2 \Leftrightarrow \beta_1 \rightarrow \beta_2$;

(5) $\alpha_1 \leftrightarrow \alpha_2 \Leftrightarrow \beta_1 \leftrightarrow \beta_2$。

证　　只证(2),其他各式由读者自己证明。

设 $\alpha_1, \alpha_2, \beta_1, \beta_2$ 的合成变元组为 $(P_1, P_2, \cdots, P_n)$。对于该合成变元组的任一指派 π,根据 $\alpha_1 \Leftrightarrow \beta_1, \alpha_2 \Leftrightarrow \beta_2$,有

$$\alpha_1(\pi) = \beta_1(\pi), \quad \alpha_2(\pi) = \beta_2(\pi)$$

于是有

$$\alpha_1(\pi) \vee \alpha_2(\pi) = \beta_1(\pi) \vee \beta_2(\pi)$$

由于

$$(\alpha_1 \vee \alpha_2)(\pi) = \alpha_1(\pi) \vee \alpha_2(\pi)$$
$$(\beta_1 \vee \beta_2)(\pi) = \beta_1(\pi) \vee \beta_2(\pi)$$

于是有

$$(\alpha_1 \vee \alpha_2)(\pi) = (\beta_1 \vee \beta_2)(\pi)$$

由逻辑等价的定义知有 $\alpha_1 \vee \alpha_2 \Leftrightarrow \beta_1 \vee \beta_2$。　　∎

下面证明替换定理。

证　　对 α 中除 δ 之外的联结词个数 k 进行归纳证明。

当 $k = 0$ 时,α 为下述两种形式之一:

(1) $\alpha = P$(P 是命题变元);

(2) $\alpha = \delta$。这时,$\beta = \gamma$,由条件 $\delta = \gamma$,知 $\alpha \Leftrightarrow \beta$。

对于(1),根据 β 的定义可知,此时 $\beta = P$。于是有 $\alpha = \beta = P$,当然有 $\alpha \Leftrightarrow \beta$。

设当 $k < n$ 时,结论成立。

下证当 $k = n$ 时,结论也成立。

事实上,按照命题公式的定义可知,α 必呈下述形式之一:

$$\neg \alpha_1, \ \alpha_1 \vee \alpha_2, \ \alpha_1 \wedge \alpha_2, \ \alpha_1 \rightarrow \alpha_2, \ \alpha_1 \leftrightarrow \alpha_2$$

仅以 $\alpha_1 \vee \alpha_2$ 为例进行证明,其他形式的证明由读者完成。

注意到 β 是 α 关于 δ 替换为 γ 的结果,而且只是对 α 中 δ 以外的联结词进行

归纳的,即 $\alpha_1 \vee \alpha_2$ 中的 $\vee$ 不是 δ 中的联结词。因此, β 必呈 $\beta_1 \vee \beta_2$ 的形式,其中 β_1, β_2 分别是 α_1, α_2 关于 δ 替换为 γ 的结果。又注意到 α_1, α_2 中除 δ 之外的联结词的个数必然小于 n。于是按照归纳假设可知,有

$$\alpha_1 \Leftrightarrow \beta_1, \quad \alpha_2 \Leftrightarrow \beta_2$$

再由引理知,有

$$\alpha_1 \vee \alpha_2 \Leftrightarrow \beta_1 \vee \beta_2$$

即 $\alpha \Leftrightarrow \beta$。　▮

有了替换定理,就可以比较方便地进行"等价变换"。例如

$$(P \rightarrow Q) \wedge (Q \rightarrow P) \Leftrightarrow (\neg P \vee Q) \wedge (\neg Q \vee P)$$

但是要真正进行等价变换,还必须在下面代入定理的保证之下方可有效地进行。

1.3.3　代入定理

代入是通过已有的永真公式推出更多的永真公式的一种有效途径。例如,是否可由 $P \leftrightarrow P$ 是永真公式而直接推断出 $P \wedge Q \leftrightarrow P \wedge Q$ 是永真公式。这就是代入定理所要回答的问题。

定义 1.8　设 α 为命题公式, P 是 α 中的命题变元, δ 是任一命题公式。如果将 α 中 P 的所有出现均用命题公式 δ 代替,则称代替后所得到的命题公式为 α 关于 P 代入为 δ 的结果,简称 α 的代入实例,记为 $\alpha[\delta/P]$。

例如, $\alpha = P \wedge (P \rightarrow Q) \rightarrow Q$, $\delta = P \wedge Q$,则有

$$\alpha[\delta/P] = (P \wedge Q) \wedge (P \wedge Q \rightarrow Q) \rightarrow Q$$

定理 1.4（代入定理）　设 α 为命题公式, P 是 α 中的命题变元。如果 α 是永真公式,那么对任意命题公式 δ,有 $\alpha[\delta/P]$ 为永真公式。

证　令 $\gamma = \alpha[\delta/P]$。设 α 的变元组为 $(P, P_1, P_2, \cdots, P_n)$, δ 的变元组为 $(Q_1, Q_2, \cdots, Q_m)$。于是 γ 的变元组应为

$$(Q_1, Q_2, \cdots, Q_m, P_1, P_2, \cdots, P_n)$$

于是 γ 的变元组的任何指派

$$\pi = (Q_1^0, Q_2^0, \cdots, Q_m^0, P_1^0, P_2^0, \cdots, P_n^0)$$

必确定了 δ 的一个指派

$$\pi_1 = (Q_1^0, Q_2^0, \cdots, Q_m^0)$$

令 $P^0 = \delta(\pi_1)$,于是得到 α 的一个完全指派

$$\pi_2 = (P^0, P_1^0, P_2^0, \cdots, P_n^0)$$

注意到 γ 是将 α 中 P 的所有出现均用 δ 代替,于是有

$$\gamma(\pi) = \alpha(\pi_2)$$

而 α 是永真公式,于是有 $\alpha(\pi_2) = T$,即有 $\gamma(\pi) = T$。

由指派的任意性知 γ 为永真公式。　　■

由于代入定理的引入，获得永真公式的手段就更加丰富了。由代入定理知，每一个永真公式都是一族永真公式的代表。例如，由 $P \wedge (P \to Q) \to Q$ 是永真公式可推知所有形如 $\alpha \wedge (\alpha \to \beta) \to \beta$ 的命题公式均为永真公式。因此，每个永真公式中的命题变元都可以理解为子命题公式的形式。

将代入定理运用于命题公式之间的逻辑等价，可以得到如下结论。

推论 1.4.1　设 α, β 是命题公式。若 $\alpha \Leftrightarrow \beta$，则 $\alpha[\delta/P] \Leftrightarrow \beta[\delta/P]$。

证　由条件知 $\alpha \Leftrightarrow \beta$，由定理 1.2 知 $\alpha \leftrightarrow \beta$ 是永真公式。根据代入定理有 $\alpha[\delta/P] \leftrightarrow \beta[\delta/P]$ 是永真公式。再由定理 1.2 知 $\alpha[\delta/P] \Leftrightarrow \beta[\delta/P]$。　　■

利用这个推论，可将上节给出的基本逻辑等价式中的命题变元理解为命题公式。例如，$P \vee Q \Leftrightarrow Q \vee P$ 可理解为 $\alpha \vee \beta \Leftrightarrow \beta \vee \alpha$ 等等。

1.3.4　逻辑等价变换

利用代入定理、替换定理和基本逻辑等价式，可以十分方便地进行命题公式间的逻辑等价变换。例如

$P \leftrightarrow Q$

$\Leftrightarrow (P \to Q) \wedge (Q \to P)$

$\Leftrightarrow (\neg P \vee Q) \wedge (\neg Q \vee P)$

$\Leftrightarrow ((\neg P \vee Q) \wedge \neg Q) \vee ((\neg P \vee Q) \wedge P)$

$\Leftrightarrow ((\neg P \wedge \neg Q) \vee (Q \wedge \neg Q)) \vee ((\neg P \wedge P) \vee (Q \wedge P))$

$\Leftrightarrow ((\neg P \wedge \neg Q) \vee F) \vee (F \vee (Q \wedge P))$

$\Leftrightarrow (\neg P \wedge \neg Q) \vee (Q \wedge P)$

$\Leftrightarrow (P \wedge Q) \vee (\neg P \wedge \neg Q)$

其中，第一步是基本逻辑等价式。

第二步使用替换定理。即用 $\neg P \vee Q$ 替换 $P \to Q$，用 $\neg Q \vee P$ 替换 $Q \to P$。

第三步使用代入定理。先将 $P \wedge (Q \vee R) \Leftrightarrow (P \wedge Q) \vee (P \wedge R)$ 转换成相应的 $\alpha \wedge (\beta \vee \gamma) \Leftrightarrow (\alpha \wedge \beta) \vee (\alpha \wedge \gamma)$，并将 α, β, γ 分别理解为 $\neg P \vee Q, \neg Q$，P 便得到该步所要的逻辑等价式。

第四步首先使用代入定理，分别得到下面两个同真假式

$$(\neg P \vee Q) \wedge \neg Q \Leftrightarrow (\neg P \wedge \neg Q) \vee (Q \wedge \neg Q)$$

$$(\neg P \vee Q) \wedge P \Leftrightarrow (\neg P \wedge P) \vee (Q \wedge P)$$

然后，使用替换定理进行替换，便得到该步所要的逻辑等价式。

其他各步由读者分析完成。

1.3.5　联结词归约和范式

在 1.1 节中讨论了有关命题演算的五个主要的真值联结词。人们自然会想

到,这些联结词是否能表达所有关于命题演算的真值问题,是否还存在某种意义上比这些联结词更好的联结词。下面就来讨论这个问题。

首先,来看一些其他的联结词。

(1) 异或联结词

异或联结词将成分命题 P, Q 组成新的命题"P 或者 Q 之一成立",即前面曾经提到的"不可兼或"。记为 $P \overline{\vee} Q$,其中 $\overline{\vee}$ 称为**异或词**。

$P \overline{\vee} Q$ 为真当且仅当 P 与 Q 之一为真。它们的真假值关系由表1.10确定。

表 1.10　　异或联结词之真值表

P	Q	$P \overline{\vee} Q$
T	T	F
T	F	T
F	T	T
F	F	F

从异或词的定义不难看出,$P \overline{\vee} Q \Leftrightarrow (P \wedge \neg Q) \vee (\neg P \wedge Q)$。

(2) 与非联结词

与非联结词将成分命题 P, Q 组成新的命题"P 而且 Q 是不成立的"。记为 $P \uparrow Q$,其中 $\uparrow$ 称为**与非词**。

$P \uparrow Q$ 为假当且仅当 P 与 Q 同时为真。它们的真假值关系由表1.11确定。

表 1.11　　与非联结词之真值表

P	Q	$P \uparrow Q$
T	T	F
T	F	T
F	T	T
F	F	T

容易验证　　$P \uparrow Q \Leftrightarrow \neg(P \wedge Q) \Leftrightarrow \neg P \vee \neg Q$。

(3) 或非联结词

或非联结词将成分命题 P, Q 组成新的命题"P 或者 Q 是不成立的"。记为 $P \downarrow Q$,其中 $\downarrow$ 称为**或非词**。

$P \downarrow Q$ 为真当且仅当 P 与 Q 同时为假。它们的真假值关系由表1.12确定。

表 1.12　或非联结词之真值表

P	Q	$P \downarrow Q$
T	T	F
T	F	F
F	T	F
F	F	T

容易验证　$P \downarrow Q \Leftrightarrow \neg(P \vee Q) \Leftrightarrow \neg P \wedge \neg Q$。

为了便于讨论，下面引入真值函数的概念。

定义 1.9　设 $P_1, P_2, \cdots, P_n$ 是 n 个命题变元，f 是从 $\{T, F\}^n$ 到 $\{T, F\}$ 的对应关系。如果对于 n 个命题变元的任一指派，通过 f 均有唯一的真假值与之对应，则称 f 是 n 元**真值函数**。

注意：这里所说的函数是指对应关系，而不是指"函数值"，所以有些《数理逻辑》书中说成是"函词"。

例如：$\neg$ 为一元真值函数。$\vee$，$\wedge$，$\rightarrow$ 等为二元真值函数。下面的表 1.13 给出了一个三元真值函数的例子。

表 1.13　三元真值函数 W 的真值表

P_1	P_2	P_3	$W(P_1, P_2, P_3)$
T	T	T	F
T	T	F	F
T	F	T	F
T	F	F	T
F	T	T	F
F	T	F	F
F	F	T	F
F	F	F	T

定义 1.10　若 A 是真值函数集合的一个子集，则称 A 是**联结词集合**。

定义 1.11　设 A 是联结词集合。若任一真值函数都可以用 A 中的联结词表示，则称 A 是**全功能的**或**功能完备的**。

定理 1.5　$\{\neg, \wedge, \vee\}$ 是全功能联结词集合。

证　对于任一 n 元真值函数 $f(P_1, P_2, \cdots, P_n)$，设其所有的成真指派为
$$\{\pi \mid f(\pi) = T\} = \{\pi_1, \pi_2, \cdots, \pi_m\}$$
其中 $\pi_i = (P_1^i, P_2^i, \cdots, P_n^i)(i = 1, 2, \cdots, m)$。

对于每一个 π_i，通过下述方法给出相应的合取式

$$\alpha_i = Q_1^i \wedge Q_2^i \wedge \cdots \wedge Q_n^i$$

其中,

$$Q_j^i = \begin{cases} P_j, & \text{当 } P_j^i = T \\ \neg P_j, & \text{当 } P_j^i = F \end{cases}$$

于是,对于每个 i 有 $\alpha_i(\pi) = T$,当且仅当 $\pi = \pi_i$。

令 $\alpha = \alpha_1 \vee \alpha_2 \vee \cdots \vee \alpha_m$,于是有 $\alpha(\pi) = T$ 当且仅当存在一个 i,使得 $\pi = \pi_i$。

于是有 $f(\pi) = T$ 当且仅当 $\alpha(\pi) = T$。

即有　　　　　　　$f(P_1, P_2, \cdots, P_n) \Leftrightarrow \alpha(P_1, P_2, \cdots, P_n)$

而 α 是仅含有 $\{\neg, \wedge, \vee\}$ 的命题公式,故 $\{\neg, \wedge, \vee\}$ 是全功能的。　■

定义 1.12　设 A 是全功能联结词集合。若 A 中的任一联结词不能用该集合中其他联结词来表示,则称 A 是**极小全功能**的。

定理 1.6　下面的联结词集合都是极小全功能的。

$$\{\neg, \wedge\}, \{\neg, \vee\}, \{\neg, \rightarrow\}$$

该定理的证明由读者完成。

这个结论表明,要证明某个联结词集合是全功能的,只须验证由 $\{\neg, \wedge\}$,$\{\neg, \vee\}$,$\{\neg, \rightarrow\}$ 之一所组成的命题公式可用该联结词集所组成的命题公式来表示。

上面介绍的全功能联结词集都含有两个以上的联结词。下面给出只含一个联结词的全功能联结词集。

定理 1.7　下述联结词集合是极小全功能的。

$$\{\uparrow\}, \{\downarrow\}$$

证　只证 $\{\uparrow\}$ 是全功能的。只要证明全功能联结词集 $\{\neg, \wedge\}$ 中的每个联结词可分别由 $\uparrow$ 表示。由于

$$\neg P \Leftrightarrow P \uparrow P$$

$$P \wedge Q \Leftrightarrow (P \uparrow Q) \uparrow (P \uparrow Q)$$

故 $\{\uparrow\}$ 是全功能的。

由于 $\{\uparrow\}$ 中只有一个联结词,故 $\{\uparrow\}$ 是极小全功能的。　■

由这个结论可知,所有真值函数均可由一个联结词 $\downarrow$ 或 $\uparrow$ 来表示。这正是在数字电路中只选择"与非门"或"或非门"作为基本逻辑器件的理论根据。

但从另一个角度来看,单由 $\downarrow$ 或 $\uparrow$ 组成的命题公式不满足结合律。即

$$(P \uparrow Q) \uparrow R \Leftrightarrow P \uparrow (Q \uparrow R)$$

$$(P \downarrow Q) \downarrow R \Leftrightarrow P \downarrow (Q \downarrow R)$$

不成立。这给人们直接用 $\downarrow$ 或 $\uparrow$ 进行研究带来不便。所以在研究命题演算或从

事逻辑线路设计时,人们并不直接用 ↓ 或 ↑ 作为唯一的工具。

通过对联结词的归约,可以发现所有的命题公式均可用联结词集{¬, ∧, ∨} 中的联结词来表示。而且根据前面曾经给出的基本逻辑等价式,可以知道仅含有{¬, ∧, ∨} 的命题公式具有很好的运算性质,诸如结合律、交换律等。因此,可以设想一种只含有{¬, ∧, ∨} 的标准形命题公式,使得其他各种形式的命题公式都能比较方便地"化简"成这种标准形。并且,可以利用这种标准形直接给出命题公式逻辑等价的判断。这种所谓的标准形就是下面介绍的范式。

在命题公式中,主要有两种类型的范式,即析取范式与合取范式。

定义 1.13　设 α 是命题公式。如果 α 具有下述形式

$$\alpha = \alpha_1 \vee \alpha_2 \vee \cdots \vee \alpha_m$$

其中诸 α_i 为命题变元或命题变元的否定或命题变元和命题变元的否定构成的合取式,则称 α 为**析取范式**。

例如,$(P \wedge \neg Q \wedge R) \vee \neg R \vee Q$ 是析取范式。

定义 1.14　设 α 是命题公式。如果 α 具有下述形式

$$\alpha = \alpha_1 \wedge \alpha_2 \wedge \cdots \wedge \alpha_m$$

其中诸 α_i 为命题变元或命题变元的否定或命题变元和命题变元的否定构成的析取式,则称 α 为**合取范式**。

例如,$\neg P \wedge (P \vee Q \vee R) \wedge (Q \vee \neg R)$ 是合取范式。

任何一个命题公式都可以通过下述步骤化为析取范式或合取范式。

(1) 联结词归约:将命题公式中的其他联结词化归成仅含联结词{¬, ∧, ∨} 的命题公式;

(2) 否定词深入:利用 De Morgan 律将否定词移到每个命题变元之前;

(3) 调整 ∧ 与 ∨:利用 ∧ 与 ∨ 的分配律、结合律等性质将命题公式化归成析取范式或合取范式。

例 1.6　求 $(P \rightarrow Q) \rightarrow \neg (Q \wedge R \rightarrow P)$ 的析取范式。

解　$(P \rightarrow Q) \rightarrow \neg (Q \wedge R \rightarrow P)$

$\Leftrightarrow \neg (\neg P \vee Q) \vee \neg (\neg (Q \wedge R) \vee P)$

$\Leftrightarrow (P \wedge \neg Q) \vee (Q \wedge R \wedge \neg P)$

例 1.7　求 $(P \rightarrow Q) \leftrightarrow (R \rightarrow P)$ 的合取范式。

解　$(P \rightarrow Q) \leftrightarrow (R \rightarrow P)$

$\Leftrightarrow (\neg (\neg P \vee Q) \vee (\neg R \vee P)) \wedge (\neg (\neg R \vee P) \vee (\neg P \vee Q))$

$\Leftrightarrow ((P \wedge \neg Q) \vee (\neg R \vee P)) \wedge ((R \wedge \neg P) \vee (\neg P \vee Q))$

$\Leftrightarrow (P \vee \neg R) \wedge (\neg Q \vee \neg R \vee P) \wedge (R \vee \neg P \vee Q) \wedge (\neg P \vee Q)$

一个命题公式的析取范式或合取范式不是唯一的。如例 1.5 还可以化成

$$(P \wedge \neg Q) \vee (Q \wedge R \wedge \neg P)$$
$$\Leftrightarrow (P \wedge \neg Q \wedge (R \vee \neg R)) \vee (Q \wedge R \wedge \neg P)$$
$$\Leftrightarrow (p \wedge \neg Q \wedge R) \vee (P \wedge \neg Q \wedge \neg R) \vee (\neg P \wedge Q \wedge R)$$

为了使命题公式的范式唯一,必须将上面所说的析取范式或合取范式作进一步的标准化。下面介绍主范式的概念。

定义 1.15 设 $\alpha(P_1, P_2, \cdots, P_n)$ 是 n 元命题公式。如果 α 具有形式
$$\alpha = \alpha_1 \vee \alpha_2 \vee \cdots \vee \alpha_m$$
并且诸 α_i 具有形式
$$\alpha_i = \widetilde{P}_1 \wedge \widetilde{P}_2 \wedge \cdots \wedge \widetilde{P}_n$$
其中 $\widetilde{P}_i$ 为 P_i 或 $\neg P_i$,则称 α 为**主析取范式**或**小项范式**,称 α_i 为**小项**。

定义 1.16 设 $\alpha(P_1, P_2, \cdots, P_n)$ 是 n 元命题公式。如果 α 具有下述形式
$$\alpha = \alpha_1 \wedge \alpha_2 \wedge \cdots \wedge \alpha_m$$
并且诸 α_i 具有形式
$$\alpha_i = \widetilde{P}_1 \vee \widetilde{P}_2 \vee \cdots \vee \widetilde{P}_n$$
其中 $\widetilde{P}_i$ 为 P_i 或 $\neg P_i$,则称 α 为**主合取范式**或**大项范式**,称 α_i 为**大项**。

例如,$(P \wedge \neg Q \wedge R) \vee (P \wedge \neg Q \wedge \neg R) \vee (\neg P \wedge Q \wedge R)$ 是主析取范式。

$(P \vee \neg Q \vee R) \wedge (P \vee \neg Q \vee \neg R) \wedge (\neg P \vee Q \vee R)$ 是主合取范式。

下面给出求一个命题公式的主析取范式的步骤(求主合取范式的步骤类似)。

(1) 联结词归约:同前;

(2) 否定词深入:同前;

(3) 调整 $\wedge$ 与 $\vee$:同前;

(4) 消除永假项:若某个 α_i 中同时含有同一命题变元及其否定,则将此 α_i 去掉;

(5) 变元合并:若某个 α_i 中含有两个以上同名的命题变元,则只保留一个;

(6) 补足变元:若某个命题变元 P 在 α_i 中没有出现,则用 $\alpha_i \wedge (P \vee \neg P)$ 替换 α_i,然后用分配律展开;

(7) 合并相同项:若 α_i 与 α_j 相同,则只保留 α_i。

例 1.8 求 $(P \wedge Q) \vee (P \wedge \neg R)$ 的主析取范式。

解 $P(\wedge Q) \vee (P \wedge \neg R)$
$$\Leftrightarrow (P \wedge Q \wedge (R \vee \neg R)) \vee (P \wedge (Q \vee \neg Q) \wedge \neg R)$$
$$\Leftrightarrow (P \wedge Q \wedge R) \vee (P \wedge Q \wedge \neg R) \vee (P \wedge Q \wedge \neg R) \vee (P \wedge \neg Q \wedge \neg R)$$
$$\Leftrightarrow (P \wedge Q \wedge R) \vee (P \wedge Q \wedge \neg R) \vee (P \wedge \neg Q \wedge \neg R)$$

值得注意的是,若 α 是永假公式,则在消除永假项时将消除所有的合取式。即永假公式只能得到结果 F,而没有定义中所说的主析取范式的形式。对于主合

取范式来说,永真公式的最后结果是 T,即永真公式没有主合取范式的形式。

最后,介绍主范式的唯一性定理,并以此来说明主范式与指派之间的关系。

引理 1.8.1 设 α 是含有 n 个命题变元 $P_1, P_2, \cdots, P_n$ 的小项,即 $\alpha = \widetilde{P}_1 \wedge \widetilde{P}_2 \wedge \cdots \wedge \widetilde{P}_n$。$\pi = (P_1^0, P_2^0, \cdots, P_n^0)$ 是 α 的任一指派。则 $\alpha(\pi) = T$ 当且仅当

$$P_i^0 = \begin{cases} T, & \widetilde{P}_i = P_i \\ F, & \widetilde{P}_i = \neg P_i \end{cases}$$

这个结论是显然的。它表明了小项与成真指派之间的一一对应关系。

定理 1.8 主析取范式或主合取范式是唯一的。

证 只证主析取范式的唯一性。

设 α 是 n 元命题公式,α 的成真指派分别为

$$\pi_1, \pi_2, \cdots, \pi_m$$

根据引理 1.8.1,由这些成真指派可分别确定出相应的小项

$$\alpha_1, \alpha_2, \cdots, \alpha_m$$

由它们之间的一一对应关系可知,α 的主析取范式为

$$\alpha_1 \vee \alpha_2 \vee \cdots \vee \alpha_m$$

当然,这里的唯一性并不保证各小项及各命题变元的位置的唯一性。而命题变元的位置可以事先约定。

根据上面的讨论,不难得出这样的结论:要判别两个命题公式逻辑等价,必须且只须它们相应的主范式相同。当然,如果两个命题公式的主范式相同时,这两个命题公式必然逻辑等价。

例 1.9 证明 $(P \rightarrow Q) \rightarrow (P \wedge Q) \Leftrightarrow (\neg P \rightarrow Q) \wedge (Q \rightarrow P)$

证 由于 $(P \rightarrow Q) \rightarrow (P \wedge Q)$

$$\Leftrightarrow \neg(\neg P \vee Q) \vee (P \wedge Q)$$
$$\Leftrightarrow (P \wedge \neg Q) \vee (P \wedge Q)$$
$$\Leftrightarrow (P \wedge Q) \vee (P \wedge \neg Q)$$

又由于 $(\neg P \rightarrow Q) \wedge (Q \rightarrow P)$

$$\Leftrightarrow (\neg \neg P \vee Q) \wedge (\neg Q \vee P)$$
$$\Leftrightarrow (P \vee Q) \wedge (P \vee \neg Q)$$
$$\Leftrightarrow P \vee (Q \wedge \neg Q)$$
$$\Leftrightarrow P$$
$$\Leftrightarrow P \wedge (Q \vee \neg Q)$$
$$\Leftrightarrow (P \wedge Q) \vee (P \wedge \neg Q)$$

故有 $(P \rightarrow Q) \rightarrow (P \wedge Q) \Leftrightarrow (\neg P \rightarrow Q) \wedge (Q \rightarrow P)$

1.4　命题公式间的逻辑蕴涵关系

1.4.1　基本概念

上节介绍了命题公式间的逻辑等价关系,这是命题公式间的一种逻辑关系。此外,命题公式之间还有另一种逻辑关系,即逻辑蕴涵关系。

定义 1.17　设 α,β 为命题公式。如果对于 α,β 的合成变元组的任意指派 π,当 $\alpha(\pi) = T$ 时,有 $\beta(\pi) = T$,则称 α 逻辑蕴涵 β,记为 $\alpha \Rightarrow \beta$。

判断 $\alpha \Rightarrow \beta$ 的第一种方法是根据定义,通过真值表检验所有使 α 为 T 的相应指派的位置上 β 是否为 T。

例 1.10　设 $\alpha = (P \rightarrow Q) \wedge (Q \rightarrow R)$,$\beta = P \rightarrow R$,判断 α 是否逻辑蕴涵 β。

首先,列出 α 与 β 的真值表如表 1.14 所示。经检验在该表中,α 的 1,5,7,8 行为 T,而 β 的相应行也为 T,故由逻辑蕴涵的定义知有 $\alpha \Rightarrow \beta$。

表 1.14　$(P \rightarrow Q) \wedge (Q \rightarrow R)$ 与 $P \rightarrow R$ 的真值表

P	Q	R	$P \rightarrow Q$	$Q \rightarrow R$	$(P \rightarrow Q) \wedge (Q \rightarrow R)$	$P \rightarrow R$
T	T	T	T	T	T	T
T	T	F	T	F	F	F
T	F	T	F	T	F	T
T	F	F	F	T	F	F
F	T	T	T	T	T	T
F	T	F	T	F	F	T
F	F	T	T	T	T	T
F	F	F	T	T	T	T

判断 $\alpha \Rightarrow \beta$ 的第二种方法是指派分析法。即对于任意的指派 π,在 $\alpha(\pi) = T$ 的假设下,逐步分析,最后断言 $\beta(\pi) = T$。当然,也可以反过来,在 $\beta(\pi) = F$ 的假设下,逐步分析,最后断言 $\alpha(\pi) = F$。

例 1.11　证明 $\neg Q \wedge (P \rightarrow Q) \Rightarrow \neg P$。

证　任取指派 $\pi = (P^0, Q^0)$,若使得 $\neg Q^0 \wedge (P^0 \rightarrow Q^0) = T$;

由合取词的定义知 $\neg Q^0 = T$ 且 $P^0 \rightarrow Q^0 = T$;

由否定词的定义知 $Q^0 = F$;

由 $Q^0 = F$ 和 $P^0 \rightarrow Q^0 = T$ 及蕴涵词的定义知 $P^0 = F$;

由否定词的定义知 $\neg P^0 = T$。

由指派的任意性及逻辑蕴涵的定义知 $\neg Q \wedge (P \rightarrow Q) \Rightarrow \neg P$。　　　■

判断 $\alpha \Rightarrow \beta$ 的第三种方法是利用命题公式的永真性。

定理 1.9　设 α, β 为命题公式,那么 $\alpha \Rightarrow \beta$ 当且仅当 $\alpha \rightarrow \beta$ 为永真公式。

证　　先证当 $\alpha \Rightarrow \beta$ 时,有 $\alpha \rightarrow \beta$ 为永真公式。

若 $\alpha \Rightarrow \beta$,由逻辑蕴涵的定义知对于 α, β 的任意指派 π,当 $\alpha(\pi) = T$ 时有 $\beta(\pi) = T$。由蕴涵联结词的定义知对于 α, β 的任意指派 π 有

$$(\alpha \rightarrow \beta)(\pi) = \alpha(\pi) \rightarrow \beta(\pi) = T$$

由永真公式的定义知 $\alpha \rightarrow \beta$ 为永真公式。

再证当 $\alpha \rightarrow \beta$ 为永真公式时,有 $\alpha \Rightarrow \beta$。

若 $\alpha \rightarrow \beta$ 为永真公式,则对于 α, β 的任意指派 π 有 $(\alpha \rightarrow \beta)(\pi) = T$。由蕴涵联结词的定义知对于 α, β 的任意指派 π,当 $\alpha(\pi) = T$ 时有 $\beta(\pi) = T$。由逻辑蕴涵的定义知 $\alpha \Rightarrow \beta$。　　■

定理 1.9 指出,可以通过判断 $\alpha \rightarrow \beta$ 是否为永真公式来判断 $\alpha \Rightarrow \beta$ 是否成立。另一方面,该定理指出对于 $\alpha \Rightarrow \beta$ 的研究可归结为对 $\alpha \rightarrow \beta$ 的永真性的研究,即一个命题公式的永真性与两个命题公式的逻辑蕴涵关系可以相互转化。

表 1.15 给出了一些最基本的逻辑蕴涵式,它们为后面形式推理规则的建立提供了重要的理论依据。请读者用上面所示的方法加以验证。

表 1.15　基本逻辑蕴涵式

1	$P \wedge Q \Rightarrow P$, $P \wedge Q \Rightarrow Q$
2	$P \Rightarrow P \vee Q$, $Q \Rightarrow P \vee Q$
3	$P \wedge (P \rightarrow Q) \Rightarrow Q$
4	$\neg Q \wedge (P \rightarrow Q) \Rightarrow \neg P$
5	$\neg P \wedge (P \vee Q) \Rightarrow Q$
6	$(P \rightarrow Q) \wedge (Q \rightarrow R) \Rightarrow (P \rightarrow R)$
7	$(P \vee Q) \wedge (P \rightarrow R) \wedge (Q \rightarrow R) \Rightarrow R$
8	$(\neg P \rightarrow Q) \wedge \neg Q \Rightarrow P$

根据命题公式逻辑蕴涵和逻辑等价的定义不难验证逻辑蕴涵具有下述性质。

定理 1.10　设 α, β, γ 为命题公式,则

(1) $\alpha \Rightarrow \alpha$;

(2) 若 $\alpha \Rightarrow \beta$ 且 $\beta \Rightarrow \alpha$,则 $\alpha \Leftrightarrow \beta$;

(3) 若 $\alpha \Rightarrow \beta$ 且 $\beta \Rightarrow \gamma$,则 $\alpha \Rightarrow \gamma$。

其中,性质(2)反映了命题公式之间逻辑蕴涵与逻辑等价的密切关系。由(2)可知,两个命题公式之间的逻辑等价问题实际上是两个命题公式间的相互

逻辑蕴涵问题。因此,研究两个命题公式间的逻辑蕴涵问题便成为逻辑演算的核心问题。

性质(3)说明了逻辑蕴涵的传递性。因此,为了证明 $\alpha \Rightarrow \beta$,可以通过形如 $\alpha \Rightarrow \alpha_1, \alpha_1 \Rightarrow \alpha_2, \cdots, \alpha_n \Rightarrow \beta$ 的证明来进行。这就是后面将要讨论的形式推理的重要理论依据。

定理 1.10 中的三条性质反映出命题公式之间的逻辑蕴涵关系是建立在命题公式集合上的半序关系。然而,半序关系中的"相等"应理解为两个命题公式的逻辑等价。

1.4.2　逻辑蕴涵变换

两个命题公式间的逻辑蕴涵问题可以通过前面的替换定理、代入定理和基本逻辑蕴涵式来解决,这种方式称为逻辑蕴涵变换。

例 1.12　证明 $P \to (Q \to R) \Rightarrow (P \to Q) \to (P \to R)$。

证　　　$P \to (Q \to R)$

$\Rightarrow \neg P \lor (\neg Q \lor R)$

$\Rightarrow (\neg P \lor \neg Q \lor R) \land T$

$\Rightarrow (\neg P \lor \neg Q \lor R) \land (P \lor \neg P \lor R)$

$\Rightarrow (\neg P \lor R) \lor (\neg Q \land P)$

$\Rightarrow \neg(\neg P \lor Q) \lor (\neg P \lor R)$

$\Rightarrow (P \to Q) \to (P \to R)$

请读者自行给出上述推导过程中每一步的根据。

1.5　对偶定理

观察前面给出的基本逻辑等价式,不难发现这样一个事实,即所有关于合取词与析取词的逻辑等价式都是成对出现的。这种性质在数理逻辑中称为对偶。

定义 1.18　设 α 为不含蕴涵词和等价词的命题公式。将 α 中诸联结词"$\land$","$\lor$"及真假值"T","F"分别用联结词"$\lor$","$\land$"及真假值"F","T"代替,所得到的命题公式称为 α 的**对偶式**,记为 α^*。

例如,$\neg(P \land Q) \lor (\neg P \land Q)$ 的对偶式为 $\neg(P \lor Q) \land (\neg P \lor Q)$。

应当注意的是,如果 α 中含有蕴涵词或等价词,则先利用联结词化归消去它们,然后再确定 α 的对偶式。

例如,求 $\alpha = (P \land (P \to Q)) \to Q$ 的对偶式。

先消去联结词"$\to$",得

$$\alpha \Leftrightarrow \neg(P \land (\neg P \lor Q)) \lor Q$$

然后确定 α 的对偶式 α^*，即 $\alpha^* = \neg(P \vee (\neg P \wedge Q)) \wedge Q$。

为了证明对偶定理，首先引入内否式的概念。

定义 1.19　设 α 为命题公式，将 α 中诸命题变元的肯定形式分别用相应变元的否定形式代替，而否定形式分别用相应变元的肯定形式代替，所得到的命题公式称为 α 的**内否式**。记为 α^-。

例如，$\neg(P \wedge Q) \vee (\neg P \wedge Q)$ 的内否式为 $\neg(\neg P \wedge \neg Q) \vee (P \wedge \neg Q)$。

注意，对偶是就联结词而言的，而内否是就命题变元而言的。另外，关于 α 的否定形式称为 α 的否定式。

命题公式的否定式、对偶式及内否式之间有着密切的联系。首先，根据定义不难发现它们都有一条类似的性质，即 $\neg(\neg\alpha) \Leftrightarrow \alpha, (\alpha^*)^* \Leftrightarrow \alpha, (\alpha^-)^- \Leftrightarrow \alpha$。

下面介绍它们三者之间的联系。在讨论这些性质时，凡涉及到对偶式，均假定命题公式中不含有蕴涵词及等价词。

引理 1.11.1　设 α 为命题公式，则

(1) $\neg(\alpha^*) \Leftrightarrow (\neg\alpha)^*$；

(2) $\neg(\alpha^-) \Leftrightarrow (\neg\alpha)^-$。

这个性质反映了否定与对偶、否定与内否可直接交换次序。请读者利用数学归纳法（对联结词个数进行归纳）自行证明。

引理 1.11.2　设 α 为命题公式，那么，$\neg\alpha \Leftrightarrow (\alpha^*)^-$。

证　就 α 中联结词个数 k 进行归纳证明。

当 $k = 0$ 时，α 中不含有联结词，即 α 为命题变元。不妨设 $\alpha = P$，于是有 $\neg\alpha = \neg P$。同时还有

$$(\alpha^*)^- = (P^*)^- = P^- = \neg P$$

故有 $\neg\alpha \Leftrightarrow (\alpha^*)^-$。

假设 $k < n$ 时结论已成立，下证 $k = n$ 时结论也成立。

根据命题公式的构造形式知，α 必呈下述三种形式之一：

(1) $\alpha = \neg\alpha_1$；　(2) $\alpha = \alpha_1 \vee \alpha_2$；　(3) $\alpha = \alpha_1 \wedge \alpha_2$。

关于(1)，有

$$\neg\alpha = \neg(\neg\alpha_1)$$
$$\Leftrightarrow \neg((\alpha_1^*)^-) \qquad （归纳假设）$$
$$\Leftrightarrow (\neg(\alpha_1^*))^- \qquad （引理 1.11.1 中的(2)）$$
$$\Leftrightarrow ((\neg\alpha_1)^*)^- \qquad （引理 1.11.1 中的(1)）$$
$$= (\alpha_1^*)^-$$

关于(2)，类似地有

$$\neg\alpha = \neg(\alpha_1 \vee \alpha_2)$$

$$\Leftrightarrow \neg \alpha_1 \wedge \neg \alpha_2$$
$$\Leftrightarrow (\alpha_1^*)^- \wedge (\alpha_2^*)^- \qquad （归纳假设）$$
$$\Leftrightarrow (\alpha_1^* \wedge \alpha_2^*)^- \qquad （内否式的定义）$$
$$\Leftrightarrow ((\alpha_1 \vee \alpha_2)^*)^-$$
$$= (\alpha^*)^-$$

关于(3)，可用类似(2)的方法进行证明。　　▮

引理 1.11.3　　设 α 为命题公式，则

(1) α 为永真公式当且仅当 α^- 为永真公式；

(2) $\neg \alpha$ 为永真公式当且仅当 α^* 为永真公式。

证　　(1) 设 α 与 α^- 的变元组为 $(P_1, P_2, \cdots, P_n)$。对于任意指派 $\pi = (P_1^0, P_2^0, \cdots, P_n^0)$，按下法构造出一个相应指派 $\pi' = (P_1', P_2', \cdots, P_n')$，

$$P_i' = \begin{cases} F, & 当 P_i^0 = T \\ T, & 当 P_i^0 = F \end{cases}$$

由内否式的定义可知 $\alpha(\pi) = \alpha^-(\pi'), \alpha^-(\pi) = \alpha(\pi')$。故结论成立。

(2) 根据 $\neg \alpha \Leftrightarrow (\alpha^*)^-$ 可知 $\neg \alpha$ 永真当且仅当 $(\alpha^*)^-$ 永真。而由(1)知，$(\alpha^*)^-$ 永真当且仅当 α^* 永真，故 $\neg \alpha$ 永真当且仅当 α^* 永真。　　▮

定理 1.11（对偶定理）　　设 α, β 为命题公式，则

(1) $\alpha \Leftrightarrow \beta$ 当且仅当 $\alpha^* \Leftrightarrow \beta^*$；

(2) $\alpha \Rightarrow \beta$ 当且仅当 $\beta^* \Rightarrow \alpha^*$。

证　　只证(2)，读者可类似地证(1)。

利用 $P \rightarrow Q \Leftrightarrow \neg Q \rightarrow \neg P$，得到

$$\alpha \rightarrow \beta \Leftrightarrow \neg \beta \rightarrow \neg \alpha \qquad （代入定理）$$
$$\Leftrightarrow (\beta^*)^- \rightarrow (\alpha^*)^- \qquad （替换定理）$$
$$\Leftrightarrow (\beta^* \rightarrow \alpha^*)^- \qquad （内否式的定义）$$

于是 $\alpha \rightarrow \beta$ 永真当且仅当 $(\beta^* \rightarrow \alpha^*)^-$ 永真，而 $\alpha \Rightarrow \beta$ 当且仅当 $\alpha \rightarrow \beta$ 永真。又由引理 1.11.3 知，$(\beta^* \rightarrow \alpha^*)^-$ 永真当且仅当 $\beta^* \rightarrow \alpha^*$ 永真，而 $\beta^* \rightarrow \alpha^*$ 永真当且仅当 $\beta^* \Rightarrow \alpha^*$，故 $\alpha \Rightarrow \beta$ 当且仅当 $\beta^* \Rightarrow \alpha^*$。　　▮

对偶定理表明了这样一个事实，即所有的逻辑等价式及逻辑蕴涵式必成对出现。例如，由 $P \wedge (P \rightarrow Q) \Rightarrow Q$ 可直接推知 $Q \Rightarrow P \vee (\neg P \wedge Q)$。

1.6　命题演算的形式推理

1.6.1　形式推理的一般概念

通过前几节的介绍，不难发现大多数逻辑演算问题都与逻辑蕴涵的判断有

关。可以用下面的事实说明这一点。

(1) $\alpha \rightarrow \beta$ 永真当且仅当 $\alpha \Rightarrow \beta$；

(2) $\alpha \leftrightarrow \beta$ 永真当且仅当 $\alpha \Leftrightarrow \beta$；

(3) $\alpha \Leftrightarrow \beta$ 当且仅当 $\alpha \Rightarrow \beta$ 且 $\beta \Rightarrow \alpha$。

因此，研究 $\alpha \Rightarrow \beta$ 便成为逻辑演算的核心问题之一。

在 1.4 节中曾指出：判断 $\alpha \Rightarrow \beta$ 可以用真值表法或分析指派的方法。这些方法对于比较简单的命题公式是很方便的。然而当命题公式比较复杂，或命题变元较多时，上述方法就有严重的缺陷。对于真值表法而言，当命题变元个数增加时，指派的个数也急剧增加。如命题变元的个数为 n，则指派的个数为 2^n，这便导致判断过程复杂。对于分析指派法而言，当命题公式复杂时，证明过程的说明就很繁，而且容易出现某些误解，难以令人信服。因此，希望寻找出一种证明过程简单明了，使人一目了然的有效证明方法。这就是本节所要介绍的形式推理。不仅如此，形式推理的方法也为形式语言、人工智能、专家系统等学科的应用提供了强有力的工具。

目前，在数理逻辑中，研究形式推理主要有两种方式，一种是以规则为主的自然推理方法，另一种是公理系统的方法。前者主要以应用为背景。因此，自然推理比较接近人们的直观，一般读者容易接受。公理系统理论性较强，适用于从事数理逻辑专门研究的理论工作者。本书主要讨论自然推理的方法。因此，以下提到的形式推理均指自然推理。

自然推理的主要特点是：允许直接引入前提或假设，然后应用一些给定的推理规则，逐步引出一系列命题公式，直到所要证的命题公式（结论）被引出。

设 $\alpha_1, \alpha_2, \cdots, \alpha_n, \beta$ 是命题公式。如果在 $\alpha_1, \alpha_2, \cdots, \alpha_n$ 的假设下，根据一些给定的推理规则（直接的或间接的），可以构造出一个命题公式序列

$$\gamma_1, \gamma_2, \cdots, \gamma_m$$

直到 β 引出，则称此命题公式序列为在前提 $\alpha_1, \alpha_2, \cdots, \alpha_n$ 下关于结论 β 的一个证明。记为

$$\alpha_1, \alpha_2, \cdots, \alpha_n \vdash \beta \tag{1.1}$$

有时，为了方便，将前提集用 Γ 表示，即

$$\Gamma = \{\alpha_1, \alpha_2, \cdots, \alpha_n\}$$

关于 (1.1) 的逻辑关系，可以用下式解释：

$$\alpha_1 \wedge \alpha_2 \wedge \cdots \wedge \alpha_n \Rightarrow \beta$$

读者可以用"$\Rightarrow$"的传递性加以说明。

在自然推理方法中，推理规则主要包括两大类，一类为直接推理规则，另一类为间接推理规则或称为假设消去规则。

一般来说,直接推理规则具有下述形式

$$\text{“}\alpha_1, \alpha_2, \cdots, \alpha_n \vdash \beta\text{”}$$

意指:若在推理过程中 $\alpha_1, \alpha_2, \cdots, \alpha_n$ 已经引出,则根据此规则可引出 β。

如果用命题公式之间的逻辑关系来说明,那么此规则的含义可理解为

$$\alpha_1 \wedge \alpha_2 \wedge \cdots \wedge \alpha_n \Rightarrow \beta$$

例如“$\alpha, \alpha \rightarrow \beta \vdash \beta$”意为在推理过程中,若 α 及 $\alpha \rightarrow \beta$ 已经引出,那么便可直接引出 β。此规则所表示的逻辑关系是:$\alpha \wedge (\alpha \rightarrow \beta) \Rightarrow \beta$。当然,在形式推理的过程中,不进行后者的解释。

一般来说,间接推理规则有下述形式

$$\text{“若 } \Gamma, \alpha \vdash \beta, \text{则 } \Gamma \vdash \gamma\text{”}$$

意指:若在前提集 Γ 下,利用新的假设(额外假设)α 能够证明 β,则可消去假设 α 而直接引出 γ。然而在增加了假设 α 之下引出的直到 β 的诸命题公式在以后的证明过程中不允许再被引用。

例如,　　　　　　$\text{“若 } \Gamma, \alpha \vdash \beta, \text{则 } \Gamma \vdash \alpha \rightarrow \beta\text{”}$

意为:若在增加了假设 α 之下能够证明 β,则可消去假设 α 而直接引入 $\alpha \rightarrow \beta$。

由于间接规则的应用,若将诸前提 α_i 也看成是额外假设,可能导致具有下述形式的证明:

$$\vdash \beta$$

这时称 β 为**可证命题公式**。如果用真假性来解释,可证命题公式即为永真命题公式。这条性质通常称为可靠性。

1.6.2　命题演算的自然推理系统

为了便于理解自然推理系统中的规则,先对自然推理系统的证明格式作一简单的介绍。

自然推理系统的证明是按行进行的,而且每行只能写一个命题公式。其一般格式如下:

　　　　　〈标号部分〉　　〈命题公式〉　　〈说明部分〉

标号部分给出证明的步骤,而且是从第一步开始,逐步增加。如第 i 步写成 (i) 等等。

命题公式为在本章中所定义的命题公式。其中不能带有命题公式定义以外的字符,如逗号等是不允许的。

说明部分是指出引入该命题公式的根据。一般来说,总是给出规则名及某些辅助说明,以便验证。关于这一点,在下面给出规则时再作具体的说明。

另外,对于一行中各部分的位置作如下约定:标号部分及说明部分各行之间应对齐,即下一行的相应部分的第一个字符与上一行应对齐。命题公式部分除规

则中有其他约定外,也应对齐。同时一行各部分之间也应留有适当的空位,尤其是在命题公式与说明部分之间。

自然推理系统的规则如下:

1. 直接引入规则

(1) 前提引入规则,记为 P。

可根据需要随时引入一个前提。

(2) 假设引入规则,记为 H。

可根据需要随时引入一个假设(额外假设)。

尽管前提与假设均可随时引入,但前提的引入是"无后果的",而假设的引入最终必须用间接规则消去。事实上,假设的引入往往是由某个间接规则所"启发"的。因此,为了明确假设最终由哪个间接规则消去,并使证明过程清晰自然,容易判断,我们约定:在每次引入一个假设时,应将所引入的命题公式比上一行的命题公式后移几格,并在说明部分的规则 H 之后注明启发该假设的规则名称。例如,说明部分为"$H(\to_+)$"表示该假设是由间接规则 $\to_+$ 所启发的。当消去一个假设时,则将所引入的命题公式与该假设引入前的命题公式对齐。前提的引入不需要考虑消去问题,因此只需与上一行的命题公式对齐,并在说明部分写上 P 即可。

2. 直接推理规则

(1) 蕴涵消去规则,记为 $\to_-$。其形式为

$$(i)\alpha,\ (j)\alpha \to \beta \vdash (k)\beta \qquad \to_- (i)(j)$$

意指:若第 i 行与第 j 行分别具有形如 α 与 $\alpha \to \beta$ 的命题公式,则以后的第 k 行可直接引入 β。说明部分"$\to_-(i)(j)$"表示此行是由规则应用于第 (i) 行及第 (j) 行命题公式的结果。

注意:这里 (i),(j) 的位置不能互换。

以下直接规则的含义,读者可以类推,不再进行这方面的解释。

(2) 合取引入规则,记为 $\wedge_+$。其形式为

$$(i)\alpha,\ (j)\beta \vdash (k)\alpha \wedge \beta \qquad \wedge_+(i)(j)$$

(3) 合取消去规则,记为 $\wedge_-$。其形式为

$$(i)\alpha \wedge \beta \vdash (j)\alpha \qquad \wedge_-(i)$$
$$(i)\alpha \wedge \beta \vdash (k)\beta \qquad \wedge_-(i)$$

注意:这里实际上是两条规则。由于它们的形式是类似的,故这里用一条规则表示。下面也有类似的情况。

(4) 析取引入规则,记为 $\vee_+$。其形式为

$$(i)\alpha \vdash (k)\alpha \vee \beta \qquad \vee_+(i)$$
$$(j)\beta \vdash (k)\alpha \vee \beta \qquad \vee_+(j)$$

(5) 等价引入规则,记为 $\leftrightarrow_+$。其形式为

$$(i)\alpha \to \beta,\ (j)\beta \to \alpha \vdash (k)\alpha \leftrightarrow \beta \qquad \leftrightarrow_+ (i)(j)$$

(6) 等价消去规则,记为 $\leftrightarrow_-$。其形式为

$$(i)\alpha \leftrightarrow \beta \vdash (j)\alpha \to \beta \qquad \leftrightarrow_- (i)$$
$$(i)\alpha \leftrightarrow \beta \vdash (k)\beta \to \alpha \qquad \leftrightarrow_- (i)$$

3. 间接推理规则

(1) 蕴涵引入规则,记为 $\to_+$。其形式为

$$若\ \Gamma,(i)\alpha \vdash (j)\beta$$
$$则\ \Gamma \vdash (k)\alpha \to \beta \qquad \to_+ (j)\,|\,(i)$$

意指:若在增加假设 α 的情况下,已证出命题公式 β,则在此后可消去假设 α,直接引入命题公式 $\alpha \to \beta$。说明部分中的 (i) 表示所消去的那行假设,用"|"来隔开。以下类同。

注意:第 i 行的说明部分应写成 $H(\to_+)$。

(2) 析取消去规则,记为 $\vee_-$。其形式为

$$若\ \Gamma \vdash (i)\alpha \vee \beta,\ 且\ \Gamma,(j)\alpha \vdash (l)\gamma,\ 且\ \Gamma,(k)\beta \vdash (m)\gamma$$
$$则\ \Gamma \vdash (n)\gamma \qquad \vee_- (i)(l)(m)\,|\,(j)(k)$$

意指:若第 i 行已引入形如 $\alpha \vee \beta$ 的命题公式,则可利用此规则在第 j 行与第 k 行分别启发出假设 α 与 β。当分别由这两个假设在第 l 行与第 m 行证明出 γ 时,则可以在第 m 行(即 l,m 后面的行)引入 γ,并同时消去第 j 行与第 k 行的假设。应当注意的是,引入假设 α 到推出 γ 的证明与引入假设 β 到推出 γ 的证明应该是独立进行的,它们之间的证明不能相互套用。因此约定:引入假设 β 的证明必须在引入假设 α 的证明结束之后方可进行,而且在引入假设 β 时应同引入假设 α 时的命题公式对齐。这一点与前面所说在"引入假设就后移几格"的约定不符。但这能反映出假设 α 与 β 之间的独立性,以及这两个假设将被一次消去。只要读者注意,是不难掌握的。

注意:第 j 行与第 k 行的说明部分均应写成 $H(\vee_-)$。

(3) 否定消去规则,记为 $\neg_-$。其形式为

$$若\ \Gamma,(i)\neg\alpha \vdash (j)\gamma,(k)\neg\gamma$$
$$则\ \Gamma \vdash (l)\alpha \qquad \neg_- (j)(k)\,|\,(i)$$

意指:若在引入假设 $\neg\alpha$ 的情况下,已经证明出 γ 及 $\neg\gamma$,则可以消去该假设而直接引入 α。

此规则通常视为**反证法**或**归谬法**。

注意:在引入假设 $\neg\alpha$ 时,说明部分应写成 $H(\neg_-)$。

(4) 否定引入规则,记为 $\neg_+$。其形式为

$$\text{若 } \Gamma, (i)\alpha \vdash (j)\gamma, (k)\neg\gamma$$
$$\text{则 } \Gamma \vdash (l)\neg\alpha \qquad \neg_+ (j)(k)|(i)$$

意指:若在引入假设 α 的情况下,已经证明出 γ 及 $\neg\gamma$,则可以消去该假设而直接引入 $\neg\alpha$。

此规则是反证法或归谬法另一种表示方法。

注意:在引入假设 α 时,说明部分应写成 $H(\neg_+)$。

上面介绍了自然推理系统的各条规则的形式及含义。当然,要掌握这些规则的真正用法,还要通过具体例子来加以说明。

在给出具体例子之前,还有几点需要说明。

(1) 关于假设消去的顺序问题,为了保证各间接推理规则的正常使用,规定:当有多个假设时,消去的顺序必须从最后一个假设开始消去。

(2) 关于证明的终止问题。一个证明已终止,当且仅当所有的假设被消去,且结论命题公式已经引出。如果用证明的格式判断:当第一行是前提时,终止的结论命题公式应与第一行命题公式对齐;当第一行是假设时,终止的结论命题公式应比第一行命题公式前移几格。

(3) 关于推理规则的可靠性问题。前面曾给出可靠性的一种说法。另一种说法是:若前提均为永真命题公式,则应用诸推理规则所得到的命题公式均为永真命题公式。

利用这种说法,很容易判断前提引入规则及各条直接推理规则的可靠性。由于假设引入规则本身不是独立的,因此它的可靠性应与间接推理规则放在一起来说明。下面仅以蕴涵引入规则为例加以说明,其他两条间接推理规则的说明由读者完成。

设 $\delta = \alpha_1 \wedge \alpha_2 \wedge \cdots \wedge \alpha_n$,于是按照前面关于推理规则所表示的逻辑关系,蕴涵引入规则是指

$$\text{若 } \delta \wedge \alpha \Rightarrow \beta, \text{ 则 } \delta \Rightarrow \alpha \rightarrow \beta$$

事实上
$$\delta \wedge \alpha \rightarrow \beta$$
$$\Leftrightarrow \neg(\delta \wedge \alpha) \vee \beta$$
$$\Leftrightarrow (\neg\delta \vee \neg\alpha) \vee \beta$$
$$\Leftrightarrow \delta \rightarrow (\alpha \rightarrow \beta)$$

于是 $\delta \wedge \alpha \rightarrow \beta$ 永真当且仅当 $\delta \rightarrow (\alpha \rightarrow \beta)$ 永真。

因此,若已证明出 $\delta \wedge \alpha \Rightarrow \beta$,即 $\delta \wedge \alpha \rightarrow \beta$ 永真,则有 $\delta \rightarrow (\alpha \rightarrow \beta)$ 永真,即 $\delta \Rightarrow \alpha \rightarrow \beta$。

故当 δ 为永真命题公式时,$\alpha \rightarrow \beta$ 必为永真命题公式。这就说明蕴涵引入规则是可靠的。

1.6.3　形式推理证明举例

下面利用自然推理系统进行一些常用命题公式之间形式推理的证明。希望读者能通过这些例子得到启发，并从中学习掌握一些基本的证明方法。

例 1.13　$\vdash \neg\neg\alpha \leftrightarrow \alpha$

(1)	$\neg\neg\alpha$	$H(\rightarrow_+)$
(2)	$\neg\alpha$	$H(\neg_-)$
(3)	α	$\neg_-\ (2)(1)\,|\,(2)$
(4)	$\neg\neg\alpha \rightarrow \alpha$	$\rightarrow_+\ (3)\,|\,(1)$
(5)	α	$H(\rightarrow_+)$
(6)	$\neg\alpha$	$H(\neg_+)$
(7)	$\neg\neg\alpha$	$\neg_+\ (5)(6)\,|\,(6)$
(8)	$\alpha \rightarrow \neg\neg\alpha$	$\rightarrow_+\ (7)\,|\,(5)$
(9)	$\neg\neg\alpha \leftrightarrow \alpha$	$\leftrightarrow_+\ (4)(8)$

这里需要指出的是当某个假设被消去时，由该假设命题公式起到消去该假设之前的诸命题公式在以后的证明中不能被引用。除此之外，任何位置上的命题公式均可被规则所引用。如此例中(3)出现时，(2)不能再被引用。(4)出现时，(1)到(3)不能再被引用。

例 1.14　$\beta \rightarrow \gamma \vdash \alpha \vee \beta \rightarrow \alpha \vee \gamma$

(1)	$\beta \rightarrow \gamma$	P
(2)	$\alpha \vee \beta$	$H(\rightarrow_+)$
(3)	α	$H(\vee_-)$
(4)	$\alpha \vee \gamma$	$\vee_+\ (3)$
(5)	β	$H(\vee_-)$
(6)	γ	$\rightarrow_-\ (5)(1)$
(7)	$\alpha \vee \gamma$	$\vee_+\ (6)$
(8)	$\alpha \vee \gamma$	$\vee_-\ (2)(4)(7)\,|\,(3)(5)$
(9)	$\alpha \vee \beta \rightarrow \alpha \vee \gamma$	$\rightarrow_+\ (8)\,|\,(2)$

这里(3)～(4)与(5)～(7)之间不能相互引用，而且在第二个假设 β 引入时，未采用"后移几格"的约定。

例 1.15　$\alpha \rightarrow (\beta \rightarrow \gamma) \vdash \beta \rightarrow (\alpha \rightarrow \gamma)$

(1)	$\alpha \rightarrow (\beta \rightarrow \gamma)$	P
(2)	β	$H(\rightarrow_+)$
(3)	α	$H(\rightarrow_+)$

(4)	$\beta \rightarrow \gamma$	$\rightarrow_-$ (3)(1)
(5)	γ	$\rightarrow_-$ (2)(4)
(6)	$\alpha \rightarrow \gamma$	$\rightarrow_+$ (5)|(3)
(7)	$\beta \rightarrow (\alpha \rightarrow \gamma)$	$\rightarrow_+$ (6)|(2)

该结论指出了前件之间的可交换性。

例 1.16 $\neg(\alpha \wedge \beta) \vdash \neg\alpha \vee \beta$

(1)	$\neg(\alpha \wedge \beta)$	P
(2)	$\neg(\neg\alpha \vee \neg\beta)$	$H(\neg_-)$
(3)	$\neg\alpha$	$H(\neg_-)$
(4)	$\neg\alpha \vee \neg\beta$	$\vee_+$ (3)
(5)	α	$\neg_-$ (4)(2)|(3)
(6)	$\neg\beta$	$H(\neg_-)$
(7)	$\neg\alpha \vee \neg\beta$	$\vee_+$ (6)
(8)	β	$\neg_-$ (7)(2)|(6)
(9)	$\alpha \wedge \beta$	$\wedge_+$ (5)(8)
(10)	$\neg\alpha \vee \neg\beta$	$\neg_-$ (9)(1)|(2)

例 1.17 $\neg\alpha \wedge \neg\beta \vdash \neg(\alpha \vee \beta)$

(1)	$\neg\alpha \wedge \neg\beta$	P
(2)	$\neg\neg(\alpha \vee \beta)$	$H(\neg_-)$
(3)	$\neg(\alpha \vee \beta)$	$H(\neg_-)$
(4)	$\alpha \vee \beta$	$\neg_-$ (3)(2)|(3)
(5)	α	$H(\vee_-)$
(6)	$\neg\alpha$	$\wedge_-$ (1)
(7)	$\neg\neg(\alpha \vee \beta)$	$H(\neg_-)$
(8)	$\neg(\alpha \vee \beta)$	$\neg_-$ (5)(6)|(7)
(9)	β	$H(\vee_-)$
(10)	$\neg\beta$	$\wedge_-$ (1)
(11)	$\neg\neg(\alpha \vee \beta)$	$H(\neg_-)$
(12)	$\neg(\alpha \vee \beta)$	$\neg_-$ (9)(10)|(11)
(13)	$(\alpha \vee \beta)$	$\vee_-$ (4)(8)(12)|(5)(9)
(14)	$(\alpha \vee \beta)$	$\neg$ (13)(2)|(2)

这里,(5)~(8)的证明指出 α,$\neg\alpha \vdash \neg\gamma$(其中 γ 为任一命题公式),即通常所说的"矛盾可以推出任一命题公式"。当然在选择 γ 的形式时,应该尽量引出一

个对证明有利的命题公式,如该证明中选择的$(\alpha \vee \beta)$。

例 1.18　$\alpha \rightarrow \beta \vDash \neg \alpha \vee \beta$

(1)	$\alpha \rightarrow \beta$	P
(2)	$\neg(\neg \alpha \vee \beta)$	$H(\neg_-)$
(3)	$\neg \alpha$	$H(\neg_-)$
(4)	$\neg \alpha \vee \beta$	$\vee_+ (3)$
(5)	α	$\neg_- (4)(2) \mid (3)$
(6)	β	$\rightarrow_- (5)(1)$
(7)	$\neg \alpha \vee \beta$	$\vee_+ (6)$
(8)	$\neg \alpha \vee \beta$	$\neg_- (7)(2) \mid (2)$

例 1.19　$\alpha \vee \beta \vDash \neg \alpha \rightarrow \beta$

(1)	$\alpha \vee \beta$	P
(2)	$\neg \alpha$	$H(\rightarrow_+)$
(3)	α	$H(\vee_-)$
(4)	$\neg \beta$	$H(\neg_-)$
(5)	β	$\neg_- (3)(2) \mid (4)$
(6)	β	$H(\vee_-)$
(7)	$\neg \beta$	$H(\neg_-)$
(8)	β	$\neg_- (6)(7) \mid (7)$
(9)	β	$\vee_- (1)(5)(8) \mid (3)(6)$
(10)	$\neg \alpha \rightarrow \beta$	$\neg_+ (9) \mid (2)$

例 1.20　$\neg(\alpha \rightarrow \beta) \vDash \alpha \wedge \neg \beta$

(1)	$\neg(\alpha \rightarrow \beta)$	P
(2)	$\neg(\alpha \wedge \neg \beta)$	$H(\neg_-)$
(3)	α	$H(\rightarrow_+)$
(4)	$\neg \beta$	$H(\neg_-)$
(5)	$\alpha \wedge \neg \beta$	$\wedge_+ (3)(4)$
(6)	β	$\neg_- (5)(2) \mid (4)$
(7)	$\alpha \rightarrow \beta$	$\rightarrow_+ (6) \mid (3)$
(8)	$\alpha \wedge \neg \beta$	$\neg_- (7)(1) \mid (2)$

上面介绍了一些较简单的命题公式之间推理关系的证明。读者不难从这些证明中了解形式推理的一般技巧和方法,而且不难看出,即使对于看起来十分简单的推理关系,要想给出它们的证明也不是一件容易之举,其中较难掌握的就是如何引

入假设的问题。这就要求读者必须对各间接推理规则的意义有深刻的理解。

如何将形式推理应用于日常语言的推理,首先应注意正确理解日常语言的逻辑含义,并进行命题符号化,然后根据符号化的形式进行推理。

例 1.21　　如果天气晴朗,并且没有考试,则他们就外出郊游;结果他们并没有外出郊游,而且也没有考试。所以,天气不好。

解　　命题符号化后的形式为

$$P \wedge \neg Q \to R, \quad \neg R \wedge \neg Q \vdash \neg P$$

其中 P:天气晴朗。Q:他们考试。R:他们外出郊游。

(1) $P \wedge \neg Q \to R$　　　　　　　P

(2) $\neg R \wedge \neg Q$　　　　　　　　P

(3)　　　P　　　　　　　　　　$H(\neg_+)$

(4)　　　　$\neg Q$　　　　　　　　$\wedge_-$(2)

(5)　　　$P \wedge \neg Q$　　　　　　$\wedge_+$(3)(4)

(6)　　　R　　　　　　　　　　$\to_-$(5)(1)

(7)　　　　$\neg R$　　　　　　　　$\wedge_-$(2)

(8) $\neg P$　　　　　　　　　　$\neg_+$(6)(7)$|$(3)

例 1.22　　如果下雨,则交通困难;如果他们准点到达,则交通不困难。所以,如果他们准点到达,则没有下雨。

解　　命题符号化的形式为

$$P \to Q, \ R \to \neg Q \vdash R \to \neg P$$

其中 P:天下雨。Q:交通困难。R:他们准点到达。

(1) $P \to Q$　　　　　　　　　P

(2) $R \to \neg Q$　　　　　　　　P

(3)　　　R　　　　　　　　　　$H(\to_+)$

(4)　　　　$\neg Q$　　　　　　　　$\to_-$(3)(2)

(5)　　　　P　　　　　　　　　$H(\neg_+)$

(6)　　　　Q　　　　　　　　　$\to_-$(5)(1)

(7)　　　　$\neg P$　　　　　　　　$\neg_+$(6)(4)$|$(5)

(8) $R \to \neg P$　　　　　　　　$\to_+$(7)$|$(3)

例 1.23　　如果小张缺席,那么不是小李就是小王缺席;如果小李缺席,则小张就不会缺席;如果小赵缺席,则小王不会缺席。所以,如果小张缺席,则小赵不会缺席。

解　　命题符号化的形式为

$$A \to B \vee C, \quad B \to \neg A, \quad D \to \neg C \vdash A \to \neg D$$

其中 A,B,C,D 分别表示:小张缺席,小李缺席,小王缺席,小赵缺席。

(1)	$A \to B \lor C$	P
(2)	A	$H(\to_+)$
(3)	$B \lor C$	$\to_-$ (2)(1)
(4)	B	$H(\lor_-)$
(5)	$B \to \neg A$	P
(6)	$\neg A$	$\to_-$ (4)(5)
(7)	D	$H(\neg_+)$
(8)	$\neg D$	$\neg_+$ (2)(6)$\mid$(7)
(9)	C	$H(\lor_-)$
(10)	D	$H(\neg_+)$
(11)	$D \to \neg C$	P
(12)	$\neg C$	$\to_-$ (10)(11)
(13)	$\neg D$	$\neg_+$ (9)(12)$\mid$(10)
(14)	$\neg D$	$\lor_-$ (3)(8)(13)$\mid$(4)(9)
(15)	$A \to \neg D$	$\to_+$ (14)$\mid$(2)

例 1.24 若他竞技状态不好,他就不会取得好成绩;若他竞技状态良好,他就会获得金牌;他要么取得好成绩,要么不参加这次比赛。所以,他如果参加比赛,就会获得金牌。

解 命题符号化的形式为
$$\neg P \to \neg Q, \ P \to R, \ Q \lor \neg S \vDash S \to R$$
其中 P:他竞技状态良好。Q:他取得好成绩。R:他获得金牌。S:他参加比赛。

(1)	$Q \lor \neg S$	P
(2)	S	$H(\to_+)$
(3)	Q	$H(\lor_-)$
(4)	$\neg P$	$H(\neg_-)$
(5)	$\neg P \to \neg Q$	P
(6)	$\neg Q$	$\to_-$ (4)(5)
(7)	P	$\neg_-$ (3)(6)$\mid$(4)
(8)	$P \to R$	P
(9)	R	$\to_-$ (7)(8)
(10)	$\neg S$	$H(\lor_-)$
(11)	$\neg R$	$H(\neg_-)$

(12)　　　R　　　　　　　　　$\neg_-$ (2)(10)|(11)

(13)　　　R　　　　　　　　　$\vee_-$ (1)(9)(12)|(3)(10)

(14) $S \rightarrow R$　　　　　　　　$\rightarrow_+$ (13)|(2)

关于形式推理的方法,这里就上面的一些例子作了简单的介绍。作为本节的结束,下面对如何评价一个形式推理系统作一点说明,以便读者对一般的形式推理系统有一个比较全面的了解。

对于给定的一个形式推理系统,一般说可以从三个方面来进行评价,即可靠性、完备性、独立性。

关于可靠性,在前面已作了说明,这里不再重复。

其次是完备性。就自然推理系统而言,完备性是指命题演算中的所有永真命题公式均为该系统的可证公式。例如,命题演算中所有形如 $\alpha \Rightarrow \beta$ 的逻辑关系,均应在自然推理系统中得到证明,即 $\alpha \Rightarrow \beta$ 成立。这样,从理论上讲,所有用真值表法或分析指派法能够证明的逻辑关系,均可通过前面定义的规则集给出证明。

最后是独立性。就自然推理系统而言,独立性是指如果从该系统中去掉某一条规则,那么该系统就不是完备的。换句话说,该系统中的每一条规则都是必不可少的。

这些性质的证明比较复杂,本书不作讨论,有兴趣的读者可参阅有关参考书。

习 题 一

1. 指出下列语句中哪些是命题。

(1) 离散数学的研究对象是自然数。

(2) 请勿喧哗。

(3) 夸夸其谈可以创造财富。

(4) "飞碟"来自于银河系之外。

(5) 今天很冷。

(6) 你明天还来吗?

2. 用符号形式写出下面的命题,其中

　　P 表示命题"明天下雪";

　　Q 表示命题"我们明天上课";

　　R 表示命题"我们明天上公园"。

(1) 如果明天下雪且我们停课,那么我们去公园。

(2) 只有明天不下雪,我们才去公园。

(3) 除非明天不下雪且我们上公园,否则我们将上课。

(4) 无论明天下雪与否,我们照常上课。

3. 用上题的命题 P,Q,R 解释下面的形式命题：

(1) $(\neg P \vee Q) \to \neg R$；

(2) $P \wedge R$；

(3) $\neg P \to (Q \vee R)$；

(4) $\neg Q \leftrightarrow R$。

4. 将下述命题符号化。

(1) 不是小王就是老李来找过你。

(2) 尽管小张与小赵是同学，但他们很少在一起。

(3) 如果程序能正常结束，那么就不会有语法错误。

(4) 既然你今天不去开会，就该在家好好休息一下。

(5) 只有博览群书，知识才能丰富。

(6) 只要懂得法律，就能够成为一名律师。

(7) 学好数、理、化，走遍天下都不怕。

(8) 并非由于学校是重点，毕业生才是一流的，而是由于毕业生是一流的，学校才能成为重点。

(9) 他能考上交大，除了由于他有一个较好的环境之外，还在于他平时的刻苦精神。

5. 试通过对命题公式中联结词的个数的归纳，证明命题公式在任一指派下的真假值都是唯一的。

6. 令 P,Q,R,S 分别取值为 T,F,T,F。求出下列命题公式在相应指派下的真假值。

(1) $\neg P \vee (Q \to (P \wedge R))$；

(2) $(Q \vee P) \to ((Q \wedge S) \leftrightarrow R)$；

(3) $(P \to Q) \wedge (R \to (Q \wedge S))$；

(4) $P \vee (Q \to (R \wedge \neg S)) \leftrightarrow (Q \vee \neg P)$。

7. 构造下列命题公式的真值表。

(1) $P \wedge (Q \vee R)$；

(2) $(P \to Q) \wedge (P \vee R)$；

(3) $(P \to (Q \wedge \neg Q)) \to \neg P$；

(4) $((P \to Q) \to (P \to R)) \to (P \to (Q \to R))$。

8. 利用真值表法判断下列逻辑等价式是否成立。

(1) $(P \to \neg Q) \Leftrightarrow (Q \to \neg P)$；

(2) $(P \to Q) \Leftrightarrow (Q \to P)$；

(3) $P \to (Q \to R) \Leftrightarrow (P \to Q) \to (P \to R)$；

(4) $\neg(P \rightarrow Q) \Leftrightarrow P \wedge \neg Q$;

(5) $\neg(P \wedge Q) \Leftrightarrow \neg P \vee \neg Q$;

(6) $P \leftrightarrow Q \Leftrightarrow (P \wedge Q) \vee (\neg P \wedge \neg Q)$;

(7) $P \rightarrow (Q \rightarrow P) \Leftrightarrow \neg P \rightarrow (Q \rightarrow \neg P)$;

(8) $(P \rightarrow R) \wedge (Q \rightarrow R) \Leftrightarrow (P \vee Q) \rightarrow R$;

(9) $(P \leftrightarrow Q) \leftrightarrow R \Leftrightarrow P \leftrightarrow (Q \leftrightarrow R)$。

9. 东东的爷爷带东东乘车去玩,当路过一座高楼时,爷爷说:"你只有现在好好学习,将来才能住上这样的高楼。"东东听了爷爷的话后,回答说,"爷爷没有住上这样的高楼,所以爷爷没有好好学习。"请问:东东是否误解了爷爷原话的意思,为什么?

10. 某单位派人外出学习。但由于工作关系,A,B 两个不能同去。如果 B 去则 C 必须留下工作。如果派 D 去则 B 和 C 至少应去一人。试问

(1) 四人中最多能派几人?

(2) 若已决定派 B 去,是否还可以增派其他人?请通过对成真指派的分析给出上面问题的最佳人选。

11. 利用真值表判断下列命题公式的永真性。

(1) $\neg P \rightarrow (P \rightarrow Q)$;

(2) $(P \rightarrow Q) \rightarrow ((Q \rightarrow R) \rightarrow (P \rightarrow R))$;

(3) $((P \vee Q) \wedge R) \vee ((P \wedge Q) \rightarrow \neg R)$;

(4) $(P \rightarrow (Q \rightarrow R)) \leftrightarrow (Q \rightarrow (P \rightarrow R))$。

12. 利用真值表证明下列逻辑蕴涵式。

(1) $\neg(P \rightarrow Q) \Rightarrow P$;

(2) $\neg Q \wedge (P \rightarrow Q) \Rightarrow \neg P$;

(3) $(P \vee Q) \wedge (P \rightarrow R) \wedge (Q \rightarrow S) \Rightarrow R \vee S$;

(4) $\neg P \rightarrow (Q \wedge \neg Q) \Rightarrow P$。

13. 求下列命题公式的代入实例。

(1) $P \rightarrow ((P \rightarrow Q) \rightarrow Q)$,

其中,P 代入为 $P \rightarrow Q$,Q 代入为 $(P \rightarrow Q) \rightarrow Q$。

(2) $(P \rightarrow Q) \rightarrow ((Q \rightarrow R) \rightarrow (P \rightarrow R))$,

其中,P 代入为 $Q \rightarrow R$,Q 代入为 $P \rightarrow R$。

14. 设 α_1,α_2,β 为命题公式。如果 $\alpha_1 \Rightarrow \alpha_2$,证明:

(1) $\neg \alpha_2 \Rightarrow \neg \alpha_1$;

(2) $\alpha_1 \wedge \beta \Rightarrow \alpha_2 \wedge \beta$;

(3) $\alpha_1 \vee \beta \Rightarrow \alpha_2 \vee \beta$;

(4) $\alpha_2 \rightarrow \beta \Rightarrow \alpha_1 \rightarrow \beta$。

15. 利用变换法证明下列逻辑等价式。

(1) $P \rightarrow (Q \rightarrow P) \Leftrightarrow (\neg P \rightarrow (P \rightarrow Q))$;

(2) $(P \rightarrow R) \wedge (Q \rightarrow R) \Leftrightarrow (P \vee Q) \rightarrow R$;

(3) $\neg (P \leftrightarrow Q) \Leftrightarrow (P \vee Q) \wedge (\neg P \vee \neg Q)$;

(4) $\neg (P \rightarrow Q) \Leftrightarrow P \wedge \neg Q$。

16. 利用变换法证明下列逻辑蕴涵式。

(1) $P \rightarrow (Q \rightarrow R) \Rightarrow (P \rightarrow Q) \rightarrow (P \rightarrow R)$;

(2) $(P \rightarrow Q) \rightarrow Q \Rightarrow P \vee Q$;

(3) $(P \rightarrow Q) \rightarrow (Q \rightarrow P) \Rightarrow Q \rightarrow P$;

(4) $P \rightarrow Q \Rightarrow (P \vee R) \rightarrow (Q \vee R)$。

17. 求下列命题公式的对偶式。

(1) $(P \rightarrow Q) \rightarrow (\neg P \vee R)$;

(2) $\neg (P \leftrightarrow Q) \wedge (P \vee Q)$;

(3) $(\neg P \rightarrow (Q \vee R)) \wedge (Q \rightarrow P)$。

18. 将下列命题公式化成只含有全功能联结词集合 $\{\neg, \rightarrow\}$ 中联结词的命题公式。

(1) $P \vee (Q \wedge \neg R)$;

(2) $((P \vee Q) \wedge R) \rightarrow (P \vee R)$;

(3) $p \vee ((\neg Q \wedge R) \rightarrow P)$;

(4) $\neg (P \leftrightarrow (\neg Q \rightarrow (R \vee P)))$。

19. 证明 $\{\downarrow\}$ 是极小全功能的。

20. 证明 $\{\vee, \wedge\}$ 不是全功能的。

21. 将下列命题公式化为析取范式。

(1) $(\neg P \vee \neg Q) \rightarrow ((P \leftrightarrow \neg Q) \vee R)$;

(2) $(P \vee (\neg P \rightarrow Q)) \wedge (Q \rightarrow R)$;

(3) $(P \rightarrow (Q \wedge R)) \wedge (\neg P \rightarrow (\neg Q \wedge \neg R))$;

(4) $Q \wedge (\neg P \rightarrow (Q \vee \neg (Q \rightarrow R)))$。

22. 将上题的各命题公式化为主析取范式。

23. 通过化主析取范式的方法,判断下面的逻辑等价式是否成立。

(1) $(P \wedge Q) \vee (\neg P \wedge Q \wedge R) \Leftrightarrow (P \vee (Q \wedge R)) \wedge (Q \vee (\neg P \wedge R))$;

(2) $\neg P \vee (P \wedge Q) \vee R \Leftrightarrow \neg (P \wedge \neg Q) \wedge (Q \vee R)$。

24. 设计一个控制两间会议室的照明电路,要求分别装在这两间会议室的两只开关都能控制整个会议室的照明。

25. 某公安人员在追捕一个逃犯的途中面对前面具有两条路的分叉路口。已知该路口住着两个居民,其中一个说谎成性,另一个天性诚实。请问:该公安人员应如何发问才能确定逃犯的去向。

26. 证明析取消去规则($\vee_-$)和否定规则($\neg_-$)都是可靠的。

27. 构造形式证明过程。

(1) $\alpha \wedge \beta \vDash \beta \wedge \alpha$;

(2) $\alpha \vee \beta \vDash \beta \vee \alpha$;

(3) $(\alpha \wedge \beta) \wedge \gamma \vDash \alpha \wedge (\beta \wedge \gamma)$;

(4) $(\alpha \vee \beta) \vee \gamma \vDash \alpha \vee (\beta \vee \gamma)$;

(5) $\alpha \wedge (\beta \vee \gamma) \vDash (\alpha \wedge \beta) \vee (\alpha \wedge \gamma)$;

(6) $\alpha \vee (\beta \wedge \gamma) \vDash (\alpha \vee \beta) \wedge (\alpha \vee \gamma)$;

(7) $\neg \alpha \vee \neg \beta \vDash \neg (\alpha \wedge \beta)$;

(8) $\neg (\alpha \vee \beta) \vDash \neg \alpha \wedge \neg \beta$;

(9) $\neg \alpha \vee \beta \vDash \alpha \rightarrow \beta$;

(10) $\neg P \vDash P \rightarrow Q$;

(11) $Q \vDash P \rightarrow Q$;

(12) $\neg Q, P \rightarrow Q \vDash \neg P$。

28. 构造形式推理过程。

(1) $\alpha \rightarrow \beta, \neg (\beta \vee \gamma) \vDash \neg \alpha$;

(2) $\alpha \vee \beta, \alpha \rightarrow \delta, \beta \rightarrow \gamma \vDash \delta \vee \gamma$;

(3) $(\alpha \vee \beta) \rightarrow \gamma, \gamma \rightarrow (\delta \vee \varepsilon) \vDash (\neg \delta \wedge \neg \varepsilon) \rightarrow \neg \alpha$;

(4) $\alpha \rightarrow (\beta \rightarrow \gamma), \neg \delta \vee \alpha \vDash \beta \rightarrow (\delta \rightarrow \gamma)$;

(5) $\neg (\alpha \wedge \neg \beta), \neg \beta \vee \gamma \vDash \neg \gamma \rightarrow \neg \alpha$;

(6) $\gamma \rightarrow \neg \beta, \gamma \vee \delta, \delta \rightarrow \neg \beta, \alpha \rightarrow \beta \vDash \neg \alpha$。

29. 构造下述命题的形式推理过程。

(1) 如果小王生病,则小李和小张都要去探望;如果小李去探望小王,则小李不会去郊游。所以,如果小李去郊游,则小王没生病。

(2) 粮和煤不能都涨价;如果铁路运费涨价,则煤要涨价。所以,既然粮涨价了,则铁路运费不能涨价。

(3) 只有生产发展了,才能改善人民的物质生活条件;只有改善人民的物质生活条件,大量的现实矛盾才能解决。所以,不发展生产,那么大量的现实矛盾不能解决。

(4) 如果小王来,则小张或小李至少要来一个;如果小张来,则小赵就不来。所以,如果小赵来了,但小李没来,则小王没来。

第 2 章

谓词演算

上一章主要讨论了以命题作为基本单位的命题演算,并将原子命题看作是不可再分的基本元素。但是,这种处理方式在实际应用中有较大的局限性,使得一些显而易见的逻辑推理难以进行。像著名的苏格拉底论断:

所有的人都是要死的。苏格拉底是人,所以苏格拉底是要死的。

这种十分简单的三段论却无法用命题演算给予恰当的表示。因此,有必要对命题的内部逻辑结构作进一步的分析,这就导致了谓词演算的引入。事实上,谓词演算可以看作是命题演算的深化。大多数命题演算中的内容和结论在谓词演算中都有相应的反映,只是谓词演算在某些形式上较命题演算更为丰富。因此,本章的讨论方式与上一章大体上是平行的。

2.1 谓词与量词

2.1.1 谓词与个体

在命题演算中,命题之间的关系只是通过命题的真假值来反映的,也就是说,对于两个原子命题来说,关心的只是它们的真假值是否相同。例如,对于命题"小张是学生"与"小李是学生",就命题演算的观点而言,它们要么完全一样(即真假值相同),要么完全不同(即真假值不同),至于其他方面的性质,这里无法进行表示。然而根据常识可以知道,这两个命题的陈述部分是相同的,只是陈述的对象不同。又例如,对于命题"小张是学生"与"小张跑步"来说,它们的陈述部分虽然不同,但它们的陈述对象是相同的。

因此,为了进一步研究命题之间的逻辑关系,必须将命题的陈述部分与所陈述的对象进行分离,将命题的陈述部分称为**谓词**,将命题的陈述对象称为**个体**。

　　一般来说,个体是客观存在的某种具体的或抽象的事物,像上面所说的小张、小李等等。然而对于一类问题来说,可能涉及到多个个体。为此,由个体组成的集合称为**个体域**,个体域上的变元称为**个体变元**。像上面所说的小张,小李都是属于人这个个体域。当然由于具体问题所涉及的范围不同,因此所选择的个体域也会不同。换言之,一个个体域可能很大,也可能很小。例如"计算机系全体师生"这个个体域就比人这个个体域小得多。至于选择什么样的个体域,可根据问题的需要来决定。

　　习惯上,用 a,b,c 或 x,y,z 来表示个体。通常 a,b,c 表示一些具体的个体,而 x,y,z 表示某个个体域上的个体变元,I 表示个体域。

　　谓词通常是对个体所具有的特征或若干个体间的联系的描述。像"×× 是学生","×× 跑步"都是对个体特征的描述,而"×× 与 ×× 是同学"则说明了两个个体之间的联系。一般说,对于一个个体特征的描述称为**一元谓词**;对于两个个体间的联系的描述称为**二元谓词**;依此类推,对于 n 个个体间的联系的描述称为 **n 元谓词**,即 n 元谓词是就 n 个个体而言的陈述。当然,这样的定义是不够明确的,后面还将通过一些形式化的方法来解释 n 元谓词的含义。习惯上,用 $A,B,C,\cdots$ 表示谓词。

　　与命题不同的是,个体或谓词是无真假性的,即它们没有真假值的概念。由于真假性是建立推理理论的基础,因此必须将个体与谓词放在一起才可能有真假值的含义。一般说来,一个谓词总是和若干个个体联系在一起的。一个谓词可能涉及到的个体所组成的个体域称为该谓词的个体域。反之,若谓词 A 的个体域是 I,则称 A 是定义在个体域 I 上的谓词。

　　下面介绍谓词形式化的方法。

　　上面讲到用 A,B,C 表示谓词,但这样的表示忽略了一个重要的事实,即该谓词是 n 元的。当然,可以直接用下述形式来说明谓词的元数。若 A 是 n 元谓词,则表示为

$$A(\underline{\quad},\underline{\quad},\cdots,\underline{\quad})$$

$$n \text{ 个空位}$$

这样一来,谓词 A 的元数是清楚了。但还有一个问题,即这些空位与 n 个个体将如何对应。按照通常的观点,将个体填入到不同的位置,其结果可能是不同的。例如:

$$P(\underline{\quad},\underline{\quad})$$

表示 ×× 是 ×× 的父亲。若个体的位置填写得不对,那么其意思就完全不同了。为此引入下面的表达方式。

　　若 A 是 n 元谓词,则用

$$A(e_1,e_2,\cdots,e_n)$$

表示,其中 e_i 称为**命名变元**,填有命名变元的谓词称为**谓词命名填式**。

于是用下述方式定义谓词 F 就十分清楚了。

$$F(e_1,e_2)：e_1 \text{ 是 } e_2 \text{ 的父亲。}$$

应当指出的是,命名变元并不是个体,它只起到位置说明的作用,因此不能将谓词命名填式看成是命题。

对于 n 元谓词 A 来说,用 n 个个体填到相应的位置上之后的形式

$$A(a_1,a_2,\cdots,a_n)$$

称为谓词 A 填以个体 $a_1,a_2,\cdots,a_n$ 的**谓词填式**。如果在谓词填式中含有个体变元,则称它为**命题函数**。

例如,谓词 F 的定义如上。若用 a,b 分别表示老张和小张,则

$$F(a,b)$$

就是 $F(e_1,e_2)$ 填以 a,b 的谓词填式。它的意思是"老张是小张的父亲"。但是如果把"老张"(或"小张")理解为变元,如"老张"可能是张三,也可能是张四等,那么这个命题的真假性是不确定的,所以称为命题函数。

现在反过来考虑如何确定谓词中命名变元的个数。例如

$$F'(e)：e \text{ 是小张的父亲。}$$

尽管该谓词命名填式的说明中还有一个个体"小张",但这里并没有将它作为一个命名变元。因此 F' 是一元谓词。例如

$$F''：\text{老张是小张的父亲。}$$

在这个谓词命名填式中不含有命名变元,这种谓词称为 **0 元谓词**。换言之,0 元谓词就是命题。因此,命题是一种特殊的谓词。这就是前面所说的"谓词演算是命题演算的深化"的含义。

按照这种观点,就可以考虑命题符号化的问题。下面给出几个例子。

例 2.1　如果老张是小张的父亲,则小张是老张的儿子。

解　命题符号化的结果为

$$F(a,b) \to S(b,a)$$

其中,$F(e_1,e_2)：e_1$ 是 e_2 的父亲。

　　$S(e_1,e_2)：e_1$ 是 e_2 的儿子。

　　a:老张,b:小张。

例 2.2　如果 x 是小张的父亲,且 y 是小张的兄弟,则 x 是 y 的父亲。

解　命题符号化的结果为

$$F(x,a) \land B(y,a) \to F(x,y)$$

其中,$F(e_1,e_2)：e_1$ 是 e_2 的父亲。

　　$B(e_1,e_2)：e_1$ 是 e_2 的兄弟。

a：小张。

例 2.3　如果 $x+y>0$，且 $y+z>0$，则 $x+z>0$。

解　命题符号化的结果为

$$G(x,y) \land G(y,z) \rightarrow G(x,z)$$

其中，$G(e_1,e_2)$：$e_1+e_2>0$。

例 2.4　如果 $x+y>0$，且 $x+z>3$，则 $y+z>3$。

解　命题符号化的结果为

$$G(x,y,0) \land G(x,y,3) \rightarrow G(y,z,3)$$

其中，$G(e_1,e_2,e_3)$：$e_1+e_2>e_3$。

从上面几个例子不难发现，在命题符号化的过程中，确定一个谓词的命名变元的个数并不单纯由命题中所含个体的个数来决定。一个个体是否需要被当作谓词命名变元的填入，取决于该个体对整个命题的影响。

2.1.2　量词

在谓词演算中，一个最为明显的特点是引入了量词的概念。

在日常语言命题中，经常要对某个个体域的整体性质进行描述，例如"对于每一个"、"所有的"、"存在某一个"、"至少有一个"等等。正是由于这些整体性的描述，才使得推理的内容大为丰富。为此，下面引入全称量词和存在量词。

(1) 全称量词，记为 $\forall$。

设 $A(e)$ 是定义在个体域 I 上的谓词。表达式

$$\forall x \, A(x)$$

为真当且仅当对于个体域 I 上的每一个个体 x，均有 $A(x)$ 为真。同时，称 x 为该**全称量词**的**指导变元**，$A(x)$ 为该全称量词的**辖域**（或**作用域**）。

例如，G 是定义在自然数集合上的二元谓词。

$$G(e_1,e_2)：e_1 \leqslant e_2$$

则 $\forall x \, G(1,x)$ 为真，即对于每一个自然数 x，均有 $G(1,x)=T$，即 $1 \leqslant x$。

(2) 存在量词，记为 $\exists$。

设 $A(e)$ 是定义在个体域 I 上的谓词。表达式

$$\exists x \, A(x)$$

为真当且仅当在个体域 I 中至少有一个个体 x，使 $A(x)$ 为真。同时，称 x 为该**存在量词**的**指导变元**，$A(x)$ 为该存在量词的**辖域**（或**作用域**）。

例如，在上面的例子中，$\exists x \, G(x,2)$ 为真，即存在某个自然数 x，使 $G(x,2)=T$，即 $x \leqslant 2$。

2.1.3　谓词符号化

在谓词符号化之前，我们先解决关于个体域统一的问题。先看一个例子。

将右面的命题符号化:每个人都有一张桌子。

如果不考虑个体域的统一,可将该命题写成如下形式

$$\forall x \exists y\, D(x, y)$$

其中,$D(e_1, e_2)$ 表示 e_1 有 e_2。而个体变元 x 的个体域是人这个集合,y 的个体域是桌子这个集合,也就是说 x 和 y 的个体域是不同的。这样一来,同一个谓词涉及到两个不同的个体域,这种形式对符号化描述是不方便的。因此,希望找到一种方法,将所有的个体域统一起来组成一个理想的个体域,即**全总个体域**。并将谓词中不同个体变元的个体域通过谓词的形式在符号化的命题中直接表现出来,这样,在符号化以后就不必考虑不同个体域对个体变元的作用了。称具有个体域转化功能的谓词为**特性谓词**。

可根据如下方式将个体域转化成特性谓词。

对全称量词而言,应将特性谓词作为蕴涵前件出现在该量词的辖域中。

对存在量词而言,应将特性谓词作为合取项出现在该量词的辖域中。

如在上面的例子中,若将个体域人的集合转换成特性谓词 $M(e)$:e 是人,将个体域桌子的集合转化成特性谓词 $T(e)$:e 是桌子。那么,便得到下述形式的符号化结果:

$$\forall x(M(x) \rightarrow \exists y(T(y) \wedge D(x, y)))$$

这时,不论是个体变元 x 还是个体变元 y,都可以看成是同一个个体域中的元素。

当然,前面所说的全总个体域是一种理想的个体域,即将自然界的所有个体作为一个整体,这是一个十分抽象化的个体域。事实上,对于一类具体命题来说,总是可以认为全总个体域就是所有可能涉及到的个体域的并集。特殊地,当同一类命题只可能涉及到一个个体域时,就可以认为这个个体域就是全总个体域。这样,既可以保证不同个体变元的统一,又可以不使符号化的形式过繁,因为这时可减少某些特性谓词。下面就用这种观点来考虑命题的符号化。

例 2.5　离散数学是计算机系学生的必修课,即所有计算机系的学生都要学习离散数学。

解　该命题符号化的结果为

$$\forall x(C(x) \rightarrow D(x))$$

其中,$C(e)$:e 是计算机系的学生。

$D(e)$:e 学习离散数学。

这里,谓词 C 是特性谓词,该命题的全总个体域可以认为是学生的集合。

例 2.6　尽管有些勤奋的人很聪明,但未必所有勤奋的人都聪明。

解　该命题符号化的结果为

$$\exists x(D(x) \wedge C(x)) \wedge \neg\, \forall x(D(x) \rightarrow C(x))$$

其中，$D(e):e$ 勤奋。

　　$C(e):e$ 聪明。

该命题的全总个体域可以认为是人的集合。

　　例 2.7　半序集 $\langle P,<\rangle$ 的子集 Q 中必有极大元素，即 Q 中必有这样的元素，使得 Q 中任何元素都不比该元素大。

　　解　该命题符号化的结果为

$$\exists x(Q(x) \wedge \forall y(Q(y) \rightarrow \neg G(x,y) \vee E(x,y)))$$

其中，$Q(e):e \in Q$。

　　$G(e_1,e_2):e_1 \leqslant e_2$。

　　$E(e_1,e_2):e_1 = e_2$。

该命题的全总个体域可以认为是集合 P。

2.2　谓词公式与真假性

2.2.1　谓词公式

　　通过上一节的介绍，基本上解决了将日常语言命题转化成带有谓词和量词的命题符号化形式。与命题演算类似，下面将利用这些符号化形式来讨论命题之间的逻辑关系。为此，必须将命题公式的概念作适当的扩充，以适应带有谓词和量词的逻辑演算，即谓词演算。

　　关于命题变元及个体变元的概念，前面已作了介绍，这里介绍谓词变元的概念。

　　定义 2.1　设 I 是个体域，若对于 I 上任意确定的 n 个个体 $x_1,x_2,\cdots,x_n$ 通过 A 恰有一个真假值与之对应，则称 A 为个体域 I 上的 n 元谓词。

　　例如，表 2.1 给出的是个体域 $I=\{1,2,3\}$ 上的一个二元谓词。

表 2.1　二元谓词 B 的真值表

x_1	x_2	$B(x_1,x_2)$
1	1	T
1	2	F
1	3	F
2	1	T
2	2	F
2	3	F
3	1	T
3	2	F
3	3	F

当然,通过真值表来定义比较大的个体域上的谓词是很困难的,尤其当个体域为无限时,这便是不可能的。因此,通常采用某种描述方式来定义。关于这种例子,上一节已作了较详细的讨论。

以 n 元谓词为变域的变元称为 **n 元谓词变元**。更一般地说,以谓词为变域的变元称为**谓词变元**。

有了这些基本概念,就可以给出谓词公式或合式公式(WFF)的形式定义。为方便起见,在不发生混淆时,仍称谓词公式为公式。

定义 2.2 谓词公式定义如下:

(1)命题变元及 T,F 是谓词公式;

(2)若 A 为 n 元谓词变元,$x_1,x_2,\cdots,x_n$ 是 n 个个体变元,则 $A(x_1,x_2,\cdots,x_n)$ 是谓词公式;

(3)若 α 是谓词公式,则 $\neg\alpha$ 是谓词公式;

(4)若 α,β 是谓词公式,则

$$(\alpha \wedge \beta),\ (\alpha \vee \beta),\ (\alpha \rightarrow \beta),\ (\alpha \leftrightarrow \beta)$$

是谓词公式;

(5)若 α 是谓词公式,x 是个体变元,则

$$\forall x\,\alpha,\quad \exists x\,\alpha$$

是谓词公式;

(6)只有有限次使用(1),(2),(3),(4),(5)得到的符号串才是谓词公式。

通过上述定义,可以看出所有命题公式均为谓词公式,即命题公式是谓词公式的子集,所以仍用 α,β,γ 等表示谓词公式。

另外,在讨论命题公式时,曾采用某些约定,以减少圆括号的个数,这些约定对于谓词公式仍然有效。例如

$$\forall y(A(x,y) \wedge \exists y\,B(y) \rightarrow \exists x(A(x,y) \vee \forall y\,B(y))) \tag{2.1}$$

是谓词公式。

定义 2.3 设 α 是谓词公式,x 是个体变元。若 x 在 α 中的某个出现不在 α 的任何子公式 $\forall x\,\gamma$ 或 $\exists x\,\gamma$ 中,则称该 x 是 α 的**自由变元**。

定义 2.4 设 x 是 β 的自由变元,且 $\forall x\,\beta$(或 $\exists x\,\beta$)是 α 的子公式,则称该 x 是 α 中受该量词 $\forall$(或 $\exists$)约束的约束变元,并称 β 是该量词 $\forall$(或 $\exists$)的**辖域**。

例如,(2.1)式中第一个 $A(x,y)$ 中的 x 是该谓词公式的自由变元,而该 $A(x,y)$ 中的 y 是受第一个全称量词约束的约束变元。第一个 $B(y)$ 中的 y 是受第一个存在量词约束的约束变元。而第二个 $A(x,y)$ 中的 x 是受第二个存在量词约束的约束变元,该 $A(x,y)$ 中的 y 是受第一个全称量词约束的约束变元。第二个 $B(y)$ 中的 y 是受第二个全称量词约束的约束变元。由此可见,同一谓词公

式中,同名的个体变元由于出现的位置不同,便成为具有不同性质的个体变元。

同一公式中诸量词与诸个体变元的出现之间所产生的这种约束上的联系称为该公式的**约束关系**。为了方便起见,将上述公式的约束关系用下面的约束关系图表示。

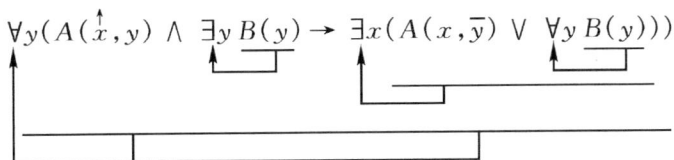

$$\forall y(A(\overset{\uparrow}{x},y) \wedge \exists y B(y) \rightarrow \exists x(A(x,\overline{y}) \vee \forall y B(y)))$$

其中下划横线表示相应量词的辖域,由个体变元下方引出的指向量词的箭头表示该个体变元与相应量词的约束关系,而个体变元上方引出的箭头表示该个体变元是自由变元。注意:在确定这种约束关系图时,必须由子公式逐步向外,以免引起交叉。

2.2.2 谓词公式的指派

通过谓词公式的定义,不难发现谓词公式的真假性与命题变元、谓词变元及自由变元有关,而与约束变元无关。因此,可以通过下述形式的指派来确定谓词公式的真假性。

定义 2.5 设 α 是谓词公式,$P_1,P_2,\cdots,P_l$ 是 α 中的命题变元,$A_1,A_2,\cdots,A_m$ 是 α 中的谓词变元,$x_1,x_2,\cdots,x_n$ 是 α 中的自由变元。称

$$(P_1,P_2,\cdots,P_l,A_1,A_2,\cdots,A_m,x_1,x_2,\cdots,x_n)$$

为 α 的变元组。如果给该变元组的每一个变元一个确定的值,则称

$$(P_1^0,P_2^0,\cdots,P_l^0,A_1^0,A_2^0,\cdots,A_m^0,x_1^0,x_2^0,\cdots,x_n^0)$$

为谓词公式 α(关于变元组)的一个指派。

与命题公式一样,用 π 表示 α 的指派,用 $\alpha(\pi)$ 表示 α 在该指派下的值。

例如,谓词公式 $\alpha = P \wedge \forall x A(x,y)$ 的一个指派如下(P^0,A^0,y^0) 如下:$P^0 = T,y^0 = 2,A^0(e_1,e_2)$,由表 2.2 给出其定义。个体域 $I = \{1,2,3\}$。令 $\pi = (P^0,A^0,y^0)$,则对于该指派而言,有 $\alpha(\pi) = T$。

与命题公式不同的是,谓词公式的指派个数不是有限的。因此,一般说来,不可能给出一谓词公式的所有指派。也就是说,无法将命题公式中的真值表方法推广到谓词演算中。但是成真指派与成假指派的概念与命题公式是一样的,这里不再重复。

表 2.2　二元谓词 A^0 的真值表

x	y	$A^0(x,y)$
1	1	F
1	2	T
1	3	F
2	1	F
2	2	T
2	3	F
3	1	T
3	2	T
3	3	F

例 2.8　给出下面谓词公式的一个成假指派。

$$\alpha = (\forall x A(x) \rightarrow P) \rightarrow (\exists x A(x) \rightarrow P)$$

解　令 $\pi = (P^0, A^0)$，其中 $P^0 = F, A^0(e)$ 由表 2.3 给出其定义。

表 2.3　一元谓词 A^0 的真值表

x	$A^0(x)$
1	T
2	F

对于表 2.3，由 $\forall$ 和 $\exists$ 的定义知

$$\forall x A^0(x) = F, \quad \exists x A^0(x) = T$$

由 $\rightarrow$ 的定义知　$\forall x A^0(x) \rightarrow P^0 = T, \quad \exists x A^0(x) \rightarrow P^0 = F$

由 $\rightarrow$ 的定义知　$(\forall x A^0(x) \rightarrow P^0) \rightarrow (\exists x A^0(x) \rightarrow P^0) = F$

即在该指派下有　$\alpha(\pi) = F$。

例 2.9　给出下面谓词公式的一个成假指派。

$$\alpha = \forall x \, \exists y \, A(x,y) \rightarrow \exists y \, \forall x \, A(x,y)$$

解　令 $\pi = (A^0)$，其中 $A^0(e_1, e_2)$ 由表 2.4 给出其定义。

表 2.4　二元谓词 A^0 的真值表

x	y	$A^0(x,y)$
1	1	T
1	2	F
2	1	F
2	2	T

由于　　$A^0(1,1) = T, A^0(2,2) = T$,故 $\forall x\, \exists y\, A^0(x,y) = T$;

由于　　$A^0(2,1) = F, A^0(1,2) = F$,故 $\exists y\, \forall x\, A^0(x,y) = F$;

由 → 的定义知　$\forall x\, \exists y\, A^0(x,y) \rightarrow \exists y\, \forall x\, A^0(x,y) = F$;

即在该指派下有　$\alpha(\pi) = F$。

2.2.3　谓词公式的永真性

谓词公式永真性的概念与命题公式永真性的概念相同。

定义 2.6　设 α 为谓词公式,

(1) 若对于 α 的任意指派 π,均有 $\alpha(\pi) = T$,则称 α 为永真公式或重言式;

(2) 若对于 α 的任意指派 π,均有 $\alpha(\pi) = F$,则称 α 为永假公式或矛盾式。

定理 2.1　设 α, β 是谓词公式,

(1) 如果 α 是永真谓词公式,则 $\neg\alpha$ 是永假谓词公式。

(2) 如果 α, β 是永真谓词公式,则

$$(\alpha \wedge \beta),\ (\alpha \vee \beta),\ (\alpha \rightarrow \beta),\ (\alpha \leftrightarrow \beta)$$

均为永真谓词公式。

(3) 如果 α 是永真谓词公式,x 是 α 中的个体变元,则

$$\forall x\, \alpha,\ \exists x\, \alpha$$

均为永真谓词公式。

2.3　谓词公式间的逻辑等价关系

2.3.1　基本概念

在命题演算中,曾给出过命题公式 α 与 β 逻辑等价的定义。现将逻辑等价的概念扩充到谓词公式中。

定义 2.7　设 α, β 是两个谓词公式。如果对于 α 与 β 的合成变元组的任意指派 π,均有 $\alpha(\pi) = \beta(\pi)$,则称 α 与 β **逻辑等价**,记为 $\alpha \Leftrightarrow \beta$。

由定义 2.7 知,命题公式的逻辑等价概念与谓词公式的逻辑等价概念相同,而且命题公式逻辑等价关系的基本性质,诸如自反性、对称性及传递性,对于谓词公式的情形依然成立。同时,如果将命题演算的基本逻辑等价式中的命题变元 P, Q, R 理解为一般的谓词变元填式 $A(x), B(x), C(x)$ 或带有量词的谓词变元填式 $\forall x\, A(x), \exists x\, B(x), \exists x\, C(x)$,则结论仍然成立。

例如,命题演算中析取的交换律也可理解为

$$A(x) \vee B(x) \Leftrightarrow B(x) \vee A(x) \tag{2.2}$$

$$A(x) \vee B(y) \Leftrightarrow B(y) \vee A(x) \tag{2.3}$$

$$\forall x\, A(x) \lor \forall x\, B(x) \Leftrightarrow \forall x\, B(x) \lor \forall x\, A(x) \tag{2.4}$$

在谓词公式中不可能用真值表的方法来验证这些逻辑等价式,但可以通过对指派的分析给予证明。现对(2.3)式证明如下:

任取指派 $\pi = (A^0, B^0, x^0, y^0)$,由于 $A^0(x^0)$,$B^0(y^0)$ 是命题,因此 $A^0(x^0)$, $B^0(y^0)$ 有真假值 P^0,Q^0。由于 $P \lor Q \Leftrightarrow Q \lor P$,由逻辑等价的定义知有 $P^0 \lor Q^0 = Q^0 \lor P^0$ 故有 $A^0(x^0) \lor B^0(y^0) = B^0(y^0) \lor A^0(x^0)$。由指派的任意性和逻辑等价的定义知有

$$A(x) \lor B(y) \Leftrightarrow B(y) \lor A(x)$$

对(2.2)式和(2.4)式的证明可类似地进行。

下面主要讨论由量词的引入所引起的命题演算中未涉及到的一些基本逻辑等价式。

例 2.10　证明:(1) $\neg \forall x\, A(x) \Leftrightarrow \exists x \neg A(x)$;

$$(2)\ \neg \exists x\, A(x) \Leftrightarrow \forall x \neg A(x)。$$

证　只证(1)。

先证在任意指派下当 $\neg \forall x\, A^0(x) = T$ 时,有 $\exists x \neg A^0(x) = T$。

任取指派 $\pi = (A^0)$,若 $\neg \forall x\, A^0(x) = T$,

由 $\neg$ 的定义知 $\forall x\, A^0(x) = F$,

由 $\forall$ 的定义知存在一个 x,使得 $A^0(x) = F$,

由 $\neg$ 的定义知 $\neg A^0(x) = T$,

由 $\exists$ 的定义知 $\exists x \neg A^0(x) = T$。

再证在任意指派下当 $\neg \forall x A^0(x) = F$ 时,有 $\exists x \neg A^0(x) = F$。

任取指派 $\pi = (A^0)$,若 $\neg \forall x\, A^0(x) = F$,

由 $\neg$ 的定义知 $\forall x\, A^0(x) = T$,

由 $\forall$ 的定义知对于每一个 x,均有 $A^0(x) = T$,

由 $\neg$ 的定义知对于每一个 x,均有 $\neg A^0(x) = F$,

由 $\exists$ 的定义知 $\exists x \neg A^0(x) = F$。

由指派的任意性和逻辑等价的定义知有

$$\neg \forall x\, A(x) \Leftrightarrow \exists x \neg A(x)$$

例 2.11　证明(1) $\forall x\, A(x) \land \forall x\, B(x) \Leftrightarrow \forall x(A(x) \land B(x))$;

(2) $\exists x\, A(x) \lor \exists x\, B(x) \Leftrightarrow \exists x(A(x) \lor B(x))$。

证　只证(2)。

先证在任意指派下,当 $\exists x\, A^0(x) \lor \exists x\, B^0(x) = T$ 时,有 $\exists x(A^0(x) \lor B^0(x)) = T$。

任取指派 $\pi = (A^0, B^0)$,若 $\exists x\, A^0(x) \lor \exists x\, B^0(x) = T$,由 $\lor$ 的定义知或者

$\exists x\, A^0(x) = T$，或者 $\exists x\, B^0(x) = T$。

① 若 $\exists x\, A^0(x) = T$，由 $\exists$ 的定义知存在某一 x_0，使得

$$A^0(x_0) = T$$

由 $\vee$ 的定义知存在某一 x_0，使得

$$A^0(x_0) \vee B^0(x_0) = T$$

由 $\exists$ 的定义知

$$\exists x(A^0(x) \vee B^0(x)) = T$$

② 若 $\exists x\, B^0(x) = T$，由 $\exists$ 的定义知存在某一 x_0，使得

$$B^0(x_0) = T$$

由 $\vee$ 的定义知存在某一 x_0，使得

$$A^0(x_0) \vee B^0(x) = T$$

由 $\exists$ 的定义知

$$\exists x(A^0(x) \vee B^0(x)) = T$$

因此，无论在何种情况下均有 $\exists x(A^0(x) \vee B^0(x)) = T$。

再证在任意指派下，当 $\exists x(A^0(x) \vee B^0(x)) = T$ 时，有

$$\exists x\, A^0(x) \vee \exists x\, B^0(x) = T$$

任取指派 $\pi = (A^0, B^0)$，若 $\exists x(A^0(x) \vee B^0(x)) = T$，由 $\exists$ 的定义知存在一 x_0，使得 $A^0(x_0) \vee B^0(x_0) = T$，由 $\vee$ 的定义知或者 $A^0(x_0) = T$ 或者 $B^0(x_0) = T$。

① 若 $A^0(x_0) = T$，由 $\exists$ 的定义知 $\exists x A^0(x) = T$，由 $\vee$ 的定义知 $\exists x A^0(x) \vee \exists x B^0(x) = T$。

② 若 $B^0(x_0) = T$，由 $\exists$ 的定义知 $\exists x B^0(x) = T$，由 $\vee$ 的定义知 $\exists x A^0(x) \vee \exists x B^0(x) = T$。

因此，无论在何种情况下均有 $\exists x\, A^0(x) \vee \exists x\, B^0(x) = T$，由指派的任意性和逻辑等价的定义知

$$\exists x\, A(x) \vee \exists x\, B(x) \Leftrightarrow \exists x(A(x) \vee B(x)) \qquad \blacksquare$$

另外，还可以通过给出具体的指派，来否定两个谓词公式具有逻辑等价关系。

例 2.12　证明 (1) $\forall x\, A(x) \vee \forall x\, B(x) \Leftrightarrow \forall x(A(x) \vee B(x))$ 不成立。

(2) $\exists x\, A(x) \wedge \exists x\, B(x) \Leftrightarrow \exists x(A(x) \wedge B(x))$ 不成立。

证　只证 (1)。

定义谓词 $A^0(e), B^0(e)$ 如表 2.5 所示。

表 2.5　一元谓词 A^0, B^0 的真值表

x	$A^0(x)$	$B^0(x)$
1	T	F
2	F	T

对于该指派 $\pi = (A^0, B^0)$，由 $\forall$ 的定义知 $\forall x\, A^0(x) = F$ 且 $\forall x\, B^0(x) = F$。

由 $\vee$ 的定义知 $\forall x\, A^0(x) \vee \forall x\, B^0(x) = F$，

由 $\vee$ 的定义知 $\forall x(A^0(x) \vee B^0(x)) = T$，

因此，在该指派下 $\forall x\, A^0(x) \vee \forall x\, B^0(x) \neq \forall x(A^0(x) \vee B^0(x))$。

由逻辑等价的定义知 $\forall x\, A(x) \vee \forall x\, B(x) \Leftrightarrow \forall x(A(x) \vee B(x))$ 不成立。　　∎

　　类似地，还可以利用指派分析法讨论具有两个相同量词谓词公式之间的逻辑等价关系。

例 2.13　证明 (1) $\forall x\, \forall y\, A(x,y) \Leftrightarrow \forall y\, \forall x\, A(x,y)$；

(2) $\exists x\, \exists y\, A(x,y) \Leftrightarrow \exists y\, \exists x\, A(x,y)$。

即两个相同的量词可以交换位置。证明由读者完成。

例 2.14　证明 $\forall x\, \exists y\, A(x,y) \Leftrightarrow \exists y\, \forall x\, A(x,y)$ 不成立。

证　定义谓词 $A^0(e_1, e_2)$ 如表 2.6。

表 2.6　二元谓词 A^0 的真值表

x	y	$A^0(x,y)$
1	1	T
1	2	F
2	1	F
2	2	T

对于该指派 $\pi = (A^0)$，由 $\forall$ 和 $\exists$ 的定义知

$$\forall x\, \exists y\, A^0(x,y) = T \text{ 且 } \exists y\, \forall x\, A^0(x,y) = F$$

所以有

$$\forall x\, \exists y\, A^0(x,y) \neq \exists y\, \forall x\, A^0(x,y)$$

由逻辑等价的定义知

$$\forall x\, \exists y\, A^0(x,y) \Leftrightarrow \exists y\, \forall x\, A^0(x,y)$$

不成立。

　　由例 2.14 知两个不相同的量词是不能交换位置的。

　　表 2.7 给出了一些带有量词的基本逻辑等价式，其中 $A(x), B(x)$ 表示含有自由变元的谓词填式，P 是命题变元。读者可用指派分析法加以验证。

表 2.7 带量词的基本逻辑等价式

1	$\forall x P \Leftrightarrow P$
	$\exists x P \Leftrightarrow P$
2	$\neg\,\forall x\, A(x) \Leftrightarrow \exists x \neg A(x)$
	$\neg\,\exists x\, A(x) \Leftrightarrow \forall x \neg A(x)$
3	$\forall x(A(x) \wedge B(x)) \Leftrightarrow \forall x A(x) \wedge \forall x B(x)$
	$\exists x(A(x) \vee B(x)) \Leftrightarrow \exists x A(x) \vee \exists x B(x)$
4	$\forall x(A(x) \wedge P) \Leftrightarrow \forall x A(x) \wedge P$
	$\exists x(A(x) \wedge P) \Leftrightarrow \exists x A(x) \wedge P$
	$\forall x(A(x) \vee P) \Leftrightarrow \forall x A(x) \vee P$
	$\exists x(A(x) \vee P) \Leftrightarrow \exists x A(x) \vee P$
5	$\forall x(A(x) \to P) \Leftrightarrow \exists x A(x) \to P$
	$\exists x(A(x) \to P) \Leftrightarrow \forall x A(x) \to P$
	$\forall x(P \to B(x)) \Leftrightarrow P \to \forall x B(x)$
	$\exists x(P \to B(x)) \Leftrightarrow P \to \exists x B(x)$
6	$\forall x \forall y\, A(x,y) \Leftrightarrow \forall y \forall x\, A(x,y)$
	$\exists x \exists y\, A(x,y) \Leftrightarrow \exists y \exists x\, A(x,y)$

2.3.2 替换定理

关于谓词演算,也有与命题演算类似的替换定理。为了证明谓词演算的替换定理,除须使用命题演算中的替换定理的引理外,还应补充下述引理。

引理 2.2.1 设 α,β 是谓词公式。若 $\alpha \Leftrightarrow \beta$,则

(1) $\forall x\, \alpha \Leftrightarrow \forall x\, \beta$,

(2) $\exists x\, \alpha \Leftrightarrow \exists x\, \beta$。

证 证(1)。

对于 $\forall x\, \alpha$ 与 $\forall x\, \beta$ 的任一指派 π,如果 $\forall x\, \alpha(\pi) = T$,则对于每一个 x,均有 $\alpha(\pi)(x) = T$。注意到 $\pi' = (\pi, x)$ 是 α 与 β 的一个指派,根据 $\alpha \Leftrightarrow \beta$,于是有 $\alpha(\pi') = \beta(\pi')$。即有 $\beta(\pi)(x) = T$。由 x 的任意性知有 $\forall x\, \beta(\pi) = T$。

反之,若 $\forall x\, \beta(\pi) = T$,同理可证 $\forall x\, \alpha(\pi) = T$。

从而有 $\forall x\, \alpha(\pi) = \forall x\, \beta(\pi)$。

由指派的任意性和逻辑等价的定义知有 $\forall x\, \alpha \Leftrightarrow \forall x\, \beta$。

(2) 的证明可类似进行。 ∎

定理 2.2 (替换定理) 设 β 是 α 关于 δ 替换为 γ 的结果。如果 $\delta \Leftrightarrow \gamma$,则 $\alpha \Leftrightarrow \beta$。

证明过程与命题演算中的替换定理的证明类似。只需注意到归纳对象应是除 δ 之外的所有联结词及量词的个数之和。请读者自行完成。

应当指出的是,尽管谓词演算的替换定理与命题演算的替换定理的形式相同,但是由于对公式的理解不同,使得后者的内容较前者更为丰富。

当然,与命题演算的情况类似,要真正实施等价变换仍需由后面的代入定理来保证。

2.3.3　代入定理

在命题演算的讨论中,曾介绍过命题变元的代入问题,即将一个命题公式中的某个命题变元用另一个命题公式来取代。对于谓词公式而言,除了命题变元的代入,还有谓词变元的代入问题。另外,由于个体变元的出现,如果盲目地进行代入,就可能导致代入后的结果发生约束关系上的混淆。

例如,对于谓词公式

$$\forall y(A(y) \rightarrow \exists x A(x))$$

将其中的谓词变元 $A(e)$ 用 $\forall x B(x,e)$ 代入。若直接代入,就会产生下述结果

$$\forall y(\forall x B(x,y) \rightarrow \exists x \forall x B(x,x))$$

这个谓词公式的约束关系是混乱的。当然,这还只是一个非常简单的代入。如果谓词公式的形式比较复杂或代入谓词公式的形式比较复杂,那么代入结果的混乱状况就可想而知了。因此,为了保证命题变元的代入及谓词变元的代入不造成约束关系的混乱,首先必须考虑对于约束个体变元的改名问题和自由个体变元的代入问题。应当明确的是,尽管个体变元的改名与代入都是就个体变元而言的,但改名是对约束个体变元而言的,而代入是对自由个体变元而言的。

定义 2.8　设 $\alpha(x)$ 是含有自由变元 x 的谓词公式,将 α 中所有与 x 同名的自由变元均用个体变元 y 代替,代替后的结果为 β。如果 β 的约束关系与 α 的约束关系保持不变,则称 β 是关于自由变元 x 代入为 y 的结果。简称 α 的**代入实例**,记为 $\alpha[y/x]$。

定义 2.9　设 $\forall x \alpha(x)$ 是谓词公式,且 $\alpha(x)$ 中没有自由变元 y,则谓词公式 $\forall y(\alpha[y/x])$ 称为 $\forall x \alpha(x)$ 关于 x 改名为 y 的结果,记为 $\forall y \alpha(y)$。

定义 2.10　设 $\exists x \alpha(x)$ 是谓词公式,且 $\alpha(x)$ 中没有自由变元 y,则谓词公式 $\forall y(\alpha[y/x])$ 称为 $\exists x \alpha(x)$ 关于 x 改名为 y 的结果,记为 $\exists y \alpha(y)$。

应当注意的是,约束变元改名时所用的新名 y 不能与该量词辖域中的任一自由变元同名。

从谓词公式的真假性意义来说,改名实际上是一种替换。前面曾指出,谓词公式的真假与约束变元无关。于是有 $\forall x \alpha(x) \Leftrightarrow \forall x(\alpha[y/x])$。如果将 $\alpha[y/x]$ 记为 $\alpha(y)$,则有 $\forall x \alpha(x) \Leftrightarrow \forall y \alpha(y)$。因此,如果 $\forall x \alpha(x)$ 是谓词公式 β 的子公式,那么将子公式中的约束变元 x 改名为 y 就相当于把公式 β 中的子公式替换为 $\forall y \alpha(y)$。这正是要求"约束关系不变"的原因。

　　为了便于读者理解个体变元的改名与代入,下面用高等数学中的积分作类比进行一些简单的说明。由高等数学知道,积分

$$\int_a^b f(x,y)\mathrm{d}y$$

的结果与积分变量 y 无关。如果将“y 改名为 t”,得到

$$\int_a^b f(x,t)\mathrm{d}t$$

其结果与上面的积分相同。即

$$\int_a^b f(x,y)\mathrm{d}y = \int_a^b f(x,t)\mathrm{d}t$$

但如果将自变量“x 代入为 t”,即

$$\int_a^b f(t,y)\mathrm{d}y$$

那么它们的结果未必相同,即

$$\int_a^b f(t,y)\mathrm{d}y \neq \int_a^b f(x,y)\mathrm{d}y$$

　　特别是,如果将自变量“x 代入为 y”,即

$$\int_a^b f(y,y)\mathrm{d}y$$

则将导致“约束关系混乱”。因此要实施这种代入,首先必须将积分变量“改名”。即先得到

$$\int_a^b f(x,t)\mathrm{d}t$$

然后将“x 代入为 y”。即得到“代入实例”

$$\int_a^b f(y,t)\mathrm{d}t$$

　　通过上述说明,我们不难体会如何保证约束关系不变的含义。

　　下面介绍自由变元代入的一般步骤。

　　将谓词公式 $\alpha(x)$ 中自由变元 x 代入为 y 的步骤:

　　(1) 若 α 中不含约束变元 y,则直接作代入。

　　(2) 若 α 中含有约束变元 y,则先对约束变元 y 作改名,然后再作代入。

　　应当注意的是,在改名时由于新的名字选用不当有可能引起新的混乱。简单的办法是选择 α 中没有出现过的个体变元名字作为新的变元名字,通常可选择 s,t,u,v,w 等。

　　例 2.15　　将下面谓词公式中的自由变元 x 代入为 y。

$$\forall y(A(x,y) \rightarrow \exists z\, A(x,z))$$

现在要将 x 代入为 y,而谓词公式中已出现约束变元 y,因此,先对约束变元

y 施行改名,将 y 改名为 w,其结果为

$$\forall w(A(x,w) \to \exists z\, A(x,z))$$

然后将 x 代入为 y,其结果为

$$\forall w(A(y,w) \to \exists z\, A(y,z))$$

下面介绍命题变元代入的一般步骤。

将谓词公式 α 中的命题变元 P 代入为谓词公式 δ 的步骤如下:

(1) 若 δ 中没有自由变元,或虽有自由变元,但 δ 中的诸自由变元与 α 中的诸约束变元不同名,则直接进行命题变元代入。

(2) 若 δ 的自由变元与 α 的约束变元同名,则先将 α 中的约束变元改名,然后对改名后的谓词公式进行命题变元代入。

例 2.16　将下述谓词公式 α 中的命题变元 P 代入为 $\delta = \exists x\, B(x,y)$。

$$\alpha = \forall y(P \to A(y)) \leftrightarrow (P \to \forall x\, A(x))$$

由于 α 中的约束变元 y 与 δ 中的自由变元 y 同名,因此,先对 α 中的约束变元 y 进行改名,得到

$$\forall w(P \to A(w)) \leftrightarrow (P \to \forall x\, A(x))$$

然后进行 P 的代入,其结果为

$$\forall w(\exists x\, B(x,y) \to A(w)) \leftrightarrow (\exists x\, B(x,y) \to \forall x\, A(x))$$

下面介绍谓词变元代入的一般步骤。

将谓词公式 α 中的谓词变元 A 代入为谓词公式 δ 的步骤如下:(注意,谓词变元 A 的命名变元的个数应与谓词公式 δ 的命名变元的个数相同。如 $A(e_1,e_2)$ 的代入式为 $\delta(e_1,e_2)$)

(1) 若 δ 中的约束变元与 α 中的自由变元或约束变元同名,则对 δ 中的约束变元进行改名(称为小改名)。

(2) 若 α 中的约束变元与 δ 中的自由变元同名,则对 α 中的约束变元进行改名(称为大改名)。

(3) 根据 α 中诸 A 的谓词填式,对 δ 的命名填式作个体变元填入(称为小代入)。

(4) 利用诸 δ 的代入结果对 α 进行代入(称为大代入)。

例 2.17　将下述谓词公式中的谓词变元 $A(e_1,e_2)$ 代入为 $\forall x(B(x,e_1) \to C(y,e_2))$。

$$\forall x(A(x,y) \to \exists y\, B(y)) \to \exists y\, A(x,y)$$

其步骤如下:

(1) 小改名结果为

$$A(e_1,e_2): \forall t\,(B(t,e_1) \to C(y,e_2))$$

（2）大改名结果为
$$\forall x(A(x,y) \to \exists y\, B(y)) \to \exists w\, A(x,w)$$

（3）小代入的结果为
$$A(x,y): \forall t\,(B(t,x) \to C(y,y))$$
$$A(x,w): \forall t\,(B(t,x) \to C(y,w))$$

（4）大代入的结果为
$$\forall x(\forall t\,(B(t,x) \to C(y,y)) \to \exists y\, B(y))$$
$$\to \exists w(\forall t\,(B(t,x) \to C(y,w)))$$

　　大代入的结果即为最后的结果。从此例中可以看出，有些约束变元的改名未必是必须的，之所以这样做是为了确保代入时不会发生混乱。而且，从谓词代入的步骤上看，命题变元的代入实际上是谓词变元代入的特殊情况，即只有大改名和大代入两步。

　　有了单个命题变元或谓词变元的代入，就可以考虑一个谓词公式中多个命题变元及多个谓词变元的代入问题。下面通过一个例子加以说明。

　　例 2.18　对下面的谓词公式作代入
$$\exists x(P \to \forall y\, B(x,y)) \to \forall x\, \exists y\, B(y,x)$$
其中，$P: \forall x\, A(x,y)$；
　　$B(e_1,e_2): \exists x\, \forall y(A(x,e_1) \land B(y,e_2))$。

　　解　代入步骤如下：
（1）小改名（只涉及所有谓词变元的代入谓词公式）
$$B(e_1,e_2): \exists t\, \forall s\,(A(t,e_1) \land B(s,e_2))$$

（2）大改名（应考察所有命题变元的代入公式及谓词变元的代入公式中的自由变元）
$$\exists x(P \to \forall w\, B(x,w)) \to \forall x\, \exists v\, B(v,x)$$

（3）小代入（只涉及谓词变元的代入）
$$B(x,w): \exists t\, \forall s(A(t,x) \land B(s,w))$$
$$B(v,x): \exists t\, \forall s(A(t,v) \land B(s,x))$$

（4）大代入（将所有命题变元及谓词变元的代入公式一次性代入）
$$\exists x(\lor x\, A(x,y) \to \forall w\, \exists t\, \forall s(A(t,x) \land B(s,w)))$$
$$\to \forall x\, \exists v\, \exists t\, \forall s(A(t,v) \land B(s,x))$$

　　掌握了代入的一般方法，就可以利用下面给出的代入定理，根据已知的永真谓词公式得到新的永真谓词公式。

　　定理 2.3（代入定理）　设 α 是含有命题变元 P 和谓词变元 A 的谓词公式，β 是 α 关于 P 代入为 δ 及关于 A 代入为 γ 的结果。如果 α 是永真公式，则 β 是永真

公式。

关于此定理的证明与命题演算中代入定理的证明类似,只是情况较命题演算复杂些。读者可参考前面的证明方法自行完成。

有一点应当说明的是,α 中的自由变元的个数一定不多于代入后的 β 中的自由变元的个数。即一般说来,β 中的自由变元的个数比 α 中自由变元的个数多。为了作进一步的说明,下面引入一个概念。

定义 2.11　设 α 的自由变元为 $x_1, x_2, \cdots, x_n$,则下式

$$\forall x_1 \forall x_2 \cdots \forall x_n \, \alpha$$

称为 α 的**全称封闭式**,记为 $\Delta\alpha$。

对于含有自由变元的谓词公式来说,α 永真实际上是指 $\Delta\alpha$ 永真。这是由于 α 永真,则 α 的成真指派与诸自由变元的取值无关,这与 $\Delta\alpha$ 永真是一致的。

因此,代入定理的另一种形式是:设 β 是 α 关于命题变元及谓词变元的代入结果。若 $\Delta\alpha$ 永真,则 $\Delta\beta$ 永真。

代入定理的主要作用在于下面的推论。

推论 2.3.1　设 β_1, β_2 分别是 α_1, α_2 关于同样的命题变元及谓词变元代入的结果。若 $\alpha_1 \Leftrightarrow \alpha_2$,则 $\beta_1 \Leftrightarrow \beta_2$。

这个推论相当于:若 $\Delta(\alpha_1 \leftrightarrow \alpha_2)$ 永真,则 $\Delta(\beta_1 \leftrightarrow \beta_2)$ 永真。

根据这个推论,前面所给出的逻辑等价式中的命题变元 P, Q 与谓词变元 $A(e), B(e)$ 等均可理解为谓词公式。这时,就可以十分方便地进行等价变换了。

在进行等价变换之前,先利用代入定理证明两个永真谓词公式。

例 2.19　证明下述谓词公式为永真谓词公式。

(1) $\forall y(\forall x \, A(x) \rightarrow A(y))$;

(2) $\forall y(A(y) \rightarrow \exists x \, A(x))$。

证　对于(1),利用 $\forall x(P \rightarrow B(x)) \Leftrightarrow P \rightarrow \forall x B(x)$ 作代入

$$P: \forall x \, A(x); \qquad B(e): A(e)$$

便得到(注意应大改名)

$$\forall y(\forall x \, A(x) \rightarrow A(y)) \Leftrightarrow \forall x \, A(x) \rightarrow \forall x \, A(x)$$

由于 $\Leftrightarrow$ 式的右端是 $P \rightarrow P$ 的代入实例且 $P \rightarrow P$ 是永真公式,由代入定理知 $\forall x \, A(x) \rightarrow \forall x \, A(x)$ 是永真谓词公式。由逻辑等价的定义知 $\Leftrightarrow$ 式的左端为永真谓词公式,即 $\forall y(\forall x \, A(x) \rightarrow A(y))$ 为永真谓词公式。

对于(2),利用 $\forall x(A(x) \rightarrow P) \Leftrightarrow \exists x \, A(x) \rightarrow P$ 作代入 $P: \exists x \, A(x)$,便得到(注意应大改名)

$$\forall y(A(y) \rightarrow \exists x \, A(x)) \Leftrightarrow \exists x \, A(x) \rightarrow \exists x \, A(x)$$

由于 $\Leftrightarrow$ 式的右端是 $P \rightarrow P$ 的代入实例且 $P \rightarrow P$ 是永真谓词公式,由代入

定理知 $\exists x\, A(x) \to \exists x\, A(x)$ 是永真谓词公式。由逻辑等价的定义知 $\Leftrightarrow$ 式的左端为永真谓词公式,即 $\forall y(A(y) \to \exists x\, A(x))$ 为永真谓词公式。　　■

2.3.4　等价变换

证明两个谓词公式逻辑等价的另一种方法是等价变换法,即利用谓词公式的替换定理和代入定理以及逻辑等价关系的性质可以方便地进行谓词公式的等价变换。

例 2.20　证明 $\exists x(A(x) \to B(x)) \Leftrightarrow \forall x A(x) \to \exists x B(x)$。

证　　　$\exists x(A(x) \to B(x))$

　　　　$\Leftrightarrow \exists x(\neg A(x) \vee B(x))$

　　　　$\Leftrightarrow \exists x \neg A(x) \vee \exists x\, B(x)$

　　　　$\Leftrightarrow \neg \forall x\, A(x) \vee \exists x\, B(x)$

　　　　$\Leftrightarrow \forall x\, A(x) \to \exists x\, B(x)$　　■

说明:第一步　　先由基本逻辑等价式 $P \to Q \Leftrightarrow \neg P \vee Q$ 作代入 $P{:}A(x)$,$Q{:}B(x)$ 得到 $A(x) \to B(x) \Leftrightarrow \neg A(x) \vee B(x)$,然后作替换。

第二步　　由 $\exists x(A(x) \vee B(x)) \Leftrightarrow \exists x\, A(x) \vee \exists x\, B(x)$ 作代入 $A(e){:}$ $\neg A(e)$ 即得。

第三步　　由 $\exists x \neg A(x) \Leftrightarrow \neg \forall x\, A(x)$ 作替换即得。

第四步　　由 $P \to Q \Leftrightarrow \neg P \vee Q$ 作代入 $P{:}\forall x\, A(x)$,$Q{:}\exists x\, B(x)$ 即得。

2.3.5　前束范式

利用替换定理及代入定理,可以将谓词公式的所有量词移到一个谓词公式的前面,即所有量词的辖域可延伸到整个谓词公式的末尾。这种形式的谓词公式称为前束范式。

定义 2.12　设 α 为谓词公式,若 α 具有如下形式

$$\square x_1 \square x_2 \square \cdots \square x_n \beta$$

其中,诸 $\square$ 表示 $\forall$ 或 $\exists$,β 是不含量词的谓词公式,则称 α 为**前束范式**。

将谓词公式化为与之等价的前束范式的步骤如下:

(1) 联结词归约:消去蕴涵联结词 $\to$ 和等价联结词 $\leftrightarrow$;

(2) 否定词深入:将所有否定词移到命题变元或谓词变元之前;

(3) 约束变元改名:将所有约束变元均改为两两不同名,并使所有的约束变元与自由变元不同名;

(4) 量词前移:将所有量词按其在谓词公式中的位置顺序全部顺序移到整个谓词公式之前。

例 2.21　将谓词公式 $\forall x(\forall y\, A(x,y) \to \exists y\, B(x,y)) \wedge \exists x\, A(x,y)$ 化为

前束范式。

　　解　$\forall x(\forall y A(x,y) \rightarrow \exists y B(x,y)) \wedge \exists x A(x,y)$

　　$\Leftrightarrow \forall x(\neg \forall y A(x,y) \vee \exists y B(x,y)) \wedge \exists x A(x,y)$　　　　　联结词归约

　　$\Leftrightarrow \forall x(\exists y \neg A(x,y) \vee \exists y B(x,y)) \wedge \exists x A(x,y)$　　　　否定词深入

　　$\Leftrightarrow \forall u(\exists v \neg A(u,v) \vee \exists w B(u,w)) \wedge \exists x A(x,y)$　　　约束变元改名

　　$\Leftrightarrow \forall u \exists v \exists w \exists x((\neg A(u,v) \vee B(u,w)) \wedge A(x,y))$　　　所有量词前移

　　例 2.22　将谓词公式 $\neg \forall x(\forall y A(x,y) \rightarrow \exists y \forall z(B(y) \wedge \exists x A(x,z)))$ 化
为前束范式。

　　解　$\neg \forall x(\forall y A(x,y) \rightarrow \exists y \forall z(B(y) \wedge \exists x A(x,z)))$

　　$\Leftrightarrow \neg \forall x(\neg \forall y A(x,y) \vee \exists y \forall z (B(y) \wedge \exists x A(x,z)))$　　　联结词归约

　　$\Leftrightarrow \exists x(\forall y A(x,y) \wedge \forall y \exists z(\neg B(y) \vee \forall x \neg A(x,z)))$　　　否定词深入

　　$\Leftrightarrow \exists u(\forall v A(u,v) \wedge \forall y \exists z(\neg B(y) \vee \forall x \neg A(x,z)))$　　　约束变元改名

　　$\Leftrightarrow \exists u \forall v \forall y \exists z \forall x(A(u,v) \wedge (\neg B(y) \vee \neg A(x,z)))$　　　所有量词前移

2.4　谓词公式间的逻辑蕴涵关系

2.4.1　基本概念

　　关于谓词公式的逻辑蕴涵概念与命题公式的逻辑蕴涵概念完全相同。

　　定义 2.13　设 α, β 为谓词公式。如果对于 α 和 β 的合成变元组的任意指派 π，
当 $\alpha(\pi) = T$ 时，有 $\beta(\pi) = T$，则称 α 逻辑蕴涵 β，记为 $\alpha \Rightarrow \beta$。

　　有关命题公式逻辑蕴涵的基本性质，诸如自反性，反对称性，传递性以及命
题演算中给出的基本逻辑蕴涵式对于谓词公式均适用，这里不再重复。不过，为
了后面讨论的方便，这里将谓词公式的永真性与逻辑等价、逻辑蕴涵关系之间的
转换作一简单的介绍。

　　定理 2.4　设 α, β 是谓词公式，则

　　(1) $\alpha \Rightarrow \beta$ 当且仅当 $\alpha \rightarrow \beta$ 为永真公式；

　　(2) $\alpha \Leftrightarrow \beta$ 当且仅当 $\alpha \Rightarrow \beta$ 且 $\beta \Rightarrow \alpha$。

　　由于在谓词公式中无法使用命题公式中的真值表法，因此一般采用指派分
析法证明两个谓词公式是否具有逻辑蕴涵关系。

　　下面讨论一些带有量词的谓词公式逻辑蕴涵式。

　　例 2.23　证明 (1) $\forall x A(x) \vee \forall x B(x) \Rightarrow \forall x(A(x) \vee B(x))$；

　　(2) $\exists x(A(x) \wedge B(x)) \Rightarrow \exists x A(x) \wedge \exists x B(x)$。

　　证　(1) 任取指派 $\pi = (A^0, B^0)$，若使得 $\forall x(A^0(x) \vee B^0(x)) = F$，

由 ∀ 的定义知,存在一个 x_0,使得 $A^0(x_0) \lor B^0(x_0) = F$;

由 ∨ 的定义知,$A^0(x_0) = F$ 且 $B^0(x_0) = F$;

由 ∀ 的定义知,$\forall x A^0(x) = F$ 且 $\forall x B^0(x) = F$;

由 ∨ 的定义知,$\forall x A^0(x) \lor \forall x B^0(x) = F$;

由指派的任意性和逻辑蕴涵的定义知

$$\forall x A(x) \lor \forall x B(x) \Rightarrow \forall x(A(x) \lor B(x))$$

(2) 任取指派 $\pi = (A^0, B^0)$,若使得 $\exists x(A^0(x) \land B^0(x)) = T$,

由 ∃ 的定义知,存在一个 x_0,使得 $A^0(x_0) \land B^0(x_0) = T$;

由 ∧ 的定义知,$A^0(x_0) = T$ 且 $B^0(x_0) = T$;

由 ∃ 的定义知,$\exists x A^0(x) = T$ 且 $\exists x B^0(x) = T$;

由 ∃ 的定义知,$\exists x A^0(x) \land \exists x B^0(x) = T$;

由指派的任意性和逻辑蕴涵的定义知

$$\exists x(A(x) \land B(x)) \Rightarrow \exists x A(x) \land \exists x B(x) \qquad ∎$$

上一节曾指出上述两种形式的谓词公式逻辑等价关系不成立,所以这里的逻辑蕴涵是不能"反向的"。

例 2.24　证明 (1) $\exists x A(x) \to \forall x B(x) \Leftarrow \forall x(A(x) \to B(x))$;

(2) $\exists x(A(x) \to B(x)) \Leftarrow \forall x A(x) \to \exists x B(x)$。

证　(1) 任取指派 $\pi = (A^0, B^0)$,若使得 $\forall x(A^0(x) \to B^0(x)) = F$,

由 ∀ 的定义知,存在一个 x_0,使得 $A^0(x_0) \to B^0(x_0) = F$;

由 → 的定义知,$A^0(x_0) = T$ 且 $B^0(x_0) = F$;

由 ∃ 和 ∀ 的定义知,$\exists x A^0(x) = T$ 且 $\forall x B^0(x) = F$;

由 → 的定义知,$\exists x A^0(x) \to \forall x B^0(x) = F$。

由指派的任意性和逻辑蕴涵的定义知

$$\exists x A(x) \to \forall x B(x) \Rightarrow \forall x(A(x) \to B(x))$$

(2) 任取指派 $\pi = (A^0, B^0)$,若使得 $\forall x A^0(x) \to \exists x B^0(x) = F$,

由 → 的定义知,$\forall x A^0(x) = T$ 且 $\exists x B^0(x) = F$;

由 ∀ 和 ∃ 的定义知,对每一个 x 有 $A^0(x) = T$ 且 $B^0(x) = F$;

由 → 的定义知,对每一个 x 有 $A^0(x) \to B^0(x) = F$;

由 ∃ 的定义知,$\exists x(A^0(x) \to B^0(x)) - F$。

由指派的任意性和逻辑蕴涵的定义知

$$\exists x(A(x) \to B(x)) \Rightarrow \forall x A(x) \to \exists x B(x) \qquad ∎$$

此例中(1)式的反向是不成立的,而(2)式的反向是成立的。

例 2.25　设 y 是任一确定的个体,则

(1) $\forall x A(x) \Rightarrow A(y)$;

(2) $A(y) \Rightarrow \exists x A(x)$。

这个例子的证明由读者完成。

表 2.8 列出了上述几个逻辑蕴涵式。

表 2.8　带量词的基本逻辑蕴涵式

1	$\forall x A(x) \Rightarrow \exists x A(x)$
2	$\forall x A(x) \Rightarrow A(y)$ $A(y) \Rightarrow \exists x A(x)$
3	$\forall x A(x) \lor \forall x B(x) \Rightarrow \forall x (A(x) \lor B(x))$ $\exists x (A(x) \land B(x)) \Rightarrow \exists x A(x) \land \exists x B(x)$
4	$\exists x A(x) \to \forall x B(x) \Rightarrow \forall x (A(x) \to B(x))$ $\exists x (A(x) \to B(x)) \Rightarrow \forall x A(x) \to \exists x B(x)$

下面给出不同量词之间的逻辑蕴涵式。

例 2.26 (1) $\forall x \forall y A(x,y) \Rightarrow \exists x \forall y A(x,y)$；

(2) $\forall y \forall x A(x,y) \Rightarrow \exists y \forall x A(x,y)$；

(3) $\exists x \forall y A(x,y) \Rightarrow \forall y \exists x A(x,y)$；

(4) $\exists y \forall x A(x,y) \Rightarrow \forall x \exists y A(x,y)$；

(5) $\forall y \exists x A(x,y) \Rightarrow \exists y \exists x A(x,y)$；

(6) $\forall x \exists y A(x,y) \Rightarrow \exists x \exists y A(x,y)$。

其中,(1) 与(2),(3) 与(4),(5) 与(6) 只是指导变元的位置不同,意义是一样的。结合上一节的两个相同量词的逻辑等价式,图 2.1 给出了量词之间的逻辑关系图,以便读者记忆。

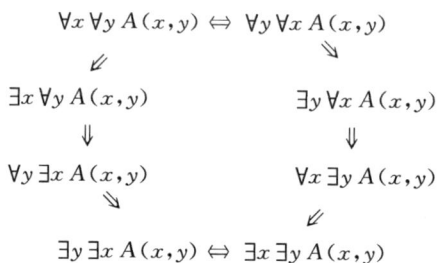

$$\forall x \forall y A(x,y) \Leftrightarrow \forall y \forall x A(x,y)$$

$$\exists x \forall y A(x,y) \qquad\qquad \exists y \forall x A(x,y)$$

$$\forall y \exists x A(x,y) \qquad\qquad \forall x \exists y A(x,y)$$

$$\exists y \exists x A(x,y) \Leftrightarrow \exists x \exists y A(x,y)$$

图 2.1　量词逻辑关系图

2.4.2　逻辑蕴涵变换

两个谓词公式间的逻辑蕴涵问题可以通过前面的替换定理、代入定理和基本逻辑蕴涵式来解决,这种方法称为逻辑蕴涵变换。

定理 2.5　设 α_1,α_2 为谓词公式。若 $\alpha_1 \Rightarrow \alpha_2$，则

(1)　$\forall x\,\alpha_1 \Rightarrow \forall x\,\alpha_2$；

(2)　$\exists x\,\alpha_1 \Rightarrow \exists x\,\alpha_2$。

例 2.27　证明 $\forall x(A(x) \to B(x)) \Rightarrow \forall x((B(x) \to C(x)) \to (A(x) \to C(x)))$。

证　$\forall x(A(x) \to B(x))$

$\Rightarrow \forall x(\neg A(x) \lor B(x))$

$\Rightarrow \forall x(\neg A(x) \lor B(x) \lor C(x))$

$\Rightarrow \forall x((\neg A(x) \lor B(x) \lor C(x)) \land T)$

$\Rightarrow \forall x((\neg A(x) \lor B(x) \lor C(x)) \land (C(x) \lor \neg C(x) \lor \neg A(x)))$

$\Rightarrow \forall x((B(x) \lor \neg A(x) \lor C(x)) \land (\neg C(x) \lor \neg A(x) \lor C(x)))$

$\Rightarrow \forall x((B(x) \land \neg C(x)) \lor (\neg A(x) \lor C(x)))$

$\Rightarrow \forall x(\neg(\neg B(x) \lor C(x)) \lor (\neg A(x) \lor C(x)))$

$\Rightarrow \forall x((B(x) \to C(x)) \to (A(x) \to C(x)))$　　　▊

说明：

第 1 步：由 $P \to Q \Leftrightarrow \neg P \lor Q$ 先代入后替换；

第 2 步：由 $P \Rightarrow P \lor Q$ 先代入；然后由定理 2.5 的(1) 可得；

第 3 步：由 $P \Leftrightarrow P \land T$ 先代入后替换；

第 4 步：由 $T \Leftrightarrow T \lor P$ 先代入后替换，再由 $T \Leftrightarrow P \lor \neg P$ 先代入后替换；

第 5 步：由 $P \lor Q \Leftrightarrow Q \lor P$ 先代入后替换，三次；

第 6 步：由 $(P \lor Q) \land (P \lor R) \Leftrightarrow P \lor (Q \land R)$ 先代入后替换；

第 7 步：由 $P \land Q \Leftrightarrow \neg(\neg P \lor \neg Q)$ 先代入后替换；再由 $P \Leftrightarrow \neg\neg P$ 先代入后替换；

第 8 步：由 $\neg P \lor Q \Leftrightarrow P \to Q$，先代入后替换；三次。

例 2.28　证明 $(P \to \exists x\,A(x)) \land \forall y((P \land A(y)) \to Q) \Rightarrow P \to Q$。

证　$(P \to \exists x\,A(x) \land \forall y((P \land A(y)) \to Q)$

$\Rightarrow (\neg P \lor \exists x\,A(x)) \land \forall y(\neg(P \land A(y)) \lor Q)$

$\Rightarrow (\neg P \lor \exists x\,A(x)) \land \forall y(\neg P \lor \neg A(y) \lor Q)$

$\Rightarrow (\neg P \lor \exists x\,A(x)) \land (\neg P \lor \neg \exists y\,A(y) \lor Q)$

$\Rightarrow (\neg P \lor \exists x\,A(x)) \land (\neg P \lor \neg \exists x\,A(x) \lor Q)$

$\Rightarrow \neg P \lor (\exists x\,A(x) \land (\neg \exists x\,A(x) \lor Q))$

$\Rightarrow \neg P \lor ((\exists x\,A(x) \land \neg \exists x\,A(x)) \lor (\exists x\,A(x) \land Q))$

$\Rightarrow \neg P \lor (\exists x\,A(x) \land Q))$

$\Rightarrow (\neg P \lor \exists x\,A(x)) \land (\neg P \lor Q)$

$\Rightarrow \neg P \lor Q$

仿造例 2.27 的说明，请读者写出以上各步的变换理由。

2.5　谓词演算的形式推理

2.5.1　谓词演算的自然推理系统

作为本章的结论，又回到逻辑演算的重要问题之一，即谓词演算的形式推理。这里将谓词演算的形式推理看作是命题演算形式推理的继续和深入，即谓词演算的自然推理系统是命题演算的自然推理系统的扩张。具体地说，命题演算自然推理系统中的所有推理规则均为谓词演算自然推理系统的规则，只是应将诸规则中的命题公式 α,β,γ 等理解为谓词公式。

例如，对于蕴涵消去规则 $(\rightarrow_{-})$

$$\alpha,\alpha \rightarrow \beta \vdash \beta$$

可理解为

$$\alpha(x),\alpha(x) \rightarrow \beta(x) \vdash \beta(x)$$

或

$$\alpha(x),\alpha(x) \rightarrow \beta(y) \vdash \beta(y)$$

或

$$\forall x\, \alpha(x),\, \forall x\, \alpha(x) \rightarrow \forall y\, \beta(y) \vdash \forall y\, \beta(y)$$

换句话说，其中的 α,β 可理解为对命题变元 P,Q 进行任何一种代入的结果。

此外，谓词演算自然推理系统中的形式推理方法与命题演算自然推理系统中的形式推理方法相同。

在谓词演算的形式推理中，由于量词的出现，还需补充以下四条规则。

1. 直接推理规则

(1) 存在引入规则，记为 $\exists_{+}$。其形式为

$$(i)\alpha(y) \vdash (j)\exists x(\alpha[x/y]) \qquad \exists_{+}(i)$$

其中 $\exists x(\alpha[x/y])$ 是 $\exists y\, \alpha$ 关于约束变元 y 改名为 x 的结果。

注意：改名要求 x 不是 α 中的自由变元。例如，下述形式

$$(i)A(y,x) \vdash (j)\exists x\, A(x,x) \qquad \exists_{+}(i)$$

是不允许的。

此规则的可靠性可利用 $A(y) \Rightarrow \exists x\, A(x)$ 与代入定理加以说明。

(2) 全称消去规则，记为 $\forall_{-}$。其形式为

$$(i)\forall x\, \alpha(x) \vdash (j)\alpha[y/x] \qquad \forall_{-}(i)$$

其中 $\alpha[y/x]$ 是 α 关于自由变元 x 代入为 y 的结果。

注意：代入时，允许个体变元 x 用 α 中已有的自由变元 y 代入。例如，下述形式是

该规则的特殊情况。

$$(i)\ \forall x\, A(y,x) \vdash (j)A(y,y) \qquad\qquad \forall_-(i)$$

此规则的可靠性可以利用 $\forall x\, A(x) \Rightarrow A(y)$ 以及代入定理加以说明。

2. 间接推理规则

(1) *存在消去规则*,记为 $\exists_-$。其形式为

若 $\Gamma \vdash (i)\,\exists x\, \alpha(x)$,

且 $\Gamma[\bar{y}],(j)\alpha[y/x] \vdash (k)\beta[\bar{y}]$

则 $\Gamma \vdash (h)\beta \quad \exists_-(i)(k)|(j)$

其中 $\alpha[y/x]$ 是 α 关于自由变元 x 代入为 y 的结果,而且要求 y 不应与 α 中的自由变元同名。

$\Gamma[\bar{y}],\beta[\bar{y}]$ 分别表示诸前提 Γ 及结论 β 中不含有自由变元 y。

此规则的含义是:当由 Γ 推出形如 $\exists x\, \alpha(x)$ 的谓词公式时,先找出一个诸前提 Γ 以及 $\alpha(x)$ 中没有出现过的自由变元 y,并引入假设 $\alpha[y/x]$。如果在增加该假设下推出一个不含有自由变元 y 的公式 β,则可消去这个新增加的假设 $\alpha(y)$。在通常形式推理过程中,我们所引入的 y 最好是前面所有出现的公式中未出现过的自由变元。

此规则的可靠性可以通过下面的逻辑蕴涵式以及代入定理加以说明。

$$(P \to \exists x\, A(x)) \wedge \forall y(P \wedge A(y) \to Q) \Rightarrow P \to Q$$

请读者参照下面的全称引入规则的可靠性证明自行完成。

(2) *全称引入规则*,记为 $\forall_+$。其形式为

若 $\Gamma[\bar{y}] \vdash (i)\alpha(y)$

则 $\Gamma \vdash (j)\,\forall y\, \alpha[x/y] \quad \forall_+(i)$

其中 $\forall y\, \alpha[x/y]$ 表示 $\forall y\, \alpha$ 关于约束变元 y 改名为 x 的结果,$\Gamma[\bar{y}]$ 表示诸前提与未消去的假设中不含有自由变元。

下面给出全称引入规则的可靠性的证明。

前面已经知道

$$\forall y(P \to A(y)) \Leftrightarrow P \to \forall x A(x)$$

注意到 Γ 中不含有自由变元 y,令 γ 是 Γ 中诸前提与假设的合取,则 γ 中也不含有自由变元 y。于是将 γ 及 $\alpha(e)$ 分别代入 P 与 $A(e)$,即得到下述形式

$$\forall y(\gamma \to \alpha(y)) \Leftrightarrow \gamma \to \forall x\, \alpha(x)$$

于是有,若 $\forall(\gamma \to \alpha(y))$ 永真,则 $\gamma \to \forall x\, \alpha(x)$ 永真。即若 $\gamma \Rightarrow \alpha(y)$,则 $\gamma \to \forall x\, \alpha(x)$。按照 γ 的定义,此结论即为该规则的可靠性。

注意,在进行上面的代入时,γ 中不能有自由变元 y,否则这种代入将破坏原来的约束关系。即下面的形式不成立。

$$\forall y(\gamma(y) \to \alpha(y)) \Leftrightarrow \gamma(y) \to \forall x\, \alpha(x)$$

因此,在使用这条规则时,必须检查所有导致 $\alpha(y)$ 引出的前提与假设中是否含有自由变元 y。例如,下面形式证明中的第(4) 步是错误的。因为(3) 的假设中含有自由变元 x。

(1) $\forall x\, \exists y\, \alpha(x, y)$ P

(2) $\exists y\, \alpha(x, y)$ $\forall_-$ (1)

(3) $\alpha(x, y)$ $H(\exists_-)$

(4) $\forall x\, \alpha(x, y)$ $\forall_+$ (3)

(5) $\exists y\, \forall x\, \alpha(x, y)$ $\exists_+$ (4)

(6) $\exists y\, \forall x\, \alpha(x, y)$ $\exists_-$ (2)(5) | (3)

另外,还应说明的是,此规则虽然是一条间接规则,但并没有消去假设的部分。有些数理逻辑书中,将此规则写成下面的形式

$$\alpha(y) \vdash \forall x\, \alpha(x)$$

这是不严格的。因为这个结论 $\forall x\, \alpha(x)$ 并不是直接由 $\alpha(y)$ 引出的,将它理解为

$$\alpha(y) \Rightarrow \forall x\, \alpha(x)$$

是不合适的。

2.5.2 形式推理举例

下面将给出谓词演算形式推理的若干实例,要求通过这些例子熟练地掌握谓词演算形式推理规则,并且能够准确地完成各种谓词逻辑蕴涵式的证明过程。

例 2.29 $\forall x(A(x) \to B(x)) \vdash \forall x\, A(x) \to \forall x\, B(x)$。

(1) $\forall x(A(x) \to B(x))$ P

(2) $\forall x\, A(x)$ $H(\to_+)$

(3) $A(x)$ $\forall_-$ (2)

(4) $A(x) \to B(x)$ $\forall_-$ (1)

(5) $B(x)$ $\to_-$ (3)(4)

(6) $\forall x\, B(x)$ $\forall_+$ (5)

(7) $\forall x\, A(x) \to \forall x\, B(x)$ $\to_+$ (6) | (2)

例 2.30 $\forall x(A(x) \to B(x)) \vdash \exists x\, A(x) \to \exists x\, B(x)$。

(1) $\forall x(A(x) \to B(x))$ P

(2) $\exists x\, A(x)$ $H(\to_+)$

(3) $A(y)$ $H(\exists_-)$

(4) $A(y) \to B(y)$ $\forall_-$ (1)

(5) $B(y)$ $\to_-$ (3)(4)

(6)　　　　$\exists x\, B(x)$　　　　　　　　　　　　$\exists_+$ (5)

(7)　　　　$\exists x\, B(x)$　　　　　　　　　　　　$\exists_-$ (2)(6)|(3)

(8)　$\exists x\, A(x) \to \exists x\, B(x)$　　　　　　$\to_+$ (7)|(2)

注意:若将该前提中的全称量词换成存在量词,那么结论则推不出来,即下式不成立。

$$\exists x(A(x) \to B(x)) \vdash \exists x\, A(x) \to \exists x\, B(x)$$

(1)　$\exists x(A(x) \to B(x))$　　　　　　　　P

(2)　　　　$A(x) \to B(x)$　　　　　　　　$H(\exists_-)$

(3)　　　　$\exists x\, A(x)$　　　　　　　　　$H(\to_+)$

(4)　　　　　$A(y)$　　　　　　　　　　$H(\exists_-)$

这时,由于(4)的自由变元 y 不能与(2)的自由变元 x 同名,因此后面的推理不能进行。

例 2.31　$\neg\, \exists x\, A(x) \vdash \forall x\, \neg A(x)$。

(1)　$\neg\, \exists x\, A(x)$　　　　　　　　　　P

(2)　　　$A(x)$　　　　　　　　　　　$H(\neg_+)$

(3)　　　$\exists x\, A(x)$　　　　　　　　　$\exists_+$ (2)

(4)　$\neg A(x)$　　　　　　　　　　　$\neg_+$ (3)(1)|(2)

(5)　$\forall x\, \neg A(x)$　　　　　　　　　$\forall_+$ (4)

注意:尽管(4)中的 x 是由(2)的假设引入的,但(4)已消去(2)的假设,所以它已不是全称引入规则中所说的 Γ 中的一个假设。

例 2.32　$\neg\, \forall x\, A(x) \vdash \exists x\, \neg A(x)$。

(1)　$\neg\, \forall x\, A(x)$　　　　　　　　　　P

(2)　　　$\neg\, \exists x\, \neg A(x)$　　　　　　　$H(\neg_-)$

(3)　　　　$\neg A(x)$　　　　　　　　　$H(\neg_-)$

(4)　　　　$\exists x\, \neg A(x)$　　　　　　　$\exists_+$ (3)

(5)　　　$A(x)$　　　　　　　　　　　$\neg$ (4)(2)|(3)

(6)　　　$\forall x\, A(x)$　　　　　　　　　$\forall+$ (5)

(7)　$\exists x\, \neg A(x)$　　　　　　　　　$\neg_-$ (6)(1)|(2)

例 2.33　$\forall x\, A(x) \lor \forall x\, B(x) \vdash \forall x(A(x) \lor B(x))$。

(1)　$\forall x\, A(x) \lor \forall x\, B(x)$　　　　　　P

(2)　　　$\forall x\, A(x)$　　　　　　　　　$H(\lor_-)$

(3)　　　$A(x)$　　　　　　　　　　　$\forall_-$ (2)

(4)　　　$A(x) \lor B(x)$　　　　　　　　$\lor_+$ (3)

(5)	$\forall x(A(x) \lor B(x))$	$\forall_+ (4)$
(6)	$\forall x\, B(x)$	$H(\lor_-)$
(7)	$B(x)$	$\forall_- (6)$
(8)	$A(x) \lor B(x)$	$\lor_+ (7)$
(9)	$\forall x(A(x) \lor B(x))$	$\forall_+ (8)$
(10) $\forall x(A(x) \lor B(x))$		$\lor_- (1)(5)(9) \mid (2)(6)$

例 2.34　$\exists x\, A(x) \to \forall x\, B(x) \vDash \forall x(A(x) \to B(x))$。

(1)	$\exists x\, A(x) \to \forall x\, B(x)$	P
(2)	$A(x)$	$H(\to_+)$
(3)	$\exists x\, A(x)$	$\exists_+ (2)$
(4)	$\forall x\, B(x)$	$\to_- (3)(1)$
(5)	$B(x)$	$\forall_- (4)$
(6) $A(x) \to B(x)$		$\to_+ (5) \mid (2)$
(7) $\forall x(A(x) \to B(x))$		$\forall_+ (6)$

例 2.35　$\forall x(A(x) \lor B(x)) \vDash \forall x\, A(x) \lor \exists x\, B(x)$。

(1)	$\forall x(A(x) \lor B(x))$	P
(2)	$\neg(\forall x\, A(x) \lor \exists x\, B(x))$	$H(\neg_-)$
(3)	$B(x)$	$H(\neg_+)$
(4)	$\exists x\, B(x)$	$\exists_+ (3)$
(5)	$\forall x\, A(x) \lor \exists x\, B(x)$	$\lor_+ (4)$
(6)	$\neg B(x)$	$\neg_+ (5)(2) \mid (3)$
(7)	$A(x) \lor B(x)$	$\forall_- (1)$
(8)	$A(x)$	$H(\lor_-)$
(9)	$\neg A(x)$	$H(\neg_-)$
(10)	$A(x)$	$\neg_- (8)(9) \mid (9)$
(11)	$B(x)$	$H(\lor_-)$
(12)	$\neg A(x)$	$H(\neg_-)$
(13)	$A(x)$	$\neg_- (6)(11) \mid (12)$
(14)	$A(x)$	$\lor_- (7)(10)(13) \mid (8)(11)$
(15)	$\forall x\, A(x)$	$\forall_+ (14)$
(16)	$\forall x\, A(x) \lor \exists x\, B(x)$	$\lor_+ (15)$
(17) $\forall x\, A(x) \lor \exists x\, B(x)$		$\neg_- (2)(16) \mid (2)$

由规则 $\to_+$，$\lor_-$，$\neg_-$，$\neg_+$ 所启发的假设中并未要求其中的自由变元必须

是证明过程中未出现过的自由变元。换句话说,即使证明中的公式已出现自由变元 x,但在这些规则启发的假设中仍可出现带有自由变元的公式。这是由于在这些规则中的 α, β, γ 可以是任意的谓词公式,无论其含有什么样的自由变元。例如,该例中(8),(9),(11),(12) 所启发的假设均含有已出现过的自由变元 x。关于这一点,与规则 $\exists_-$ 所启发的假设中的自由变元必须是证明过程中未曾出现过的自由变元的要求不同。但是,必须指出的是,无论由哪条规则所启发的自由变元,在相应的假设未消去之前,不允许对该自由变元使用规则 $\forall_+$。不过,只要启发出该自由变元的假设已被消去,那么就可以对该自由变元使用规则 $\forall_+$,如本例中的(15)。

例 2.36 $\exists x(A(x) \wedge \forall y(B(y) \rightarrow C(x,y)))$,$\forall x(A(x) \rightarrow \forall y(D(y) \rightarrow \neg C(x,y))) \vDash \forall x(B(x) \rightarrow \neg D(x))$。

$$
\begin{array}{lll}
(1) & \exists x(A(x) \wedge \forall y(B(y) \rightarrow C(x,y))) & P \\
(2) & A(z) \wedge \forall y(B(y) \rightarrow C(z,y)) & H(\exists_-) \\
(3) & \forall x(A(x) \wedge \forall y(D(y) \rightarrow \neg C(x,y))) & P \\
(4) & A(z) \wedge \forall y(D(y) \rightarrow \neg C(z,y)) & \forall_- (3) \\
(5) & A(z) & \wedge_- (2) \\
(6) & \forall y(D(y) \rightarrow \neg C(z,y)) & \wedge_- (5)(4) \\
(7) & \forall y(B(y) \rightarrow C(z,y)) & \wedge_- (2) \\
(8) & B(x) & H(\rightarrow_+) \\
(9) & B(x) \rightarrow C(z,x) & \forall_- (7) \\
(10) & C(z,x) & \rightarrow_- (9)(8) \\
(11) & D(x) & H(\neg_+) \\
(12) & D(x) \rightarrow \neg C(z,x) & \forall_- (6) \\
(13) & \neg C(z,x) & \rightarrow_- (11)(12) \\
(14) & \neg D(x) & \neg_+ (10)(13) \mid (11) \\
(15) & B(x) \rightarrow \neg D(x) & \rightarrow_+ (14) \mid (8) \\
(16) & \forall x(B(x) \rightarrow \neg D(x)) & \forall_+ (15) \\
(17) & \forall x(B(x) \rightarrow \neg D(x)) & \exists_- (1)(16) \mid (2)
\end{array}
$$

最后,通过两个例子简单介绍一下将谓词演算的形式推理应用于自然语言的逻辑推理。

例 2.37 任何人只有不遵守机房规则,才会被罚款;小张被罚款。所以,小张必然违反了某条机房规则。

解 命题符号化的形式为

$$\forall x(C(x) \to \exists y(A(y) \land \neg B(x,y))), C(a) \models \exists y(A(y) \land \neg B(a,y))$$

其中, $A(e):e$ 是一条机房规则。

$B(e_1,e_2):e_1$ 遵守 e_2 。

$C(e):e$ 受到罚款。

a :小张。

(1) $\forall x(C(x) \to \exists y(A(y) \land \neg B(x,y)))$		P
(2) $C(a)$		P
(3) $C(a) \to \exists y(A(y) \land \neg B(a,y))$		$\forall_- (1)$
(4) $\exists y(A(y) \land \neg B(a,y))$		$\to_- (2)(3)$

例2.38　每棵树都是图;每个图都有偶数个奇结点。所以,每棵树都有偶数个奇结点。

解　命题符号化的形式为

$$\forall x(T(x) \to G(x)), \ \forall x(G(x) \to E(x)) \models \forall x(T(x) \to E(x))$$

其中, $T(x):x$ 是树。

$G(x):x$ 是图。

$E(x):x$ 具有偶数个奇结点。

(1) $\forall x(T(x) \to G(x))$		P
(2) $\forall x(G(x) \to E(x))$		P
(3) $T(x) \to E(x)$		$\forall_- (1)$
(4) 　　$T(x)$		$H(\to_+)$
(5) 　　$G(x)$		$\to_- (4)(3)$
(6) 　　$G(x) \to E(x)$		$\forall_- (2)$
(7) 　　$E(x)$		$\to_- (5)(6)$
(8) $T(x) \to E(x)$		$\to_+ (7) \mid (4)$
(9) $\forall x(T(x) \to E(x))$		$\forall_+ (8)$

但是,如果将该命题改为:

每棵树都是图;有些图是 Hamilton 图。所以,有些树是 Hamilton 图。

根据图论的知识,可知该命题是假命题。同样,在形式推理中也不可能证明下述推理形式。

$$\forall x(T(x) \to G(x)), \ \exists x(G(x) \land H(x)) \models \exists x(T(x) \land H(x))$$

下面试图给出其证明。

(1) $\forall x(T(x) \to G(x))$		P
(2) $\exists x(G(x) \land H(x))$		P
(3) 　　$G(x) \land H(x)$		$H(\exists_-)$

(4)　　　$T(x) \rightarrow G(x)$　　　　　　　　　　　　　　　$\forall_- (1)$

这个推理过程无法继续。但如果将"有些图是 Hamilton 图"和"有些树是 Hamilton 图"错误地符号化为 $\exists x(G(x) \rightarrow H(x))$ 和 $\exists x(T(x) \rightarrow H(x))$,则得到下面形式的推理形式。

$\forall x(T(x) \rightarrow G(x)),\ \exists x(G(x) \rightarrow H(x)) \vdash \exists x(T(x) \rightarrow H(x))$。

(1)　$\forall x(T(x) \rightarrow G(x))$　　　　　　　　　　　　　P

(2)　$\exists x(G(x) \rightarrow H(x))$　　　　　　　　　　　　　P

(3)　　　$G(x) \rightarrow H(x)$　　　　　　　　　　　　　　$H(\exists_-)$

(4)　　　$T(x) \rightarrow G(x)$　　　　　　　　　　　　　　$\forall_- (1)$

(5)　　　　$T(x)$　　　　　　　　　　　　　　　　　　$(\rightarrow_+)$

(6)　　　　$G(x)$　　　　　　　　　　　　　　　　　　$\rightarrow_- (5)(4)$

(7)　　　　$H(x)$　　　　　　　　　　　　　　　　　　$\rightarrow_- (6)(3)$

(8)　　　$T(x) \rightarrow H(x)$　　　　　　　　　　　　　　$\rightarrow_+ (7) \mid (5)$

(9)　　　$\exists x(T(x) \rightarrow H(x))$　　　　　　　　　　　$\exists_+ (8)$

(10) $\exists x(T(x) \rightarrow H(x))$　　　　　　　　　　　　$\exists_- (2)(9) \mid (3)$

此形式推理是正确的。这就进一步说明了为什么要将存在量词的特性谓词作为合取项,而不能作为蕴涵前件的理由。

在结束谓词演算的讨论之前,简单介绍一下狭义谓词演算与约束谓词演算的概念,以便读者对谓词演算的一般概念有一个初步的了解。

前面在引入量词概念时,只讨论了指导变元是个体变元的情况。事实上,指导变元也可以是命题变元或谓词变元。

对于命题变元 P 来说,$\forall P\,\alpha(P)$ 和 $\exists P\,\alpha(P)$ 分别相当于 $\alpha(T) \wedge \alpha(F)$ 和 $\alpha(T) \vee \alpha(F)$,而 T 和 F 又分别相当于 $P \vee \neg P$ 和 $P \wedge \neg P$。所以 $\forall P\,\alpha(P)$ 相当于 $\alpha(P \vee \neg P) \wedge \alpha(P \wedge \neg P)$,$\exists P\,\alpha(P)$ 相当于 $\alpha(P \vee \neg P) \vee \alpha(P \wedge \neg P)$。这就是说,命题变元的量词是可以消去的。因此,一般不需要引入以命题变元为指导变元的量词。

对于谓词变元来说,情况就没有这么简单。例如,下式

$$\exists x\,A(x) \rightarrow \forall x\,A(x)$$

不是永真的。但对于某些谓词来说,可以使得该公式为真。也就是说

$$\forall A\,(\exists x\,A(x) \rightarrow \forall x\,A(x))$$

不是永真的,而

$$\exists A\,(\exists x\,A(x) \rightarrow \forall x\,A(x))$$

却是永真的。因此,引入谓词变元的量词的意义就是显然的了。

在谓词演算中,如果谓词变元只能作为自由变元,则称这种演算是狭义的,

如果谓词变元既能作为自由变元又可作为约束变元,则相应的演算称为约束的。另外,组成谓词中的变元只能是个体变元而不能是谓词变元或命题变元的谓词演算称为一阶逻辑演算。因此,本章所涉及的都是狭义谓词演算和一阶逻辑演算。至于约束谓词演算,目前尚属理论性较强的课程,已不在本书讨论的范畴之内。

习 题 二

1. 设个体域是整数集合,请利用给出的谓词将下列命题符号化。

$N(e)$:e 是自然数(不包括 0)。

$P(e)$:e 是素数。

$Q(e)$:e 是偶数。

$E(e_1,e_2)$:$e_1 = e_2$。

$L(e_1,e_2)$:$e_1 \leqslant e_2$。

$D(e_1,e_2)$:$e_1 \mid e_2$(即 e_1 整除 e_2)。

(a) 凡素数均为自然数。

(b) 没有最大的素数。

(c) 有些自然数不是素数。

(d) 并非所有的素数都不是偶数。

(e) 偶素数只有 2。

(f) 一个自然数是素数的充要条件是除 1 之外,该数不能被其他任何小于它的自然数整除。

2. 利用上题给出的各谓词,用自然语言表达下述命题。

(a) $\forall x(Q(x) \rightarrow D(2,x))$;

(b) $\exists x(N(x) \wedge D(x,9))$;

(c) $\forall x \forall y((N(x) \wedge N(y) \wedge D(x,y) \wedge D(y,x) \rightarrow E(x,y))$;

(d) $\neg \exists x(N(x) \wedge \forall y(N(y) \rightarrow L(y,x))$;

(e) $\forall x(P(x) \rightarrow \forall y((N(y) \wedge D(y,x)) \rightarrow (E(y,x) \vee E(y,1))))$;

(f) $\forall x((N(x) \wedge \neg P(x)) \rightarrow \exists y(\neg E(y,x) \wedge \neg E(y,1) \wedge D(y,x)))$。

3. 符号 $\exists!$ 称为唯一性量词,即 $\exists!xA(x)$ 为真当且仅当存在唯一的 x,使得 $A(x)$ 为真。请用量词 $\forall$,$\exists$ 和相等词 $=$ 来表达 $\exists!xA(x)$。

4. 用尽可能细化的谓词将下列命题符号化。

(a) 猫是动物,但有些动物不是猫。

(b) 没有不犯错误的人。

(c) 闪光的未必是金子。

(d) 并非所有的金属都能溶于某种液体中。

(e) 每个人都有自己喜欢的职业。

(f) 有些职业是所有的人都喜欢的。

(g) 如果我们班有人迟到,全班的人都会看他一眼。

(h) 如果天气不好,则有些人不会按时到。

(i) 张华是我们班学习成绩最好的。

(j) 他最高能得第二名。

5. 利用约束关系图指出下列公式的辖域及约束关系。

(a) $\forall x(A(x) \to (B(x,y) \land \exists x(A(x) \lor \forall y\, B(x,y))))$;

(b) $\exists x\, A(x) \land \forall y((A(y) \land B(x,y)) \to \exists x\, B(x,y))$;

(c) $\forall y(A(x,y) \land \forall x(B(x,y) \to C(x,y)))$;

(d) $A(x,y) \land \forall y(B(x) \to \exists x\, A(x,y))$.

6. 给出下列公式的一个成假指派。

(a) $\exists x\, A(x) \to \forall x\, A(x)$;

(b) $(\forall x\, A(x) \to \forall x\, B(x)) \to \forall x(A(x) \to B(x))$;

(c) $\exists x(A(x) \to B(x)) \to (\exists x\, A(x) \to \exists x\, B(x))$;

(d) $\lnot\, \exists x(A(x) \land B(x)) \to \lnot\,(\exists x\, A(x) \land \exists x\, B(x))$.

7. 设个体域为 $\{1,2,3,4\}$,验证下列公式在相应指派下的真假值。

(a) $\exists x(A(x) \to B(x)) \to \exists x \exists y(A(x) \to B(y))$,

其中 $(A(e), B(e)) = (e < 2, e$ 为偶数$)$。

(b) $\forall x \exists y((A(x,y) \land P) \to B(x,y,z))$,

其中 $(P, A(e_1,e_2), B(e_1,e_2,e_3), z) = (T,\, e_1 \geqslant e_2,\, e_1 - e_2 = e_3,\, 1)$。

8. 利用指派分析法证明下列逻辑等价式。

(a) $\lnot\, \exists x\, A(x) \Leftrightarrow \forall x \lnot A(x)$;

(b) $\forall x\, A(x) \Leftrightarrow \forall y\, A(y)$;

(c) $\forall x(A(x) \lor P) \Leftrightarrow \forall x\, A(x) \lor P$;

(d) $\exists x(A(x) \land P) \Leftrightarrow \exists x\, A(x) \land P$;

(e) $\forall x(A(x) \to P) \Leftrightarrow \exists x\, A(x) \to P$;

(f) $\exists x(A(x) \to P) \Leftrightarrow \forall x\, A(x) \to P$;

(g) $\forall x(A(x) \land B(x)) \Leftrightarrow \forall x\, A(x) \land \forall x\, B(x)$;

(h) $\exists x(A(x) \to B(x)) \Leftrightarrow \forall x\, A(x) \to \exists x\, B(x)$.

9. 设 α_1, α_2 为谓词公式。若 $\alpha_1 \Rightarrow \alpha_2$,证明

(a) $\forall x\, \alpha_1 \Rightarrow \forall x\, \alpha_2$;

(b) $\exists x\, \alpha_1 \Rightarrow \exists x\, \alpha_2$。

10. 通过给出成假指派，分析证明下列逻辑蕴涵式不成立。

(a) $\exists x A(x) \wedge \exists x B(x) \Rightarrow \exists x (A(x) \wedge B(x))$;

(b) $\exists x(A(x) \rightarrow P) \Rightarrow \exists x A(x) \rightarrow P$;

(c) $\forall x A(x) \rightarrow P \Rightarrow \forall x(A(x) \rightarrow P)$;

(d) $\forall x(A(x) \rightarrow B(x)) \Rightarrow \exists x A(x) \rightarrow \forall x B(x)$。

11. 利用指派分析法证明下列逻辑蕴涵式。

(a) $\exists x(A(x) \wedge B(x)) \Rightarrow \exists x A(x) \wedge \exists x B(x)$;

(b) $\forall x A(x) \wedge \exists x B(x) \Rightarrow \exists x(A(x) \wedge B(x))$;

(c) $\exists x A(x) \rightarrow \exists x B(x) \Rightarrow \exists x(A(x) \rightarrow B(x))$;

(d) $\forall x(A(x) \rightarrow B(x)) \Rightarrow \forall x A(x) \rightarrow \forall x B(x)$;

(e) $\exists x A(x) \rightarrow P \Rightarrow \exists x(A(x) \rightarrow P)$;

(f) $\forall x(A(x) \rightarrow P) \Rightarrow \forall x A(x) \rightarrow P$。

12. 利用代入定理直接证明下列公式是永真公式。

(a) $\forall y(\forall x A(x) \rightarrow A(y))$;

(b) $\forall y(A(y) \rightarrow \exists x A(x))$。

13. 求下列公式的代入实例。

(a) $\forall x(P \rightarrow A(x)) \leftrightarrow (P \rightarrow \forall x A(x))$;

(b) $\exists x(A(x) \rightarrow P) \leftrightarrow (\forall x A(x) \rightarrow P)$,

其中，P 代入为 $\forall y A(x,y)$,

　　$A(e)$ 代入为 $\forall x \exists y(A(x,e) \rightarrow B(e,y))$。

14. 求公式

$$\exists y \forall z\, (\exists x A(x,z) \rightarrow (P \wedge B(y,z)))$$

在下面两种代入下的结果。

(a) P 代入为 $\forall x A(x,z)$,

　　$A(e_1,e_2)$ 代入为 $\forall x(A(e_1,x) \rightarrow B(e_1,e_2))$;

(b) P 代入为 $A(y,z)$,

　　$A(e_1,e_2)$ 代入为 $B(e_1,z) \rightarrow \forall y A(y,e_2)$。

15. 根据代入定理判断下列逻辑蕴涵式是否成立。

(a) $\forall x(\exists y A(x,y) \rightarrow \forall y B(x,y)) \Rightarrow \exists x(\exists y A(x,y) \rightarrow \forall y B(x,y))$;

(b) $\exists x \forall y(A(x,y) \rightarrow B(y)) \rightarrow \forall x A(x,y) \Rightarrow \forall x(\forall y(A(x,y) \rightarrow B(y)) \rightarrow A(x,y))$。

16. 判断下列各步变换是否成立。

$$\forall x(A(x) \rightarrow B(x))$$

$$\Leftrightarrow \forall x (\neg A(x) \lor B(x))$$

$$\Leftrightarrow \neg \exists x (A(x) \land \neg B(x))$$

$$\Rightarrow \neg (\exists x A(x) \land \exists x \neg B(x))$$

$$\Leftrightarrow \neg \exists x A(x) \lor \neg \exists x \neg B(x)$$

$$\Leftrightarrow \neg \exists x A(x) \lor \forall x B(x)$$

$$\Leftrightarrow \exists x A(x) \to \forall x B(x)$$

17. 将下列各公式化为前束范式。

(a) $\exists x A(x) \to \forall y B(x,y)$;

(b) $\forall x (\forall y A(x,y) \to \exists y (B(x,y) \land C(x,z)))$;

(c) $\forall x A(x) \to \exists x \neg (\forall y B(x,y) \to \exists y A(y))$;

(d) $\forall x \exists y A(x,y,z) \lor \forall x (\exists y A(x,y,z) \to B(x,y))$。

18. 利用变换法证明下列逻辑蕴涵式。

(a) $\forall x (A(x) \to \exists y B(y)) \Rightarrow \exists y \forall x (A(x) \to B(y))$;

(b) $\exists x (\exists y A(x,y) \to \forall y B(x,y)) \Rightarrow \forall y \exists x (A(x,y) \to B(x,y))$;

(c) $(P \to \exists x A(x)) \land \forall y ((P \land A(y)) \to Q) \Rightarrow P \to Q$。

19. 证明存在消去规则($\exists_-$)的可靠性。

20. 指出下面在规则使用中的错误。

(a) (1) $\forall x A(x) \to \exists x B(x)$,

　　(2) $A(x) \to \exists x B(x)$;　　　　　　　　　$\forall_-$ (1)

(b) (1) $A(x) \to \forall x B(x)$,

　　(2) $\exists x A(x) \to \forall x B(x)$;　　　　　　$\exists_+$ (1)

(c) (1) $\exists x A(x) \to \forall x B(x)$,

　　(2) $A(x) \to \forall x B(x)$;　　　　　　　　　$H(\exists_-)$

(d) (1) $\exists x (A(x) \to B(x))$,

　　(2) $A(x) \to B(x)$。　　　　　　　　　　　$\exists_-$ (1)

21. 找出下列形式证明中的错误。

(a) $\forall x \exists y A(x,y) \vdash \exists y \forall x A(x,y)$。

　　(1) $\forall x \exists y A(x,y)$　　　　　　　　　P

　　(2) 　$\exists y A(x,y)$　　　　　　　　　　$\forall_-$ (1)

　　(3) 　　$A(x,y)$　　　　　　　　　　　$H(\exists_-)$

　　(4) 　　$\forall x A(x,y)$　　　　　　　　$\forall_+$ (3)

　　(5) 　　$\exists y \forall x A(x,y)$　　　　　　$\exists_+$ (4)

　　(6) $\exists y \forall x A(x,y)$　　　　　　　　$\exists_-$ (2)(5) $|$ (3)

(b) $\exists x A(x) \land \exists x B(x) \vdash \exists x (A(x) \land B(x))$。

(1) $\quad \exists x\, A(x) \wedge \exists x\, B(x)$ $\qquad\qquad\qquad$ P

(2) $\quad \exists x\, A(x)$ $\qquad\qquad\qquad\qquad\qquad$ $\wedge_- (1)$

(3) $\qquad A(x)$ $\qquad\qquad\qquad\qquad\qquad$ $H(\exists_-)$

(4) $\qquad \exists x\, B(x)$ $\qquad\qquad\qquad\qquad$ $\wedge_- (1)$

(5) $\qquad\quad B(x)$ $\qquad\qquad\qquad\qquad\quad$ $H(\exists_-)$

(6) $\qquad\quad A(x) \wedge B(x)$ $\qquad\qquad\qquad$ $\wedge_+ (3)(5)$

(7) $\qquad\quad \exists x(A(x) \wedge B(x))$ $\qquad\qquad$ $\exists_+ (6)$

(8) $\qquad \exists x(A(x) \wedge B(x))$ $\qquad\qquad$ $\exists_- (4)(7)\,|\,(5)$

(9) $\quad \exists x(A(x) \wedge B(x))$ $\qquad\qquad$ $\exists_- (2)(8)\,|\,(6)$

(c) $\forall x\, A(x) \to \forall x\, B(x) \vDash \forall x(A(x) \to B(x))$。

(1) $\quad \forall x\, A(x) \to \forall x\, B(x)$ $\qquad\qquad$ P

(2) $\qquad A(x)$ $\qquad\qquad\qquad\qquad\qquad$ $H(\to_+)$

(3) $\qquad \forall x\, A(x)$ $\qquad\qquad\qquad\qquad$ $\forall_+ (2)$

(4) $\qquad \forall x\, B(x)$ $\qquad\qquad\qquad\qquad$ $\to_- (3)(1)$

(5) $\qquad B(x)$ $\qquad\qquad\qquad\qquad\qquad$ $\forall_- (4)$

(6) $\quad A(x) \to B(x)$ $\qquad\qquad\qquad$ $\to_+ (5)\,|\,(2)$

(7) $\quad \forall x(A(x) \to B(x))$ $\qquad\qquad$ $\forall_+ (6)$

(d) $\forall x(A(x) \vee B(x)) \vDash \forall x\, A(x) \vee \forall x\, B(x)$。

(1) $\quad \forall x(A(x) \vee B(x))$ $\qquad\qquad$ P

(2) $\qquad A(x) \vee B(x)$ $\qquad\qquad\qquad$ $\forall_- (1)$

(3) $\qquad A(x)$ $\qquad\qquad\qquad\qquad\qquad$ $H(\vee_-)$

(4) $\qquad \forall x\, A(x)$ $\qquad\qquad\qquad\qquad$ $\forall_+ (3)$

(5) $\qquad \forall x\, A(x) \vee \forall x\, B(x)$ $\qquad$ $\vee_+ (4)$

(6) $\qquad B(x)$ $\qquad\qquad\qquad\qquad\qquad$ $H(\vee_-)$

(7) $\qquad \forall x\, B(x)$ $\qquad\qquad\qquad\qquad$ $\forall_+ (6)$

(8) $\qquad \forall x\, A(x) \vee \forall x\, B(x)$ $\qquad$ $\vee_+ (7)$

(9) $\quad \forall x\, A(x) \vee \forall x\, B(x)$ $\qquad$ $\vee_- (2)(5)(8)\,|\,(3)(7)$

22. 构造形式证明过程。

(a) $\exists x(A(x) \wedge B(x)) \vDash \exists x\, A(x) \wedge \exists x\, B(x)$；

(b) $\exists x(A(x) \vee B(x)) \vDash \exists x\, A(x) \vee \exists x\, B(x)$；

(c) $\forall x\, A(x) \wedge \exists x\, B(x)) \vDash \exists x(A(x) \wedge B(x))$；

(d) $\exists x(A(x) \to B(x)) \vDash \forall x\, A(x) \to \exists x\, B(x)$；

(e) $\exists x\, A(x) \to \exists x\, B(x) \vDash \exists x(A(x) \to B(x))$；

(f) $\exists x \neg A(x) \models \neg \forall x A(x)$;

(g) $\forall x \neg A(x) \models \neg \exists x A(x)$。

23. **构造形式证明过程。**

(a) $\forall x(A(x) \lor B(x)),\ \forall x(B(x) \to \neg C(x)) \models \exists x C(x) \to \exists x A(x)$;

(b) $\forall x(A(x) \to B(x)) \models \forall x(\forall y(A(y) \land C(x,y)) \to \exists y(B(y) \land C(x,y)))$;

(c) $\exists x A(x) \to \forall x((A(x) \lor B(x)) \to C(x)),\ \exists x A(x),\ \exists x B(x) \models$ $\exists x \exists y(C(x) \land C(y))$;

(d) $\forall x(\exists y(A(x,y) \land B(y)) \to \exists y(C(y) \land D(x,y))) \models \neg \exists y C(y) \to \forall x \forall y(B(y) \to \neg A(x,y))$。

24. 判断下述推理是否成立。若成立请给出相应的形式证明过程。

(a) 每个学生或者聪明或者勤奋；所有勤奋的人都将有所作为；但并非所有学生都将有作为。所以，一定有些学生是聪明的。

(b) 只要天气不好，就一定有学生迟到；当且仅当没有学生迟到，老师才能准时上课。所以，如果老师准时上课，那么天气就好。

(c) 任何能阅读者都识字；海豚不识字；有些海豚有智力的。所以，有些有智力者不能阅读。

(d) 任何人，如果他喜欢步行，就不喜欢乘汽车；每个人不是喜欢乘汽车，就喜欢骑自行车；有些人不喜欢骑自行车。因此，有些人不喜欢步行。

数理逻辑的兴起与展望

　　逻辑学作为研究人类思维规律的学科,早在两千多年以前就开始受到人们的重视。中国最早的一部逻辑专著——《墨经》创造了一个比较完整的逻辑体系。这是墨子的后代们关于前人正确的思维经验和思想成果的一个总结。在欧洲,古希腊著名的逻辑学家亚里士多德(Aristotle,公元前 384—前 322)的《工具论》是逻辑学最有影响的历史名著,它奠定了逻辑学的理论基础。

　　从 17 世纪开始,有一些学者试图用数学的方法来研究逻辑。德国著名的数学家、哲学家莱布尼茨(G. Leibniz,1646—1716)首先提出了用一种普遍的科学语言来建立思维演算,以便用计算的方法来解决论辩和争论的问题。因此,他被称为数理逻辑的创始人。

　　此后,英国数学家、逻辑学家布尔(G. Boole,1815—1864)出版了《逻辑的数学分析》一书,他用代数的方法处理逻辑问题,成为在逻辑中应用数学方法取得完全成功的第一个人。同期,对数理逻辑发展作出贡献的还有德摩根(A. de Morgan,1806—1876)、施罗德(E. Schroder,1841—1902)等,从而建立了逻辑代数理论。

　　19 世纪中叶以后,在数学中出现了两个新的研究方向,即分析基础与公理化方法的研究,从而大大推动了数理逻辑的进一步完善。1879 年,德国数理逻辑学家弗雷格(G. Frege,1848—1925)发表了《计算概论》一书,完成了建立命题演算与狭义谓词演算的研究,在科学性上把逻辑学提高到了一个新的高度。1930 年及 1931 年奥地利著名数理逻辑学家哥德尔(K. Godel,1906—1978)分别证明了狭义谓词演算的完备性定理及形式数论系统的不完备性定理,从而使得数理逻辑成为一门真正独立的科学。

　　20 世纪 40 年代以后,数理逻辑又逐步在开关线路、自动化系统、编译理论、算法设计等方面获得了广泛的应用,从而迅速成为计算机科学的基础理论之一。

　　目前,除了传统数理逻辑所包括的几个重要分支,即逻辑演算、递归函数论、公理集合论、模型论、证明论等,又出现了各种各样的应用逻辑,如多值逻辑、模态逻辑、时序逻辑、算法逻辑、程序逻辑等。这些逻辑大多与计算机科学有关,并使得关于计算机的应用领域愈来愈大。尤其是被作为人工智能计算机语言的 LISP 与 PROLOG 都是建立在逻辑数学基础之上的,前者以 λ-演算为基础,后者以一阶逻辑演算为基础。因此,了解和掌握数理逻辑的基本内容已成为广大计算机工作者及有关技术人员所必需。

　　本书所讨论的命题演算与谓词演算都是数理逻辑中最基本的内容。这不仅可以使读者了解和掌握数理逻辑的基本观点和方法,同时也为读者开拓广泛的计算机应用技术打下良好的基础。

第二部分

集合论
Set Theory

第 3 章

集 合

3.1 集合的基本概念

3.1.1 个体与集合

集合、简称集。数学和计算机科学中大量的概念都是直接或间接地用集合来定义的,但是集合本身却很难用自然语言说清楚。

先看看几位名家对集合这个概念的描述。

莫斯科大学的 И. Натансон(那汤松) 教授说:凡具有某种特殊性质的对象的汇集(总合),称之为集。

复旦大学的陈建功教授说:凡可供吾人思维的,不论它有形或无形,都叫做物。具有某种条件的物,称它们的全部,谓之一集。

南开大学的杨宗磐教授说:集就是"乌合之众";不考虑怎样"乌合"起来的,"众"可以具体,可以抽象。

集合论之父 G. Cantor(康托尔,1845—1918) 说:集是由总括某些个体成一个整体而产生的;对于每个个体,只设其为可思考对象,辨别它的异同,个体之间并不需要有任何关系。

分析以上几种说法,可以从中抽象出集合的概念。首先,在集合的概念中有个称作个体或对象的东西。我们说凡是可以描述清楚的事物都可以成为个体,不论它是具体的还是抽象的、有形的还是无形的。其次,在集合的概念中还指出个体是可辨认的,即个体具有某种性质,使得个体之间是可辨认的,也必须能够辨认。最后,在集合的概念中有一个动作"汇集(总合、总括)",即总括某些个体成一个整体,而这个整体就是一个集合。综上所述,集合应当包括三个方面的内容:

(1) 个体；

(2) 个体的可辨认性；

(3) 汇集。

因此，在谈论集合时，我们先天地接受了两件事：一件是集合的概念，即集合的存在；另一件是集合是由一些个体所组成，这些个体被称为该集合的成员。也就是说，由于一个集合的存在，世界上的个体可分辨地被分成两类：一类个体属于这个集合，是组成这个集合的成员；另一类个体不属于这个集合，不是这个集合的成员。

对于某个个体 a 和某个集合 A 而言，只有以下两种情况：

(1) a 属于 A，记为 $a \in A$，称 a 是 A 中的元素（成员）；

(2) a 不属于 A，记为 $a \notin A$，称 a 不是 A 中的元素（成员）。

个体与集合之间的关系称为属于关系，意大利数学家 G. Peano（佩亚诺）首先使用符号 $\in$ 作为属于关系的关系符，$\in$ 的左边为个体，$\in$ 的右边为集合。一个个体 a 或者属于集合 A，或者不属于集合 A，二者必居其一，也只居其一，即个体与集合间的属于关系是无二义性的。判断个体 a 是否属于 A，要用到个体的可辨认性。这里所说的个体的可辨认性是无二义性的。关于个体的辨认有赖于各个方面的、公认的知识，而不只是依赖于集合本身的内容。

通常，我们用小写的拉丁字母表示个体，如 $a, b, c, d, \cdots$；用大写的拉丁字母表示集合，如 $A, B, C, D, \cdots$

3.1.2　集合的表示法

集合的概念是唯一的，但集合的表示方法是多种多样的。集合的表示方法源自于集合的概念，无论用什么方式表示一个集合，总是以能界定其成员，以能明确地分辨世上个体与该集合的隶属关系为准。这里常用花括号表示汇集这样一种动作。

(1) 文字表示法　　用文字表示集合中的元素，两端加上花括号。

例如，　　　　　　　{教室里在座的同学}

　　　　　　　　　　{高等数学中的积分公式}

因此，初等数学的所有公式、高等数学中的微分公式、数学中的其他公式均不在这个集合中。

(2) 列举法　　将集合中的元素逐一列出，两端加上花括号。

例如，　　　　　　　$\{1, 2, 3, 4, 5\}$

　　　　　　　　　　{风，马，牛}

　　　　　　　　　　$\{2, 4, 6, 8, 10, \cdots\}$

当一个集合中的元素非常少的时候,我们可以采用列举法将集合中的元素一一列举出来,然后两端加上花括号。由于第一个例子中只有五个元素,故适合采用列举法将其表示出来。第二个例子是杨宗磐先生在他的著作《数学分析入门》中举出的,它指出一个集合的元素之间可以毫无关系,它诙谐地为我们认识集合概念提供了有益的启发。第三个例子在花括号中使用了省略号"…",其含义是明确的。也只有在含义明确的时候才可以在花括号里使用省略号。比方说

$$\{3, \sqrt{2}, 眼镜, \cdots\}$$

它虽有花括号的形式,而省略号所示则不知所云,人们无法分辨世上的个体与它的从属关系,因而它没有将一个集合表示出来。

(3) 谓词表示法 $\{x \mid P(x)\}$,其中 P 表示 x 所具有的属性。

例如, $\{x \mid x^2 - 4x + 3 = 0\}$

$$\{n \mid n \text{ 是 } 14 \text{ 的倍数且不大于 } 100\}$$

一个集合用哪种表示法表示更方便、更简洁、更清楚,就使用哪种方法。有时可以使用这三种方法表示同一个集合。

下面三种表示法表示的是同一个集合。

$$\{使 x^2 = 1 的实数\}, \quad \{1, -1\}, \quad \{x \mid x^2 = 1\}$$

这里再介绍几种特殊的集合:

(1) 不含任何元素的集合称为**空集**,记为 $\varnothing$。

(2) 只含一个元素的集合称为**单元素集**,记为 $\{a\}$。

(3) 我们研究的全部个体所组成的集合称为**全集**,记为 X。

一般地说,我们所需的研究对象并不是"世间万物",而仅仅是其中的一部分,甚至是很少的一部分。例如,高等数学里所说的数是指实数,复变函数的数是指复数。在具体的技术科学中,研究对象常常是具体的,研究对象的全体是自然形成的。

3.1.3　集合的包含与相等

定义 3.1　设 A, B 是两个集合,

(1) 若对于 A 中的每个元素 x,有 $x \in B$ 成立,则称 A 包含于 B 中,记为 $A \subseteq B$,同时称 A 是 B 的**子集**;

(2) 若 $A \subseteq B$ 且 $B \subseteq A$,则称 A 等于 B,记为 $A = B$。

子集的两种特殊情况:

(1) 空集是任一集合的子集;

(2) 每个集合是它自己的子集。

这两种子集称为**平凡子集**。

设 X 是全集, A 是 X 的任一子集, 则有 $\varnothing \subseteq A \subseteq X$。

属于关系是个体与集合之间的关系, 而包含关系是集合与集合之间的关系, 这是两个不同层次上的关系, 决不可以混为一谈。尽管集合也可以作为个体出现在各种场合, 但当一个集合作为个体出现在属于关系符号的左边时它仅仅是一个个体, 此时并不将它作为集合看待。属于关系符的左边一定是个体, 右边一定是集合; 而包含关系符的左右两边均为集合。这是属于关系和包含关系在表现形式上的重大差别, 这种差别来自于不同的关系有着不同的概念内涵。

3.1.4　幂集

定义 3.2　设 A 是任一集合, A 的所有子集组成的集合称为 A 的**幂集**, 记为 2^A。

$$2^A = \{x \mid x \subseteq A\}$$

A 的幂集是以 A 的子集为成员的集合。A 的幂集有两个当然的成员, 即空集 $\varnothing$ 与集合 A 本身。

例 3.1　$2^\varnothing = \{\varnothing\}$。

空集是没有元素的集合, 但空集的幂集不是空集, 它是以空集为唯一元素的集合。

例 3.2　设 $A = \{1, 2, 3\}$, 则

$$2^A = \{\varnothing, \{1\}, \{2\}, \{3\}, \{1, 2\}, \{1, 3\}, \{2, 3\}, \{1, 2, 3\}\}$$

当 A 的元素只有有穷个时, 它的幂集可以用列举法写出来。在这个例子中, 我们还发现下面的事实:

(1) 1 是 A 的成员, 1 不是 2^A 的成员;

(2) 1 是 A 的成员, 1 不是 A 的子集;

(3) A 是 2^A 的成员, A 不是 2^A 的子集。

上面的事实指出集合概念与个体概念是有层次差别的, 在使用属于关系符 $\in$ 和集合包含关系符 $\subseteq$ 时, 应审查一下关系符两边的对象是否合适。

定义 3.3　当集合 A 的元素只有有穷个时, 称集合中元素的个数为 A 的**基数**, 记作 $|A|$。

基数是一个非负整数, 如 $|\varnothing| = 0$, $|2^\varnothing| = 1$。当 $|A| = n$ 时, 有定理 3.1 的结论。

定理 3.1　设集合 A 的元素是有穷个, $|A| = n$, 那末

$$|2^A| = 2^{|A|} = 2^n$$

证　注意到幂集元素出场的次序, 由中学代数里的二项式定理知定理结论成立。　∎

为什么把 A 的一切子集构成的集合称为幂集, 定理 3.1 提供了一种解释。

定理 3.2　设 A,B 是两个非空集合,那么 $A = B$ 当且仅当 $2^A = 2^B$。

证　先证必要性。

要证明 $2^A = 2^B$,即要证 $2^A \subseteq 2^B$ 且 $2^B \subseteq 2^A$。

$\forall x \in 2^A$,由幂集的定义知 $x \subseteq A$,由条件 $A = B$ 知 $x \subseteq B$,由幂集的定义知 $x \in 2^B$,由 x 的任意性及集合包含的定义知 $2^A \subseteq 2^B$。

同理可证 $2^B \subseteq 2^A$。

由集合相等的定义知 $2^A = 2^B$。

再证充分性。

要证明 $A = B$,即要证 $A \subseteq B$ 且 $B \subseteq A$。

$\forall x \in A$,由子集的定义知 $\{x\} \subseteq A$,由幂集的定义知 $\{x\} \in 2^A$,由条件 $2^A = 2^B$ 知 $\{x\} \in 2^B$,由幂集定义知 $\{x\} \subseteq B$,由集合包含的定义知 $x \in B$,由 x 的任意性及集合包含的定义知 $A \subseteq B$。

同理可证 $B \subseteq A$。

由集合相等的定义知 $A = B$。　　■

3.2　集合的基本运算

本节介绍集合的三种基本运算:集合的补运算,并运算和交运算。

3.2.1　集合的补运算

定义 3.4　设 X 是集合,A 是 X 的子集,
$$A' = \{x \mid x \in X \land x \notin A\}$$
则称 A' 是 A 关于 X 的**补集**,称 ′ 是集合的**补运算**。

定理 3.3　设 X 是集合,A,B 是 X 的子集,则

(1) $(A')' = A$;

(2) 若 $A \subseteq B$,则 $B' \subseteq A'$;

(3) 若 $A = B$,则 $A' = B'$;

(4) $X' = \varnothing$;

(5) $\varnothing' = X$。

证　(1) 要证 $(A')' = A$,只需证 $(A')' \subseteq A$ 且 $A \subseteq (A')'$。

任取 $x \in (A')'$,由补集的定义知 $x \notin A'$,再由补集的定义知 $x \in A$。由 x 的任意性及 $\subseteq$ 的定义知 $(A')' \subseteq A$。

任取 $x \in A$,由补集的定义知 $x \notin A'$,再由补集的定义知 $x \in (A')'$。由 x 的任意性及 $\subseteq$ 的定义知 $A \subseteq (A')'$。

由集合相等的定义知 $(A')' = A$。

（2）任取 $x \in B'$，由补集的定义知 $x \notin B$，由条件 $A \subseteq B$ 及 $\subseteq$ 的定义知 $x \notin A$，由补集的定义知 $x \in A'$。由 x 的任意性及 $\subseteq$ 的定义知 $B' \subseteq A'$。

（3）由条件知 $A = B$，由集合相等的定义知 $A \subseteq B$ 且 $B \subseteq A$，由（2）可知 $B' \subseteq A'$ 且 $A' \subseteq B'$，由集合相等的定义知 $A' = B'$。

（4）由补集的定义知 $X' = \{x \mid x \in X \wedge x \notin X\}$。由于一个元素不可能既属于 X 又不属于 X，故 $X' = \varnothing$。

（5）由补集的定义知 $\varnothing' = \{x \mid x \in X \wedge x \notin \varnothing\}$。由于 X 中的所有元素都不属于 $\varnothing$，故 $\varnothing' = X$。　■

3.2.2　集合的并运算与交运算

定义 3.5　设 A, B 是两个集合。

（1）设 $A \cup B = \{x \mid x \in A \vee x \in B\}$，称 $A \cup B$ 是 A 与 B 的**并集**，称 $\cup$ 为集合的**并运算**。

（2）设 $A \cap B = \{x \mid x \in A \wedge x \in B\}$，称 $A \cap B$ 是 A 与 B 的**交集**，称 $\cap$ 为集合的**交运算**。

定理 3.4　设 X 为集合，A, B, C 为 X 的子集，则

（1）$A \cup A = A, \quad A \cap A = A$；

（2）$A \cup A' = X, \quad A \cap A' = \varnothing$；

（3）$A \cup X = X, \quad A \cap \varnothing = \varnothing$；

（4）$A \cup \varnothing = A, \quad A \cap X = A$；

（5）$A \cup B = B \cup A, \quad A \cap B = B \cap A$；

（6）$(A \cup B) \cup C = A \cup (B \cup C)$，
$\quad\;\, (A \cap B) \cap C = A \cap (B \cap C)$；

（7）$A \cup (B \cap C) = (A \cup B) \cap (A \cup C)$，
$\quad\;\, A \cap (B \cup C) = (A \cap B) \cup (A \cap C)$。

证　这里只证明（1），（3），（5），（7），其余的证明方法相类似，留给读者完成。

（1）要证 $A \cup A = A$，只需证 $A \cup A \subseteq A$ 且 $A \subseteq A \cup A$。

任取 $x \in A \cup A$，由 $\cup$ 的定义知 $x \in A$ 或 $x \in A$，于是有 $x \in A$；由 x 的任意性和 $\subseteq$ 的定义知 $A \cup A \subseteq A$。

任取 $x \in A$，由 $\cup$ 的定义知 $x \in A \cup A$；由 x 的任意性和 $\subseteq$ 的定义知 $A \subseteq A \cup A$。

由集合相等的定义知 $A \cup A = A$。

$A \cap A = A$ 的证明由读者完成。

（3）要证 $A \cup X = X$，只需证 $A \cup X \subseteq X$ 且 $X \subseteq A \cup X$。

任取 $x \in A \cup X$，由 $\cup$ 的定义知 $x \in A$ 或 $x \in X$。若 $x \in A$，由 A 是 X 的子集知

$x \in X$；若 $x \in X$，则 $x \in X$。即无论是 $x \in A$ 或是 $x \in X$ 均有 $x \in X$。由 x 的任意性和 $\subseteq$ 的定义知 $A \bigcup X \subseteq X$。

任取 $x \in X$，由 $\bigcup$ 的定义知 $x \in A \bigcup X$。由 x 的任意性和 $\subseteq$ 的定义知 $X \subseteq A \bigcup X$。

由集合相等的定义知 $A \bigcup X = X$。

$A \bigcap \varnothing = \varnothing$ 的证明由读者完成。

(5) 要证 $A \bigcup B = B \bigcup A$，只需证 $A \bigcup B \subseteq B \bigcup A$ 且 $B \bigcup A \subseteq A \bigcup B$。

任取 $x \in A \bigcup B$，由 $\bigcup$ 的定义知 $x \in A$ 或者 $x \in B$。即有 $x \in B$ 或者 $x \in A$，由 $\bigcup$ 的定义知 $x \in B \bigcup A$。由 x 的任意性和 $\subseteq$ 的定义知 $A \bigcup B \subseteq B \bigcup A$。

同理可证 $B \bigcup A \subseteq A \bigcup B$。

由集合相等的定义知 $A \bigcup B = B \bigcup A$。

$A \bigcap B = B \bigcap A$ 的证明由读者完成。

(7) 要证 $A \bigcup (B \bigcap C) = (A \bigcup B) \bigcap (A \bigcup C)$，只需证

$$A \bigcup (B \bigcap C) \subseteq (A \bigcup B) \bigcap (A \bigcup C)$$
$$(A \bigcup B) \bigcap (A \bigcup C) \subseteq A \bigcup (B \bigcap C)$$

任取 $x \in A \bigcup (B \bigcap C)$，由 $\bigcup$ 的定义知 $x \in A$ 或者 $x \in B \bigcap C$。由 $\bigcap$ 的定义知 $x \in B$ 且 $x \in C$。于是有"$x \in A$ 或者 $x \in B$"且"$x \in A$ 或者 $x \in C$"。由 $\bigcup$ 的定义知 $x \in A \bigcup B$ 且 $x \in A \bigcup C$。由 $\bigcap$ 的定义知 $x \in (A \bigcup B) \bigcap (A \bigcup C)$。由 x 的任意性和 $\subseteq$ 的定义知 $A \bigcup (B \bigcap C) \subseteq (A \bigcup B) \bigcap (A \bigcup C)$。

任取 $x \in (A \bigcup B) \bigcap (A \bigcup C)$，由 $\bigcap$ 的定义知 $x \in A \bigcup B$ 且 $x \in A \bigcup C$。由 $\bigcup$ 的定义知"$x \in A$ 或者 $x \in B$"且"$x \in A$ 或者 $x \in C$"。于是有 $x \in A$ 或者"$x \in B$ 且 $x \in C$"。由 $\bigcap$ 的定义知 $x \in A$ 或者 $x \in B \bigcap C$。由 $\bigcup$ 的定义知 $x \in A \bigcup (B \bigcap C)$。由 x 的任意性和 $\subseteq$ 的定义知 $(A \bigcup B) \bigcap (A \bigcup C) \subseteq A \bigcup (B \bigcap C)$。

由集合相等的定义知 $A \bigcup (B \bigcap C) = (A \bigcup B) \bigcap (A \bigcup C)$。

$A \bigcap (B \bigcup C) = (A \bigcap B) \bigcup (A \bigcap C)$ 的证明由读者完成。

定理 3.5　设 A, B, C 为三个集合，那末

(1) $A \subseteq A \bigcup B$；

(2) $A \bigcap B \subseteq A$；

(3) 若 $A \subseteq C$ 且 $B \subseteq C$，则 $A \bigcup B \subseteq C$；

(4) 若 $C \subseteq A$ 且 $C \subseteq B$，则 $C \subseteq A \bigcap B$。

证　(1) 任取 $x \in A$，由 $\bigcup$ 的定义知 $x \in A \bigcup B$。由 x 的任意性和 $\subseteq$ 的定义知 $A \subseteq A \bigcup B$。

(2) 任取 $x \in A \bigcap B$，由 $\bigcap$ 的定义知 $x \in A$ 且 $x \in B$，于是有 $x \in A$。由 x 的任意性和 $\subseteq$ 的定义知 $A \bigcap B \subseteq A$。

(3) 任取 $x \in A \bigcup B$,由 $\bigcup$ 的定义知 $x \in A$ 或者 $x \in B$。若 $x \in A$,由条件 $A \subseteq C$ 和 $\subseteq$ 的定义知 $x \in C$;若 $x \in B$,由条件 $B \subseteq C$ 和 $\subseteq$ 的定义知 $x \in C$。即无论 $x \in A$ 或者 $x \in B$,均有 $x \in C$。由 x 的任意性和 $\subseteq$ 的定义知 $A \bigcup B \subseteq C$。

(4) 任取 $x \in C$,由条件 $C \subseteq A$ 和 $\subseteq$ 的定义知 $x \in A$。由条件 $C \subseteq B$ 和 $\subseteq$ 的定义知 $x \in B$,由 $\bigcap$ 的定义知 $x \in A \bigcap B$。由 x 的任意性和 $\subseteq$ 的定义知 $C \subseteq A \bigcap B$。∎

定理 3.6 设 A, B 是两个集合,则

(1) $(A \bigcup B)' = A' \bigcap B'$;

(2) $(A \bigcap B)' = A' \bigcup B'$。

证 (1) 要证 $(A \bigcup B)' = A' \bigcap B'$,只需证
$$(A \bigcup B)' \subseteq A' \bigcap B' \text{ 且 } A' \bigcap B' \subseteq (A \bigcup B)'$$

任取 $x \in (A \bigcup B)'$,由补集的定义知 $x \notin A \bigcup B$。由 $\bigcup$ 的定义知 $x \notin A$ 且 $x \notin B$。由补集的定义知 $x \in A'$ 且 $x \in B'$。由 $\bigcap$ 的定义知 $x \in A' \bigcap B'$。由 x 的任意性和 $\subseteq$ 的定义知 $(A \bigcup B)' \subseteq A' \bigcap B'$。

任取 $x \in A' \bigcap B'$,由 $\bigcap$ 的定义知 $x \in A'$ 且 $x \in B'$。由补集的定义知 $x \notin A$ 且 $x \notin B$。由 $\bigcup$ 的定义知 $x \notin A \bigcup B$。由补集的定义知 $x \in (A \bigcup B)'$。由 x 的任意性和 $\subseteq$ 的定义知 $A' \bigcap B' \subseteq (A \bigcup B)'$。

由集合相等的定义知 $(A \bigcup B)' = A' \bigcap B'$。

(2) 的证明由读者完成。 ∎

该定理反映的是集合并运算、交运算和补运算之间的关系,该定理称为集合运算中的 De Morgan 定律。

定理 3.7 设 A, B 是两个集合,下面的三种说法是等价的。

(1) $A \subseteq B$; (2) $A \bigcup B = B$; (3) $A \bigcap B = A$。

证 采用循环证法,证明 $(1) \Rightarrow (2) \Rightarrow (3) \Rightarrow (1)$。

$(1) \Rightarrow (2)$ 要证 $A \bigcup B = B$,只需证 $A \bigcup B \subseteq B$ 且 $B \subseteq A \bigcup B$。

任取 $x \in A \bigcup B$,由 $\bigcup$ 的定义知 $x \in A$ 或者 $x \in B$。若 $x \in A$,由条件 $A \subseteq B$ 和 $\subseteq$ 的定义知 $x \in B$;若 $x \in B$,则 $x \in B$。因此,无论 $x \in A$ 或者 $x \in B$,均有 $x \in B$。由 x 的任意性和 $\subseteq$ 的定义知 $A \bigcup B \subseteq B$。

由定理 3.5 知 $B \subseteq A \bigcup B$。

故由集合相等的定义知 $A \bigcup B = B$。

$(2) \Rightarrow (3)$ 要证 $A \bigcap B = A$,只需证 $A \bigcap B \subseteq A$ 且 $A \subseteq A \bigcap B$。

由定理 3.5 知 $A \bigcap B \subseteq A$。

任取 $x \in A$,由 $\bigcup$ 的定义知 $x \in A \bigcup B$,由条件 $A \bigcup B = B$ 知 $x \in B$,于是有 $x \in A$ 且 $x \in B$,由 $\bigcap$ 的定义知 $x \in A \bigcap B$。由 x 的任意性和 $\subseteq$ 的定义知 $A \subseteq A \bigcap B$。

由集合相等的定义知 $A \cap B = A$。

(3) $\Rightarrow$ (1)　要证 $A \subseteq B$。

任取 $x \in A$，由条件 $A \cap B = A$ 知 $x \in A \cap B$，由 $\cap$ 的定义知 $x \in B$。由 x 的任意性和 $\subseteq$ 的定义知 $A \subseteq B$。　　∎

3.3　集合的宏运算

由集合的并、交、补运算所表示的运算称为集合的宏运算。下面介绍几种集合的宏运算：差运算、环和运算、环积运算等。

3.3.1　集合的差运算

定义 3.6　设 A, B 是两个集合，

$$A \backslash B = \{x \mid x \in A \wedge x \notin B\}$$

称 $A \backslash B$ 是 A 和 B 的**差集**，称 $\backslash$ 为集合的**差运算**。

由集合差运算、交运算和补运算的定义知 $A \backslash B = A \cap B'$。

由于集合的差运算可以由集合的交运算和补运算表示，因此称集合的差运算为集合的**宏运算**。

定理 3.8　设 X 是全集，A, B, C 是 X 的三个子集，则

(1) $A \backslash B \subseteq A$；

(2) $X \backslash A = A'$，　　$A \backslash X = \varnothing$；

(3) $A \backslash \varnothing = A$，　　$\varnothing \backslash A = \varnothing$；

(4) $A \backslash A = \varnothing$；

(5) $(A \backslash B) \cup B = A \cup B$；

(6) $A \cap (B \backslash C) = (A \cap B) \backslash (A \cap C)$；

(7) $A \backslash (B \backslash C) = (A \backslash B) \cup (A \cap C)$；

(8) $(A \backslash B) \backslash C = A \backslash (B \cup C)$；

(9) $A \backslash (B \cup C) = (A \backslash B) \cap (A \backslash C)$；

(10) $A \backslash (B \cap C) = (A \backslash B) \cup (A \backslash C)$；

证　这里只证明(1),(3),(5),(7),(9)，其余的证明由读者完成。

(1) 由于 $A \backslash B = A \cap B'$，由定理 3.5 知 $A \cap B' \subseteq A$，于是有 $A \backslash B \subseteq A$。

(3) $A \backslash \varnothing = A \cap \varnothing' = A \cap X = A$

　　　$\varnothing \backslash A = \varnothing \cap A' = \varnothing$

(5) $(A \backslash B) \cup B = (A \cap B') \cup B$

　　　　　　　　$= (A \cup B) \cap (B' \cup B)$

　　　　　　　　$= (A \cup B) \cap X = A \cup B$

(7) $(A \setminus B) \cup (A \cap C) = (A \cap B') \cup (A \cap C)$

$\qquad = A \cap (B' \cup C)$

$\qquad = A \cap (B \cap C')'$

$\qquad = A \setminus (B \setminus C)$

(9) $(A \setminus B) \cap (A \setminus C) = (A \cap B') \cap (A \cap C')$

$\qquad = A \cap (B' \cap C')$

$\qquad = A \cap (B \cup C)'$

$\qquad = A \setminus (B \cup C)$ ∎

3.3.2 集合的环和(对称差) 运算

定义 3.7 设 A, B 是两个集合,

$$A \oplus B = \{x \mid (x \in A \wedge x \notin B) \vee (x \in B \wedge x \notin A)\}$$

称 $A \oplus B$ 为 A 和 B 的**环和集**,称 $\oplus$ 为集合的**环和(对称差) 运算**。

由集合环和运算和集合并、交、补运算的定义知

$$A \oplus B = (A \cap B') \cup (B \cap A')$$

由于集合环和运算可以由集合并、交、补运算表示,故称环和运算为集合宏运算。

由集合环和运算和集合并、差运算的定义知

$$A \oplus B = (A \setminus B) \cup (B \setminus A)$$

这正是将环和运算称为对称差运算的原因。

定理 3.9 设 X 是全集,A, B, C 是 X 的三个子集,则

(1) $A \oplus B = (A \cup B) \setminus (A \cap B)$;

(2) $A \oplus \varnothing = A$, $A \oplus X = A'$;

(3) $A \oplus A = \varnothing$, $A \oplus A' = X$;

(4) $A' \oplus B' = A \oplus B$;

(5) $(A \oplus B)' = A' \oplus B = A \oplus B'$;

(6) $A \oplus B = B \oplus A$;

(7) $(A \oplus B) \oplus C = A \oplus (B \oplus C)$;

(8) $A \cap (B \oplus C) = (A \cap B) \oplus (A \cap C)$;

(9) $(A \oplus B) \cup (A \cap B) = A \cup B$;

(10) 若 $A \oplus B = A \oplus C$,则 $B = C$。

证 这里只证明(2),(4),(6),(8),(10),其余的证明由读者完成。

(2) $A \oplus \varnothing = (A \cap \varnothing') \cup (\varnothing \cap A') = (A \cap X) \cup \varnothing = A \cap X = A$

$$A \oplus X = (A \cap X') \cup (X \cap A') = (A \cap \varnothing) \cup A' = \varnothing \cup A' = A'$$

(4) $A' \oplus B' = (A' \cap (B')') \cup (B' \cap (A')')$

$$= (A' \cap B) \cup (B' \cap A)$$

$$= (A \cap B') \cup (B \cap A') = A \oplus B$$

(6) $A \oplus B = (A \cap B') \cup (B \cap A')$

$$= (B \cap A') \cup (A \cap B') = B \oplus A$$

(8) $A \cap (B \oplus C) = A \cap ((B \setminus C) \cup (C \setminus B))$

$$= (A \cap (B \setminus C)) \cup (A \cap (C \setminus B))$$

$$= ((A \cap B) \setminus (A \cap C)) \cup ((A \cap C) \setminus (A \cap B))$$

$$= (A \cap B) \oplus (A \cap C)$$

(10) 由于 $A \oplus B = A \oplus C$, 于是有

$$A \oplus (A \oplus B) = A \oplus (A \oplus C)$$

由(7),有

$$(A \oplus A) \oplus B = (A \oplus A) \oplus C$$

由(3),有

$$\varnothing \oplus B = \varnothing \oplus C$$

由(2),有

$$B = C \qquad \blacksquare$$

3.3.3　集合的环积运算

定义 3.8　设 A, B 是两个集合,

$$A \otimes B = \{x \mid (x \in A \vee x \notin B) \wedge (x \in B \vee x \notin A)\}$$

称 $A \otimes B$ 是 A 和 B 的**环积集合**,称 $\otimes$ 为集合的**环积运算**。

由集合的环积运算和集合的并、交、补运算的定义知

$$A \otimes B = (A \cup B') \cap (B \cup A')$$

由于集合的环积运算可由集合的并、交、补运算表示,故称集合环积运算为集合的宏运算。

定理 3.10　设 X 是全集,A, B, C 是 X 的三个子集,则

(1) $A \otimes B = (A \oplus B)'$;

(2) $A \otimes \varnothing = A'$,　$A \otimes X = A$;

(3) $A \otimes A = X$,　$A \otimes A' = \varnothing$;

(4) $A' \otimes B' = A \otimes B$;

(5) $(A \otimes B)' = A' \otimes B = A \otimes B'$;

(6) $A \otimes B = B \otimes A$;

(7) $A \otimes (B \otimes C) = (A \otimes B) \otimes C$;

(8) $A \cup (B \otimes C) = (A \cup B) \otimes (A \cup C)$。

证 这里只证明(1),(3),(5),(7),其余的证明由读者完成。

(1) $A \otimes B = (A \cup B') \cap (B \cup A')$
$$= ((A' \cap B) \cup (B' \cap A))' = (A \oplus B)'$$

(3) $A \otimes A = (A \oplus A)' = \varnothing' = X$
$$A \otimes A' = (A \oplus A')' = X' = \varnothing$$

(5) 由于
$$(A \otimes B)' = ((A \oplus B)')' = A \oplus B$$
$$A' \otimes B = (A' \oplus B)' = ((A \oplus B)')' = A \oplus B$$
$$A \otimes B' = (A \oplus B')' = ((A \oplus B)')' = A \oplus B$$

故有
$$(A \otimes B)' = A' \otimes B = A \otimes B'$$

(7) 由于
$$A \otimes (B \otimes C) = (A \oplus (B \oplus C)')' = A \oplus (B \oplus C)$$
$$(A \otimes B) \otimes C = ((A \oplus B)' \oplus C)' = (A \oplus B) \oplus C$$
$$= A \oplus (B \oplus C)$$

故有
$$A \otimes (B \otimes C) = (A \otimes B) \otimes C \qquad \blacksquare$$

3.3.4 集合的大并与大交

定义 3.9 设 A_γ 是一簇集合，$\gamma \in \Gamma$，Γ 为下标集合。

(1) $\bigcup_{\gamma \in \Gamma} A_\gamma = \{x \mid (\exists \gamma \in \Gamma)(x \in A_\gamma)\}$，称 $\bigcup_{\gamma \in \Gamma} A_\gamma$ 为 A_γ 们的**大并集合**，称 $\bigcup$ 为集合的**大并运算**。

(2) $\bigcap_{\gamma \in \Gamma} A_\gamma = \{x \mid (\forall \gamma \in \Gamma)(x \in A_\gamma)\}$，称 $\bigcap_{\gamma \in \Gamma} A_\gamma$ 为 A_γ 们的**大交集合**，称 $\bigcap$ 为集合的**大交运算**。

定理 3.11 设 A 是集合，$A_\gamma(\gamma \in \Gamma)$ 为一簇集合。

(1) $A \cup (\bigcup_{\gamma \in \Gamma} A_\gamma) = \bigcup_{\gamma \in \Gamma} (A \cup A_\gamma)$;

(2) $A \cup (\bigcap_{\gamma \in \Gamma} A_\gamma) = \bigcap_{\gamma \in \Gamma} (A \cup A_\gamma)$;

(3) $A \cap (\bigcap_{\gamma \in \Gamma} A_\gamma) = \bigcap_{\gamma \in \Gamma} (A \cap A_\gamma)$;

(4) $A \cap (\bigcup_{\gamma \in \Gamma} A_\gamma) = \bigcup_{\gamma \in \Gamma} (A \cap A_\gamma)$;

(5) $(\bigcup_{\gamma \in \Gamma} A_\gamma)' = \bigcap_{\gamma \in \Gamma} (A_\gamma')$;

(6) $(\bigcap_{\gamma \in \Gamma} A_\gamma)' = \bigcup_{\gamma \in \Gamma} (A_\gamma')$。

证 (1),(2),(3),(4) 的证明由读者完成。

(5) 要证 $(\bigcup_{\gamma \in \Gamma} A_\gamma)' = \bigcap_{\gamma \in \Gamma} (A_\gamma')$，只需证

$$(\bigcup_{\gamma\in\Gamma}A_{\gamma})' \subseteq \bigcap_{\gamma\in\Gamma}(A'_{\gamma}) \text{ 且 } \bigcap_{\gamma\in\Gamma}(A'_{\gamma}) \subseteq (\bigcup_{\gamma\in\Gamma}A_{\gamma})'$$

任取 $x\in(\bigcup_{\gamma\in\Gamma}A_{\gamma})'$，由补集的定义知 $x\notin\bigcup_{\gamma\in\Gamma}A_{\gamma}$，由大并集的定义知对每个 A_{γ}，有 $x\notin A_{\gamma}$；由补集的定义知对每个 A_{γ}，有 $x\in A'_{\gamma}$；由大交集的定义知 $x\in\bigcap_{\gamma\in\Gamma}(A'_{\gamma})$。由 x 的任意性和 $\subseteq$ 的定义知 $(\bigcup_{\gamma\in\Gamma}A_{\gamma})'\subseteq\bigcap_{\gamma\in\Gamma}(A'_{\gamma})$。

任取 $x\in\bigcap_{\gamma\in\Gamma}(A'_{\gamma})$，由大交集的定义知对每个 A'_{γ}，有 $x\in A'_{\gamma}$；由补集的定义知对每个 A_{γ}，有 $x\notin A_{\gamma}$；由大并集的定义知 $x\notin\bigcup_{\gamma\in\Gamma}A_{\gamma}$；由补集的定义知 $x\in(\bigcup_{\gamma\in\Gamma}A_{\gamma})'$。由 x 的任意性和 $\subseteq$ 的定义知 $\bigcap_{\gamma\in\Gamma}(A'_{\gamma})\subseteq(\bigcup_{\gamma\in\Gamma}A_{\gamma})'$。

由集合相等的定义知 $(\bigcup_{\gamma\in\Gamma}A_{\gamma})'=\bigcap_{\gamma\in\Gamma}(A_{\gamma})'$。

(6) 要证 $(\bigcap_{\gamma\in\Gamma}A_{\gamma})'=\bigcup_{\gamma\in\Gamma}(A'_{\gamma})$，只需证

$$(\bigcap_{\gamma\in\Gamma}A_{\gamma})' \subseteq \bigcup_{\gamma\in\Gamma}(A'_{\gamma}) \text{ 且 } \bigcup_{\gamma\in\Gamma}(A'_{\gamma}) \subseteq (\bigcap_{\gamma\in\Gamma}A_{\gamma})'$$

任取 $x\in(\bigcap_{\gamma\in\Gamma}A_{\gamma})'$，由补集的定义知 $x\notin\bigcap_{\gamma\in\Gamma}A_{\gamma}$；由大交集的定义知存在 A_{γ}，使得 $x\notin A_{\gamma}$；由补集的定义知 $x\in A'_{\gamma}$；由大并集的定义知 $x\in\bigcup_{\gamma\in\Gamma}(A'_{\gamma})$。由 x 的任意性和 $\subseteq$ 的定义知 $(\bigcap_{\gamma\in\Gamma}A_{\gamma})'\subseteq\bigcup_{\gamma\in\Gamma}(A'_{\gamma})$。

任取 $x\in\bigcup_{\gamma\in\Gamma}(A'_{\gamma})$，由大并集的定义知存在 A'_{γ}，使得 $x\in A'_{\gamma}$；由补集的定义知 $x\notin A_{\gamma}$；由大交集的定义知 $x\notin\bigcap_{\gamma\in\Gamma}A_{\gamma}$；由补集的定义知 $x\in(\bigcap_{\gamma\in\Gamma}A_{\gamma})'$。由 x 的任意性和 $\subseteq$ 的定义知 $\bigcup_{\gamma\in\Gamma}(A'_{\gamma})\subseteq(\bigcap_{\gamma\in\Gamma}A_{\gamma})'$。

由集合相等的定义知 $(\bigcap_{\gamma\in\Gamma}A_{\gamma})'=\bigcup_{\gamma\in\Gamma}(A'_{\gamma})$。　　█

3.4　集合运算的其他表示法

3.4.1　文图表示法

在集合运算中，当集合的个数很少时，英国人文氏(John Venn, 1834—1883)提出用图解的办法表示集合与集合的运算，即文图。具体地说，用一矩形表示全集 X，用矩阵中的圆表示集合 X 的子集，用阴影部分显示集合或集合运算的结果。

图 3.1 中所示的六个文图例子，清楚地表示了集合与集合的运算。事实上，读者不妨试一试，3.2 节、3.3 节中关于集合运算的几个定理的证明颇费口舌，若用文图法几乎是一目了然的。文图法为我们理解集合概念提供了简明的图形工具。

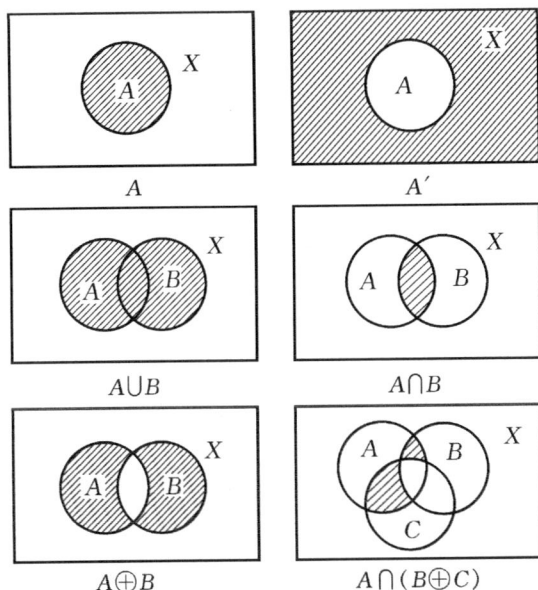

图 3.1

　　但由于文图法只适用于参加运算的集合个数很少、运算也不复杂的情况,还由于数学史上不止一次发生过凭视觉得到的结论有误,所以文图法属于集合运算中的非正式工具。

3.4.2　成员表法

　　设 A 为任一集合,它将全集 X 中的个体分成两类,即每一个体 x 或属于 A,或不属于 A,二者必居其一,也只居其一。当两个或两个以上的集合进行运算时,其运算结果仍是一个集合,这个集合也把全集中的个体分成两类,或者属于该集合,或者不属于该集合,二者必居其一,也只居其一。

　　我们以 0 表示个体 x 不属于该集合,以 1 表示个体 x 属于该集合,这样的表示方式是明确且无混淆的。集合代数的三个基本运算可列表如下:

A	A'	A	B	$A \cap B$	A	B	$A \cup B$
0	1	0	0	0	0	0	0
1	0	0	1	0	0	1	1
		1	0	0	1	0	1
		1	1	1	1	1	1

这就是所谓的成员表。横线以下是个体 x 是否属于集合的状态,竖线的左边是运

算对象,个体 x 是否属于运算对象的状态都穷举于此。如果运算对象有 k 个,那末个体 x 是否属于运算对象的状态应有 2^k 种。竖线的右边是运算结果,个体 x 是否属于运算结果的各种状态尽在表中罗列。

作为运算工具的成员表法,常被用来判断二集合是否相等。二集合相等是指它俩相同,即它俩有完全相同的元素。这里用可分辨性对二集合相等的概念给予阐述。所谓二集合相等,是指全集 X 中的每一个体对它俩有相同的从属关系,即当 x 属于一个集合时,必属于另一个集合;当 x 不属于一个集合时,也必不属于另一集合。下面的例子反映了如此阐述的相等概念在成员表法中的运用。

例 3.3　证明集合运算的 De Morgan(德摩根)律

$$(A\bigcup B)' = A'\bigcap B'$$

证　用成员表法证明。作成员表如下:

A	B	$A\bigcup B$	$(A\bigcup B)'$	A'	B'	$A'\bigcap B'$
0	0	0	1	1	1	1
0	1	1	0	1	0	0
1	0	1	0	0	1	0
1	1	1	0	0	0	0

成员表中运算结果 $(A\bigcup B)'$ 及 $A'\bigcap B'$ 的两列状态表明,全集 X 中的每一个体对它俩有相同的从属关系,故

$$(A\bigcup B)' = A'\bigcap B'$$

例 3.3 的成员表中,除最后运算结果外,还有几个运算的中间结果,它们使成员表更为清晰。

例 3.4　证明　$B\bigcap C \subseteq (A\bigcap B)\bigcup(C\setminus A)$

证　作成员表如下:

A	B	C	$B\bigcap C$	$A\bigcap B$	$C\setminus A$	$(A\bigcap B)\bigcup(C\setminus A)$
0	0	0	0	0	0	0
0	0	1	0	0	1	1
0	1	0	0	0	0	0
0	1	1	1	0	1	1
1	0	0	0	0	0	0
1	0	1	0	0	0	0
1	1	0	0	1	0	1
1	1	1	1	1	0	1

成员表中运算结果表明凡使得 $B \cap C$ 为 1 的行均有 $(A \cap B) \cup (C \setminus A)$ 为 1，由集合包含的定义知有

$$B \cap C \subseteq (A \cap B) \cup (C \setminus A)$$

成员表法用作集合运算的工具是有效的，尤其是成员表法可以由计算机来实现。但是如果用手工来做成员表，当参加运算的集合较多时，比如说 8 个，那末成员表将有 $2^8 + 1$ 行，表的横向宽度也是非常可观的。

习 题 三

1. 列出下述集合的全部元素：

(1) $A = \{x \mid x \in \mathbf{N} \wedge x$ 是偶数 $\wedge x < 15\}$；

(2) $B = \{x \mid x \in \mathbf{N} \wedge 4 + x = 3\}$；

(3) $C = \{x \mid x$ 是十进制的数字$\}$。

2. 用谓词法表示下列集合：

(1) $\{$奇整数$\}$；

(2) $\{$小于 7 的非负整数$\}$；

(3) $\{3, 5, 7, 11, 13, 17, 19, 23, 29\}$。

3. 确定下列各命题的真假性：

(1) $\varnothing \subseteq \varnothing$；

(2) $\varnothing \in \varnothing$；

(3) $\varnothing \subseteq \{\varnothing\}$；

(4) $\varnothing \in \{\varnothing\}$；

(5) $\{a, b\} \subseteq \{a, b, c, \{a, b, c\}\}$；

(6) $\{a, b\} \in \{a, b, c, \{a, b, c\}\}$；

(7) $\{a, b\} \subseteq \{a, b, \{\{a, b, c\}\}\}$；

(8) $\{a, b\} \in \{a, b, \{\{a, b, c\}\}\}$。

4. 对任意集合 A, B, C，确定下列命题的真假性：

(1) 如果 $A \notin B \wedge B \notin C$，则 $A \notin C$；

(2) 如果 $A \in B \wedge B \notin C$，则 $A \notin C$；

(3) 如果 $A \subseteq B \wedge B \notin C$，则 $A \notin C$。

5. 对任意集合 A, B, C，确定下列命题的真假性：

(1) 如果 $A \in B \wedge B \subseteq C$，则 $A \in C$；

(2) 如果 $A \in B \wedge B \subseteq C$，则 $A \subseteq C$；

(3) 如果 $A \subseteq B \wedge B \in C$，则 $A \in C$；

(4) 如果 $A \subseteq B \wedge B \in C$,则 $A \subseteq C$。

6. 求下列集合的幂集:

(1) $\{a,b,c\}$;

(2) $\{a,\{b,c\}\}$;

(3) $\{\varnothing\}$;

(4) $\{\varnothing,\{\varnothing\}\}$。

7. 给定自然数集合 **N** 的下列子集:

　　$A = \{1,2,7,8\}$;

　　$B = \{x \mid x^2 < 50\}$;

　　$C = \{x \mid x$ 可以被 3 整除且 $0 < x \leqslant 30\}$;

　　$D = \{x \mid x = 2^k, k \in \mathbf{N} \wedge 0 \leqslant k \leqslant 6\}$。

列出下面集合的元素。

(1) $A \cup B \cup C \cup D$;

(2) $A \cap B \cap C \cap D$;

(3) $B \setminus (A \cup C)$;

(4) $(A' \cap B) \cup D$。

8. 设 A,B,C 是集合,证明:

(1) $(A \setminus B) \setminus C = A \setminus (B \cup C)$;

(2) $(A \setminus B) \setminus C = (A \setminus C) \setminus (B \setminus C)$;

(3) $(A \setminus B) \setminus C = (A \setminus C) \setminus B$。

9. 设 A,B 是集合 X 的子集,证明

$$A \subseteq B \Leftrightarrow A' \cup B = X \Leftrightarrow A \cap B' = \varnothing$$

10. 对于任意集合 A,B,C,下列各式是否成立,为什么?

(1) $A \cup B = A \cup C \Rightarrow B = C$;

(2) $A \cap B = A \cap C \Rightarrow B = C$。

11. 设 A,B 为集合,给出下列等式成立的充分必要条件:

(1) $A \setminus B = B$;

(2) $A \setminus B = B \setminus A$;

(3) $A \cap B = A \cup B$;

(4) $A \oplus B = A$。

12. 对下列集合,画出其文图:

(1) $A' \cap B'$;

(2) $A \setminus (B \cup C)'$;

(3) $A \cap (B' \cup C)$。

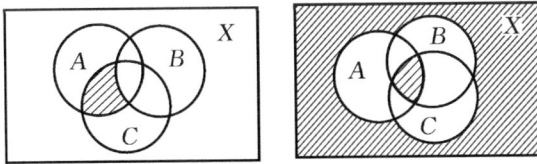

图 3.2

13. 用公式表示出图 3.2 中的阴影部分。

14. 用成员表法证明：

(1) $(A \oplus B) \oplus C = A \oplus (B \oplus C)$；

(2) $(A \cup B) \cap (B \cup C)' \subseteq A \cap B'$。

第 4 章

关　系

关系一词广泛地出现在人与人之间,东西与东西之间,以至人对东西的占有等各个方面。例如:

数值间的大于关系、相等关系、整除关系、互质关系;

几何图形间的相似关系、全等关系、平行关系、垂直关系;

人际之间的父子关系、兄弟关系、同姓关系、上下级关系、朋友关系、敌我关系等等。

在离散数学中,将关系作为一个数学概念,用多种方法来研究它。本章中我们用集合作为工具来研究集合中个体们之间的关系。

4.1　集合的叉积

定义 4.1　设 a,b 是两个个体,由 a,b 组成的一个计较顺序的序列称为**二元组**(偶对),记为 (a,b)。

关于二元组的几点注记:

(1) 二元组不是集合,不能看作 $\{a,b\}$,因为二元组的个体之间计较顺序。

(2) 二元组第 i 个位置上的个体称为二元组的第 i 个分量。

(3) 不同位置上的个体 a,b 可以相同,也可以不同。

(4) 不同位置上的个体可以来自同一个集合,也可以来自不同的集合。

定义 4.2　设 α 和 β 是两个二元组,$\alpha=(a,b)$,$\beta=(c,d)$。若 $a=c$ 且 $b=d$,则称 α 与 β 相等,记为 $(a,b)=(c,d)$。

关于二元组和二元组相等的概念可以容易地推广到 m 元组的情况。

定义 4.3　设 m 为一正整数,由 m 个个体组成的一个计较顺序的序列称为 m **元组**,记为

$$(a_1, a_2, a_3, \cdots, a_m)$$

关于 m 元组的几点注记：

(1) m 元组不是集合，不能看作 $\{a_1, a_2, a_3, \cdots, a_m\}$，$m$ 元组的个体之间计较顺序。

(2) m 元组第 i 个位置上的个体称为 m 元组的第 i 个分量。

(3) 不同位置上的个体 a_i, a_j 可以相同，也可以不同。

(4) 不同位置上的个体可以来自同一个集合，也可以来自不同的集合。

最常见的 m 元组的例子是平面解析几何中的数偶（$m = 2$）和空间解析几何中的点（$m = 3$）。这些例子的局限性在于它们的元素都是数，这里所说的 m 元组的每个分量上的元素都是一般的个体。

定义 4.4　设 $(a_1, a_2, a_3, \cdots, a_m)$ 为 m 元组，$(b_1, b_2, b_3, \cdots, b_n)$ 为 n 元组，

若（1）$m = n$，

(2) 有 $a_1 = b_1$，$a_2 = b_2$，$a_3 = b_3$，$\cdots$，$a_m = b_m$，即各个分量上对应的个体相同，

则称两个元组相等，记作

$$(a_1, a_2, a_3, \cdots, a_m) = (b_1, b_2, b_3, \cdots, b_n)$$

定义 4.5　设 A, B 是两个非空集合，

$$A \times B = \{(a,b) \mid a \in A \ \wedge \ b \in B\}$$

称 $A \times B$ 是 A 与 B 的**叉积集合**。

例 4.1　设 $A = \{a, b, c\}$，$B = \{0, 1\}$，于是有

$$A \times B = \{(a,0), (a,1), (b,0), (b,1), (c,0), (c,1)\}$$
$$B \times A = \{(0,a), (0,b), (0,c), (1,a), (1,b), (1,c)\}$$

例 4.2　设 $A = \{张三, 李四\}$，$B = \{黄狗, 白狗\}$，于是有

$$A \times B = \{(张三, 黄狗), (张三, 白狗), (李四, 黄狗), (李四, 白狗)\}$$
$$B \times A = \{(黄狗, 张三), (黄狗, 李四), (白狗, 张三), (白狗, 李四)\}$$

关于叉积集合的几点注记：

(1) 在叉积集合 $A \times B$ 中，称 A 为前集，B 为后集。前集与后集可以相同，也可以不相同。若前集与后集相同，即 $A = B$ 时，记为 $A \times B = A^2$。

(2) 两个集合的叉积集合 $A \times B$ 是一个新的集合，它的个体是一些二元组 (a,b)。在每个二元组中，第一个位置上的个体称为前者，第二个位置上的个体称为后者。前者属于前集 A，后者属于后集 B。

(3) 规定 $A \times \varnothing = \varnothing = \varnothing \times B$。因为若二元组的某一分量不存在，就没有偶对存在，故规定它们的叉积集合为空集。

(4) 由于二元组中的个体是有序的，因此一般地说，叉积不可交换，即 $A \times B \neq$

$B \times A$。

（5）$A \times B$ 中的元素的性质表示法与 $A \cap B$ 的元素的性质表示法有相似之处，但这两个概念是不一样的，在使用时千万注意，不要搞混了。

$$x \in A \cap B \Leftrightarrow x \in A \wedge x \in B$$
$$(x, y) \in A \times B \Leftrightarrow x \in A \wedge y \in B$$

（6）m 个集合 $A_1, A_2, \cdots, A_m$ 的叉积集合是由 m 元组构成的集合，称 A_i 为叉积集合 $A_1 \times A_2 \times \cdots \times A_m$ 在第 i 个分量上的投影。称 m 为叉积集合 $A_1 \times A_2 \times \cdots \times A_m$ 的维数，有时也记为

$$\underset{i=1}{\overset{m}{\times}} A_i = A_1 \times A_2 \times \cdots \times A_m$$

若 $A_1 = A_2 = \cdots = A_m = A$，则有 $\underbrace{A \times A \times \cdots \times A}_{m\uparrow} = A^m$。

定理 4.1　设 A, B, C, D 是四个非空集合，那么 $A \times B = C \times D$ 当且仅当 $A = C$ 且 $B = D$。

证　先证必要性。

要证 $A = C$，只需证 $A \subseteq C$ 且 $C \subseteq A$。

任取 $a \in A$，由于 B 是非空集合，故存在 $b \in B$，使得 $(a, b) \in A \times B$；由条件 $A \times B = C \times D$ 知，有 $(a, b) \in C \times D$；由叉积集合的定义知 $a \in C$。由 a 的任意性和 $\subseteq$ 的定义知 $A \subseteq C$。

同理可证 $C \subseteq A$。

由集合相等的定义知 $A = C$。

同理可证 $B = D$。

再证充分性。

要证 $A \times B = C \times D$，只需证 $A \times B \subseteq C \times D$ 且 $C \times D \subseteq A \times B$。

任取 $(a, b) \in A \times B$，由叉积集合的定义知 $a \in A$ 且 $b \in B$；由条件 $A = C$ 且 $B = D$ 知 $a \in C$ 且 $b \in D$；由叉积集合的定义知 $(a, b) \in C \times D$。由 (a, b) 的任意性和 $\subseteq$ 的定义知 $A \times B \subseteq C \times D$。

同理可证 $C \times D \subseteq A \times B$。

由集合相等的定义知 $A \times B = C \times D$。　▌

定理 4.2　设 A, B, C 是三个非空集合，那么

（1）$A \times (B \cup C) = (A \times B) \cup (A \times C)$；

（2）$A \times (B \cap C) = (A \times B) \cap (A \times C)$；

（3）$(A \cup B) \times C = (A \times C) \cup (B \times C)$；

（4）$(A \cap B) \times C = (A \times C) \cap (B \times C)$。

证 (1) 只需证 $A \times (B \cup C) \subseteq (A \times B) \cup (A \times C)$ 且 $(A \times B) \cup (A \times C) \subseteq A \times (B \cup C)$。

任取 $(x, y) \in A \times (B \cup C)$,由叉积的定义知 $x \in A$ 且 $y \in B \cup C$;由并集的定义知 $x \in A$ 且 $(y \in B$ 或 $y \in C)$;于是有 $(x \in A$ 且 $y \in B)$ 或者 $(x \in A$ 且 $y \in C)$;由叉积集合的定义知 $(x, y) \in A \times B$ 或者 $(x, y) \in A \times C$;由并集的定义知 $(x, y) \in (A \times B) \cup (A \times C)$;由 (x, y) 的任意性和 $\subseteq$ 的定义知 $A \times (B \cup C) \subseteq (A \times B) \cup (A \times C)$。

任取 $(x, y) \in (A \times B) \cup (A \times C)$,由并集的定义知 $(x, y) \in A \times B$ 或者 $(x, y) \in A \times C$;由叉积集合的定义知 $(x \in A$ 且 $y \in B)$ 或者 $(x \in A$ 且 $y \in C)$;于是有 $x \in A$ 且 $(y \in B$ 或者 $y \in C)$;由并集的定义知 $x \in A$ 且 $y \in B \cup C$;由叉积集合的定义知 $(x, y) \in A \times (B \cup C)$;由 (x, y) 的任意性和 $\subseteq$ 的定义知 $(A \times B) \cup (A \times C) \subseteq A \times (B \cup C)$。

由集合相等的定义知 $A \times (B \cup C) \subseteq (A \times B) \cup (A \times C)$。

(2) 只需证 $A \times (B \cap C) \subseteq (A \times B) \cap (A \times C)$ 且 $(A \times B) \cap (A \times C) \subseteq A \times (B \cap C)$。

任取 $(x, y) \in A \times (B \cap C)$,由叉积的定义知 $x \in A$ 且 $y \in B \cap C$;由交集的定义知 $x \in A$ 且 $(y \in B$ 且 $y \in C)$;于是有 $(x \in A$ 且 $y \in B)$ 且 $(x \in A$ 且 $y \in C)$;由叉积集合的定义知 $(x, y) \in A \times B$ 且 $(x, y) \in A \times C$;由交集的定义知 $(x, y) \in (A \times B) \cap (A \times C)$;由 (x, y) 的任意性和 $\subseteq$ 的定义知 $A \times (B \cap C) \subseteq (A \times B) \cap (A \times C)$。

任取 $(x, y) \in (A \times B) \cap (A \times C)$,由交集的定义知 $(x, y) \in A \times B$ 且 $(x, y) \in A \times C$;由叉积集合的定义知 $(x \in A$ 且 $y \in B)$ 且 $(x \in A$ 且 $y \in C)$;于是有 $x \in A$ 且 $(y \in B$ 且 $y \in C)$;由交集的定义知 $x \in A$ 且 $y \in B \cap C$;由叉积集合的定义知 $(x, y) \in A \times (B \cap C)$;由 (x, y) 的任意性和 $\subseteq$ 的定义知 $(A \times B) \cap (A \times C) \subseteq A \times (B \cap C)$。

由集合相等的定义知 $A \times (B \cap C) \subseteq (A \times B) \cap (A \times C)$。

(3) 和(4)的证明由读者完成。

4.2 关系

4.2.1 关系的基本概念

定义 4.6 设 A, B 是两个非空集合,$A \times B$ 是 A 与 B 的叉积集合。若 R 是 $A \times B$ 的子集,则称 R 是 A, B 元素之间的一个**二元关系**,记为 $R \subseteq A \times B$。

当 $a \in A$ 且 $b \in B$ 且 $(a, b) \in R$ 时,称 a 与 b 有关系 R。

当 $A = B$ 时,称 R 是 A 上的二元关系。

例 4.3　设 $A = \{张三, 李四\}$，$B = \{黄狗, 白狗\}$，

$$R = \{(张三, 黄狗), (李四, 白狗)\} \subseteq A \times B$$

这个关系 R 表示了人与狗的主从关系，张三是黄狗的主人，李四是白狗的主人。

例 4.4　设 A 为非空集合，$B = 2^A$，$R \subseteq A \times B$，

$$R = \{(a, S) \mid a \in S \wedge S \subseteq A\}$$

这个关系 R 表示了集合的元素与 A 的子集的从属关系。

例 4.5　设 $A = \{2, 3, 4, 5, 6\}$，$R \subseteq A \times A$，

$$R = \{(2,2), (2,4), (2,6), (3,3), (3,6), (4,4), (5,5), (6,6)\}$$

关系 R 表示了集合 A 中元素之间的整除关系。

定义 4.7　设 A, B 是两个非空集合，$R \subseteq A \times B$。

(1) 若 $R = \varnothing$，则称 R 是**空关系**；

(2) 若 $R = A \times B$，则称 R 是**全关系**；

(3) 若 $A = B$ 且 $R = \{(a, a) \mid a \in A\}$，则称 R 是**幺关系**。

二元关系可以扩展为 m 元关系。

设 $A_1, A_2, \cdots, A_m$ 是 m 个非空集合，若 $R \subseteq A_1 \times A_2 \times \cdots \times A_m$，则称 R 是 m 个集合 $A_1, A_2, \cdots, A_m$ 的元素之间的一个 m 元关系，当 $(a_1, a_2, \cdots, a_m) \in R$ 时，称 $a_1, a_2, \cdots, a_m$ 之间有关系，其中 $a_i \in A_i (i = 1, 2, 3, \cdots, m)$。

定义 4.8　设 A, B 是两个非空集合，$R \subseteq A \times B$，

(1) $\mathscr{D}(R) = \{a \mid (\exists b \in B)((a, b) \in R)\}$，称 $\mathscr{D}(R)$ 为 R 的**前域**；

(2) $\mathscr{R}(R) = \{b \mid (\exists a \in A)((a, b) \in R)\}$，称 $\mathscr{R}(R)$ 为 R 的**后域**。

R 的前域是 R 中偶对的所有前者构成的集合，R 的后域是 R 中偶对的所有后者构成的集合，前域包含于前集中，后域包含于后集中。

例 4.6　$A = \{1, 2, 3\}$，$B = \{2, 4, 6, 8, 10\}$，$R \subseteq A \times B$，

$$R = \{(1, 2), (2, 4), (3, 6)\}$$

$$\mathscr{D}(R) = \{1, 2, 3\} \subseteq A, \quad \mathscr{R}(R) = \{2, 4, 6\} \subseteq B$$

定理 4.3　设 A, B 是两个非空集合，$R_1 \subseteq A \times B$，$R_2 \subseteq A \times B$。若 $R_1 \subseteq R_2$，则

(1) $\mathscr{D}(R_1) \subseteq \mathscr{D}(R_2)$；

(2) $\mathscr{R}(R_1) \subseteq \mathscr{R}(R_2)$。

证　(1) 任取 $a \in \mathscr{D}(R_1)$，由前域的定义知存在 $b \in B$，使得 $(a, b) \in R_1$；由条件 $R_1 \subseteq R_2$ 知 $(a, b) \in R_2$；由前域的定义知 $a \in \mathscr{D}(R_2)$。

由 a 的任意性和 $\subseteq$ 的定义知 $\mathscr{D}(R_1) \subseteq \mathscr{D}(R_2)$。

(2) 同理可证。　∎

定理 4.4　设 A, B 是两个非空集合，R_1, R_2 是从 A 到 B 的两个二元关系，

$R_1 \subseteq A \times B, R_2 \subseteq A \times B,$ 则

(1) $\mathscr{D}(R_1 \bigcup R_2) = \mathscr{D}(R_1) \bigcup \mathscr{D}(R_2)$;

(2) $\mathscr{R}(R_1 \bigcup R_2) = \mathscr{R}(R_1) \bigcup \mathscr{R}(R_2)$;

(3) $\mathscr{D}(R_1 \bigcap R_2) \subseteq \mathscr{D}(R_1) \bigcap \mathscr{D}(R_2)$;

(4) $\mathscr{R}(R_1 \bigcap R_2) \subseteq \mathscr{R}(R_1) \bigcap \mathscr{R}(R_2)$。

证 (1) 只需证 $\qquad \mathscr{D}(R_1 \bigcup R_2) \subseteq \mathscr{D}(R_1) \bigcup \mathscr{D}(R_2)$

且 $\qquad\qquad\qquad \mathscr{D}(R_1) \bigcup \mathscr{D}(R_2) \subseteq \mathscr{D}(R_1 \bigcup R_2)$

任取 $a \in \mathscr{D}(R_1 \bigcup R_2)$,由前域的定义知存在 $b \in B$,使得 $(a,b) \in R_1 \bigcup R_2$;由并集的定义知 $(a,b) \in R_1$ 或者 $(a,b) \in R_2$;由前域的定义知 $a \in \mathscr{D}(R_1)$ 或者 $a \in \mathscr{D}(R_2)$;由并集的定义知 $a \in \mathscr{D}(R_1) \bigcup \mathscr{D}(R_2)$。

由 a 的任意性和 $\subseteq$ 的定义知 $\mathscr{D}(R_1 \bigcup R_2) \subseteq \mathscr{D}(R_1) \bigcup \mathscr{D}(R_2)$。

任取 $a \in \mathscr{D}(R_1) \bigcup \mathscr{D}(R_2)$,由并集的定义知 $a \in \mathscr{D}(R_1)$ 或者 $a \in \mathscr{D}(R_2)$;由前域的定义知存在 b_1 使 $(a,b_1) \in R_1$ 或者存在 b_2 使 $(a,b_2) \in R_2$。

若 $(a,b_1) \in R_1$,由并集的定义知 $(a,b_1) \in R_1 \bigcup R_2$,由前域的定义知

$$a \in \mathscr{D}(R_1 \bigcup R_2)$$

若 $(a,b_2) \in R_2$,由并集的定义知 $(a,b_2) \in R_1 \bigcup R_2$,由前域的定义知

$$a \in \mathscr{D}(R_1 \bigcup R_2)$$

由 a 的任意性和 $\subseteq$ 的定义知 $\mathscr{D}(R_1) \bigcup \mathscr{D}(R_2) \subseteq \mathscr{D}(R_1 \bigcup R_2)$。

由集合相等的定义知 $\mathscr{D}(R_1 \bigcup R_2) = \mathscr{D}(R_1) \bigcup \mathscr{D}(R_2)$。

同理可证(2)。

(3) 任取 $a \in \mathscr{D}(R_1 \bigcap R_2)$,由前域的定义知存在 $b \in B$,使 $(a,b) \in R_1 \bigcap R_2$;由交集的定义知 $(a,b) \in R_1$ 且 $(a,b) \in R_2$;由前域的定义知 $a \in \mathscr{D}(R_1)$ 且 $a \in \mathscr{D}(R_2)$;由交集的定义知 $a \in \mathscr{D}(R_1) \bigcap \mathscr{D}(R_2)$。

由 a 的任意性和 $\subseteq$ 的定义知 $\mathscr{D}(R_1 \bigcap R_2) \subseteq \mathscr{D}(R_1) \bigcap \mathscr{D}(R_2)$。

同理可证(4)。∎

例 4.7 设 $X = \{a,b\}, R_1 = \{(a,a),(b,b)\}, R_2 = \{(a,b),(b,a)\},$

$$\mathscr{D}(R_1) = \{a,b\}, \quad \mathscr{D}(R_2) = \{a,b\}, \quad \mathscr{D}(R_1) \bigcap \mathscr{D}(R_2) = \{a,b\},$$

$$\mathscr{R}(R_1) = \{a,b\}, \quad \mathscr{D}(R_2) = \{a,b\}, \quad \mathscr{R}(R_1) \bigcap \mathscr{R}(R_2) = \{a,b\}.$$

由于 $R_1 \bigcap R_2 = \varnothing$,故 $\mathscr{D}(R_1 \bigcap R_2) = \varnothing$ 且 $\mathscr{R}(R_1 \bigcap R_2) - \varnothing$。

于是有 $\qquad\qquad \mathscr{D}(R_1 \bigcap R_2) \neq \mathscr{D}(R_1) \bigcap \mathscr{D}(R_2)$

$$\mathscr{R}(R_1 \bigcap R_2) \neq \mathscr{R}(R_1) \bigcap \mathscr{R}(R_2)$$

4.2.2 关系的表示法

与集合的表示法一样,关系也有若干种表示法。由于关系是一种特殊的集合,因此集合的所有表示法均可用于关系的表示。下面再介绍两种其他的关系表

示法。

1. 关系的图形表示法

设 A,B 是两个非空有限集合，$R \subseteq A \times B$。分别用两个圆表示 A,B 两个集合，在表示 A 的圆中将 A 中的元素用小圆点表示，小圆点旁边是元素的名字；在表示 B 的圆中将 B 中的元素用小圆点表示，小圆点旁边是元素的名字。关系 R 用有向弧表示，若 A 中的元素 a 与 B 中的元素 b 有关系 R，则在 a 和 b 之间画一条有向弧，有向弧的起点与 a 相连，有向弧的终点与 b 相连。将 R 中所有偶对连完之后，将所有的有向弧以及与有向弧相连的元素全部圈起来，就得到关系 R 的图形表示。所有有向弧的起点构成 R 的前域 $\mathscr{D}(R)$，所有有向弧的终点构成 R 的后域 $\mathscr{R}(R)$。

若 $A = B$，则只需在一个集合中画出元素之间的关系即可。

例 4.8　设 $A = \{a_1, a_2, a_3, a_4, a_5\}$，$B = \{b_1, b_2, b_3, b_4, b_5, b_6\}$，$R = \{(a_1, b_2), (a_1, b_3), (a_2, b_4), (a_3, b_6), (a_4, b_3)\}$。

关系 R 的图形表示法如图 4.1 所示。

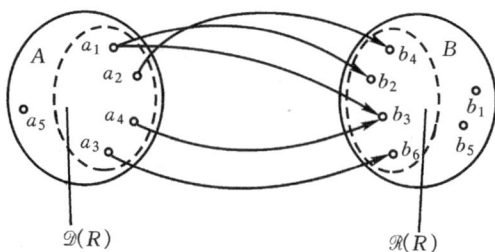

图 4.1

2. 关系的矩阵表示法

设 A,B 是两个非空有限集合，$R \subseteq A \times B$，

$$A = \{a_1, a_2, \cdots, a_m\}$$
$$B = \{b_1, b_2, \cdots, b_n\}$$

令 $\boldsymbol{M}_R = (x_{ij})_{m \times n}$

其中，　　　$x_{ij} = \begin{cases} 1, & \text{当}(a_i, b_j) \in R \text{ 时} \\ 0, & \text{当}(a_i, b_j) \notin R \text{ 时} \end{cases}$　$(i = 1, 2, \cdots, m; j = 1, 2, \cdots, n)$

称 $\boldsymbol{M}_R$ 是关系 R 的**关系矩阵**。

由于这个矩阵的元素非 0 即 1，故也称 $\boldsymbol{M}_R$ 为 0 - 1 矩阵。

例 4.9　设 $A = \{a_1, a_2, a_3, a_4, a_5\}$，$B = \{b_1, b_2, b_3, b_4, b_5, b_6\}$，$R = \{(a_1, b_2), (a_1, b_3), (a_2, b_4), (a_3, b_6), (a_4, b_3)\}$。

R 的关系矩阵 $\boldsymbol{M}_R$ 如下：

$$
\boldsymbol{M}_R = \begin{array}{c} \\ a_1 \\ a_2 \\ a_3 \\ a_4 \\ a_5 \end{array} \begin{array}{c} \begin{array}{cccccc} b_1 & b_2 & b_3 & b_4 & b_5 & b_6 \end{array} \\ \begin{pmatrix} 0 & 1 & 1 & 0 & 0 & 0 \\ 0 & 0 & 0 & 1 & 0 & 0 \\ 0 & 0 & 0 & 0 & 0 & 1 \\ 0 & 0 & 1 & 0 & 0 & 0 \\ 0 & 0 & 0 & 0 & 0 & 0 \end{pmatrix} \end{array}
$$

用关系矩阵表示关系是明确的,每一个关系都可以写出它的关系矩阵,不同的关系对应着不同的关系矩阵,不同的关系矩阵表示不同的关系。

当关系的前集和后集都是同一个集合时,R 的关系图就只需在集合 A 本身的元素之间用有向弧表示出来,而此时 R 的关系矩阵就是方矩阵。

例 4.10 设 $A = \{a_1, a_2, a_3, a_4\}$,$R \subseteq A \times A$,

$R = \{(a_1, a_1), (a_1, a_2), (a_1, a_3), (a_1, a_4), (a_2, a_2),$

$\quad (a_2, a_3), (a_2, a_4), (a_3, a_3), (a_3, a_4), (a_4, a_4)\}$。

R 的关系图及关系矩阵如下:

$$
\boldsymbol{M}_R = \begin{array}{c} \\ a_1 \\ a_2 \\ a_3 \\ a_4 \end{array} \begin{array}{c} \begin{array}{cccc} a_1 & a_2 & a_3 & a_4 \end{array} \\ \begin{pmatrix} 1 & 1 & 1 & 1 \\ 0 & 1 & 1 & 1 \\ 0 & 0 & 1 & 1 \\ 0 & 0 & 0 & 1 \end{pmatrix} \end{array}
$$

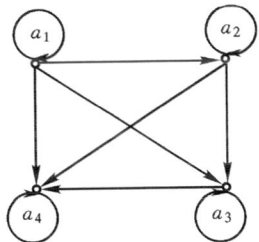

图 4.2

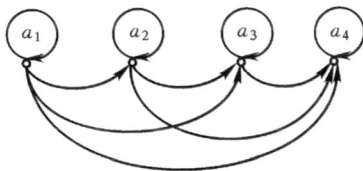

图 4.3

4.3　关系的运算

由于关系是集合,那么与集合运算一样,关系也是可以运算的。

设 A, B 是两个非空集合,$R_1 \subseteq A \times B$,$R_2 \subseteq A \times B$。

(1) R_1 的补集 R_1' 也是一些偶对的集合,由于是在研究集合 A 与集合 B 元素之间的关系,故将 R_1' 理解为 R_1 在 $A \times B$ 中的补,即 $R_1' = (A \times B) \setminus R_1$。

这里我们将 $A \times B$ 理解为集合 A 与集合 B 元素之间的全关系,因此,$(a, b) \in R_1'$

等价于$(a,b)\notin R_1$。

（2）$R_1\bigcup R_2$ 是两个关系之并，$(a,b)\in R_1\bigcup R_2$ 意味着 $(a,b)\in R_1$ 或 $(a,b)\in R_2$（当然也可能两种情况同时发生）。

（3）$R_1\bigcap R_2$ 是两个关系之交，$(a,b)\in R_1\bigcap R_2$ 意味着 $(a,b)\in R_1$ 且 $(a,b)\in R_2$。

除了以上三种关系运算之外，再介绍两种关系的运算。

4.3.1　逆关系

定义 4.9　设 A,B 是两个非空集合，$R\subseteq A\times B$。
$$\tilde{R}=\{(b,a)\mid b\in B\wedge a\in A\wedge (a,b)\in R\}$$
称 $\tilde{R}$ 是关系 R 的**逆关系**。

由 $\tilde{R}$ 的定义知 $\tilde{R}\subseteq B\times A$，即 $\tilde{R}$ 是集合 B 与集合 A 的元素之间的二元关系。$\tilde{R}$ 的存在有赖于 R 的存在。

例 4.11　设 $A=\{a_1,a_2,a_3,a_4,a_5\}$，$B=\{b_1,b_2,b_3,b_4,b_5,b_6\}$，
$R=\{(a_1,b_2),(a_1,b_3),(a_2,b_4),(a_3,b_6),(a_4,b_3)\}\subseteq A\times B$。
则 R 的逆关系 $\tilde{R}$ 为
$$\tilde{R}=\{(b_2,a_1),(b_3,a_1),(b_4,a_2),(b_6,a_3),(b_3,a_4)\}\subseteq B\times A$$

例 4.12　设 $A=\{a_1,a_2,a_3,a_4\}$，$R\subseteq A\times A$，
$R=\{(a_1,a_1),(a_1,a_2),(a_1,a_3),(a_1,a_4),(a_2,a_2),$
$(a_2,a_3),(a_2,a_4),(a_3,a_3),(a_3,a_4),(a_4,a_4)\}\subseteq A\times A$。
则 R 的逆关系 $\tilde{R}$ 为
$$\tilde{R}=\{(a_1,a_1),(a_2,a_1),(a_3,a_1),(a_4,a_1),(a_2,a_2),(a_3,a_2),$$
$$(a_4,a_2),(a_3,a_3),(a_4,a_3),(a_4,a_4)\}\subseteq A\times A$$

定理 4.5　设 A,B 是两个非空集合，$R\subseteq A\times B,S\subseteq A\times B$，则

（1）$\tilde{\tilde{R}}=R$；

（2）若 $R\subseteq S$，则 $\tilde{R}\subseteq \tilde{S}$；

（3）$\widetilde{R\bigcup S}=\tilde{R}\bigcup\tilde{S}$；

（4）$\widetilde{R\bigcap S}=\tilde{R}\bigcap\tilde{S}$。

证　（1）只需证 $\tilde{\tilde{R}}\subseteq R$ 且 $R\subseteq\tilde{\tilde{R}}$。

任取 $(a,b)\in\tilde{\tilde{R}}$，由逆关系的定义知 $(b,a)\in\tilde{R}$；再由逆关系的定义知 $(a,b)\in R$；由 (a,b) 的任意性和 $\subseteq$ 的定义知 $\tilde{\tilde{R}}\subseteq R$。

任取 $(a,b)\in R$，由逆关系的定义知 $(b,a)\in\tilde{R}$；再由逆关系的定义知 $(a,b)\in\tilde{\tilde{R}}$；由 (a,b) 的任意性和 $\subseteq$ 的定义知 $R\subseteq\tilde{\tilde{R}}$。

由集合相等的定义知 $\tilde{\tilde{R}}=R$。

（2）任取 $(b,a)\in\widetilde{R}$，由逆关系的定义知 $(a,b)\in R$；由条件 $R\subseteq S$ 知 $(a,b)\in S$；由逆关系的定义知 $(b,a)\in\widetilde{S}$。

由 (b,a) 的任意性和 $\subseteq$ 的定义知 $\widetilde{R}\subseteq\widetilde{S}$。

（3）只需证 $\widetilde{R\cup S}\subseteq\widetilde{R}\cup\widetilde{S}$ 且 $\widetilde{R}\cup\widetilde{S}\subseteq\widetilde{R\cup S}$。

任取 $(b,a)\in\widetilde{R\cup S}$，由逆关系的定义知 $(a,b)\in R\cup S$，由并集的定义知 $(a,b)\in R$ 或者 $(a,b)\in S$；由逆关系的定义知 $(b,a)\in\widetilde{R}$ 或者 $(b,a)\in\widetilde{S}$；由并集的定义知 $(b,a)\in\widetilde{R}\cup\widetilde{S}$。

由 (b,a) 的任意性和 $\subseteq$ 的定义知 $\widetilde{R\cup S}\subseteq\widetilde{R}\cup\widetilde{S}$。

任取 $(b,a)\in\widetilde{R}\cup\widetilde{S}$，由并集的定义知 $(b,a)\in\widetilde{R}$ 或者 $(b,a)\in\widetilde{S}$；由逆关系的定义知 $(a,b)\in R$ 或者 $(a,b)\in S$；由并集的定义知 $(a,b)\in R\cup S$；由逆关系的定义知 $(b,a)\in\widetilde{R\cup S}$。

由 (b,a) 的任意性和 $\subseteq$ 的定义知 $\widetilde{R}\cup\widetilde{S}\subseteq\widetilde{R\cup S}$。

由集合相等的定义知 $\widetilde{R\cup S}=\widetilde{R}\cup\widetilde{S}$。

（4）只需证 $\widetilde{R\cap S}\subseteq\widetilde{R}\cap\widetilde{S}$ 且 $\widetilde{R}\cap\widetilde{S}\subseteq\widetilde{R\cap S}$。

任取 $(b,a)\in\widetilde{R\cap S}$，由逆关系的定义知 $(a,b)\in R\cap S$；由交集的定义知 $(a,b)\in R$ 且 $(a,b)\in S$；由逆关系的定义知 $(b,a)\in\widetilde{R}$ 且 $(b,a)\in\widetilde{S}$；由交集的定义知 $(b,a)\in\widetilde{R}\cap\widetilde{S}$。

由 (b,a) 的任意性和 $\subseteq$ 的定义知 $\widetilde{R\cap S}\subseteq\widetilde{R}\cap\widetilde{S}$。

任取 $(b,a)\in\widetilde{R}\cap\widetilde{S}$，由交集的定义知 $(b,a)\in\widetilde{R}$ 且 $(b,a)\in\widetilde{S}$；由逆关系的定义知 $(a,b)\in R$ 且 $(a,b)\in S$；由交集的定义知 $(a,b)\in R\cap S$；由逆关系的定义知 $(b,a)\in\widetilde{R\cap S}$。

由 (b,a) 的任意性和 $\subseteq$ 的定义知 $\widetilde{R}\cap\widetilde{S}\subseteq\widetilde{R\cap S}$。

由集合相等的定义知 $\widetilde{R\cap S}=\widetilde{R}\cap\widetilde{S}$。　　　∎

4.3.2　复合关系及闭包运算

定义 4.10　设 A,B,C 是三个非空集合，$R\subseteq A\times B$，$S\subseteq B\times C$。
$$R\circ S=\{(a,c)\,|\,a\in A\wedge c\in C\wedge(\exists b\in B)((a,b)\in R\wedge(b,c)\in S)\}$$
称 $R\circ S$ 为 R 与 S 的**复合关系**。

　　复合关系 $R \circ S$ 是一个从集合 A 到集合 C 的关系,即 $R \circ S \subseteq A \times C$, A 中的元素 a 与 C 中的元素 c 具有复合关系 $R \circ S$,当且仅当在 B 中有一媒介元素 b,使得 $(a,b) \in R$ 且 $(b,c) \in S$。同时对于 R 与 S,复合关系 $R \circ S$ 是一种间接关系,称 B 为**媒介集合**,它必须同时是 R 的后集,又是 S 的前集。

　　例 4.13　设 A 是由老年男子组成的集合,B 是由中年男子组成的集合,C 是由青少年男子组成的集合。

　　R 是由 A 到 B 的父子关系,$R \subseteq A \times B$;

　　S 是由 B 到 C 的父子关系,$S \subseteq B \times C$;

　　R 与 S 的复合关系 $R \circ S$ 是由 A 到 C 的祖孙关系,$R \circ S \subseteq A \times C$。

　　设 $a \in A$ 且 $c \in C$,a 与 c 有祖孙关系意味着在 B 集合中有一男子 b,b 既是 a 的儿子,b 又是 c 的父亲。

　　这里的 B 既是 R 的后集,又是 S 的前集,这里的 b 既是 (a,b) 偶对的后者,又是 (b,c) 偶对的前者,b 在形成复合关系的过程中起到承上启下的作用。这里所说的父子关系是以后计算机专业课程中的一个重要的概念。

　　例 4.14　设 A,B,C 是三个非空集合,$R \subseteq A \times B$,$S \subseteq B \times C$。

　　$A = \{a_1, a_2, a_3\}$,　$B = \{b_1, b_2\}$,　$C = \{c_1, c_2, c_3, c_4\}$,

　　$R = \{(a_1,b_1),(a_2,b_2),(a_3,b_1)\}$,　$S = \{(b_1,c_4),(b_2,c_2),(b_2,c_3)\}$。

那么 R 与 S 的复合关系为

$$R \circ S = \{(a_1,c_4),(a_2,c_2),(a_2,c_3),(a_3,c_4)\}$$

$R \circ S$ 复合关系的关系图如图 4.4 所示。

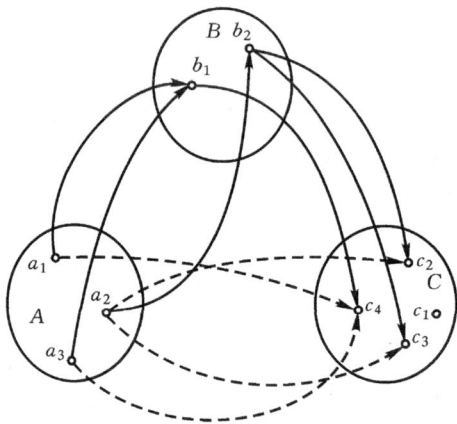

图 4.4

例 4.15　设 $\mathbf{R}$ 是实数集合，$S_1 \subseteq \mathbf{R} \times \mathbf{R}$，$S_2 \subseteq \mathbf{R} \times \mathbf{R}$。

$$S_1 = \{(2x,x)\,|\,x \in \mathbf{R}\}, \quad S_2 = \{(4x,x)\,|\,x \in \mathbf{R}\}$$

那么 S_1 与 S_2 的复合关系是

$$S_1 \circ S_2 = \{(8x,x)\,|\,x \in \mathbf{R}\}$$

这里 S_1 和 S_2 的前集与后集都是 $\mathbf{R}$，$S_1 \circ S_2$ 的前集与后集也是 $\mathbf{R}$，复合关系 $S_1 \circ S_2$ 在形成过程中的媒介集合也是 $\mathbf{R}$。

在这里由于 S_1 与 S_2 的前集和后集都是同一个集合 $\mathbf{R}$，所以可以求 S_1 与 S_2 的复合关系。有趣的是

$$S_2 \circ S_1 = \{(8x,x)\,|\,x \in \mathbf{R}\} = S_1 \circ S_2$$

这个结果不具有普遍性，即使在 S_1 与 S_2 的前集与后集相同时也未必成立。请看下面的例子。

例 4.16　设 $A = \{a_1,a_2,a_3,a_4\}$，$R \subseteq A \times A$，$S \subseteq A \times A$，$T \subseteq A \times A$。

$R = \{(a_1,a_2),(a_2,a_2),(a_2,a_3),(a_3,a_1),(a_4,a_2)\}$，

$S = \{(a_1,a_1),(a_2,a_1),(a_3,a_4),(a_4,a_1),(a_4,a_4)\}$，

$T = \{(a_3,a_2),(a_4,a_2)\}$。

那么

$R \circ S = \{(a_1,a_1),(a_2,a_1),(a_2,a_4),(a_3,a_1),(a_4,a_1)\}$，

$S \circ R = \{(a_1,a_1),(a_2,a_1),(a_3,a_4),(a_4,a_1),(a_4,a_4)\}$，

$S \circ T = \{(a_3,a_2),(a_4,a_2)\}$，

$(R \circ S) \circ T = \{(a_2,a_2)\} = R \circ (S \circ T)$，

$R \circ R = \{(a_1,a_2),(a_1,a_3),(a_2,a_3),(a_2,a_1),(a_3,a_2),(a_2,a_2)$,

　　　　　　$(a_4,a_2),(a_4,a_3)\}$，

$(R \circ R) \circ R = \{(a_1,a_1),(a_1,a_2),(a_1,a_3),(a_2,a_1),(a_2,a_2),(a_2,a_3)$,

　　　　　　　$(a_3,a_2),(a_3,a_3),(a_4,a_1),(a_4,a_2),(a_4,a_3)\}$，

$((R \circ R) \circ R) \circ R = \{(a_1,a_1),(a_1,a_2),(a_1,a_3),(a_2,a_1),(a_2,a_2)$,

　　　　　　　　$(a_2,a_3),(a_3,a_1),(a_3,a_2),(a_3,a_3),(a_4,a_1)$,

　　　　　　　　$(a_4,a_2),(a_4,a_3)\}$，

$T \circ T = \varnothing$。

定理 4.6　设 A,B,C,D 是四个非空集合。

$R,R_1,R_2 \subseteq A \times B$；　$S,S_1,S_2 \subseteq B \times C$；　$T \subseteq C \times D$。则

(1) $R \circ \varnothing = \varnothing = \varnothing \circ S$；

(2) $\mathscr{D}(R \circ S) \subseteq \mathscr{D}(R)$，　$\mathscr{R}(R \circ S) \subseteq \mathscr{R}(S)$；

(3) 若 $R_1 \subseteq R_2$ 且 $S_1 \subseteq S_2$，则 $R_1 \circ S_1 \subseteq R_2 \circ S_2$；

(4) $R \circ (S \circ T) = (R \circ S) \circ T$；

(5) $R \circ (S_1 \bigcup S_2) = (R \circ S_1) \bigcup (R \circ S_2)$,

　　　$(S_1 \bigcup S_2) \circ T = (S_1 \circ T) \bigcup (S_2 \circ T)$;

(6) $R \circ (S_1 \bigcap S_2) \subseteq (R \circ S_1) \bigcap (R \circ S_2)$,

　　　$(S_1 \bigcap S_2) \circ T \subseteq (S_1 \circ T) \bigcap (S_2 \circ T)$;

(7) $\widetilde{R \circ S} = \widetilde{S} \circ \widetilde{R}$。

证　(1) 由于空关系中设有任何元素,由复合关系的定义知 $R \circ \varnothing = \varnothing$。
同理 $\varnothing \circ S = \varnothing$。

(2) 任取 $a \in \mathscr{D}(R \circ S)$,由前域的定义知存在 $c \in C$,使 $(a,c) \in R \circ S$;由复合关系的定义知存在 $b \in B$,使 $(a,b) \in R$ 且 $(b,c) \in S$;由前域的定义知 $a \in \mathscr{D}(R)$。

由 a 的任意性和 $\subseteq$ 的定义知 $\mathscr{D}(R \circ S) \subseteq \mathscr{D}(R)$。

(3) 任取 $(a,c) \in R_1 \circ S_1$,由复合关系的定义知存在 $b \in B$,使 $(a,b) \in R_1$ 且 $(b,c) \in S_1$;由条件 $R_1 \subseteq R_2$ 且 $S_1 \subseteq S_2$ 知 $(a,b) \in R_2$ 且 $(b,c) \in S_2$;由复合关系的定义知 $(a,c) \in R_2 \circ S_2$。

由 (a,c) 的任意性和 $\subseteq$ 的定义知 $R_1 \circ S_1 \subseteq R_2 \circ S_2$。

(4) 只需证 $R \circ (S \circ T) \subseteq (R \circ S) \circ T$ 且 $(R \circ S) \circ T \subseteq R \circ (S \circ T)$。

任取 $(a,d) \in R \circ (S \circ T)$,由复合关系的定义知存在 $b \in B$,使 $(a,b) \in R$ 且 $(b,d) \in S \circ T$;由复合关系的定义还知存在 $c \in C$,使 $(b,c) \in S$ 且 $(c,d) \in T$。

于是,存在 $b \in B, c \in C$,使得 $(a,b) \in R$ 且 $(b,c) \in S$ 且 $(c,d) \in T$;由复合关系的定义知 $(a,c) \in R \circ S$ 且 $(c,b) \in T$;由复合关系的定义知 $(a,d) \in (R \circ S) \circ T$。

由 (a,b) 的任意性及 $\subseteq$ 的定义知 $R \circ (S \circ T) \subseteq (R \circ S) \circ T$。

同理可证 $(R \circ S) \circ T \subseteq R \circ (S \circ T)$。

由集合相等的定义知 $R \circ (S \circ T) = (R \circ S) \circ T$。

(5) 任取 $(a,c) \in R \circ (S_1 \bigcup S_2)$,由复合关系的定义知存在 $b \in B$,使 $(a,b) \in R$ 且 $(b,c) \in S_1 \bigcup S_2$;由并集的定义知 $(a,b) \in R$ 且 "$(b,c) \in S_1$ 或者 $(b,c) \in S_2$";于是有 $((a,b) \in R$ 且 $(b,c) \in S_1)$ 或者 $((a,b) \in R$ 且 $(b,c) \in S_2)$;由复合关系的定义知 $(a,c) \in R \circ S_1$ 或者 $(a,c) \in R \circ S_2$;由并集的定义知 $(a,c) \in (R \circ S_1) \bigcup (R \circ S_2)$。

由 (a,c) 的任意性和 $\subseteq$ 的定义知 $R \circ (S_1 \bigcup S_2) \subseteq (R \circ S_1) \bigcup (R \circ S_2)$。

任取 $(a,c) \in (R \circ S_1) \bigcup (R \circ S_2)$,由并集的定义知 $(a,c) \in R \circ S_1$ 或者 $(a,c) \in R \circ S_2$;由复合关系的定义知存在 $b_1 \in B$,使 $(a,b_1) \in R$ 且 $(b_1,c) \in S_1$,或者存在 $b_2 \in B$,使 $(a,b_2) \in R$ 且 $(b_2,c) \in S_2$。

若 $(a,b_1) \in R$ 且 $(b_1,c) \in S_1$,由并集的定义知 $(a,b_1) \in R$ 且 $(b_1,c) \in S_1 \bigcup S_2$;由复合关系的定义知 $(a,c) \in R \circ (S_1 \bigcup S_2)$。

若 $(a,b_2) \in R$ 且 $(b_2,c) \in S_2$,由并集的定义知 $(a,b_2) \in R$ 且 $(b_2,c) \in S_1 \bigcup S_2$;由

复合关系的定义知 $(a,c) \in R \circ (S_1 \cup S_2)$。

由 (a,c) 的任意性和 $\subseteq$ 的定义知 $(R \circ S_1) \cup (R \circ S_2) \subseteq R \circ (S_1 \cup S_2)$。

由集合相等的定义知 $R \circ (S_1 \cup S_2) = (R \circ S_1) \cup (R \circ S_2)$。

$(S_1 \cup S_2) \circ T = (S_1 \circ T) \cup (S_2 \circ T)$ 的证明留给读者完成。

(6) 任取 $(a,c) \in R \circ (S_1 \cap S_2)$，由复合关系的定义知存在 $b \in B$，使 $(a,b) \in R$ 且 $(b,c) \in S_1 \cap S_2$；由交集的定义知 $(a,b) \in R$ 且 $(b,c) \in S_1$ 且 $(b,c) \in S_2$；由复合关系的定义知 $(a,c) \in R \circ S_1$ 且 $(a,c) \in R \circ S_2$；由交集的定义知 $(a,c) \in (R \circ S_1) \cap (R \circ S_2)$。

由 (a,c) 的任意性和 $\subseteq$ 的定义知 $R \circ (S_1 \cap S_2) \subseteq (R \circ S_1) \cap (R \circ S_2)$。

$(S_1 \cap S_2) \circ T \subseteq (S_1 \circ T) \cap (S_2 \circ T)$ 的证明留给读者完成。

(7) 只需证 $\widetilde{R \circ S} \subseteq \widetilde{S} \circ \widetilde{R}$ 且 $\widetilde{S} \circ \widetilde{R} \subseteq \widetilde{R \circ S}$。

任取 $(c,a) \in \widetilde{R \circ S}$，由逆关系的定义知 $(a,c) \in R \circ S$；由复合关系的定义知存在 $b \in B$，使 $(a,b) \in R$ 且 $(b,c) \in S$；由逆关系的定义知 $(c,b) \in \widetilde{S}$ 且 $(b,a) \in \widetilde{R}$；由复合关系的定义知 $(c,a) \in \widetilde{S} \circ \widetilde{R}$；由 (c,a) 的任意性及 $\subseteq$ 的定义知 $\widetilde{R \circ S} \subseteq \widetilde{S} \circ \widetilde{R}$。

任取 $(c,a) \in \widetilde{S} \circ \widetilde{R}$，由复合关系的定义知存在 $b \in B$，使 $(c,b) \in \widetilde{S}$ 且 $(b,a) \in \widetilde{R}$；由逆关系的定义知 $(a,b) \in R$ 且 $(b,c) \in S$；由复合关系的定义知 $(a,c) \in R \circ S$；由逆关系的定义知 $(c,a) \in \widetilde{R \circ S}$；由 (c,a) 的任意性及 $\subseteq$ 的定义知 $\widetilde{S} \circ \widetilde{R} \subseteq \widetilde{R \circ S}$。

由集合相等的定义知 $\widetilde{R \circ S} = \widetilde{S} \circ \widetilde{R}$。　　∎

4.3.3　关系的复合幂与闭包

定义 4.11　设 A 是非空集合，$R \subseteq A \times A$，k 为一正整数，规定

(1) $R^0 = I_A$；

(2) $R^1 = R$；

(3) $R^{m+1} = R^m \circ R$。

称 R^m 为关系 R 的**复合幂**。

定理 4.7　设 A 是非空集合，$R \subseteq A \times A$，m 与 n 是两个非负整数，则

(1) $R^m \circ R^n = R^{m+n}$；

(2) $(R^m)^n = R^{mn}$。

证　(1) 固定 m，对 n 用数学归纳法。

当 $n = 1$ 时，由 R 的复合幂的定义知 $R^m \circ R^1 = R^{m+1}$。

设当 $n = k$ 时，有 $R^m \circ R^k = R^{m+k}$。

当 $n = k+1$ 时，由复合关系的结合律和归纳假设知有

$$R^m \circ R^{k+1} = R^m \circ (R^k \circ R) = (R^m \circ R^k) \circ R$$
$$= R^{m+k} \circ R = R^{(m+k)+1} = R^{m+(k+1)}$$

由归纳法知,对任意的 m,n,均有 $R^m \circ R^n = R^{m+n}$。

关于(2)的证明留给读者完成。　■

关于复合幂的几点注记。

(1) R 的零次幂 $R^0 = I_A$ 中的 I_A,在不发生误会的时候,也将 I_A 写成 I,即 $R^0 = I$。一般要求 R 不是空关系。

就关系的复合而言,幺关系是一个"无害"的关系,即对于每个 $R \subseteq A \times A$,有 $R \circ I = I \circ R = R$,这与定理 4.7 中的结果是一致的,即有

$$R^1 \circ R^0 = R^0 \circ R^1 = R^1 = R$$

当 $\mathcal{D}(R) = \mathcal{R}(R) = A$,而且 A 中的每个元素在 R 的偶对中有且只有一次成为前者,有且只有一次成为后者时,那么有

$$R \circ \widetilde{R} = \widetilde{R} \circ R = I = R^0$$

(2) 由于 $R^2 = R \circ R$,当 $(a,b) \in R^2$ 时,就有媒介元素 t,使得 $(a,t) \in R$ 且 $(t,b) \in R$,即 a 与 b 有关系 R^2 时,a 与 b 有间接的 R 关系。

当 $(a,b) \in R^3$ 时,就有两个媒介元素 t_1, t_2,使得

$$(a,t_1) \in R \text{ 且 } (t_1,t_2) \in R \text{ 且 } (t_2,b) \in R$$

即 a 与 b 有关系 R^3 时,a 与 b 有二阶的间接 R 关系。

一般地说,当 $(a,b) \in R^n$ 时,就有 $n-1$ 个媒介元素 $t_1, t_2, \cdots, t_{n-1}$,使得

$$(a,t_1) \in R \text{ 且 } (t_1,t_2) \in R, \cdots, (t_{n-2},t_{n-1}) \in R \text{ 且 } (t_{n-1},b) \in R$$

即 a 与 b 有关系 R^n 时,a 与 b 有 $n-1$ 阶的间接 R 关系,其中 a,b,t_i 们可能发生重复。

(3) 我们已知两个关系的并还是一个关系,下面我们着重关注关系的复合幂之并的情况。

$(a,b) \in R \cup R^2$ 意味着 a 与 b 有直接的 R 关系或 a 与 b 有间接的 R 关系。

$(a,b) \in R \cup R^2 \cup R^3$ 意味着 a 与 b 有直接的 R 关系,或者有间接的 R 关系,或者有二阶间接的 R 关系。

设 n 为一正整数,$(a,b) \in \bigcup\limits_{k=1}^{n} R^k$ 意味着

$$\exists k (1 \leqslant k \leqslant n \land (a,b) \in R^k)$$

即 a 与 b 之间有不超过 $n-1$ 阶的间接 R 关系。

定义 4.12　设 A 是非空集合,$R \subseteq A \times A$,令

$$R^+ = \bigcup\limits_{k=1}^{\infty} R^k$$

称 R^+ 为关系 R 的**包**。

$(a,b) \in R^+$ 意味着

$$\exists k(k \geqslant 1 \wedge (a,b) \in R^k)$$

即当 a 与 b 有关系 R^+ 时，a 与 b 总有有穷阶的间接 R 关系。

如果 R 是父子关系，那么 R^+ 是先祖与后裔的关系。

定理 4.8　设 A 是非空集合，$R \subseteq A \times A, S \subseteq A \times A$，则

(1) 对于每个自然数 m，有 $R^m \subseteq R^+$；

(2) R^+ 是传递关系；

(3) 若 $R \subseteq S$ 且 S 是传递关系，则 $R^+ \subseteq S$；

(4) 若 $|A| = n$，则 $R^+ = \bigcup\limits_{k=1}^{n} R^k$。

证　(1) 由 R^+ 的定义知结论成立。

(2) 若有 $(a,b) \in R^+$ 且 $(b,c) \in R^+$，由 R^+ 的定义知存在自然数 k 及 l 使 $(a,b) \in R^k$ 且 $(b,c) \in R^l$；由复合关系定义知 $(a,c) \in R^k \cdot R^l$；由定理 4.7 知 $(a,c) \in R^{k+l} \subseteq R^+$，由 $\subseteq$ 的定义知有 $(a,c) \in R^+$；由传递关系的定义知 R^+ 是传递关系。

(3) 任取 $(a,b) \in R^+$，由 R^+ 的定义知存在自然数 k，使得 $(a,b) \in R^k$；由 R^k 的定义知存在 $k-1$ 阶媒介元素 $t_1, t_2, \cdots, t_{k-1}$，使得

$$(a,t_1) \in R, (t_1,t_2) \in R, (t_2,t_3) \in R, \cdots, (t_{k-2},t_{k-1}) \in R, (t_{k-1},b) \in R$$

由条件 $R \subseteq S$ 知，有

$$(a,t_1) \in S, (t_1,t_2) \in S, (t_2,t_3) \in S, \cdots, (t_{k-2},t_{k-1}) \in S, (t_{k-1},b) \in S$$

由条件 S 是传递关系知，有

$$(a,t_2) \in S, (a,t_3) \in S, \cdots, (a,t_{k-1}) \in S, (a,b) \in S$$

由 (a,b) 的任意性及 $\subseteq$ 的定义知 $R^+ \subseteq S$。

(4) 只需证 $R^+ \subseteq \bigcup\limits_{k=1}^{n} R^k$ 且 $\bigcup\limits_{k=1}^{n} R^k \subseteq R^+$。

任取 $(a,b) \in R^+$，由 R^+ 的定义知存在自然数 m，使 $(a,b) \in R^m$，这样的 m 一般不止一个，选取 m_0 为使 $(a,b) \in R^m$ 的最小的 m，即 $(a,b) \in R^{m_0}$。

下面证 $1 \leqslant m_0 \leqslant n$，用反证法。

假设 $m_0 > n$，那么 $(a,b) \in R^{m_0}$ 将导致存在 $m_0 - 1$ 个媒介元素 $t_1, t_2, \cdots, t_{m_0-1}$，使

$$(a,t_1) \in R, (t_1,t_2) \in R, \cdots, (t_{m_0-1},b) \in R$$

由于 A 中只有 n 个元素，从而在 $m_0 + 1$ 个元素 $a, t_1, t_2, \cdots, t_{m_0-1}, b$ 中必有重复者，不妨设 t_i 与 t_j 相同，即 $t_i = t_j, 0 \leqslant i \leqslant j \leqslant m_0$，从而有

$$(a,t_1) \in R, (t_1,t_2) \in R, \cdots, (t_{i-1},t_i) \in R, (t_j,t_{j+1}) \in R, \cdots, (t_{m_0-1},b) \in R$$

于是有 $(a,b) \in R^l$ 且 $l = m_0 - (j-i)$，这与 m_0 的最小性矛盾，矛盾说明假设不真，

即有 $m_0 \leqslant n$。 ∎

定义 4.13　设 A 是非空集合，$R \subseteq A \times A, R \neq \varnothing$，

$$R^* = R^+ \bigcup I = \bigcup_{k=0}^{\infty} R^k$$

称 R^* 是关系 R 的星包。

定理 4.9　设 A 是非空集合，$R \subseteq A \times A, R \neq \varnothing, S \subseteq A \times A$，则

(1) 对于每个非负整数 $m, R^m \subseteq R^*$；

(2) R^* 是自反的传递关系；

(3) 若 S 是自反的传递关系且 $R \subseteq S$，则 $R^* \subseteq S$；

(4) 若 $|A| = n$，则

$$R^* = \bigcup_{k=0}^{\infty} R^k$$

可仿照定理 4.8 的证明给出本定理的证明。

4.3.4　关系运算的矩阵表示法

当关系的前集和后集都是有穷集合时，关系之间的运算用关系矩阵的运算来表示是有效的、方便的。

1. 关系补运算的矩阵表示法

设 $A = \{a_1, a_2, \cdots, a_m\}, B = \{b_1, b_2, \cdots, b_n\}, R \subseteq A \times B$，

$$\boldsymbol{M}_R = (x_{ij})_{m \times n}, \quad \boldsymbol{M}_1 = (1)_{m \times n}$$

于是有

$$\boldsymbol{M}_{R'} = \boldsymbol{R}_R \ \overline{\vee} \ \boldsymbol{M}_1 = (y_{ij})_{m \times n}$$

其中，$\boldsymbol{M}_1$ 为全 1 的 $m \times n$ 阶矩阵，$y_{ij} = x_{ij} \ \overline{\vee} \ 1 (i = 1, 2, \cdots, m; j = 1, 2, \cdots, n)$，这里的 $\overline{\vee}$ 是 0 - 1 运算的布尔异或，其运算表如下：

$\overline{\vee}$	0	1
0	0	1
1	1	0

例 4.17　设 $A = \{a_1, a_2, a_3\}, B = \{b_1, b_2, b_3, b_4\}, R \subseteq A \times B$，
$R = \{(a_1, b_2), (a_2, b_3), (a_3, b_4)\}$。

$$\boldsymbol{M}_R = \begin{pmatrix} 0 & 1 & 0 & 0 \\ 0 & 0 & 1 & 0 \\ 0 & 0 & 0 & 1 \end{pmatrix} \quad \boldsymbol{M}_{R'} = \boldsymbol{R}_R \ \overline{\vee} \ \boldsymbol{M}_1 = \begin{pmatrix} 1 & 0 & 1 & 1 \\ 1 & 1 & 0 & 1 \\ 1 & 1 & 1 & 0 \end{pmatrix}$$

故有　　　 $R' = \{(a_1, b_1), (a_1, b_3), (a_1, b_4), (a_2, b_1), (a_2, b_2),$

$$(a_2,b_4),(a_3,b_1),(a_3,b_2),(a_3,b_3)\}$$

2. 关系并运算和交运算的矩阵表示法

设 $A=\{a_1,a_2,\cdots,a_m\}$，$B=\{b_1,b_2,\cdots,b_n\}$，$R_1\subseteq A\times B$，$R_2\subseteq A\times B$，

$\boldsymbol{M}_{R_1}=(x_{ij}^{(1)})_{m\times n}$，$\boldsymbol{M}_{R_2}=(x_{ij}^{(2)})_{m\times n}$。

于是有

$$\boldsymbol{M}_{R_1\cup R_2}=\boldsymbol{M}_{R_1}\bigvee\boldsymbol{M}_{R_2}=(x_{ij})_{m\times n}$$

$$\boldsymbol{M}_{R_1\cap R_2}=\boldsymbol{M}_{R_1}\bigwedge\boldsymbol{M}_{R_2}=(y_{ij})_{m\times n}$$

其中，

$$x_{ij}=x_{ij}^{(1)}\bigvee x_{ij}^{(2)}\quad(i=1,2,\cdots,m;\ j=1,2,\cdots,n)$$

$$y_{ij}=x_{ij}^{(1)}\bigwedge x_{ij}^{(2)}\quad(i=1,2,\cdots,m;\ j=1,2,\cdots,n)$$

这里的 $\bigvee$ 和 $\bigwedge$ 是 $0-1$ 运算的布尔加和布尔乘，其运算表如下：

$\bigvee$	0	1
0	0	1
1	1	1

$\bigwedge$	0	1
0	0	0
1	0	1

例 4.18 $A=\{a_1,a_2,a_3\}$，$B=\{b_1,b_2,b_3,b_4\}$，

$R_1=\{(a_1,b_2),(a_2,b_3),(a_3,b_4)\}$，$R_2=\{(a_1,b_2),(a_2,b_4),(a_3,b_2)\}$。

它们的关系矩阵如下：

$$\boldsymbol{M}_{R_1}=\begin{pmatrix}0&1&0&0\\0&0&1&0\\0&0&0&1\end{pmatrix}\qquad\boldsymbol{M}_{R_2}=\begin{pmatrix}0&1&0&0\\0&0&0&1\\0&1&0&0\end{pmatrix}$$

于是有

$$\boldsymbol{M}_{R_1\cup R_2}=\begin{pmatrix}0&1&0&0\\0&0&1&1\\0&1&0&1\end{pmatrix}\qquad\boldsymbol{M}_{R_1\cap R_2}=\begin{pmatrix}0&1&0&0\\0&0&0&0\\0&0&0&0\end{pmatrix}$$

$R_1\bigcup R_2=\{(a_1,b_2),(a_2,b_3),(a_2,b_4),(a_3,b_2),(a_3,b_4)\}$，

$R_1\bigcap R_2=\{(a_1,b_2)\}$。

3. 逆关系的矩阵表示法

R 的逆关系 $\widetilde{R}$ 的关系矩阵与 R 的关系矩阵有着本质性的联系。由 $\widetilde{R}$ 的定义知当 R 的关系矩阵为 $m\times n$ 阶时，R 的逆关系 $\widetilde{R}$ 的关系矩阵是 $n\times m$ 阶的，它俩互为转置矩阵。

设 $\boldsymbol{M}_R=(x_{ij})_{m\times n}$，$\boldsymbol{M}_{\widetilde{R}}=(y_{ij})_{n\times m}$。那么，

$$\boldsymbol{M}_{\widetilde{R}}=\boldsymbol{M}_R^{\mathrm{T}}，\quad y_{ij}=x_{ji}(i=1,2,\cdots,n;\ j=1,2,\cdots,m)$$

例 4.19 设 $A=\{a_1,a_2,a_3,a_4,a_5\}$，$B=\{b_1,b_2,b_3,b_4,b_5,b_6\}$，

$R=\{(a_1,b_2),(a_1,b_3),(a_2,b_4),(a_3,b_6),(a_4,b_3)\}$，

$\widetilde{R} = \{(b_2,a_1),(b_3,a_1),(b_4,a_2),(b_6,a_3),(b_3,a_4)\}$。

R 和 $\widetilde{R}$ 的关系矩阵如下：

$$
\mathbf{M}_R = \begin{array}{c} \\ a_1 \\ a_2 \\ a_3 \\ a_4 \\ a_5 \end{array}
\begin{array}{c} b_1 \ b_2 \ b_3 \ b_4 \ b_5 \ b_6 \\ \begin{pmatrix} 0 & 1 & 1 & 0 & 0 & 0 \\ 0 & 0 & 0 & 1 & 0 & 0 \\ 0 & 0 & 0 & 0 & 0 & 1 \\ 0 & 0 & 1 & 0 & 0 & 0 \\ 0 & 0 & 0 & 0 & 0 & 0 \end{pmatrix} \end{array}
\qquad
\mathbf{M}_{\widetilde{R}} = \begin{array}{c} \\ b_1 \\ b_2 \\ b_3 \\ b_4 \\ b_5 \\ b_6 \end{array}
\begin{array}{c} a_1 \ a_2 \ a_3 \ a_4 \ a_5 \\ \begin{pmatrix} 0 & 0 & 0 & 0 & 0 \\ 1 & 0 & 0 & 0 & 0 \\ 1 & 0 & 0 & 1 & 0 \\ 0 & 1 & 0 & 0 & 0 \\ 0 & 0 & 0 & 0 & 0 \\ 0 & 0 & 1 & 0 & 0 \end{pmatrix} \end{array}
$$

例 4.20　设 $A = \{a_1,a_2,a_3,a_4\}$，

$R = \{(a_1,a_1),(a_1,a_2),(a_1,a_3),(a_1,a_4),(a_2,a_2),(a_2,a_3),(a_2,a_4),$
$\quad (a_3,a_3),(a_3,a_4),(a_4,a_4)\}$，

$\widetilde{R} = \{(a_1,a_1),(a_2,a_1),(a_3,a_1),(a_4,a_1),(a_2,a_2),(a_3,a_2),(a_4,a_2),$
$\quad (a_3,a_3),(a_4,a_3),(a_4,a_4)\}$。

R 和 $\widetilde{R}$ 的关系矩阵如下：

$$
\mathbf{M}_R = \begin{pmatrix} 1 & 1 & 1 & 1 \\ 0 & 1 & 1 & 1 \\ 0 & 0 & 1 & 1 \\ 0 & 0 & 0 & 1 \end{pmatrix}, \qquad
\mathbf{M}_{\widetilde{R}} = \begin{pmatrix} 1 & 0 & 0 & 0 \\ 1 & 1 & 0 & 0 \\ 1 & 1 & 1 & 0 \\ 1 & 1 & 1 & 1 \end{pmatrix}
$$

4. 复合关系的矩阵表示法

设 $A = \{a_1,a_2,\cdots,a_m\}$，$B = \{b_1,b_2,\cdots,b_l\}$，$C = \{c_1,c_2,\cdots,c_n\}$，$R \subseteq A \times B$，$S \subseteq B \times C$，$M_R = (x_{ij})_{m \times l}$，$M_S = (y_{ij})_{l \times n}$。

R 与 S 的复合关系的 $R \circ S$ 关系矩阵表示如下：

$$\mathbf{M}_{R \cdot S} = \mathbf{M}_R \circ \mathbf{M}_S = (t_{ij})_{m \times n}$$

其中，$t_{ij} = \bigvee\limits_{k=1}^{l} (x_{ik} \wedge y_{kj})$　$(i = 1,2,\cdots,m;\quad j = 1,2,\cdots,n)$。

这里的关系矩阵 $\mathbf{M}_{R \cdot S}$ 是两个关系矩阵 $\mathbf{M}_R$ 和 $\mathbf{M}_S$ 的复合乘积，与线性代数中的矩阵乘法类似。区别在于这里矩阵元素的加法和乘法是布尔加和布尔乘。下面，我们论证计算公式的合理性。

由复合关系的定义知 $(a_i,c_j) \in R \circ S$ 当且仅当存在一个 $b_k \in B$，使得 $(a_i,b_k) \in R$ 且 $(b_k,c_j) \in S$。按关系矩阵的定义知至少有一个 k，使 $x_{ik} = 1$ 且 $y_{kj} = 1$，从而有 $x_{ik} \wedge y_{kj} = 1$。也就是说 l 个布尔乘

$$x_{i1} \wedge y_{1j},\ x_{i2} \wedge y_{2j},\ \cdots,\ x_{il} \wedge y_{lj}$$

中至少有一个是 1 时，它们的布尔加是 1，即有 $t_{ij} = 1$。

例 4.21　设 $A = \{a_1,a_2,a_3\}$，$B = \{b_1,b_2\}$，$C = \{c_1,c_2,c_3,c_4\}$，

$R \subseteq A \times B, S \subseteq B \times C,$

$R = \{(a_1,b_1),(a_2,b_2),(a_3,b_1)\}, S = \{(b_1,c_4),(b_2,c_2),(b_2,c_3)\}.$

R 与 S 的关系矩阵是

$$M_R = \begin{pmatrix} 1 & 0 \\ 0 & 1 \\ 1 & 0 \end{pmatrix} \qquad M_S = \begin{pmatrix} 0 & 0 & 0 & 1 \\ 0 & 1 & 1 & 0 \end{pmatrix}$$

则复合关系 $R \circ S$ 的关系矩阵为

$$M_{R \cdot S} = M_R \circ M_S = \begin{pmatrix} 0 & 0 & 0 & 1 \\ 0 & 1 & 1 & 0 \\ 0 & 0 & 0 & 1 \end{pmatrix}$$

故知有 $R \circ S = \{(a_1,c_4),(a_2,c_2),(a_2,c_3),(a_3,c_4)\}.$

例 4.22 设 $A = \{a_1,a_2,a_3,a_4\}, T \subseteq A \times A, T = \{(a_3,a_2),(a_4,a_2)\}.$
则有

$$M_{T^0} = \begin{pmatrix} 1 & 0 & 0 & 0 \\ 0 & 1 & 0 & 0 \\ 0 & 0 & 1 & 0 \\ 0 & 0 & 0 & 1 \end{pmatrix}, \qquad M_{T^1} = \begin{pmatrix} 0 & 0 & 0 & 0 \\ 0 & 0 & 0 & 0 \\ 0 & 1 & 0 & 0 \\ 0 & 1 & 0 & 0 \end{pmatrix}$$

$$M_{T^2} = \begin{pmatrix} 0 & 0 & 0 & 0 \\ 0 & 0 & 0 & 0 \\ 0 & 0 & 0 & 0 \\ 0 & 0 & 0 & 0 \end{pmatrix}, \qquad M_{T^k} = \begin{pmatrix} 0 & 0 & 0 & 0 \\ 0 & 0 & 0 & 0 \\ 0 & 0 & 0 & 0 \\ 0 & 0 & 0 & 0 \end{pmatrix} \qquad (k > 2 \text{ 时})$$

$T^+ = T = \{(a_3,a_2),(a_4,a_2)\}.$

$T^* = T^0 \bigcup T^+ = \{(a_1,a_1),(a_2,a_2),(a_3,a_2),(a_3,a_3),(a_4,a_2),(a_4,a_4)\}.$

例 4.23 设 $A = \{a_1,a_2,a_3,a_4\}, R \subseteq A \times A,$

$R = \{(a_1,a_2),(a_2,a_2),(a_2,a_3),(a_3,a_1),(a_4,a_2)\}.$
则有

$$M_{R^0} = \begin{pmatrix} 1 & 0 & 0 & 0 \\ 0 & 1 & 0 & 0 \\ 0 & 0 & 1 & 0 \\ 0 & 0 & 0 & 1 \end{pmatrix}, \qquad M_{R^1} = \begin{pmatrix} 0 & 1 & 0 & 0 \\ 0 & 1 & 1 & 0 \\ 1 & 0 & 0 & 0 \\ 0 & 1 & 0 & 0 \end{pmatrix}$$

$$M_{R^2} = \begin{pmatrix} 0 & 1 & 1 & 0 \\ 1 & 1 & 1 & 0 \\ 0 & 1 & 0 & 0 \\ 0 & 1 & 1 & 0 \end{pmatrix}, \qquad M_{R^k} = \begin{pmatrix} 1 & 1 & 1 & 0 \\ 1 & 1 & 1 & 0 \\ 0 & 1 & 1 & 0 \\ 1 & 1 & 1 & 0 \end{pmatrix}$$

$$M_{R^4} = \begin{pmatrix} 1 & 1 & 1 & 0 \\ 1 & 1 & 1 & 0 \\ 1 & 1 & 1 & 0 \\ 1 & 1 & 1 & 0 \end{pmatrix}, \qquad M_{R^k} = M_{R^4} \quad (k \geqslant 4 \text{ 时})$$

$$M_{R^+} = M_{R \cup R^2 \cup R^3 \cup R^4} = \begin{pmatrix} 1 & 1 & 1 & 0 \\ 1 & 1 & 1 & 0 \\ 1 & 1 & 1 & 0 \\ 1 & 1 & 1 & 0 \end{pmatrix}$$

$$M_{R^*} = M_{R^0 \cup R^+} = \begin{pmatrix} 1 & 1 & 1 & 0 \\ 1 & 1 & 1 & 0 \\ 1 & 1 & 1 & 0 \\ 1 & 1 & 1 & 1 \end{pmatrix}$$

$R^+ = \bigcup\limits_{k=1}^{\infty} R^k = \bigcup\limits_{k=1}^{4} R^k = \{(a_1,a_1),(a_1,a_2)(a_1,a_3),(a_2,a_1)(a_2,a_2),(a_2,a_3),$
$\qquad (a_3,a_1),(a_3,a_2)(a_3,a_3),(a_4,a_1)(a_4,a_2),(a_4,a_3)\}$。

$R^* = R^+ \cup I = \{(a_1,a_1),(a_1,a_2)(a_1,a_3),(a_2,a_1)(a_2,a_2),(a_2,a_3),(a_3,a_1),$
$\qquad (a_3,a_2)(a_3,a_3),(a_4,a_1)(a_4,a_2),(a_4,a_3),(a_4,a_4)\}$。

4.4　二元关系的基本性质

在关系的研究中,我们重点讨论二元关系,特别是前集和后集是同一个集合的二元关系($R \subseteq X \times X$)。在这种二元关系中,$\mathscr{D}(R) \subseteq X$,$\mathscr{R}(R) \subseteq X$,且 R 是 X 的元素之间的关系,这种关系实质上反映的是集合 X 的元素之间的一种结构。

对于二元关系的研究,我们采用的方法是将熟知的二元关系中最基本的性质抽象出来,然后根据这些抽象出来的性质对现有的二元关系进行分类,分出一类,研究一类,即将二元关系分解成若干块来研究。这种研究方法的好处是可以从小做起,逐步扩大研究范围,是一种可持续性发展的研究方法。

定义 4.14　设 R 是非空集合 X 上的二元关系。若对每个 $x \in X$,都有 $(x,x) \in R$,则称 R 是 X 上的**自反关系**。

例 4.24　设 $X = \{a,b,c,d\}$,$R \subseteq X \times X$,
$$R = \{(a,b),(a,a),(b,b),(c,d),(c,c),(d,d)\}$$
由自反关系的定义知 R 是 X 上的自反关系。

若 $R = \{(a,a),(b,b),(c,c),(d,d)\}$,则 R 是 X 上的**幺关系**。由自反关系的定义知 R 是 X 上的自反关系。由此可推知幺关系一定是自反关系,但自反关系不一定是幺关系。

例 4.25　设 **N** 是自然数集合,$D = \{(x,y) \mid x \in \mathbf{N} \wedge y \in \mathbf{N} \wedge x \mid y\}$,则 D 是 **N** 上的整除关系。$\forall x \in \mathbf{N}$,由于一个自然数总能被它自身所整除,故有 $x \mid x$。即有 $(x,x) \in R$。

由自反关系的定义知 D 是 **N** 上的自反关系。

例 4.26　设 **R** 为实数集合,$S = \{(x,y) \mid x \in \mathbf{R} \wedge y \in \mathbf{R} \wedge x = y\}$,$S$ 是 **R** 上的实数相等关系。$\forall x \in \mathbf{R}$,由于任何一个实数自己总是等于自己的,故有 $x = x$,即有 $(x,x) \in S$。

由自反关系的定义知 S 是 **R** 上的自反关系。

由此可推知所有的相等关系均为自反关系。

定义 4.15　设 R 是非空集合 X 上的二元关系。若对每个 $x \in X$,都有 $(x,x) \notin R$,则称 R 是 X 上的**反自反关系**。

例 4.27　$X = \{a,b,c,d\}$,$R = \{(a,b),(a,c),(a,d),(c,d)\} \subseteq X \times X$。

由于 $\forall x \in S$,有 $(x,x) \notin R$,由反自反关系的定义知 R 是 X 上的反自反关系。

例 4.28　设 **R** 为实数集合,$S = \{(x,y) \mid x \in \mathbf{R} \wedge y \in \mathbf{R} \wedge x < y\}$,则 S 是 **R** 上的实数间的小于关系。

由于 $\forall x \in \mathbf{R}$,由实数的性质知 $x \not< x$,由 S 的定义知 $(x,x) \notin S$。

由反自反关系的定义知 S 是 **R** 上的反自反关系。

例 4.29　$X = \{a,b,c,d\}$,$R = \{(a,a),(a,b),(c,d),(d,d)\} \subseteq X \times X$。

由自反关系和反自反关系的定义知 R 既不是自反关系也不是反自反关系。

定义 4.16　设 R 是非空集合 X 上的二元关系。对于任意的 $x,y \in X$,若当 $(x,y) \in R$ 时,有 $(y,x) \in R$,则称 R 是 X 上的**对称关系**。

例 4.30　$X = \{a,b,c\}$,$R_1 = \{(a,b),(b,a)\}$,$R_2 = \{(a,a),(b,b)\}$,$R_3 = X^2$。

由对称关系的定义知 R_1,R_2,R_3 都是上的对称关系。

例 4.31　设 **R** 为实数集合,$S = \{(x,y) \mid x \in \mathbf{R} \wedge y \in \mathbf{R} \wedge x = y\}$。

由实数的性质知,当 $x = y$ 时,有 $y = x$。

由对称关系的定义知 S 是 **R** 上的对称关系。

推而广之,凡是相等关系都是对称关系。

例 4.32　同学关系,朋友关系,同乡关系都是对称关系 。

定义 4.17　设 R 是非空集合 X 上的二元关系。对任意的 $x,y \in X$,若当 $(x,y) \in R$ 且 $(y,x) \in R$ 时,有 $x = y$,则称 R 是 X 上的**反对称关系**。

例 4.33　设 **R** 为实数集合,$S = \{(x,y) \mid x \in \mathbf{R} \wedge y \in \mathbf{R} \wedge x \leqslant y\}$。

由实数的性质知,当 $x \leqslant y$ 且 $y \leqslant x$ 时,有 $y = x$。

由反对称关系的定义知 S 是 R 上的反对称关系。

定义 4.18　设 R 是非空集合 X 上的二元关系。对任意的 $x,y,z \in X$,若当 $(x,y) \in R$ 且 $(y,z) \in R$ 时,有 $(x,z) \in R$,则称 R 是 X 上的**传递关系**。

例 4.34　设 $X = \{a,b,c,d\}$,　$R = \{(a,b),(b,c),(a,c),(c,d),(a,d),(b,d)\}$。

由传递关系的定义知 R 是 X 上的传递关系。

例 4.35　设 X 是平面上直线的集合,$R = \{(x,y) \mid x \in X \wedge y \in X \wedge x /\!/ y\}$, R 是 X 上的直线平行关系。

由平面几何的知识知,若 $x /\!/ y$ 且 $y /\!/ z$,则 $x /\!/ z$。

由传递关系的定义知 R 是 X 上的传递关系。

例 4.36　同乡关系是传递关系。

例 4.37　相等关系是传递关系。

例 4.38　几个特殊关系所具有的性质(设 $X \neq \varnothing$):

(1) 全关系 X^2 是自反的,对称的,传递的。

(2) 幺关系 I 是自反的,对称的,反对称的,传递的。

(3) 空关系 $\varnothing$ 是反自反的,对称的,反对称的,传递的。

例 4.39　设 R 是实数集合,$R \times R$ 是解析几何平面,$R \times R$ 的元素是平面上的点,即全部实数偶对,关系 $S \subseteq R \times R$。

$$S = \{(x,y) \mid x \in R \wedge y \in R \wedge x^2 + y^2 < 1\}$$

S 表示当点 (x,y) 在平面单位圆的内部时有 $(x,y) \in R$。

由关系的性质知 S 是对称的,但不是自反的,不是反对称的,也不是传递的。

4.5　等价关系

4.5.1　等价关系和等价类

定义 4.19　设 R 是非空集合 A 上的二元关系,若 R 是自反的、对称的、传递的,则称 R 是 A 上的等价关系。

由于等价关系是自反的,故有 $\mathscr{D}(R) = \mathscr{R}(R) = A$。

例 4.40　同乡关系是等价关系。

例 4.41　平面几何中三角形间的相似关系、全等关系都是等价关系。

例 4.42　平面几何中直线间的平行关系是等价关系。

例 4.43　设 A 是非负整数集合,m 是一正整数,R 是 A 上的模 m 同余关系,即当 A 中元素 a 和 b 被 m 除时,若余数相同,则 a 与 b 有关系 R。

$$R = \{(a,b) \mid a \in A \wedge b \in A \wedge (a \equiv b \bmod m)\}$$

由于 R 是自反的、对称的、传递的,由等价关系的定义知 R 是 A 上的等价关系。

例 4.44　设 A 是实数集合,$R \subseteq A \times A$,两个实数 x 和 y 有关系 R 是指 x 和 y 的整数部分相等。

$$R = \{(x,y) \mid x \in A \wedge y \in A \wedge \mathrm{ent} x = \mathrm{ent} y\}$$

其中,$\mathrm{ent} x$ 是不大于 x 的最大整数。

由于 R 是自反的、对称的、传递的,由等价关系的定义知 R 是 A 上的等价关系。

例 4.45　X 上的幺关系和全关系都是等价关系。

等价关系的实质是将 A 中的元素分类,等价关系产生的是块状结构。

定义 4.20　设 R 是非空集合 A 上的等价关系,$\forall a \in A$,称集合 $\{b \mid (b,a) \in R\}$ 为 a 关于 R 的**等价类**,记为 $[a]_R$,同时称 a 为等价类 $[a]_R$ 的代表元素。

定义 4.21　设 R 是非空集合 A 上的等价关系,$\Pi_R = \{[a]_R \mid a \in A\}$,称 Π_R 为 A 关于等价关系 R 的**商集**,记为 A/R,称 A/R 中元素的个数为 R 的**秩**。

例 4.46　设 A 是非负整数集合,m 是一正整数,R 是 A 上的模 m 的同余关系。由前所知 R 是 A 上的等价关系,由商集的定义知

$$A/R = \{[0]_R, [1]_R, [2]_R, \cdots, [m-1]_R\}$$

且 R 的秩为 m。

例 4.47　设 A 为非空集合。

(1) 若 R 是全关系,则 $A/R = \{A\}$。

(2) 若 R 是幺关系,则 $A/R = \{\{a\} \mid a \in A\}$。

全关系分类最粗,只有一个类,即 A 中每个元素都在 A 这个类中。

幺关系分类最细,每个元素自成一类,且每一类中也只有一个元素。

定义 4.22　设 R_1, R_2 是非空集合 A 上的两个等价关系,若 $R_1 \subseteq R_2$,则称 R_1 细于 R_2。

由等价类的定义知,关系越细,等价类越多,关系越粗,等价类越少。

定理 4.10　设 R 是非空集合 A 上的等价关系,对任意的 $a,b \in A$,有

(1) $a \in [a]_R$;

(2) $(a,b) \in R$ 当且仅当 $[a]_R = [b]_R$;

(3) 若 $[a]_R \cap [b]_R \neq \varnothing$,则 $[a]_R = [b]_R$;

(4) $\bigcup\limits_{a \in A} [a]_R = A$。

证　(1) 由条件知 R 是自反关系,故 $\forall a \in A$,有 $(a,a) \in R$,由等价类的定义知 $a \in [a]_R$。

(2) 先证必要性。

只需证$[a]_R \subseteq [b]_R$且$[b]_R \subseteq [a]_R$。

任取$x \in [a]_R$，由等价类的定义知$(x,a) \in R$；由条件知$(a,b) \in R$，由R的传递性知$(x,b) \in R$；由等价类的定义知$x \in [b]_R$。

由x的任意性及$\subseteq$的定义知$[a]_R \subseteq [b]_R$。

同理可证$[b]_R \subseteq [a]_R$。

由集合相等的定义知$[a]_R = [b]_R$。

再证充分性。

由(1)知$a \in [a]_R$，由条件知$[a]_R = [b]_R$；由等价类的定义知$(a,b) \in R$。

(3)由条件$[a]_R \cap [b]_R \neq \varnothing$知存在$x \in [a]_R \cap [b]_R$；由交集的定义知$x \in [a]_R$且$x \in [b]_R$；由等价类的定义知$(x,a) \in R$且$(x,b) \in R$；由$R$的对称性的和传递性知$(a,b) \in R$；由(2)知$[a]_R = [b]_R$。

(4)只需证$\bigcup_{a \in A} [a]_R \subseteq A$且$A \subseteq \bigcup_{a \in A} [a]_R$。

任取$x \in \bigcup_{a \in A} [a]_R$，由大并集的定义知存在$[a]_R$，使$x \in [a]_R$；由等价类的定义知$[a]_R \subseteq A$，由$\subseteq$的定义知$x \in A$；由$x$的任意性和$\subseteq$的定义知$\bigcup_{a \in A} [a]_R \subseteq A$。

任取$x \in A$，由(1)知$x \in [x]_R$；由大并集的定义知$x \in \bigcup_{a \in A} [a]_R$；由$x$的任意性和$\subseteq$的定义知$A \subseteq \bigcup_{a \in A} [a]_R$。

由集合相等的定义知$\bigcup_{a \in A} [a]_R = A$。 ∎

定理4.11 设R_1和R_2是非空集合A上的两个等价关系，若$R_1 \subseteq R_2$，则对每个$a \in A$，有$[a]_{R_1} \subseteq [a]_{R_2}$。

证 任取$x \in [a]_{R1}$，由等价类的定义知$(x,a) \in R_1$；由条件$R_1 \subseteq R_2$知$(x,a) \in R_2$，由等价类的定义知$x \in [a]_{R2}$；由x的任意性及$\subseteq$的定义知$[a]_{R1} \subseteq [a]_{R2}$。 ∎

由定理4.11可知，若两个等价关系相等，则每个元素所对应的等价类相同，即若$R_1 = R_2$，则$\forall a \in A$，有$[a]_{R1} = [a]_{R2}$。

定理4.12 设R_1和R_2是非空集合A上的两个等价关系，若$\forall a \in A$，有$[a]_{R1} \subseteq [a]_{R2}$，则$R_1 \subseteq R_2$。

证 任取$(x,y) \in R_1$，由等价类的定义知$y \in [x]_{R1}$；由条件$[x]_{R1} \subseteq [x]_{R2}$知$y \in [x]_{R2}$；由等价类的定义知$(x,y) \in R_2$；由$(x,y)$的任意性和$\subseteq$的定义知$R_1 \subseteq R_2$。 ∎

由定理4.12可知，若两个等价关系的等价类集合相同，则两个等价关系相同，即若$\forall a \in A$，有$[a]_{R1} = [a]_{R2}$，则$R_1 = R_2$。

由定理4.11和定理4.12知等价关系与等价类集合是一一对应的，相同的等价关系有相同的等价类集合，相同的等价类集合对应着相同的等价关系。换句话说,不同的等价关系有不同的等价类集合,而不同的等价类集合对应着不同的等价关系。

等价关系的实质是将集合 A 中的元素进行分类,从而产生出若干互不相交的等价类。这些等价类将集合 A 中的元素按类分割开,A 中每个元素必在一个等价类中,且每个元素只在一个等价类中,无一遗漏,无一重复。不会有任何一个元素不在任何等价类中,也不会有任何一个元素同时在两个不同的等价类中。我们将集合 A 上的等价类的性质抽象出来,构成一个新的概念 —— 划分。

4.5.2　划分与等价关系

定义 4.23　设 A 是非空集合,$\Pi = \{A_\gamma | \gamma \in \Gamma \land A_\gamma \neq \varnothing\}$,若 $A \subseteq \bigcup\limits_{\gamma \in \Gamma} A_\gamma$,则称 Π 是 A 上的**覆盖**。

集合 A 的覆盖是一个集合族 Π,该集合族中所有集合之并将包含 A 中的所有元素。

定义 4.24　设 A 是非空集合,$\Pi = \{A_\gamma | \gamma \in \Gamma \land A_\gamma \neq \varnothing\}$,若

(1) $A = \bigcup\limits_{\gamma \in \Gamma} A_\gamma$;

(2) 当 $\gamma_1 \neq \gamma_2$ 时,有 $A_{\gamma_1} \bigcap A_{\gamma_2} = \varnothing$。

则称 Π 是 A 的一个**划分**,称 A_γ 为 A 关于 Π 的**划分块**。

由划分的定义知,A 上的划分必定是 A 的覆盖,反之不然。

定理 4.13　设 R 是非空集合 A 上的等价关系,$\Pi_R = \{[a]_R | a \in A\}$,则 Π_R 是 A 上的一个划分。

证　由定理 4.10 的结论和划分的定义可知定理 4.13 的结论成立。　　▍

由定理 4.13 知集合 A 上的等价关系 R 产生的等价类集合是 A 上的一个划分。即由每个等价关系可以产生一个划分,反之,是否每个划分也可以产生一个等价关系呢?

定理 4.14　设 Π 是非空集合 A 上的一个划分,则由 Π 可产生 A 上的一个等价关系 R_Π。

证　设 $\Pi = \{A_\gamma \in \Gamma \land A_\gamma \neq \varnothing\}$ 是 A 上的一个划分,构造关系 R_Π 如下:
$$R_\Pi = \{(x, y) | x \in A \land y \in A \land (\exists \gamma \in \Gamma)(x \in A_\gamma \land y \in A_\gamma)\}$$
由关系的定义知 R_Π 是 A 上的一个二元关系。

下证 R_Π 是 A 上的一个等价关系。

(1) $\forall x \in A$,由于 Π 是划分,故 $\exists \gamma \in \Gamma$,使 $x \in A_\gamma$ 且 $x \in A_\gamma$;由 R_Π 的定义知 $(x, x) \in R_\Pi$。

由自反关系的定义知 R_Π 是自反的。

(2) $\forall x, y \in A$,若 $(x, y) \in R_\Pi$,由 R_Π 的定义知 $\exists \gamma \in \Gamma$,使 $x \in A_\gamma$ 且 $y \in A_\gamma$;于

是有 $\exists \gamma \in \Gamma$ 使 $y \in A_\gamma$ 且 $x \in A_\gamma$；由 R_Π 的定义知 $(y, x) \in R_\Pi$。

由对称关系的定义知 R 是对称的。

(3) $\forall x, y, z \in A$，若 $(x, y) \in R_\Pi$ 且 $(y, z) \in R_\Pi$，由 R_Π 的定义知 $\exists \gamma_1 \in \Gamma$，使 $x \in A_{\gamma_1}$ 且 $y \in A_{\gamma_1}$，同时 $\exists r_2 \in \Gamma$，使 $y \in A_{\gamma_2}$ 且 $z \in A_{\gamma_2}$；由交集的定义知 $y \in A_{\gamma_1} \cap A_{\gamma_2}$，即有 $A_{\gamma_1} \cap A_{\gamma_2} \neq \varnothing$；由划分的定义知 $A_{\gamma_1} = A_{\gamma_2}$；于是，$\exists r_1 \in \Gamma$，使 $x \in A_{\gamma_1}$ 且 $z \in A_{\gamma_1}$；由 R_Π 的定义知 $(x, z) \in R_\Pi$。

由传递关系的定义知 R_Π 是传递的。

由等价关系的定义知 R_Π 是 A 上的等价关系。　▊

由前所述可知，等价关系 R 可以产生划分 Π_R，而划分 Π 也可以产生等价关系 R_Π。R 与 R_Π 以及 Π 与 Π_R 之间的关系可以由下面的定理来解释。

定理 4.15　设 R 是非空集合 X 上的等价关系，$\Pi = \{[x]_R \mid x \in X\}$ 是 R 产生的 X 上的等价类集合。由 Π 产生的等价关系 $R' = \{(x, y) \mid (\exists z \in X)(x \in [z]_R \wedge y \in [z]_R)\}$，则 $R' = R$。

证　先证 $R' \subseteq R$。

$\forall (x, y) \in R'$，由 R' 的定义知 $\exists z \in X$ 使得 $x \in [z]_R$ 且 $y \in [z]_R$。由等价类的定义知 $(x, z) \in R$ 且 $(z, y) \in R$。由 R 的传递性知 $(x, y) \in R$。由 (x, y) 的任意性和 $\subseteq$ 的定义知 $R' \subseteq R$。

$\forall (x, y) \in R$，由等价类的定义知 $x \in [x]_R$ 且 $y \in [x]_R$。由 R' 的定义知 $(x, y) \in R'$。由 (x, y) 的任意性和 $\subseteq$ 的定义知 $R \subseteq R'$。

由集合相等的定义知 $R' = R$。　▊

定理 4.16　设 $\Pi = \{A_\gamma \mid \gamma \in \Gamma \wedge A_\gamma \neq \varnothing\}$ 是非空集合 A 上的一个划分，由 Π 产生的 A 上的等价关系 $R = \{(a, b) \mid (\exists \gamma \in \Gamma)(a \in A_\gamma \wedge b \in A_\gamma)\}$，由 R 产生的划分 $\Pi' = \{[a]_R \mid a \in A\}$，则 $\Pi' = \Pi$。

证　先证 $\Pi' \subseteq \Pi$。

$\forall [a]_R \in \Pi'$，由于 Π 是划分，故存在 $A_\gamma \in \Pi$，使得 $a \in A_\gamma$。下证：$[a]_R = A_\gamma$。

$\forall x \in [a]_R$，由等价类的定义知 $(x, a) \in R$。由 R 的定义知 $x \in A_\gamma$。由 x 的任意性和 $\subseteq$ 的定义知 $[a]_R \subseteq A_\gamma$。

$\forall x \in A_\gamma$，由于 $a \in A_\gamma$，由 R 的定义知 $(x, a) \in R$。由等价类的定义知 $x \in [a]_R$。由 x 的任意性和 $\subseteq$ 的定义知 $A_\gamma \subseteq [a]_R$。

由集合相等的定义知 $[a]_R = A_\gamma$。

由 $[a]_R$ 的任意性和 $\subseteq$ 的定义知 $\Pi' \subseteq \Pi$。

再证 $\Pi \subseteq \Pi'$。

$\forall A_\gamma \in \Pi$，由于 $A_\gamma \neq \varnothing$，取 $a \in A_\gamma$。由等价类的定义知 $a \in [a]_R$。下证：$A_\gamma = [a]_R$。

$\forall x \in A_\gamma$,由于 $a \in A_\gamma$ 且 $x \in A_\gamma$,由 R 的定义知 $(x,a) \in R$。由等价类定义知 $x \in [a]_R$。由 x 的任意性和 $\subseteq$ 的定义知 $A_\gamma \subseteq [a]_R$。

$\forall x \in [a]_R$,由等价类定义知 $(x,a) \in R$。由 R 的定义知存在 A'_γ,使得 $x \in A'_\gamma$ 且 $\in A'_\gamma$。由于 Π 是划分的,且有 $a \in A_\gamma$ 和 $a \in A'_\gamma$。故有 $A_\gamma = A'_\gamma$。即有 $x \in A_\gamma$。由 x 的任意性和 $\subseteq$ 的定义知 $[a]_R \subseteq A_\gamma$。

由集合相等的定义知 $A_\gamma = [a]_R$。

由 A_γ 的任意性和 $\subseteq$ 的定义知 $\Pi \subseteq \Pi'$。

由集合相等的定义知 $\Pi' = \Pi$。　　　∎

定义 4.25　设 R 是非空集合 A 上的二元关系,若 R 是自反的、对称的,则称 R 是 A 上的**相容关系**。

相容关系产生的结构是覆盖。

4.6　半序关系

4.6.1　半序关系的基本概念

定义 4.26　设 R 是非空集合 A 上的二元关系,若 R 是自反的、反对称的、传递的,则称 R 是 A 上的半序关系。

由于半序关系是自反的,故有 $\mathscr{D}(R) = \mathscr{R}(R) = A$。

半序关系的实质是在 A 上的元素之间建立层次结构,这种层次结构是依赖于半序关系的可比性建立起来的。虽然半序集 A 上的元素之间可以比较,但不能保证 A 中任意两个元素都能比较,半序关系中的"半"字就意味着部分可比较但未必全部都能比较。

例 4.48　设 $A = \{a,b,c\}$,　$2^A = \{\varnothing, \{a\}, \{b\}, \{c\}, \{a,b\}, \{a,c\}, \{b,c\}, \{a,b,c\}\}$。

由于 2^A 上的包含关系是自反的、反对称的、传递的,故包含关系是集合 2^A 上的半序关系。

通常我们用 Hasse(哈塞)图表示半序关系。

(1) 由于半序关系是自反的,故每个元素应有一个自环。但由于每个元素都有自环,故在 Hasse 图中将自环省略了。

(2) 由于半序关系是反对称的,故只有单向弧。在 Hasse 图中规定有向弧的箭头一律朝上,故表示方向的箭头也省略了。

(3) 由于半序关系是传递的,因此在 Hasse 图中凡是可以通过传递建立关系的元素之间就不再画线了,而只通过现有的连线传递上去。

综合以上(1),(2),(3)就得到半序关系的 Hasse 图表示法。

2^A 上的包含关系的 Hasse 图如图 4.5 所示。

由此图可以看出,在半序集中有些元素是可以比较大小的,但有些元素是不可以比较大小的,如同一层元素之间就无法比较大小。

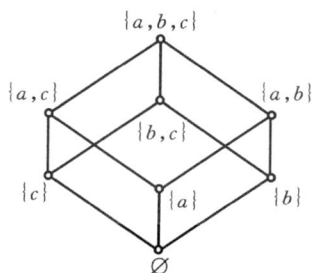

图 4.5

例 4.49　设 $A = \{2,3,4,6,7,8,12,36,60\}$, $R \subseteq A \times A$, R 是 A 上元素间的整除关系,

$$R = \{(a,b) \mid a \in A \wedge b \in A \wedge a \mid b\}$$

(1) $\forall a \in A$,由整除的性质知 $a \mid a$,由 R 的定义知 $(a,a) \in R$。

由自反关系的定义知 R 是自反的。

(2) 若 $(a,b) \in R$ 且 $(b,a) \in R$,由 R 的定义知 $a \mid b$ 且 $b \mid a$,由整除的性质知 $a = b$。

由反对称关系的定义知 R 是反对称的。

(3) 若 $(a,b) \in R$ 且 $(b,c) \in R$,由 R 的定义知 $a \mid b$ 且 $b \mid c$,由整除的性质知 $a \mid c$。

由传递关系的定义知 R 是传递的。

由半序关系的定义知 R 是 A 上的半序关系。

R 的 Hasse 图如图 4.6 所示。

此题的结论可扩展至自然数集合上的整除关系。

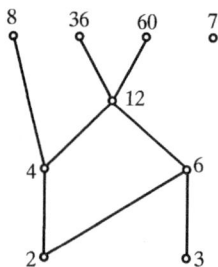

图 4.6

例 4.50　设 A 是实数集合,$R \subseteq A \times A$,R 是实数间的小于等于关系,

$$R = \{(a,b) \mid a \in A \wedge b \in A \wedge a \leqslant b\}$$

由实数的性质知 R 是自反的、反对称的、传递的,故 R 是 A 上的半序关系。

无穷集合上的半序关系是不能用 Hasse 图来表示的。

半序关系的逆关系仍是半序关系。在例 4.42 中包含关系的逆关系是被包含关系,在例 4.43 中整除关系的逆关系是整倍数关系,在例 4.44 中小于等于关系的逆关系是大于等于关系,它们都是半序关系。

定义 4.27　设 $(A, \leqslant)$ 是半序集。

(1) 若 $(\exists x_0 \in A)(\forall a \in A)(a \leqslant x_0)$,则称 x_0 是 A 上的**最大元素**(最大元)。

(2) 若 $(\exists y_0 \in A)(\forall a \in A)(y_0 \leqslant a)$,则称 y_0 是 A 上的**最小元素**(最小元)。

定理 4.17　设 $(A, \leqslant)$ 是半序集,若 A 上有最大(小)元,则最大(小)元唯一。

证　用反证法。假设 A 上有两个最大元 b_1, b_2,且 $b_1 \neq b_2$;由最大元的定义知 $b_1 \leqslant b_2$ 且 $b_2 \leqslant b_1$;由半序关系 $\leqslant$ 的反对称性知 $b_1 = b_2$,这与假设矛盾。矛盾

说明假设不真,故最大元唯一。　■

定义 4.28　设$(A, \leqslant)$是半序集。

(1) 任取 $x_0 \in A$,若不存在 $a \in A$,使 $x_0 \leqslant a$ 且 $x_0 \neq a$,则称 x_0 是 A 中的**极大元**。

(2) 任取 $y_0 \in A$,若不存在 $a \in A$,使 $a \leqslant y_0$ 且 $a \neq y_0$,则称 y_0 是 A 中的**极小元**。

在一个非空的有限半序集上,必有极大元和极小元,但极大元和极小元的个数不确定。在无穷半序集中,极大元或极小元不一定存在。当极大元或极小元存在且唯一时,此时的极大元或极小元就成为最大元或最小元。

定义 4.29　设$(A, \leqslant)$是半序集,$B \subseteq A$。

(1) 若$(\exists x_0 \in A)(\forall b \in B)(b \leqslant x_0)$则称 x_0 是 B 的一个**上界**,称 B 是有上界的集合。

(2) 若$(\exists y_0 \in A)(\forall b \in B)(y_0 \leqslant b)$,则称 y_0 是 B 的一个**下界**,称 B 是有下界的集合。

对于一个半序集的子集而言,在原来半序关系的作用下,仍为一半序集。但对 A 的子集而言,未必有上(下)界存在。其次,即使有上(下)界存在,上(下)界也未必唯一。子集 B 的上(下)界可以是 B 中的元素,也可以不在 B 中而在 A 中;当子集 B 有上界时,称 B **上方有界**;当子集 B 有下界时,称 B **下方有界**;当 B 有上界和下界时,称 B 是**有界集合**;否则称 B 是**无界集合**。

定义 4.30　设$(A, \leqslant)$是半序集,$B \subseteq A$。

(1) 设 x_0 是 B 的一个上界,若对 B 的任一上界 x,都有 $x_0 \leqslant x$,则称 x_0 是 B 的最小上界(**上确界**),记为 LUB(B)。

(2) 设 y_0 是 B 的一个下界,若对 B 的任一下界 x,都有 $x \leqslant y_0$,则称 y_0 是 B 的最大下界(**下确界**),记为 GLB(B)。

只有在 B 有上(下)界的前提下才能讨论 B 的上(下)确界的问题,但在 B 有上(下)界的前提下,不能保证 B 有上(下)确界。若 B 的上(下)确界存在,则 B 的上(下)确界一定是唯一的。同时 B 的上(下)确界可能在 B 中,也可能不在 B 中。

例 4.51　设 $A = \{a, b, c\}$, $2^A = \{\varnothing, \{a\}, \{b\}, \{c\}, \{a,b\}, \{a,c\}, \{b,c\}, \{a,b,c\}\}$,在半序集$(2^A, \subseteq)$上,半序关系是集合之间的包含关系。

取 $B \subseteq 2^A$,

$$B = \{\{b,c\}, \{a,c\}\}$$

那么 B 的上确界为$\{a,b,c\}$,B 的下确界为$\{c\}$,故 B 为有界集合。B 中无最大无和最小元,但有极大元和极小元。

例 4.52　设 $A = \{2,3,4,6,7,8,12,36,60\}$,在半序集$(A, |)$上,半序关系

是整除关系。取

$$B_1 = \{7,8\}, \quad B_2 = \{8,12\}, \quad B_3 = \{2,3\}, \quad B_4 = \{2,4,12\},$$

则 B_1,B_2,B_3,B_4 集合上的上（下）界、上（下）确界及极大（小）元的情况如表4.1所示。

表 4.1

集合	上界	下界	上确界	下确界	极大元	极小元
B_1	无	无	无	无	$\{7,8\}$	$\{7,8\}$
B_2	无	$\{4,2\}$	无	4	$\{8,12\}$	$\{8,12\}$
B_3	$\{6,12,36,60\}$	无	6	无	$\{2,3\}$	$\{2,3\}$
B_4	$\{12,36,60\}$	$\{2\}$	12	2	$\{12\}$	$\{2\}$

4.6.2　全序关系和良序关系

定义 4.31　设 $(A, \leqslant)$ 是半序集，若 $\forall a,b \in A$，有

$$a \leqslant b \vee b \leqslant a$$

则称 $(A, \leqslant)$ 是全序集，称 $\leqslant$ 为**全序关系**。

全序集中的任意两个元素都可比较，有时称全序为线序或称为链序。

例 4.53　设 **Z** 是整数集合，$\leqslant$ 是整数间的小于等于关系。由整数的性质知 $(\mathbf{Z}, \leqslant)$ 是半序集。由于任意两个整数都可以比较大小，故 $(\mathbf{Z}, \leqslant)$ 是全序集，$\leqslant$ 是 **Z** 上的全序关系。

例 4.54　设 **R** 是实数集合，$\leqslant$ 是实数间的小于等于关系，由实数的性质知 $(\mathbf{R}, \leqslant)$ 是半序集。由于任意两个实数都可以比较大小，故 $(\mathbf{R}, \leqslant)$ 是全序集，$\leqslant$ 是 **R** 上的全序关系。

虽然 $(\mathbf{R}, \leqslant)$ 和 $(\mathbf{Z}, \leqslant)$ 都是全序集合，但它俩之间有明显的不同，在全序集 $(\mathbf{Z}, \leqslant)$ 中每个元素都有下一个，而在全序集 $(\mathbf{R}, \leqslant)$ 中，一个实数的下一个实数则无从谈起。

定义 4.32　设 $(A, \leqslant)$ 为全序集，任取 $a,b \in A, a \neq b$ 且 $a \leqslant b$，若存在 $t \in A$，当 $a \leqslant t$ 且 $t \leqslant b$ 时，有 $t = a$ 或者 $t = b$，则称 b 是 a **直接后继**。

虽然 $(\mathbf{R}, \leqslant)$ 和 $(\mathbf{Z}, \leqslant)$ 都是全序集合，但 $(\mathbf{Z}, \leqslant)$ 中的每个元素都有直接后继，而 $(\mathbf{R}, \leqslant)$ 中的每个实数不存在直接后继。

定义 4.33　设 $(A, \leqslant)$ 是半序集，若 A 的每一个非空子集都有最小元素，则称 $(A, \leqslant)$ 为**良序集**，称 $\leqslant$ 为**良序关系**。

例 4.55　设 **N** 是自然数集合，$\leqslant$ 是自然数之间的小于等于关系。

由良序集的定义知 $(\mathbf{N}, \leqslant)$ 是良序集，且 $\leqslant$ 是 **N** 上的良序关系。

定理 4.18　设 $(A, \leqslant)$ 为良序集,那么

(1) $\leqslant$ 是全序关系;

(2) 对每个 $a \in A$,若 a 不是最大元,则存在 a 的直接后继 $a+1$。

证　(1) 任取 $a,b \in A$,构造集合 $P = \{a,b\}$,由良序关系的定义知 P 有最小元素,若 a 为 P 的最小元素,则有 $a \leqslant b$;若 b 为 P 的最小元素,则有 $b \leqslant a$,故有 $a \leqslant b$ 或者 $b \leqslant a$。

由 a,b 的任意性和全序关系的定义知 $\leqslant$ 是 A 上的全序关系。

(2) 任取 $a \in A$ 且 a 不是 A 的最大元素,构造集合 $P \subseteq A$,

$$P = \{x \mid x \in A \wedge x \neq a \wedge a \leqslant x\}$$

由于 a 不是 A 的最大元素,故 P 不是空集;由良序关系的定义知 P 有最小元 x_0;若有 $b \in A$,$a \leqslant b$ 且 $b \leqslant x_0$,由于 x_0 是 P 中的最小元,故当 $b \neq a$ 时有 $x_0 \leqslant b$;于是有 $b \leqslant x_0$ 且 $x_0 \leqslant b$;由 $\leqslant$ 的反对称性知 $b = x_0$;由直接后继的定义知 x_0 是 a 的直接后继 $a+1$。 ∎

例 4.56　设 **R** 为实数集合,$\leqslant$ 是实数间的小于等于关系,由前述可知 $(\mathbf{R}, \leqslant)$ 是全序集,但不是良序集,取集合如下:

$$P = \{x \mid 0 < x \wedge x < 1\} \subseteq \mathbf{R}$$

集合 P 有上确界 1 且有下确界 0,故 P 为有界集合,但 P 中既无最大元,也无最小元,由良序集的定义知 $(\mathbf{R}, \leqslant)$ 不是良序集,且 **R** 中任一实数 x_0 均无直接后继 $x_0 + 1$。

习 题 四

1. 设 $A = \{1,2,3\}$,$B = \{a,b\}$,求

(1) $A \times B$;　(2) $B \times A$;　(3) $B \times B$;　(4) $2^B \times B$。

2. 证明 $A \times B = B \times A \Leftrightarrow A = B \vee A = \varnothing \vee B = \varnothing$。

3. 证明 $(A \cap B) \times (C \cap D) = (A \times C) \cap (B \times D)$。

4. 下列各式中哪些成立,哪些不成立?对成立的式子给出证明,对不成立的式子给出反例。

(1) $(A \cup B) \times (C \cup D) = (A \times C) \cup (B \times D)$;

(2) $(A \setminus B) \times (C \setminus D) = (A \times C) \setminus (B \times D)$;

(3) $(A \oplus B) \times (C \oplus D) = (A \times C) \oplus (B \times D)$;

(4) $(A \setminus B) \times C = (A \times C) \setminus (B \times C)$;

(5) $(A \oplus B) \times C = (A \times C) \oplus (B \times C)$。

5. 设 $A = \{1,2,3\}$,$B = \{a\}$,求出所有从 A 到 B 的二元关系。

6. 设 $A = \{1,2,3,4\}$，$R_1 = \{(1,3),(2,2),(3,4)\}$，$R_2 = \{(1,4),(2,3),(3,4)\}$。求 $R_1 \bigcup R_2$，$R_1 \bigcap R_2$，$R_2 \setminus R_1$，R'_2，$\mathscr{D}(R_1)$，$\mathscr{D}(R_2)$，$\mathscr{R}(R_1)$，$\mathscr{R}(R_2)$，$\mathscr{D}(R_1 \bigcup R_2)$，$\mathscr{R}(R_1 \bigcap R_2)$。

7. 设 R_1 和 R_2 是从集合 A 到 B 的二元关系，证明

(1) $\mathscr{D}(R_1 \bigcup R_2) = \mathscr{D}(R_1) \bigcup \mathscr{D}(R_2)$；

(2) $\mathscr{R}(R_1 \bigcap R_2) \subseteq \mathscr{R}(R_1) \bigcap \mathscr{R}(R_2)$。

8. 设 A 是 n 个元素的有限集合，请指出 A 上有多少个不同的二元关系？并阐明理由。

9. 定义在整数集合 $\mathbf{Z}$ 上的相等关系、"$\leqslant$"关系、"$<$"关系、全域关系、空关系，是否具有表中所指的性质，请用 Y(有)或 N(无)将结果填在表中。

	自反的	反自反的	对称的	反对称的	传递的
相等关系					
$\leqslant$ 关系					
$<$ 关系					
全域关系					
空关系					

10. 设 $A = \{1,2,3,4\}$，定义 A 上的二元关系如下：

$R_1 = \{(1,1),(1,2),(3,3),(3,4)\}$；

$R_2 = \{(1,2),(2,1)\}$；

$R_3 = \{(1,1),(1,2),(2,2),(2,1),(3,3),(3,4),(4,3),(4,4)\}$；

$R_4 = \{(1,2),(2,4),(3,3),(4,1)\}$；

$R_5 = \{(1,2),(1,3),(1,4),(2,3),(2.4),(3.4)\}$；

$R_6 = A \times A$；

$R_7 = \varnothing$。

请给出上述每一个二元关系的关系图与关系矩阵，并指出它具有的性质。

11. 设 R 是 A 上的二元关系，证明：

(1) R 是自反的当且仅当 $I_A \subseteq R$；

(2) R 是反自反的当且仅当 $I_A \bigcap R = \varnothing$；

(3) R 是对称的当且仅当 $R = \tilde{R}$；

(4) R 是反对称的当且仅当 $R \bigcap \tilde{R} \subseteq I_A$；

(5) R 是传递的当且仅当 $R \circ R \subseteq R$。

12. 设 A,B 为有穷集合，$R \subseteq A \times B$，$S \subseteq A \times B$，$M_R = (x_{ij})_{m \times n}$，

$$M_S = (y_{ij})_{m \times n}$$

(1) 证明 $R \subseteq S$ 当且仅当 $\forall i \forall j (x_{ij} \leqslant y_{ij})$；

(2) 设 $M_{R \cup S} = (z_{ij})_{m \times n}$，那么

$$z_{ij} = x_{ij} \bigvee y_{ij} \quad (i = 1, 2, \cdots, m; \quad j = 1, 2, \cdots, n)$$

(3) 设 $M_{R \cap S} = (t_{ij})_{m \times n}$，那么

$$t_{ij} = x_{ij} \bigwedge y_{ij} \quad (i = 1, 2, \cdots, m; \quad j = 1, 2, \cdots, n)$$

13. 设 $A = \{1, 2, 3, 4\}$，R_1, R_2 为 A 上的二元关系，

$$R_1 = \{(1,1),(1,2),(2,4)\}, \quad R_2 = \{(1,4),(2,3),(2,4),(3,2)\}。$$

求 $R_1 \circ R_2$，$R_2 \circ R_1$，$R_1 \circ R_2 \circ R_1$，R_1^3。

14. 设 R_1, R_2, R_3 是 A 上的二元关系，如果 $R_1 \subseteq R_2$，证明：

(1) $R_1 \circ R_3 \subseteq R_2 \circ R_3$；

(2) $R_3 \circ R_1 \subseteq R_3 \circ R_2$。

15. 设 A 是非空有限集合，在 A 上确定两个不同的二元关系 R_1 和 R_2，使 $R_1^2 = R_1$，$R_2^2 = R_2$。

16. 设 R 是非空集合 A 上的反对称关系，$|A| = n$，指出在 $R \cap \widetilde{R}$ 的关系矩阵中有多少个非零值？

17. 设 R_1 和 R_2 是非空集合 A 上的二元关系，判断下列命题的真假性，并阐明理由。

(1) 如果 R_1 和 R_2 都是自反的，那末 $R_1 \circ R_2$ 是自反的；

(2) 如果 R_1 和 R_2 都是反自反的，那末 $R_1 \circ R_2$ 是反自反的；

(3) 如果 R_1 和 R_2 都是对称的，那末 $R_1 \circ R_2$ 是对称的；

(4) 如果 R_1 和 R_2 都是反对称的，那末 $R_1 \circ R_2$ 是反对称的；

(5) 如果 R_1 和 R_2 都是传递的，那末 $R_1 \circ R_2$ 是传递的。

18. 设 A 是非空集合，$R \subseteq A \times A$，证明：

(1) $(R^+)^+ = R^+$；

(2) $(R^*)^* = R^*$。

19. 设 $A = \{1, 2, 3, 4\}$，$R \subseteq A \times A$，$R = \{(1,2),(2,4),(3,4),(4,3),(3,3)\}$。

(1) 证明 R 不是传递的；

(2) 求传递关系 R_1，使 $R \subseteq R_1$；

(3) 是否存在传递关系 R_2，使 $R \subseteq R_2$ 且 $R_1 \neq R_2$。

20. 设 $A = \{1, 2, 3, 4, 5, 6, 7, 8, 9\}$，定义 $A \times A$ 上的二元关系 R 如下：

$$R = \{((a,b),(c,d)) \mid a, b, c, d \in A \land a + d = b + c\}$$

(1) 证明 R 是 $A \times A$ 上的等价关系；

(2) 求 $[(2,5)]_R$；

(3) $R \subseteq A \times A$ 对吗？请阐明理由。

21. 设 A 是非空集合，$R \subseteq A \times A$。如果 R 是对称的、传递的，下面的推导说明 R 在 A 上是自反的：

对任意的 $a,b \in A$，由于 R 是对称的，有 $aRb \Rightarrow bRa$，于是有 $aRb \Rightarrow aRb \land bRa$，又利用 R 是传递的，得

$$aRb \land bRa \Rightarrow aRa$$

从而说明 R 是自反的。

上述推导正确吗？请阐明理由。

22. 设 R 是非空集合 A 上的等价关系，证明 $\widetilde{R}$ 也是集合 A 上的等价关系。

23. 设 R_1 和 R_2 是非空集合 A 上的等价关系。

(1) 证明 $R_1 \cap R_2$ 是 A 上的等价关系；

(2) 用例子证明 $R_1 \cup R_2$ 不一定是 A 上的等价关系。

24. 设 R 是 A 上的等价关系，将 A 的元素按 R 的等价类顺序排列，请指出此等价关系 R 的关系矩阵 M_R 有何特征？

25. 设 A 是 n 个元素的有限集合，请回答下列问题，并阐明理由。

(1) 有多少个元素在 A 上的最大等价关系中？

(2) A 上的最大等价关系的秩是多少？

(3) 有多少个元素在 A 上的最小等价关系中？

(4) A 上的最小等价关系的秩是多少？

26. 设 R_1 和 R_2 是非空集合 A 上的等价关系，对下列各种情况，指出哪些是 A 上的等价关系；若不是，用例子说明。

(1) $(A \times A) \setminus R_1$；

(2) $R_1 \setminus R_2$；

(3) R_1^2；

(4) $R_1 \cdot R_2$。

27. 设 $A = \{1,2,3,4\}$，请指出 A 上所有不同的等价关系有多少个？并阐明理由。

28. 设 $A = \{1,2,3,4,5,6\}$，确定 A 上的等价关系 R，使此 R 能产生划分

$$\{\{1,2,3\},\{4\},\{5,6\}\}$$

并画出 R 的关系图。

29. 设 R 是非空集合 A 上的二元关系，若 $(\forall a,b,c \in A)(aRb \land bRc \Rightarrow cRa)$，则称 R 是**循环关系**。证明：R 是自反的和循环的当且仅当 R 是等价关系。

30. 设 Π_1 和 Π_2 是非空集合 A 的划分，说明下面各种情况哪些是 A 的划分？

哪些不是 A 的划分?哪些可能是 A 的划分?并阐明理由。

(1) $\Pi_1 \bigcup \Pi_2$;

(2) $\Pi_1 \bigcap \Pi_2$;

(3) $\Pi_1 \setminus \Pi_2$;

(4) $(\Pi_1 \bigcap (\Pi_2 \setminus \Pi_1)) \bigcup \Pi_1$。

31. 对下列集合上的整除关系画出 Hasse 图,并对
(3) 中的子集 $\{2,3,6\}$,$\{2,4,6\}$,$\{4,8,12\}$ 找出最大元
素、最小元素、极大元素、极小元素、上确界、下确界。

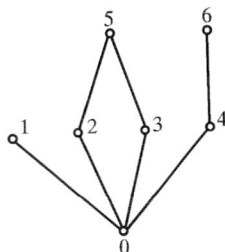

图 4.7

(1) $\{1,2,3,4\}$;

(2) $\{2,3,6,12,26,36\}$;

(3) $\{1,2,3,4,5,6,7,8,9,10,11,12\}$。

32. 半序集 $(A, \leqslant)$ 的 Hasse 图如图 4.7 所示,写出
集合 A 及半序关系 $\leqslant$ 的所有元素。

33. 设 R 是非空集合 X 上的半序关系,$A \subseteq X$。证明
$R \bigcap (A \times A)$ 是 A 上的半序关系。

34. 设 $(A, \leqslant_1)$ 和 $(B, \leqslant_2)$ 是两个半序集,定义 $A \times B$ 上的关系如下:

对于 $a_1, a_2 \in A$,$b_1, b_2 \in B$,

$$(a_1, b_1), (a_2, b_2)) \in \leqslant_3 \Leftrightarrow (a_1, a_2) \in \leqslant_1 \wedge (b_1, b_2) \in \leqslant_2$$

证明: $\leqslant_3$ 是 $A \times B$ 上的半序关系。

35. 对于非空集合 A,是否存在这样的关系 R,它既是等价关系又是半序关
系?若有,请举出例子。

36. 对于下列每一种情况,举出有限集合和无限集合的例子各一个。

(1) 非空半序集合,其中某些子集没有最大元素;

(2) 非空半序集合,其中有一子集存在最大下界,但没有最小元素;

(3) 非空半序集合,其中有一子集存在上界,但没有最小上界。

37. 指出下面的集合中,哪些是半序集、线序集或良序集?

(1) $(2^{\mathbf{N}}, \subseteq)$;

(2) $(2^{\{a\}}, \subseteq)$;

(3) $(2^{\varnothing}, \subseteq)$。

38. 设 R 是 A 上的二元关系,若 R 是自反的、对称的,则称 R 为相容关系。

(1) 举出两个相容关系的例子;

(2) 设 R_1, R_2 是 A 上的相容关系,那么 $R_1 \bigcap R_2$,$R_1 \bigcup R_2$ 是 A 上的相容关系
吗?请阐明理由。

第 5 章

函　数

5.1　函数的基本概念

定义 5.1　设 X 和 Y 是两个非空集合，f 是从 X 到 Y 的二元关系。若 $\forall x \in X$，存在唯一的 $y \in Y$，使得 $(x, y) \in f$，则称 f 是从 X 到 Y 的**函数**，记为 $f : X \to Y$。

称 f 的前域 $\mathscr{D}(f)$ 为 f 的**定义域**，称 f 的后域 $\mathscr{R}(f)$ 为 f 的**值域**。

当 $(x, y) \in f$ 时，记为 $y = f(x)$，这个 y 由 x 依函数 f 唯一确定。称 x 为**自变量**，y 为**因变量**。在数学中，函数有不少别名，如**映射**，**变换**，**对应**，**算子**等都与函数同义。

由函数的定义知，一个二元关系要成为函数必须满足以下条件：

(1) $\mathscr{D}(f) = X$；

(2) 后者唯一，即若有 $(x, y_1) \in f$ 且 $(x, y_2) \in f$，则有 $y_1 = y_2$。

由于函数是前域充满且后者唯一的二元关系，故函数的相等可由关系的相等来定义。设 $f : X \to Y$ 和 $g : X \to Y$ 是两个函数，那么 $f = g$ 当且仅当 $\forall x \in X$，有 $f(x) = g(x)$。

设 X 与 Y 是两个非空集合，通常从 X 到 Y 的函数会有许多，一般用 Y^X 表示从 X 到 Y 的所有函数组成的集合，即

$$Y^X = \{ f \mid f : X \to Y \}$$

当 $|X| = m$，$|Y| = n$ 时，由于对每个自变量 x 而言，其函数值有 n 种取法，故有 $|Y^X| = n^m = |Y|^{|X|}$，这也是采用记号 Y^X 表示从 X 到 Y 的所有函数组成集合的原因。

当函数的定义域为 $X = \overset{n}{\underset{i=1}{\times}} X_i$ 时，就得到 **n 元函数**的概念。

例 5.1　高等数学中常见的一些函数。

设 $\mathbf{R}$ 为实数集合，$f:\mathbf{R}\to\mathbf{R}$。

(1) 正弦函数 $f=\{(x,y)\,|\,x\in\mathbf{R}\wedge y\in\mathbf{R}\wedge y=\sin x\}$。

(2) 绝对值函数 $f=\{(x,y)\,|\,x\in\mathbf{R}\wedge y\in\mathbf{R}\wedge y=|x|\}$。

例 5.2　设 $X=\{A,B,C,D,\cdots,Z\}$，$Y=\{65,66,67,68,\cdots,90\}$，$f:X\to Y$。

$$f(A)=65，f(B)=66，f(C)=67，f(D)=68，\cdots，f(Z)=90$$

f 是 ASCII 码编码函数。

例 5.3　Peano 后继函数。

设 $(X,\leqslant)$ 是全序集，且 X 中的每个元素 x 都有直接的后继，记 x 的直接后继为 $x+1$。

Peano 后继函数为 $P:X\to X$

$$P=\{(x,x+1)\,|\,x\in X\}$$

当 X 是整数集合时，

$$P(1)=1+1=2$$
$$P(-6)=-6+1=-5$$

这时 Peano 函数中的"$+1$"不具有算术运算中加法的涵义。

当 X 是非负的偶数集合时，

$$P(2)=2+1=4$$
$$P(14)=14+1=16$$

当 X 是非负的 3 的整倍数的集合时，

$$P(3)=3+1=6$$
$$P(12)=12+1=15$$

一般地说，符号"$+1$"虽然是由自然数的后继引发出来的，但它不是算术中加法运算的涵义，它是全序集中直接后继的 Peano 记法。

Peano 在建立数的系统时，使用了后继函数的技术。

例 5.4　投影函数。

设 X,Y 是实数集合，$P:X\times Y\to X$，$\forall(x,y)\in X\times Y$，$P(x,y)=x$。

当 X,Y 是实数集合时，P 是在笛卡尔坐标系下从二维平面到一维直线的投影。

例 5.5　截痕函数。

设 X,Y 是实数集合，$f:X\to2^{X\times Y}$，$\forall x\in X$，$f(x)=\{x\}\times Y$。

任取 $x\in X$，函数值 $f(x)$ 表示的是二维平面上在笛卡尔坐标下通过 $(x,0)$ 点、垂直于 X 轴、平行于 Y 轴的一条直线。

例 5.6　集合的特征函数。

设 X 为全集，$A\subseteq X$，对于 A 建立函数 $\chi_A:X\to\{0,1\}$，对每个 $x\in X$，

$$\chi_A(x) = \begin{cases} 1, & \text{当 } x \in A \text{ 时} \\ 0, & \text{当 } x \notin A \text{ 时} \end{cases}$$

称 χ_A 为集合 A 的**特征函数**。

(1) 全集 X 和空集 $\varnothing$ 的特征函数如下：

$$(\forall x \in X)(\chi_X(x) = 1)$$

$$(\forall x \in X)(\chi_\varnothing(x) = 0)$$

(2) 设 A 与 B 是两个集合，那么 $A = B$ 当且仅当 $(\forall x \in X)(\chi_A(x) = \chi_B(x))$。

(3) 设 A 与 B 是两个集合，对于集合并、交、补运算有如下结论：

$$\chi_{A'}(x) = 1 - \chi_A(x)$$

$$\chi_{A \cap B}(x) = \chi_A(x) \times \chi_B(x)$$

$$\chi_{A \cup B}(x) = \chi_A(x) + \chi_B(x) - \chi_A(x) \times \chi_B(x)$$

例 5.7　幺函数。

设 X 是非空集合，若 I_X 是 X 上的幺关系，则 I_X 为从 X 到 X 的**幺函数**。即有 $I_X : X \to X, \forall x \in X, I_X(x) = x$。

例 5.8　设 f 是从 X 到 Y 的函数，取 $F : 2^X \to 2^Y$ 如下：

$$\forall A \in 2^X, F(A) = \{y \mid (\exists x \in A)((x, y) \in f)\}$$

由函数的定义知 F 是从 2^X 到 2^Y 的函数。

从这里可以看到，当给出一个从 X 到 Y 的函数 f 时，就可以从中导出一个从 2^X 到 2^Y 的函数 F。虽然 f 和 F 不是同一个函数，但由于 F 是由 f 导出的，而且由于自变量有明显的区别，故仍用 f 来表示新的函数 F，即有

$$f : 2^X \to 2^Y, \forall A \in 2^X, f(A) = \{y \mid (\exists x \in A)((x, y) \in f)\}$$

在这个函数 f 中，自变量和因变量都是集合，自变量是 X 的子集，因变量是 Y 的子集。

5.2　函数的性质

定义 5.2　设 X, Y 是两个非空集合，f 是从 X 到 Y 的函数，$f : X \to Y$。

(1) 若 $\mathscr{R}(f) = Y$，则称 f 是**满射**的。

(2) 若当 $x_1 \neq x_2$ 时，有 $f(x_1) \neq f(x_2)$，则称 f 是**单射**的。

(3) 若 f 既是满射的，又是单射的，则称 f 是**双射**的。

例 5.9　设 $X = \{a, b, c, d\}$，$Y = \{1, 2, 3, 4\}$，$f : X \to Y$，

$$f(a) = 1, \ f(b) = 2, \ f(c) = 3, \ f(d) = 4$$

由双射函数的定义知 f 是从 X 到 Y 的双射函数。

例 5.10　设 X, Y 是实数集合，$f : X \rightarrow Y, f$ 是从 X 到 Y 的正弦函数。
$$f = \{(x, y) \mid x \in X \wedge y \in Y \wedge y = \sin x\}$$

(1) 由满射函数和单射函数的定义知 f 既不是满射的，也不是单射的；

(2) 若将 Y 限制在 $[-1, 1]$ 之间，则 f 是满射函数；

(3) 若将 X 限制在 $[-\pi/2, \pi/2]$ 之间，则 f 是单射函数；

(4) 若同时将 X 限制在 $[-\pi/2, \pi/2]$ 之间，将 Y 限制在 $[-1, 1]$ 之间，则 f 既是单射的，又是满射的，由双射函数的定义知 f 是双射函数。

前面我们曾定义过关系 R 的逆关系为 $\widetilde{R} = \{(y, x) \mid (x, y) \in R\}$。但当关系 f 是一个函数时，它的逆关系未必是一个函数。由于对一个函数值而言，它的前者未必是唯一的；而且当 f 的后域不满时，逆关系的前域也将不满。因此，必须在某种条件的限制下，函数的逆关系才可能成为函数，下面引出 f 的逆函数的概念。

定理 5.1　设 X, Y 是两个非空集合，f 是从 X 到 Y 的函数。若 f 是双射函数，则 f 的逆关系 $\widetilde{f}$ 是从 Y 到 X 的函数且 $\widetilde{f}$ 是双射函数。称 $\widetilde{f}$ 是 f 的逆函数，记为 f^{-1}。

证　(1) 要证 $\mathscr{D}(\widetilde{f}) = Y$，即要证 $(\forall y \in Y)(\exists x \in X)((y, x) \in \widetilde{f})$。

由于 f 是满射的，故 $(\forall y \in Y)(\exists x \in X)((x, y) \in f)$；由逆关系的定义知 $(\forall y \in Y)(\exists x \in X)((y, x) \in \widetilde{f})$，即 $\mathscr{D}(\widetilde{f}) = Y$，即 $\widetilde{f}$ 的前域是充满的。

(2) 要证 $\widetilde{f}$ 的后者唯一，即要证当 $y_1 = y_2$ 时，有 $\widetilde{f}(y_1) = \widetilde{f}(y_2)$。

当 $y_1 = y_2$ 时，由于 f 是满射的，故对 y_1 存在 x_1，使 $f(x_1) = y_1$；对 y_2 存在 x_2，使 $f(x_2) = y_2$；由逆关系的定义知 $\widetilde{f}(y_1) = x_1$ 且 $\widetilde{f}(y_2) = x_2$。

由于 f 是单射的，故当 $y_1 = y_2$，即 $f(x_1) = f(x_2)$ 时，有 $x_1 = x_2$；于是有 $\widetilde{f}(y_1) = \widetilde{f}(y_2)$；故 $\widetilde{f}$ 是后者唯一的。

(3) 要证 $\widetilde{f}$ 是满射的，即要证 $(\forall x \in X)(\exists y \in Y)((y, x) \in \widetilde{f})$。

由于 f 是从 X 到 Y 的函数，故有 $\mathscr{D}(f) = X$，即有 $(\forall x \in X)(\exists y \in Y)((x, y) \in f)$，由逆关系的定义知 $(\forall x \in X)(\exists y \in Y)((y, x) \in \widetilde{f})$。

由满射函数的定义知 $\widetilde{f}$ 是满射函数。

(4) 要证 $\widetilde{f}$ 是单射的，即要证当 $y_1 \neq y_2$ 时，$\widetilde{f}(y_1) \neq \widetilde{f}(y_2)$。

当 $y_1 \neq y_2$ 时，由于 f 是满射的，故对 y_1 存在 x_1，使 $f(x_1) = y_1$；对 y_2 存在 x_2，使 $f(x_2) = y_2$，由逆关系的定义知 $\widetilde{f}(y_1) = x_1$ 且 $\widetilde{f}(y_2) = x_2$。

由于 f 是函数，故后者唯一，即当 $y_1 \neq y_2$（即 $f(x_1) \neq f(x_2)$）时，有 $x_1 \neq x_2$，即有 $\widetilde{f}(y_1) \neq \widetilde{f}(y_2)$。

由单射函数的定义知 $\widetilde{f}$ 是单射函数。

综上所述，由双射函数的定义知 $\widetilde{f}$ 是从 Y 到 X 的双射函数。　　■

定理 5.2　设 X,Y 是两个非空集合，f 是从 X 到 Y 的双射函数，f^{-1} 是 f 的逆函数，则有 $(f^{-1})^{-1} = f$。

证　只需证 $(f^{-1})^{-1} \subseteq f$ 且 $f \subseteq (f^{-1})^{-1}$。

任取 $(x,y) \in (f^{-1})^{-1}$，由逆函数的定义知 $(y,x) \in f^{-1}$，再由逆函数的定义知 $(x,y) \in f$，由 (x,y) 的任意性和 $\subseteq$ 的定义知 $(f^{-1})^{-1} \subseteq f$。

任取 $(x,y) \in f$，由逆函数的定义知 $(y,x) \in f^{-1}$，再由逆函数的定义知 $(x,y) \in (f^{-1})^{-1}$，由 (x,y) 的任意性和 $\subseteq$ 的定义知 $f \subseteq (f^{-1})^{-1}$。

由集合相等的定义知 $(f^{-1})^{-1} = f$。　　■

定理 5.3　设 X,Y,Z 是三个非空集合，f 是从 X 到 Y 的函数，g 是从 Y 到 Z 的函数，则复合关系 $f \cdot g$ 是从 X 到 Z 的函数，记为 $g \circ f$。

$$g \circ f = \{(x,z) \mid x \in X \wedge z \in Z \wedge (\exists y \in Y)((x,y) \in f \wedge (y,z) \in g)\}$$

证　$\forall x \in X$，由于 f 是函数，故存在唯一的 $y \in Y$，使 $(x,y) \in f$；对于 y，由于 g 是函数，故存在唯一的 $z \in Z$，使 $(y,z) \in g$；由复合关系的定义知，对于 x 存在唯一的 z，使 $(x,z) \in f \cdot g$；于是有 $\mathscr{D}(f \cdot g) = X$ 且 $f \cdot g$ 的后者唯一。

由函数的定义知 $f \cdot g$ 是从 X 到 Z 的函数。　　■

这里需要说明的是：当 $f:X \rightarrow Y$ 和 $g:Y \rightarrow Z$ 是两个函数时，f 与 g 的复合函数写成 $g \circ f$，它俩的次序正好与关系复合的次序相反，因为这样做符合数值函数（如高等数学中的函数）复合时的顺序。即有

$$(g \circ f)(x) = g(f(x))$$

例 5.11　设 $X = \{1,2,3\}$，$Y = \{a,b\}$，$Z = \{c,d\}$。

$$f:X \rightarrow Y, \quad f = \{(1,a),(2,a),(3,b)\}$$
$$g:Y \rightarrow Z, \quad g = \{(a,c),(b,c)\}$$

则 $g \circ f = \{(1,c),(2,c),(3,c)\}$，它是一个从 X 到 Z 的函数。

例 5.12　设 $A = \{1,2,3\}$，

$$f:A \rightarrow A, \quad f = \{(1,2),(2,3),(3,1)\}$$
$$g:A \rightarrow A, \quad g = \{(1,2),(2,1),(3,3)\}$$

则复合函数情况如下：

$$g \circ f = \{(1,1),(2,3),(3,2)\}$$
$$f \circ g = \{(1,3),(2,2),(3,1)\} \neq g \circ f$$
$$f \circ f = \{(1,3),(2,1),(3,2)\}$$
$$g \circ g = \{(1,1),(2,2),(3,3)\}$$

两个函数复合的本质是两个关系的复合,因此有关复合关系的各种性质几乎都适用于复合函数。例如,关系的复合是可结合的,所以函数的复合也是可结合的,即:设有函数 $f:A \to B, g:B \to C, h:C \to D$,则有 $(h \circ g) \circ f = h \circ (g \circ f)$,特别当 f 是从 X 到 X 的函数时,f 可以多次复合。

定义 5.3 设 X 是非空集合,$f:X \to X$ 是 X 上的函数,n 是一正整数,则

(1) $f^1 = f, f^{n+1} = f \circ f^n$;

(2) 若 $f^2 = f$,称 f 是**幂等函数**。

例 5.13 设 $\mathbf{Z}$ 是整数集合;$f:\mathbf{Z} \to \mathbf{Z}$ 是 $\mathbf{Z}$ 上的函数,$\forall x \in \mathbf{Z}, f(x) = 2x + 1$,求 f^3。

解 对任意的 $x \in \mathbf{Z}$,
$$f^3(x) = f(f^2(x)) = 2f^2(x) + 1 = 2f(f(x)) + 1$$
$$= 2(2f(x) + 1) + 1 = 4f(x) + 3 = 4(2x + 1) + 3 = 8x + 7$$

例 5.14 设 $\mathbf{R}$ 是实数集合,$f:\mathbf{R} \to \mathbf{R}$ 是 $\mathbf{R}$ 上的幺函数,$\forall x \in R, f(x) = x$。因为 $f^2(x) = f(f(x)) = f(x) = x$,所以 f 是幂等函数。对于幂等函数 f,有 $f^n = f$。

定理 5.4 设 f 是从 X 到 Y 的函数,g 是从 Y 到 Z 的函数。

(1) 若 f 和 g 都是满射函数,则 $g \circ f$ 也是满射函数;

(2) 若 f 和 g 都是单射函数,则 $g \circ f$ 也是单射函数;

(3) 若 f 和 g 都是双射函数,则 $g \circ f$ 也是双射函数。

证 (1) 任取 $z \in Z$,由于 g 是满射函数,故存在 $y \in Y$,使 $g(y) = z$;对这个 y,由于 f 是满射函数,故存在 $x \in X$,使 $f(x) = y$;于是对于任取的 $z \in Z$,有 $x \in X$,使 $(g \circ f)(x) = g(f(x)) = g(y) = z$。

由满射函数的定义知 $g \circ f$ 是从 X 到 Z 的满射函数。

(2) 任取 $x_1, x_2 \in X$ 且 $x_1 \neq x_2$,由于 f 是单射函数,故有 $f(x_1) \neq f(x_2)$;令 $y_1 = f(x_1), y_2 = f(x_2)$,即有 $y_1 \neq y_2$;由于 g 是单射函数,当 $y_1 \neq y_2$ 时,有 $g(y_1) \neq g(y_2)$,于是有 $g(f(x_1)) \neq g(f(x_2))$,即有
$$(g \circ f)(x_1) \neq (g \circ f)(x_2)$$

由单射函数的定义知 $g \circ f$ 是单射函数。

(3) 由(1),(2)知,当 f 和 g 是双射函数时,$g \circ f$ 也是双射函数。

例 5.15 设 $\mathbf{Z}_{偶}$ 是偶整数集,$\mathbf{Z}_{奇}$ 是奇整数集,$\mathbf{Z}$ 是整数集。

$f:\mathbf{Z} \to \mathbf{Z}_{偶}, f(x) = 2x$,由初等函数的知识知 f 是双射函数。

$g:\mathbf{Z}_{偶} \to \mathbf{Z}_{奇}, g(y) = y + 1$,由初等函数知识知 g 是双射函数。

$g \circ f:\mathbf{Z} \to \mathbf{Z}_{奇}, (g \circ f)(x) = g(f(x)) = g(2x) = 2x + 1$。

由定理 5.4 知 $g \circ f$ 也是双射函数。

定理 5.5　设 f 是从 X 到 Y 的双射函数，f^{-1} 是 f 的逆函数，则

(1) $f^{-1} \circ f = I_X$；

(2) $f \circ f^{-1} = I_Y$。

证　(1) $\forall x \in X$，由于 f 是函数，故有 $f(x) = y$；由逆函数的定义知 $f^{-1}(y) = x$，于是有 $I_X(x) = x = f^{-1}(y) = f^{-1}(f(x)) = (f^{-1} \circ f)(x)$。由函数相等的定义知 $f^{-1} \circ f = I_X$。

(2) $\forall y \in Y$，由于 f^{-1} 是函数，故有 $f^{-1}(y) = x$；由逆函数的定义知 $f(x) = y$，于是有 $I_Y(y) = y = f(x) = f(f^{-1}(y)) = (f \circ f^{-1})(y)$。由函数相等的定义知 $f \circ f^{-1} = I_Y$。　▋

5.3　集合的基数

对于有穷集合，集合中有几个元素是说得清的，但是无穷集合有几个元素则很难说。比如，凡是无穷集，它们的元素都是一样多吗？有理数比自然数多吗？实数比自然数多吗？元素个数最多的集合是哪个？…… 这些问题在现代科学中经常遇到。为了回答上述问题，我们首先要确定二集合基数相等的条件，然后规定若干标准集合的基数，最后确定二集合基数比较大小的条件。

定义 5.4　设 A 与 B 为二集合，若存在一双射函数 $f : A \to B$，则称 A 与 B **等势**（同浓），记作

$$A \approx B$$

当二集合等势时，称二集合的基数相等。

对于任一集合 X，记它的基数为 $|X|$，那么

$$A \approx B \Leftrightarrow |A| = |B|$$

定理 5.6　设 A, B, C 为任意集合，

(1) $A \approx A$；

(2) 若 $A \approx B$，则 $B \approx A$；

(3) 若 $A \approx B$ 且 $B \approx C$，则 $A \approx C$。

证　(1) 由于 A 上的幺函数 $I_A : A \to A$ 是由 A 到 A 的双射函数，故 $A \approx A$。

(2) 由于双射函数的逆函数仍是双射函数。所以，既有双射函数 $f : A \to B$，就有双射函数 $f^{-1} : B \to A$，故 $B \approx A$。

(3) 由于二双射函数的复合函数仍为双射函数。所以，既有双射函数 $f : A \to B$ 及双射函数 $g : B \to C$，就有双射函数 $g \circ f : A \to C$，故 $A \approx C$。　▋

这个定理指出等势关系是自反的、对称的、传递的，从而等势关系是等价关系。等势关系把所有集合划分成各种等价块，属于同一块的集合彼此等势，基数

相等。

下面先规定几个标准集合的基数：

(1) 空集的基数为 0，即 $|\varnothing| = 0$。

(2) 设 n 为一自然数，N_n 为从 1 到 n 的连贯的自然数集合，$N_n = \{1, 2, \cdots, n\}$。$N_n$ 的基数为 n，即 $|N_n| = n$。

(3) 设 **N** 为自然数集合，$\mathbf{N} = \{1, 2, 3, \cdots\}$，**N** 的基数为 $\aleph_0$（读成阿列夫零，是希伯莱文的第一个字母)，即 $|\mathbf{N}| = \aleph_0$。

(4) 设 **R** 为实数集合，**R** 的基数为 $\aleph$，即 $|\mathbf{R}| = \aleph$。

由以上四项规定可知，空集及 N_n 的基数实际上就是集合中元素的个数。下面，我们探讨关于 $\aleph_0$ 及 $\aleph$ 的特性。

有了集合的标准基数之后，我们就可以对各种集合测量其基数。测量的手段是以双射函数为主体的等价关系 —— 等势。比如说，一个集合与 N_n 等势，那么这个集合的基数为 n。

定义 5.5　凡是与空集等势，或与某一个 N_n 等势的集合，称之为**有穷集**；否则，称之为**无穷集**。

定义 5.6　若集合 A 与自然数集合等势，即 $A \approx \mathbf{N}$，则称 A 为**可数集**或**可列集**。

设 f 是从 **N** 到 A 的双射函数，$f: \mathbf{N} \to A$。任取 $a \in A$，那么存在一自然数 n，使得 $f(n) = a$。这样，在双射函数 f 的作用下，每一个 A 中的元素都可以数出它排行第几，或者说 A 中的元素可以按 $f(1), f(2), \cdots$ 排列出来。反过来说，如果一个无穷集可以将其元素按某种办法排列出来，即集合中的元素都能确定它是第几个，那么这个无穷集是可数的，即它的基数是 $\aleph_0$。这是因为集合元素按第 1、第 2…… 排列的本身就是一个双射函数，于是得到下面的定理。

定理 5.7　设 A 为一无穷集，A 是一可数集当且仅当 A 能写成下述形式

$$A = \{a_1, a_2, a_3, \cdots\}$$

定理 5.8　设 A 为可数集，$a \in A$，置 $B = A \backslash \{a\}$，那么 $A \approx B$。

证　设 $A = \{a_1, a_2, a_3, \cdots\}$，不妨设 $a = a_1$，那么

$$B = \{a_2, a_3, \cdots\}$$

作函数 $f: A \to B$，对于每一个 $a_i \in A (i = 1, 2, \cdots)$

$$f(a_i) = a_{i+1}$$

由双射函数的定义知 f 是双射函数，故 $A \approx B$。　　■

推论 5.8.1　在任何可数集中取出有穷个元素之后，剩下的集合仍旧是可数集。

推论 5.8.2　可数集能与它的一个无穷真子集等势。

定理 5.9　集合 X 为一无穷集当且仅当 X 有一子集为可数集。

证　充分性：

如果 X 含有一个子集为可数集，X 就不会与 N_n 等势，故 X 为无穷集。

必要性：

如果 X 为无穷集，任取 $x \in X$，命名 x 为 a_1。由定理 5.8 知 $X \backslash \{a_1\}$ 仍为无穷集；在 $X \backslash \{a_1\}$ 中任取一元素命名为 a_2，由定理 5.8 知 $X \backslash \{a_1, a_2\}$ 仍为一无穷集；在 $X \backslash \{a_1, a_2\}$ 中任取一元素命名为 a_3；这种手续一直进行下去，对于任一自然数 n，由定理 5.8 知 $X \backslash \{a_1, a_2, \cdots, a_n\}$ 是一无穷集，可从中任取一元素命名为 a_{n+1}。这样，我们可以得到一个集合 A，

$$A = \{a_1, a_2, \cdots\} \subset X$$

这就是 X 的可数子集。　∎

推论 5.9.1　下面的三种说法是一样的：

(1) X 是一无穷集；

(2) X 含有一可数子集；

(3) X 能与其一真子集等势。

推论 5.9.2　可数集的无穷子集是可数集。

定理 5.10　二可数集的并集为可数集。

证　设 A, B 为二可数集，

$$A = \{a_1, a_2, \cdots\}$$
$$B = \{b_1, b_2, \cdots\}$$

对 A 及 B 的元素另行命名如下

$$\left.\begin{array}{l} a_i = c_{2i-1} \\ b_i = c_{2i} \end{array}\right\} \quad (i = 1, 2, \cdots)$$

于是得

$$C = \{c_1, c_2, \cdots\} = A \bigcup B$$

由定理 5.7 知 C 是可数集。　∎

推论 5.10.1　任意有穷个可数集之并为可数集。

例 5.16　我们可以用寻找双射函数的办法或定理 5.7,5.8,5.9,5.10 提供的知识，认定下面的集合是可数集。

(1) {非负偶数}；

(2) {偶数}；

(3) {奇数}；

(4) {自然数的立方们}，即 $\{1^3, 2^3, 3^3, \cdots\}$。

例 5.17　平面解析几何中平面第一象限上的整数点集合是一可数集。

按图 5.1 斜线所示,整数点可以排列成

$(0,0),(0,1),(1,0),(0,2),(1,1),(2,0),(0,3),(1,2),(2,1),(3,0),\cdots$

这样,每一整数点都能数出它排行第几。设整数 (m,n) 点排行第 k,那么 k 符合

$$k = f(m,n) = (1+2+\cdots+(m+n))+(m+1)$$

$$= \frac{1}{2}((m+n)^2+3m+n)+1$$

所以第一象限的整数点成一可数集。

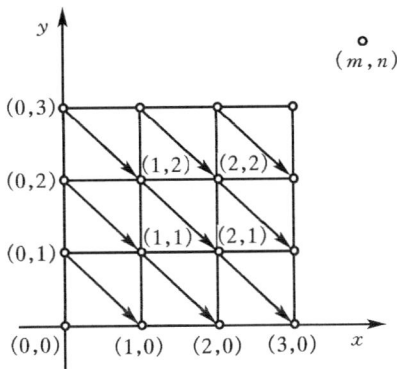

图 5.1

例 5.18　正有理数的全体 $\mathbf{Q}_+$ 是一可数集。

正有理数的全体 $\mathbf{Q}_+$ 可以写成

$$\mathbf{Q}_+ = \{m/n \mid m \text{ 及 } n \text{ 是任意二既约的自然数}\}$$

显而易见,$\mathbf{Q}_+$ 与第一象限的整数点的真子集 A 等势。

$$A = \{(m,n) \mid m \text{ 及 } n \text{ 是任意二既约的自然数}\}$$

即 $\mathbf{Q}_+$ 与可数集的一个无穷子集等势,故 $\mathbf{Q}_+$ 为可数集。

同理,负有理数的全体 $\mathbf{Q}_-$ 是一可数集。

从而有理数的全体 $\mathbf{Q} = \mathbf{Q}_+ \cup \{0\} \cup \mathbf{Q}_-$ 为一可数集。　　　■

由上所知,自然数集合、整数集合、有理数集合都是可数集。对这几个集合中的元素而言,谁的不比谁多,谁的也不比谁少,大家的基数相同。另外,不仅二可数集之并为可数集,有穷个可数集之并仍为可数集。那末,"可数个"可数集之并是否为可数集呢?请读者思考。

定理 5.11　设 A 及 B 为二可数集,那么 $A \times B$ 为可数集。

本定理的证明可采用例 5.17 的手法。

推论 5.11.1　设 $A_1,A_2,\cdots,A_n$ 为 n 个可数集,那么 $\underset{i=1}{\overset{n}{\times}} A_i$ 是可数集。

证　　由定理 5.11,$A_1 \times A_2$ 为一可数集。仍由定理 5.11,$(A_1 \times A_2) \times A_3$ 为一可数集。作双射函数 $f:(A_1 \times A_2) \times A_3 \rightarrow A_1 \times A_2 \times A_3$

$$f((x_1, x_2), x_3) = (x_1, x_2, x_3)$$

故 $A_1 \times A_2 \times A_3$ 是一可数集。使用数学归纳法,即可证明任意有穷个可数集的叉积集合是可数集。　■

定理 5.12　(0,1) 开区间上的实数不是可数集。

证　　凡是属于 (0,1) 开区间的实数 x,都可以表示成一个无穷小数

$$X = 0.x_1 x_2 x_3 \cdots \qquad (0 < x < 1)$$

其中 x_i 们都是 0,1,2,3,4,5,6,7,8,9 十个数字之一。

当 x 是无理数时,x 表示为一个无穷不循环小数;

当 x 为有理数时,x 表示为一个循环小数;

当循环小数的尾部全为 0 时,我们把它处理为尾部为全 9 的形式。

如 0.2,它可以写成下面两种形式

$$0.2 = 0.200\,000\,0\cdots$$

$$0.2 = 1.999\,999\cdots$$

这里,我们规定取后一种形式。

这样,每一个 (0,1) 开区间中的实数都可以用唯一的形式表示为一个无穷小数。

如果 (0,1) 开区间上的实数是可数的,那么由定理 5.7,这些实数可以写成

$$a_1, a_2, a_3, \cdots \qquad (*)$$

把它们用无穷小数表示出来,

$$a_1 = 0.a_1^{(1)} a_2^{(1)} a_3^{(1)} a_4^{(1)} \cdots$$

$$a_2 = 0.a_1^{(2)} a_2^{(2)} a_3^{(2)} a_4^{(2)} \cdots$$

$$a_3 = 0.a_1^{(3)} a_2^{(3)} a_3^{(3)} a_4^{(3)} \cdots$$

$$\vdots$$

其中 $a_j^{(i)}$ 们都是 0,1,2,3,4,5,6,7,8,9 十个数字之一。我们发现有一实数 x,$0 < x < 1$,$x = 0.x_1 x_2 x_3 \cdots$,其中

$$x_k = \begin{cases} 5, & \text{当 } a_k^{(k)} \neq 5 \text{ 时} \\ 6, & \text{当 } a_k^{(k)} = 5 \text{ 时} \end{cases}$$

这个 x 不在序列 $(*)$ 之内。这就是说序列 $(*)$ 没能排下全部 (0,1) 开区间中的实数;而且无论怎样排列,按上法总能挑到没有排入的实数。所以,(0,1) 开区间上的实数不是可数集。　■

例 5.19　(0,1) 开区间上的实数与全体实数 **R** 等势。

证 作函数 $f:(0,1) \to \mathbf{R}$,

$$f(x) = \frac{0.1 - x}{x(1-x)}$$

那么,函数 f 是双射函数,故 $(0,1) \approx \mathbf{R}$,即 $(0,1)$ 的基数也是 $\aleph$。

例 5.20 设 $(0,1)$ 为实数开区间,则 $(0,1) \approx (0,1) \times (0,1)$。

证 $(0,1)$ 开区间上的每一个实数 x 都可以表示为无穷小数,设

$$x = 0. x_1 x_2 x_3 x_4 x_5 x_6 \cdots$$

叉积集合 $(0,1) \times (0,1)$ 中的元素是偶对 (a,b),a 及 b 都是 $(0,1)$ 开区间上的实数,设

$$a = 0. a_1, a_2, a_3, \cdots, \quad b = 0. b_1, b_2, b_3, \cdots$$

作函数 $f:(0,1) \to (0,1) \times (0,1)$, $f(x) = (a,b)$,其中

$$a_1 = x_1, \quad a_2 = x_3, \quad a_3 = x_5, \quad \cdots, \quad a_k = x_{2k-1}$$
$$b_1 = x_2, \quad b_2 = x_4, \quad b_3 = x_6, \quad \cdots, \quad b_k = x_{2k}$$

那么函数 f 是双射函数,故 $(0,1) \approx (0,1) \times (0,1)$。

f 的逆函数 $f^{-1}:(0,1) \times (0,1) \to (0,1)$,$f^{-1}((a,b)) = x$,

$$x = 0. a_1 b_1 a_2 b_2 a_3 b_3 \cdots$$

上面的几个例题描述了无穷基数与有穷基数之间的差别。同时还使人们产生一些联想:如 $(0,1)$ 开区间中的实数的基数是 $\aleph$,$(0,1)$ 开区间中的有理数的基数是 $\aleph_0$(它们是全体有理数的一个无穷子集),那末 $(0,1)$ 中的无理数的基数不能是 $\aleph_0$。$(0,1) \times (0,1)$ 的基数是 $\aleph$,解析几何平面 $\mathbf{R} \times \mathbf{R}$ 中点的基数也是 $\aleph$,可以推证解析几何空间中点的基数也是 $\aleph$,而且,$\aleph$ 比 $\aleph_0$ 大,这是因为无穷集都含有可数集,因此,任一无穷集的基数都不会小于 $\aleph_0$,既然 $\aleph_0 \neq \aleph$,只能 $\aleph_0 < \aleph$。

那末有没有更大的集合基数呢?下面定理表明,更大的集合基数是有的,而且永无尽头。

定理 5.13 设 A 为一集合,那么 $|A| \neq |2^A|$。

证 用反证法。假设 $|A| = |2^A|$,那末存在一双射函数 $\varphi:A \to 2^A$,对于每一 $a \in A$,$\xi = \varphi(a) \in 2^A$。

这时必有 $\eta \in 2^A$,$\varphi^{-1}(\eta) = b \in A$,$b \notin \eta$,即 $b \notin \varphi(b)$。此种 b 一定存在,若每一 $x \in A$ 都有 $x \in \varphi(x)$,则 2^A 中的单元素集已与 A 等势,剩下部分无对应者,φ 就不是双射函数了。置

$$\xi = \{b \mid b \in A \wedge b \notin \varphi(b)\}$$

那末

$$\xi \subset A, \quad \xi \in 2^A, \quad \xi \neq \varnothing$$

兹设 $c = \varphi^{-1}(\xi), \xi = \varphi(c)$。于是或者 $c \in \varphi(c) = \xi$，或者 $c \notin \xi$，二者必居其一，也只居其一。但如果 $c \in \xi$，由于集合的元素都是不属于其映象者，故不可能。如果 $c \notin \xi$，即 $c \notin \varphi(c)$，这也不可能，因为集合 ξ 的来历表明，ξ 总括了一切不属于 φ 映象的 A 的元素，即 $c \in \xi$。

以上发生不可协调的冲突，表示 φ 不能存在，即有 $|A| \neq |2^A|$。 ▮

对于基数大小的比较，我们引出如下的定义：

定义 5.7　若存在从 A 到 B 的单射函数 $f: A \to B$，则称集合 A 的基数小于等于集合 B 的基数，记为 $|A| \leqslant |B|$。

要证明某些集合的基数相等，采用构造双射函数的方法是非常困难的，而采用下面的康托尔–施瓦德–伯恩斯坦定理却是比较方便的，因为构造单射函数比构造双射函数要容易。

定理 5.14（Cantor-Schroder-Bernstein 定理）　设 A, B 是两个集合，若 $|A| \leqslant |B|$ 且 $|B| \leqslant |A|$，则 $|A| = |B|$。

5.4　原始递归函数

5.4.1　函数的复合

由前所知函数的复合是两个函数之间的一种运算，两个函数复合的结果仍为函数。设 X 是非空集合，若 g 和 h 都是从 X 到 X 的函数，令 $f = h \circ g$，则 f 也是从 X 到 X 的函数。下面给出函数复合运算更一般的形式定义。

定义 5.8　设 X 是非空集合，h 是从 X^k 到 X 的函数，$g_1, g_2, \cdots, g_k$ 是从 X^n 到 X 的函数。令 $f: X^n \to X$，$\forall (x_1, x_2, \cdots, x_n) \in X^n$，

$$f(x_1, x_2, \cdots, x_n) = h(g_1(x_1, x_2, \cdots, x_n), g_2(x_1, x_2, \cdots, x_n), \cdots,$$
$$g_k(x_1, x_2, \cdots, x_n))$$

则称 f 是由 h 和 $g_1, g_2, \cdots, g_k$ 复合而成的函数，记为

$$f = h(g_1, g_2, \cdots, g_k)$$

例 5.21　设 N 为自然数集合

$h: \mathbf{N}^2 \to \mathbf{N}$，$\forall (x, y) \in \mathbf{N}^2$，$h(x, y) = x + y$；

$g_1: \mathbf{N} \to \mathbf{N}$，$\forall x \in \mathbf{N}$，$g_1(x) = x^2$；

$g_2: \mathbf{N} \to \mathbf{N}$，$\forall x \in \mathbf{N}$，$g_2(x) = x^3$；

令 $f = h(g_1, g_2)$，$f: \mathbf{N} \to \mathbf{N}$，$\forall x \in \mathbf{N}$，$f(x) = h(g_1(x), g_2(x))$，则 f 是从 N 到 N 的函数。

取 $x = 3$，由 g_1, g_2 的定义知 $g_1(3) = 3^2 = 9$，$g_2(3) = 3^3 = 27$，于是有

$$f(3) = h(g_1(3), g_2(3)) = h(9, 27) = 9 + 27 = 36$$

5.4.2　函数的递归

在初等数学中常遇到求自然数 n 的阶乘的问题。我们知道，求 n 的阶乘可以用递归的方法解决，即 $(n+1)! = (n+1) \times n!$。关于这个问题可以推广到一般的情况。

定义 5.9　设 k 是一个正整数，g 是一个二元函数。若有

$$f(0) = k$$
$$f(t+1) = g(t, f(t))$$

则称 f 是由函数 g 递归得到的函数。

前面关于求 n 的阶乘的问题可用递归化的形式描述。

$$f(0) = 0! = 1$$
$$f(n+1) = (n+1)! = g(n, f(n)) = (n+1) \times n!$$

下面给出函数递归的更一般化的形式定义。

定义 5.10　设 X 是非空集合，h 是从 X^n 到 X 的函数，g 是从 X^{n+2} 到 X 的函数。令 $f: \mathbf{N}^{n+1} \rightarrow \mathbf{N}$，

$$f(x_1, x_2, \cdots, x_n, 0) = h(x_1, x_2, \cdots, x_n)$$
$$f(x_1, x_2, \cdots, x_n, t+1) = g(t, f(x_1, x_2, \cdots, x_n, t), x_1, x_2, \cdots, x_n)$$

则称 f 是由 h 和 g 递归得到的函数。

5.4.3　原始递归函数

我们先介绍三个函数，它们是原始递归函数的基础。

设 $\mathbf{N}$ 是含零的自然数集合，有

(1) 零函数　$o: \mathbf{N} \rightarrow \mathbf{N}, \forall x \in \mathbf{N}, o(x) = 0$；

(2) 后继函数　$p: \mathbf{N} \rightarrow \mathbf{N}, \forall x \in \mathbf{N}, p(x) = x+1$；

(3) 投影函数　$u_i^n: \mathbf{N}^n \rightarrow \mathbf{N}, \forall (x_1, x_2, \cdots, x_n) \in \mathbf{N}^n$，

$$u_i^n(x_1, x_2, \cdots, x_n) = x_i$$

由函数的定义知零函数、后继函数、投影函数均为函数，我们称零函数、后继函数、投影函数为原始递归函数类的初始函数。

定义 5.11　原始递归函数定义如下：

(1) 初始函数是原始递归函数；

(2) 由初始函数经过有限次复合和递归得到的函数是原始递归函数；

(3) 由(1)和(2)所得到的函数经过有限次复合和递归得到的函数是原始递归函数。

下面，我们给出原始递归函数类的若干实例，其中所有的函数均为 $\mathbf{N}$ 上的函

数,$\mathbf{N}$ 为含零的自然数集合。

例 5.22　设 f 是从 $\mathbf{N}^2$ 到 $\mathbf{N}$ 的函数,$f:\mathbf{N}^2 \rightarrow \mathbf{N}$,$\forall (x,y) \in \mathbf{N}^2$,

$$f(x,y) = x + y$$

该函数的递归表示如下:

$$f(x,0) = x$$
$$f(x,y+1) = f(x,y) + 1$$

为了证明该函数是原始递归函数,必须说明该函数是如何由初始函数通过复合和递归得到的。

该函数可由初始函数表示为

$$f(x,0) = u_1^1(x)$$
$$f(x,y+1) = g(y,f(x,y),x) = p(u_2^3(y,f(x,y),x))$$

由于 u_1^1,p,u_2^3 均为初始函数且 f 可由 u_1^1,p,u_2^3 通过复合和递归得到,故由原始递归函数的定义知 f 是原始递归函数。

例 5.23　设 f 是从 $\mathbf{N}^2$ 到 $\mathbf{N}$ 的函数,$f:\mathbf{N}^2 \rightarrow \mathbf{N}$,$\forall (x,y) \in \mathbf{N}^2$,

$$f(x,y) = x \times y$$

该函数的递归表示如下:

$$f(x,0) = 0$$
$$f(x,y+1) = f(x,y) + x$$

该函数可由初始函数和 $h(x,y) = x + y$ 表示如下:

$$f(x,0) = o(x)$$
$$f(x,y+1) = g(y,f(x,y),x)$$
$$= h(u_2^3(y,f(x,y),x),u_3^3(y,f(x,y),x))$$

由于 o,u_2^3,u_3^3 均为初始函数,由例 5.19 知 h 是原始递归函数,且 f 可由 o,u_2^3,u_3^3,h 通过复合和递归得到。故由原始递归函数的定义知 f 是原始递归函数。

例 5.24　设 f 是从 $\mathbf{N}$ 到 $\mathbf{N}$ 的函数,$f:\mathbf{N} \rightarrow \mathbf{N}$,$\forall x \in \mathbf{N},f(x) = x!$

该函数的递归表示如下:

$$f(0) = 1$$
$$f(x+1) = (x+1) \times f(x)$$

该函数可由初始函数和 $h(x,y) = x \times y$ 表示如下:

$$f(0) = p(0)$$
$$f(x+1) = g(x,f(x)) = h(p(u_1^2(x,f(x))),u_2^2(x,f(x)))$$

由于 p,u_1^2,u_2^2 均为初始函数,由例 5.23 知 h 为原始递归函数且 f 是由 p,u_1^2,u_2^2,h 通过复合和递归得到的函数,故由原始递归函数的定义知 f 是原始递归函数。

例 5.25　设 f 是从 $\mathbf{N}^2$ 到 $\mathbf{N}$ 的函数，$f:\mathbf{N}^2 \to \mathbf{N}$，$\forall (x,y) \in \mathbf{N}^2$，

$$f(x,y) = x^y$$

该函数的递归表示如下：

$$f(x,0) = 1$$
$$f(x,y+1) = f(x,y) \times x$$

该函数可由初始函数和 $h(x,y) = x \times y$ 表示如下：

$$f(x,y+1) = g(y,f(x,y),x)$$
$$= h(u_2^3(y,f(x,y),x), u_3^3(y,f(x,y),x))$$

由于 p,u_2^3,u_3^3 均为初始函数，由例 5.23 知 h 为原始递归函数，且 f 是由 p，u_2^3,u_3^3,h 通过复合和递归得到的函数，故由原始递归函数的定义知 f 是原始递归函数。

例 5.26　设 f 是从 $\mathbf{N}$ 到 $\mathbf{N}$ 的函数，$f:\mathbf{N} \to \mathbf{N}$，$\forall x \in \mathbf{N}$，$f(x) = x \mathbin{\dot{-}} 1$。即

$$f(x) = \begin{cases} x-1, & x \neq 0 \text{ 时} \\ 0, & x = 0 \text{ 时} \end{cases}$$

该函数的递归表示如下：

$$f(0) = 0$$
$$f(x+1) = x$$

该函数可由初始函数表示如下：

$$f(0) = o(0)$$
$$f(x+1) = g(x,f(x)) = u_1^2(x,f(x))$$

由于 o,u_1^2 均为初始函数且 f 可由通过 o,u_1^2 复合和递归得到，故由原始递归函数的定义知 f 是原始递归函数。该函数称为前驱函数。

例 5.27　设 f 是从 $\mathbf{N}^2$ 到 $\mathbf{N}$ 的函数，$f:\mathbf{N}^2 \to \mathbf{N}$，$\forall (x,y) \in \mathbf{N}^2$，

$$f(x,y) = x \mathbin{\dot{-}} y$$

即

$$f(x,y) = \begin{cases} x-y, & x \geqslant y \text{ 时} \\ 0, & x < y \text{ 时} \end{cases}$$

该函数的递归表示如下：

$$f(x,0) = x$$
$$f(x,y+1) = f(x,y) \mathbin{\dot{-}} 1$$

该函数可由初始函数和前驱函数 $h(x) = x \mathbin{\dot{-}} 1$ 表示如下：

$$f(x,0) = u_1^1(x)$$
$$f(x,y+1) = g(y,f(x,y),x) = h(u_2^3(y,f(x,y),x))$$

由于 u_1^1,u_2^3 均为初始函数，由例 5.26 知 h 是原始递归函数，且 f 是可由 u_1^1，

u_2^3, h 通过复合和递归得到的,故由原始递归函数的定义知 f 是原始递归函数。

例 5.28　设 f 是从 $\mathbf{N}^2$ 到 $\mathbf{N}$ 的函数, $f: \mathbf{N}^2 \rightarrow \mathbf{N}$, $\forall (x,y) \in \mathbf{N}^2$,
$$f(x,y) = |x-y|$$
该函数的递归表示如下:
$$f(x,y) = (x \overset{\cdot}{-} y) + (y \overset{\cdot}{-} x)$$
由例 5.19 和例 5.24 知 $\overset{\cdot}{-}$ 和 $+$ 均为原始递归函数,且 f 可由 $\overset{\cdot}{-}$ 和 $+$ 通过复合和递归得到,故由原始递归函数的定义知 f 是原始递归函数。

例 5.29　设 f 是从 $\mathbf{N}$ 到 $\mathbf{N}$ 的函数, $f: \mathbf{N} \rightarrow \mathbf{N}$, $\forall x \in \mathbf{N}$,
$$f(x) = \begin{cases} 0, & x \neq 0 \text{ 时} \\ 1, & x = 0 \text{ 时} \end{cases}$$
该函数的递归表示如下:
$$f(0) = 1$$
$$f(x+1) = 0$$
该函数可由初始函数表示如下:
$$f(0) = p(0)$$
$$f(x+1) = g(x, f(x)) = o(u_1^2(x, f(x)))$$
由于 o, p, u_1^2 均为初始函数,且 f 是可由 o, p, u_1^2 通过复合和递归得到,则由原始递归函数的定义知 f 是原始递归函数。

例 5.30　设 f 是从 $\mathbf{N}^2$ 到 $\mathbf{N}$ 的函数, $f: \mathbf{N}^2 \rightarrow \mathbf{N}$, $\forall (x,y) \in \mathbf{N}^2$,
$$f(x,y) = \min(x,y)$$
该函数的递归表示如下:
$$(x,y) = x \overset{\cdot}{-} (x \overset{\cdot}{-} y)$$
由例 5.26 知 $\overset{\cdot}{-}$ 是原始递归函数,且 f 可由 $\overset{\cdot}{-}$ 通过复合和递归得到,故由原始递归函数的定义知 f 是原始递归函数。

例 5.31　设 f 是从 $\mathbf{N}^2$ 到 $\mathbf{N}$ 的函数, $f: \mathbf{N}^2 \rightarrow \mathbf{N}$, $\forall (x,y) \in \mathbf{N}^2$,
$$f(x,y) = \max(x,y)$$
该函数的递归表示如下:
$$f(x,y) = x + (y \overset{\cdot}{-} x)$$
由例 5.21 和例 5.26 知 $+$ 和 $\overset{\cdot}{-}$ 是原始递归函数,且 f 可由 $+$ 和 $\overset{\cdot}{-}$ 通过复合和递归得到,故由原始递归函数的定义知 f 是原始递归函数。

5.5　可计算函数

定义 5.12　如果一个给定的函数 f 是由某个程序计算的,则称 f 是**可计算**

函数。

定理 5.15　如果 h 是由可计算函数 $f, g_1, g_2, \cdots, g_k$ 复合所得到的函数,则 h 是可计算函数。

定理 5.15 说明函数的复合保持了函数的可计算性。

定理 5.16　设 **N** 是含零的自然数集合, k 是一正整数, g 是从 $\mathbf{N}^2$ 到 **N** 的函数, h 定义如下: $h:\mathbf{N} \rightarrow \mathbf{N}$,

$$f(0) = k$$
$$h(t+1) = g(t, h(t))$$

若 g 是可计算函数,则 h 也是可计算函数。

定理 5.17　设 **N** 是含零的自然数集合, f 是从 $\mathbf{N}^n$ 到 **N** 的函数, g 是从 $\mathbf{N}^{n+2}$ 到 **N** 的函数, h 的定义如下: $h:\mathbf{N}^{n+1} \rightarrow \mathbf{N}$,

$$h(x_1, x_2, \cdots, x_n, 0) = f(x_1, x_2, \cdots, x_n)$$
$$h(x_1, x_2, \cdots, x_n, t+1) = g(t, h(x_1, x_2, \cdots, x_n, t), x_1, x_2, \cdots, x_n)$$

若 f 和 g 是可计算函数,则 h 是可计算函数。

定理 5.18　每一个初始函数是可计算函数。

定理 5.19　每一个原始递归函数是可计算函数。

下面给出若干可计算函数的实例。

例 5.32　设 **N** 是含零的自然数集合, f 是从 $\mathbf{N}^2$ 到 **N** 的函数, $f:\mathbf{N}^2 \rightarrow \mathbf{N}$, $\forall (x,y) \in \mathbf{N}^2, f(x,y) = x + y$。

该函数的功能是:当给出两个自然数 x, y 时,可由此函数求得 x 与 y 之和。

该函数的程序表示如下:

```
FUNCTION ADD (x,y)
z = x
w = y
WHILE (w > 0)
    z = z+1
    w = w-1
ENDWHILE
RETURN(z)
```

程序中, x, y 存放的是两个加数; z 中存放的是对 x, y 求和的结果; w 为循环变量;当程序结束时, w 正好循环 y 次,即 z 中的结果为 $z = x + y$。

例 5.33　设 **N** 是含零的自然数集合, f 是从 $\mathbf{N}^2$ 到 **N** 的函数, $f:\mathbf{N}^2 \rightarrow \mathbf{N}$, $\forall (x,y) \in \mathbf{N}^2, f(x,y) = x \dot{-} y$。

$$f(x,y) = \begin{cases} x-y, & x > y \text{ 时} \\ 0, & x \leqslant y \text{ 时} \end{cases}$$

该函数的功能是：求两个自然数的算术差。若 $x > y$，则求 $x - y$；若 $x \leqslant y$，则 $x - y = 0$。

该函数的程序表示如下：

```
FUNCTION DIFF (x,y)
IF x > y THEN
    z = x
    w = y
    WHILE (w > 0)
        z = z - 1
        w = w - 1
    ENDWHILE
ELSE
        z = 0
ENDIF
RETURN (z)
```

程序中，x, y 存放的是两个相减的数，z 存放的是所求算术差的结果。若 $x > y$，则 w 为循环变量，当程序结束时，w 正好循环 y 次，即 z 中的结果为 $z = x - y$；若 $x \leqslant y$，则 z 中的结果为 0。

例 5.34　设 N 是含零的自然数集合，f 是从 $\mathbf{N}^2$ 到 N 的函数，$f : \mathbf{N}^2 \rightarrow \mathbf{N}$，$\forall (x,y) \in \mathbf{N}^2$，$f(x,y) = x \times y$。

该函数的功能是：当给出两个自然数 x, y 时，可由此函数求得 x 与 y 之积。

该函数的程序表示如下：

```
FUNCTION MUL (x,y)
z = 0
w = y
WHILE (w > 0)
    z = z + x
    w = w - 1
ENDWHILE
RETURN (z)
```

程序中，x, y 中存放的是两个乘数；z 中存放的是所求 x 和 y 的乘积结果；w 是循环变量；当循环结束时，w 正好循环 y 次，故 z 中的结果为 $z = x \times y$。

例 5.35　设 N 是自然数集合，f 是从 $\mathbf{N}^2$ 到 N 的函数，$f : \mathbf{N}^2 \rightarrow \mathbf{N}$，$\forall (x,y) \in \mathbf{N}^2$，$f(x,y) = x^y$。

该函数的功能是：当给出两个自然数 x, y 时，可由此函数求得 x 的 y 次方的积。

该函数的程序表示如下：

```
FUNCTION EXP (x,y)
z = 1
w = y
WHILE (w > 0)
    z = z × x
    w = w − 1
ENDWHILE
RETURN (z)
```

程序中，x,y 中存放的是运算的对象；z 中存放的是运算的结果；w 为循环变量；当程序循环结束时，w 正好循环 y 次，即 z 中的结果是 y 个 x 相乘，即有 $z = x^y$。

例 5.36　设 **N** 是自然数集合，f 是从 $\mathbf{N}^2$ 到 **N** 的函数，$f:\mathbf{N}^2 \rightarrow \mathbf{N}$，$\forall (x,y) \in \mathbf{N}^2$，$f(x,y) = \gcd(x,y)$。

该函数的功能为：当给出两个自然数 x 和 y 时，可由此函数求得 x 和 y 的最大公约数。

该函数的程序表示如下：

```
FUNCTION GCD (x,y)
WHILE (x ≠ y)
    IF (x > y) THEN
        x = x − y
    ELSE
        y = y − x
    ENDIF
ENDWHILE
RETURN (x)
```

程序中，x 和 y 中存放的是要求其最大公约数的两个数，当 $x \neq y$ 时，用辗转相除法，不断地相减，最后得到两个数的最大公约数，最终结果存放在 x 中。

例 5.37　设 **N** 是自然数集合，$f:\mathbf{N} \rightarrow \mathbf{N}$，$\forall n \in \mathbf{N}$，$f_n = f_{n-1} + f_{n-2}$，$f_1 = f_2 = 1$。

该函数称为 Fibonacci（斐波那契）序列。该函数的功能为：当给出自然数 n 时，可根据前面的两个值 f_{n-1} 和 f_{n-2}，求出 f_n。

下面给出该函数的程序表示：

```
FUNCTION Fib(n)
IF n = 1 THEN Fib = 1
```

```
ELSE IF n = 2 THEN Fib = 1
    ELSE
    Fib = Fib(n−1) + Fib(n−2)
    ENDIF
ENDIF
RETURN
```

该程序为递归程序,在计算 Fib(n) 时用到 Fib(n−1) 和 Fib(n−2),为此必须先求得 Fib(n−1) 和 Fib(n−2) 才能求得 Fib(n);而 Fib(n−1) 和 Fib(n−2) 又有赖于 Fib(n−3) 和 Fib(n−4) 等才能求得,为此该程序是个典型的递归程序。当程序返回时,其结果 Fib(n) 保留在 Fib 中。

例 5.38　设 **N** 是含零的自然数集合,A 是从 $\mathbf{N}^2$ 到 **N** 的函数,该函数的递归表示如下:

$$A(m,n) = \begin{cases} A(0,n) = n+1, & (m=0, n>0) \\ A(m,0) = A(m-1,1), & (m>0, n=0) \\ A(m,n) = A(m-1, A(m,n-1)), & (m>0, n>0) \end{cases}$$

称此函数为 Ackermann 函数。

Ackermann 函数是非原始递归的可计算函数。该函数的运算规则错综复杂,下面给出求 $A(2,1) = 5$ 的计算过程:

$$
\begin{aligned}
&(1)\quad A(2,1) \\
&(2)\qquad A(1, A(2,0)) \\
&(3)\qquad A(1, A(1,1)) \\
&(4)\qquad A(1, A(0, A(1,0))) \\
&(5)\qquad A(1, A(0, A(0,1))) \\
&(6)\qquad A(1, A(0,2)) \\
&(7)\qquad A(1,3) \\
&(8)\qquad\ A(0, A(1,2)) \\
&(9)\qquad\ A(0, A(0, A(1,1))) \\
&(10)\qquad A(0, A(0, A(0, A(1,0)))) \\
&(11)\qquad A(0, A(0, A(0, A(0,1)))) \\
&(12)\qquad A(0, A(0, A(0,2))) \\
&(13)\qquad A(0, A(0,3)) \\
&(14)\qquad A(0,4) \\
&(15)\qquad\quad 5
\end{aligned}
$$

于是有 $A(2,1) = 5$。

习 题 五

1. 设 **N** 为自然数集合,**R** 为实数集合,问在下列关系中,哪些关系能构成函数?

(1) $\{(x,y)\,|\,x\in N\land y\in N\land x+y<10\}$;

(2) $\{(x,y)\,|\,x\in R\land y\in R\land y=x^2\}$;

(3) $\{(x,y)\,|\,x\in R\land y\in R\land x=y^2\}$。

2. 下列集合能否定义函数?若能,指出它的定义域和值域。

(1) $\{(1,(2,3)),(2,(3,4)),(3,(3,2))\}$;

(2) $\{(1,(2,3)),(2,(3,4)),(1,(2,4))\}$;

(3) $\{(1,(2,3)),(2,(2,3)),(3,(2,3))\}$;

(4) $\{(1,(2,3)),(2,(3,4)),(3,(1,4)),(4,(1,4))\}$。

3. 在下列函数中,哪些是单射的、满射的、双射的?

(1) $f:\mathbf{N}\rightarrow\mathbf{N},\quad f(n)=n^2+1$;

(2) $f:\mathbf{N}\rightarrow\{0,1\},\quad f(n)=\begin{cases}0,&n\text{ 为奇数}\\1,&n\text{ 为偶数}\end{cases}$;

(3) $f:\mathbf{N}\rightarrow\mathbf{N},\quad f(n)=\begin{cases}0,&n\text{ 为奇数}\\1,&n\text{ 为偶数}\end{cases}$;

(4) $f:\mathbf{N}^2\rightarrow\mathbf{N},\quad f(m,n)=m^n$;

(5) $f:\mathbf{R}\rightarrow\mathbf{R},\quad f(x)=3x-17$;

(6) $f:\mathbf{N}\backslash\{0\}\rightarrow\mathbf{R},\quad f(n)=\log_{10}n$;

(7) $f:(2^X)^2\rightarrow(2^X)^2,\quad f((A_1,A_2))=(A_1\bigcup A_2,A_1\bigcap A_2)$。

4. 设 A,B 为有限集合,$|A|=m$,$|B|=n$,为使下面的结论为真,m,n 间应满足怎样的条件?

(1) 存在从 A 到 B 的单射函数;

(2) 存在从 A 到 B 的满射函数;

(3) 存在从 A 到 B 的双射函数。

5. 对下列每一组集合 X,Y,构造从 X 到 Y 的双射函数。

(1) $X=(0,1),Y=(0,2)$;

(2) $X=\mathbf{Z},Y=\mathbf{N}$;

(3) $X=\mathbf{N},Y=\mathbf{N}\times\mathbf{N}$;

(4) $X = \mathbf{Z} \times \mathbf{Z}$, $Y = \mathbf{N}$;

(5) $X = \mathbf{R}$, $Y = (0, \infty)$;

(6) $X = (-1, 1)$, $Y = \mathbf{R}$;

(7) $X = [0, 1]$, $Y = \left(\dfrac{1}{4}, \dfrac{1}{2} \right)$;

(8) $X = 2^{\{a,b,d\}}$, $Y = \{0, 1\}^{\{a,b,c\}}$。

6. 设 f 和 g 是函数,$f \subseteq g$ 并且 $\mathscr{D}(g) \subseteq \mathscr{D}(f)$,证明 $f = g$。

7. 设 $f: X \to Y$ 是函数,A, B 是 X 的子集,证明:

(1) $f(A \bigcup B) = f(A) \bigcup f(B)$;

(2) $f(A \bigcap B) \subseteq f(A) \bigcap f(B)$;

(3) $f(A) \backslash f(B) \subseteq f(A \backslash B)$。

8. 设 $f: X \to Y$,定义函数 $g: Y \to 2^X$,使得对任意的 $y \in Y$,
$$g(y) = \{ x \in X \mid f(x) = y \}$$
证明:如果 f 是满射函数,则 g 是单射函数。

9. 设 $f: \mathbf{R} \to \mathbf{R}$,$f(x) = x^2 - 1$,$g: \mathbf{R} \to \mathbf{R}$,$g(x) = x + 2$。

(1) 求 $f \circ g$ 和 $g \circ f$;

(2) 说明上述函数是单射、满射还是双射的?

10. 设 $A = \{1, 2, 3, 4\}$,

(1) 作双射函数 $f: A \to A$,使 $f \neq I_A$,并求 f^2,f^3,f^{-1},$f \circ f^{-1}$;

(2) 是否存在双射函数 $g: A \to A$,使 $g \neq I_A$,但 $g^2 = I_A$。

11. 设 $|X| = n$,从 X 到 X 的双射函数 P 称为集合 X 上的置换,整数 n 称为置换的阶。一个 n 阶置换 $P: X \to X$,用如下形式表示:
$$P = \begin{bmatrix} x_1 & x_2 & \cdots & x_n \\ P(x_1) & P(x_2) & \cdots & P(x_n) \end{bmatrix}, \quad P(x_i) \in X$$
给定三阶置换 $P = \begin{bmatrix} 123 \\ 312 \end{bmatrix}$,求逆置换 P^{-1} 及 P^{-1} 与 P 的复合 $P \diamondsuit P^{-1}$。

12. 设 A 是无限集合,B 是有限集合,回答下列问题并阐明理由。

(1) $A \bigcap B$ 是无限集合吗?

(2) $A \bigcup B$ 是无限集合吗?

(3) $A \backslash B$ 是无限集合吗?

13. 设 A, B, C, D 为四个非空集合,若 $A \approx C$,$B \approx D$,证明
$$A \times B \approx C \times D$$

14. 设 a, b 为任意实数,$a < b$,证明 $[0, 1] \approx [a, b]$。

15. 计算下列集合的基数

(1) $\{(a,b,c) \mid a,b,c \in \mathbf{Z}\}$;

(2) 所有整系数的一次多项式集合；

(3) $\{(a,b) \mid a \in R \wedge b \in R \wedge a^2 + b^2 = 1\}$ 。

16. 找出三个与 **N** 等势的 **N** 的真子集。

17. 证明：

(1) 设 A 为有限集，B 为可数集，则 $A \times B$ 为可数集。

(2) 设 A,B 为可数集，则 $A \times B$ 是可数集。

(3) 设 A 是不可数无限集合，B 是 A 的可数子集，则 $(A \backslash B) \approx A$ 。

(4) 设 A 是任意无限集合，B 是可数集，则 $(A \bigcup B) \approx A$ 。

集合论的历史

集合论是由德国数学家 Geory Cantor(1845—1918) 创立的,他首先意识到了一一对应的重要意义并引进了集合基数的概念,他开创了序数理论和基数理论的研究。1874 年,Cantor 证明了实数集合是不可数的,而实代数数的集合是可数的。1878 年,他给出了著名的连续统假设的公式。现在全世界都公认 Cantor 是集合论的创始人。

1893 年和 1903 年,德国数学家 Gofflob Frege(1848—1925) 出版了两本关于数学和哲学的书,指出如何把集合理论归结为数学逻辑的一种自明的演绎思想。1908 年,德国数学家 Ernst Zermelo(1870—1953) 发表了集合论的第一种公理系统。1922 年,另一位数学家 Abraham A. Fraenkel(1891—1965) 补充完善了 Zermelo 的公理系统,这种集合论的公理系统简称为 ZF 公理系统,这是我们今天论述集合论的基础。

当集合论在 1908 年到 1922 年间开始系统建立时,由于 ZF 集合公理系统的协调性还有不足之处,因此集合论遇到了一些似是而非的悖论的非议,其中最为著名的就是英国数学家 Bertrand Russell(1872—1970) 提出的悖论,这种悖论产生于一种特殊集合,这个集合含有一个仅仅用这个集合自身才能定义的元素。为了避免这种悖论,Russell 规定凡是含有一个集合内全部元素的客体,它本身不应该再是这个集合的一个元素。关于集合论公理系统协调性问题目前仍然是集合论深入研究的一个方面。

集合论研究的对象是集合的性质、关系、运算、无穷序数和无穷基数,集合论还研究集合的公理系统及相应的逻辑性质。目前,集合论在计算机科学、人工智能、逻辑学、经济学、语言学等方面都有着重要的应用。

第三部分

代数系统
Algebra System

第 6 章

代数系统

代数系统也称为"代数结构"或"近世代数"。它们只是名字不同,内容是一样的。本章主要介绍代数系统的基本概念、性质,代数系统之间的关系,以及目前在计算机科学中使用的若干代数系统。

6.1 代数系统的基本概念

在这一节中,将考察代数系统的基本含义,给出代数系统的定义、例子及代数系统中的一些基本性质。

6.1.1 运算

代数系统有两层含义,一层是代数,一层是系统。

为了理解代数的实质,这里引入几个术语解释。

代数式 —— 由数字和字母经有限次加、减、乘、除、乘方、开方等运算所得到的式子。

代数和 —— 若干个数,不改变它们的正负性质而相加,所得的和称为代数和。

代数数 —— 满足整系数方程的数。

代数方程 —— 由多项式组成的方程。

代数曲线 —— 在直角坐标系中,设点的坐标为(x,y)。如果x,y满足一个二元既约代数方程$F(x,y)=0$,则称这点的轨迹为代数曲线。

从以上术语的解释中可以看到,代数和运算是分不开的。

在代数式中,运算是加、减、乘、除、乘方、开方等。

在代数和中,运算是加法。

　　在代数数中,运算体现在整系数方程中。要求得一个代数数就必须求解某个整系数方程,而求解方程的过程也就是运算的过程,即通过某些运算才能求得代数数。

　　在代数方程中,运算是多项式的加、减、乘。

　　在代数曲线中,运算体现在代数方程 $F(x,y)=0$ 中。要想求得(x,y) 的轨迹,就必须解方程 $F(x,y)=0$,而解方程的过程也就是运算的过程,即通过某些运算才能求得点(x,y) 的轨迹。

　　代数的本义是用符号代替数字进行运算。虽然现在这个概念已大大拓广了,但代数仍然是和运算紧密联系在一起的。现代代数的含义是对运算进行研究,从众多的具体的运算中抽出其公共的最基本的性质,然后根据这些性质的不同组合而构成不同的代数系统,使之符合人们的使用需要。

　　既然代数和运算是分不开的,那么在讲代数系统之前有必要先介绍一下运算。有许多运算是大家所熟知的,如加、减、乘、除、乘方、开方、sin、cos 等,这些都是一些非常具体的运算。既然要研究运算,就要从抽象的角度来看运算究竟是什么?下面给出一般意义下运算的定义。

　　定义 6.1　　设 X 是一非空集合,X^n 是 X 的 n 重叉积集合,$n \in \mathbf{N}$,f 是从 X^n 到 X 的关系。若 f 是从 X^n 到 X 的函数,则称 f 是 X 上的**n 元运算**,记为 $f:X^n \rightarrow X$。

　　从定义 6.1 中可以看到,运算 f 实际上是一个函数。由前两章知,函数是后者唯一的关系,而关系是某种类型的集合,因此,运算是用集合的语言来定义的,可以认为运算这个概念已用集合的语言说清楚了。

　　谈运算必须要有运算的对象和运算的结果。定义 6.1 中运算 f 的对象是 X^n 中的元素,运算 f 的结果是 X 中的元素,而 f 则是 X^n 和 X 之间的一个函数——后者唯一的关系。通常称 X^n 是运算 f 的定义域,称 X 是运算 f 的值域。由于 f 的定义域和值域都只与 X 这一个集合有关,因此,称 f 是 X 上的 n 元运算,这也是以后所说的运算的封闭性。

　　定义 6.1 中的 n 称为**运算的阶**。当 $n=1$ 时,称 f 为一元运算;当 $n=2$ 时,称 f 为二元运算;当 $n=k$ 时,称 f 为 k 元运算。在本章中最常用的是一元运算和二元运算。

　　通常用等式来描述运算,即将运算 $f:X^n \rightarrow X$ 表示为

$$f(x_1,x_2,\cdots,x_n)=x$$

其中,$(x_1,x_2,\cdots,x_n) \in X^n$,$x \in X$。

　　运算的符号可以是任意的,而且经常可以在不同的地方使用相同的运算符来表示不同的运算。例如,计算机上的"+"号,对数的运算来说是加法,而对字符串的运算来说,则是字符串的联接。在计算机上常使用的运算符有 $+,-,\times,\div$,

$\wedge$,AND,OR,NOT,SIN,COS,SQR 等。其中＋,－,×,÷,$\wedge$,AND,OR 是二元运算符,而 NOT,SIN,COS,SQR 是一元运算符。在本章中,二元运算符多用 $*$ 来表示,但这并不意味着 $*$ 是通常的数的乘法运算符。有时,我们也将运算符称为算子。

6.1.2　代数系统

前面已提到代数系统有两层含义,一层是代数,一层是系统。由于代数与运算是分不开的,为此,我们前面已经介绍了运算的概念。而系统的含义是由若干相关联的部分组成的一个整体。代数系统则是由一个集合 X 与这个集合上的若干个运算所构成的整体。

定义 6.2　设 X 是一非空集合。若 $R_1,R_2,\cdots,R_m$ 都是 X 上的运算,则称由 X 和 $R_1,R_2,\cdots,R_m$ 组成的系统为**代数系统**,记为

$$A = \langle X,R_1,R_2,\cdots,R_m \rangle$$

当 X 是有穷集合时,称 A 为**有限代数系统**。

当 X 是无穷集合时,称 A 为**无限代数系统**。

从定义 6.2 中可以看到代数系统是由一个集合和这个集合上的若干运算所构成的。当然,这些运算的阶数可能是不一样的,即 $R_1,R_2,\cdots,R_m$ 各自有自己的运算阶数。另外,在一个代数系统中运算集合不能是空的,必须至少有一个 X 上的运算才能和 X 一起构成代数系统。

下面给出几个具体的代数系统。

例 6.1　设 $\mathbf{Z}$ 是整数集合,＋和×是整数的加法和乘法。

由于两个整数之和仍为整数,且结果唯一,由运算的定义知 ＋:$\mathbf{Z}^2 \to \mathbf{Z}$ 是 $\mathbf{Z}$ 上的一个二元运算。

由于两个整数之积仍为整数,且结果唯一,由运算的定义知 ×:$\mathbf{Z}^2 \to \mathbf{Z}$ 是 $\mathbf{Z}$ 上的一个二元运算。

由代数系统的定义知〈$\mathbf{Z}$,＋,×〉是代数系统。

在代数系统中,特别强调运算的封闭性。例如,整数除法就不是 $\mathbf{Z}$ 上的二元运算,因为两个整数之商不一定是整数,故运算不封闭,从而在整数集合上无法进行除法运算,故〈$\mathbf{Z}$,÷〉不构成代数系统。

例 6.2　设 X 是非空集合,2^X 是 X 的幂集,$\cap,\cup$ 是集合的交和并。

由于 X 中任意两个子集的交仍为 X 的子集,且结果唯一,由定义 6.1 知,$\cap:(2^X)^2 \to 2^X$ 是 2^X 上的一个二元运算。

由于 X 中任意两个子集的并仍为 X 的子集,且结果唯一,由定义 6.1 知,$\cup:(2^X)^2 \to 2^X$ 是 2^X 上的一个二元运算。

由代数系统的定义知,$\langle 2^X,\cap,\cup \rangle$ 是代数系统。

例 6.3　设 F 是文件的集合,$P_1,P_2,\cdots,P_m$ 是 m 个系统程序,通常称为公用程序(utility)。

例如,P_1 是第一遍编译程序,P_2 是第二遍编译程序,P_3 是连接程序。如果有 n 个源程序文件,就可以通过 P_1 得到 n 个中间代码文件,再通过 P_2 得到 n 个目标代码文件,然后通过 P_3 将 n 个目标代码文件连接成一个可执行的代码文件。由于对每个 P_i 来说,输入是文件,输出也是文件,并且当输入文件确定时,输出文件是唯一的。由定义 6.1 知 $P_i(i=1,2,\cdots,m)$ 是 F 上的运算。

由代数系统的定义知,$\langle F,P_1,P_2,\cdots,P_m \rangle$ 是代数系统。

例 6.4　设 $B=\{0,1\}$,$g_1,g_2,\cdots,g_n$ 是 n 种门电路。由于门电路的输入是 0、1 序列,输出是 0 或 1,且当输入值确定时,输出值是唯一的。因此由定义 6.1 知,每个门电路就是一个运算。例如,非门是一元运算,与门和或门是二元运算,与或非门是四元运算,等等。

由代数系统的定义知,$\langle B,g_1,g_2,\cdots,g_n \rangle$ 是代数系统。

由例 6.3 和例 6.4 看到,运算实际上是一种操作,是一个过程,运算的范围非常宽广,这也是代数系统在计算机科学中得到广泛应用的原因之一。

例 6.5　设 $X=\{a,b,c,d\}$,定义 X^2 到 X 的关系如表 6.1 所示。

表 6.1

*	a	b	c	d
a	a	b	c	d
b	a	b	c	d
c	d	c	b	a
d	d	c	b	a

由表 6.1 可以看出,X^2 中的任意一个元素的象仍在 X 中,且象是唯一的。由定义 6.1 知 $*$ 是 X 上的一个二元运算。表 6.1 称为 X 上二元运算 $*$ 的运算表。

由代数系统的定义知 $\langle X,* \rangle$ 是代数系统。

由以上五例可见,代数系统的形式多种多样,涉及面甚广。要判断一个给定的系统是否为代数系统,必须要验证以下两条:

(1) 所给出的关系在给定的集合上是封闭的;

(2) 所给出的关系是后者唯一的。

当所有给定的关系都满足这两条时,这个系统就是代数系统,否则就不是代数系统。

6.1.3 代数系统的一些基本性质

给出了一个代数系统就是给出了一个非空集合 X 以及这个集合上的若干运算。这些运算往往具有某些性质，当然各个运算的性质可能是不一样的。一个代数系统的性质一般是由运算的个数，每个运算的阶数以及每个运算具有的性质所决定的。因此，研究一个代数系统的性质，主要是研究代数系统中每个运算所具有的性质。下面是代数系统中二元运算所具有的一些典型性质。

定义 6.3 设 $\langle X, * \rangle$ 是代数系统，$*$ 是 X 上的二元运算。

(1) 若 $\forall x, y, z \in X$，有

$$(x * y) * z = x * (y * z)$$

则称运算 $*$ 满足**结合律**。

(2) 若 $\forall x, y \in X$，有

$$x * y = y * z$$

则称运算 $*$ 满足**交换律**。

对于一个二元运算，可以用括号来决定运算的先后次序。但如果一个二元运算满足结合律，则运算的先后次序与运算的结果无关，这时决定运算先后次序的括号就可以省略，即有 $(x * y) * z = x * y * z = x * (y * z)$。

当一个二元运算满足交换律时，在运算表达式中，元素的位置顺序可以任意改变，即元素的位置顺序与运算结果无关。

由此可见，交换律改变的是元素的位置顺序，结合律改变的是运算的先后次序，前者是对运算对象而言，后者是对运算符而言，因此，二元运算的结合律和交换律是两个根本不同的概念。

许多代数系统中的二元运算都满足结合律和交换律。举例如下。

例 6.6 (1) 在代数系统 $\langle \mathbf{Z}, +, \times \rangle$ 中，加法和乘法这两个二元运算都满足结合律和交换律。

(2) 在代数系统 $\langle 2^X, \cap, \cup \rangle$ 中，交和并这两个二元运算也都满足结合律和交换律。

当一个代数系统中的二元运算具有结合律和交换律时，运算就变得方便多了。但并不是所有代数系统中的二元运算都具有这两种性质。

例 6.7 设 $\mathbf{Z}$ 是整数集合，"$-$" 是整数减法。

由于两个整数之差仍为整数，且结果唯一，故 "$-$" 是 $\mathbf{Z}$ 上的二元运算。因此 $\langle \mathbf{Z}, - \rangle$ 是代数系统。

在 $\mathbf{Z}$ 中取 $1, 2, 3 \in \mathbf{Z}$，由于

$$(3 - 2) - 1 \neq 3 - (2 - 1)$$
$$3 - 2 \neq 2 - 3$$

故在此代数系统中,减法运算不满足结合律,也不满足交换律。

定义 6.4　设 $\langle X, * \rangle$ 是代数系统,$*$ 是 X 上的二元运算。若

(1) 当 $x * y = x * z$ 时,有 $y = z$;

(2) 当 $y * x = z * x$ 时,有 $y = z$。

则称运算 $*$ 满足**消去律**。

在定义 6.4 中,当运算 $*$ 满足交换律时,(1),(2) 两式中只要有一式成立即可。

例 6.8　在代数系统 $\langle \mathbf{Z}, +, \times \rangle$ 中,加法满足消去律,而乘法不满足消去律。

对加法而言,当 $a + b = a + c$ 时,等式两边同时加上 $-a$,就有 $b = c$。另一式同理可得。

对乘法而言,取 $a = 0, b = 1, c = 2$。于是 $a \times b = a \times c = 0$,但 $b \neq c$,故乘法不满足消去律。

例 6.9　在代数系统 $\langle 2^X, \cap, \cup \rangle$ 中,$\cap$ 和 $\cup$ 都不满足消去律。

令 $X = \{a, b, c, d\}$, $S_1 = \{a, b\}$, $S_2 = \{b, c\}$, $S_3 = \{b\}$, $S_4 = \{a, b, c\}$, $S_1, S_2, S_3, S_4 \in 2^X$

由于 $S_1 \cap S_3 = S_2 \cap S_3 = \{b\}$,但 $S_1 \neq S_2$,故不满足消去律。

由于 $S_1 \cup S_4 = S_2 \cup S_4 = \{a, b, c\}$,但 $S_1 \neq S_2$,故不满足消去律。

定义 6.5　设 $\langle X, * \rangle$ 是代数系统,$*$ 是 X 上的二元运算。

(1) 若存在 $x_0 \in X$,$\forall x \in X$,有

$$x_0 * x = x * x_0 = x$$

则称 x_0 是关于运算 $*$ 的**幺元**。

(2) 若存在 $y_0 \in X$,$\forall x \in X$,有

$$y_0 * x = x * y_0 = y_0$$

则称 y_0 是关于运算 $*$ 的**零元**。

通常将幺元记为 e 或 1,将零元记为 0。

例 6.10　(1) 在代数系统 $\langle \mathbf{Z}, +, \times \rangle$ 中,加法的幺元是 0,乘法的幺元是 1。

因为 $\forall a \in \mathbf{Z}$,有

$$a + 0 = 0 + a = a$$
$$a \times 1 = 1 \times a = a$$

(2) 在代数系统 $\langle 2^X, \cap, \cup \rangle$ 中,$\cap$ 的幺元是 X,$\cup$ 的幺元是 $\varnothing$。

因为 $\forall A \in 2^X$,有

$$A \cap X = X \cap A = A$$
$$A \cup \varnothing = \varnothing \cup A = A$$

例 6.11　(1) 在代数系统 $\langle \mathbf{Z}, +, \times \rangle$ 中,加法无零元,乘法的零元是 0。

因为 $\forall a \in \mathbf{Z}$, 有

$$0 \times a = a \times 0 = 0$$

(2) 在代数系统 $\langle 2^X, \cap, \cup \rangle$ 中, $\cap$ 的零元是 $\varnothing$, $\cup$ 的零元是 X。

因为 $\forall A \in 2^X$, 有

$$A \cap \varnothing = \varnothing \cap A = \varnothing$$
$$A \cup X = X \cup A = X$$

从例 6.10 和例 6.11 中可以看到, 幺元和零元的概念是对每一个运算而言的。当运算不同时, 幺元可能不一样, 零元也可能不一样。因此在讨论幺元和零元时, 必须搞清楚是针对哪个运算来讨论的。

定理 6.1 设 $\langle X, * \rangle$ 是代数系统, $*$ 是 X 上的二元运算。

(1) 若关于 $*$ 有幺元, 则幺元是唯一的。

(2) 若关于 $*$ 有零元, 则零元是唯一的。

证 (1) 设关于 $*$ 有两个幺元, 分别是 e_1 和 e_2。

由于 e_1 是幺元, 故有

$$e_1 * e_2 = e_2 * e_1 = e_2$$

由于 e_2 是幺元, 故有

$$e_2 * e_1 = e_1 * e_2 = e_1$$

由于 $*$ 是 X 上的二元运算, 其运算结果唯一, 故有 $e_1 = e_2$, 即幺元是唯一的。

(2) 同理可证。 ∎

定义 6.6 设 $\langle X, * \rangle$ 是代数系统, $*$ 是 X 上的二元运算, 且有幺元 e。若对于某个 $x \in X$, 存在 $y \in X$, 使得

$$x * y = y * x = e$$

则称 y 是 x 关于运算 $*$ 的**逆元**, 同时称 x 是关于运算 $*$ 的**可逆元**。

上面所讨论的幺元和零元是对整个代数系统而言的。即在一个代数系统中, 对某个二元运算来说, 只有一个幺元或只有一个零元。而逆元是对代数系统中的每个元素而言的, 逆元讨论的是 X 中的某个元素对某个二元运算来说是否有逆元的问题。当然关于逆元的讨论, 只能在二元运算有幺元的前提下进行, 即幺元的存在是讨论逆元的先决条件, 否则逆元问题无从谈起。

从定义 6.6 可以看出, 如果 y 是 x 的逆元, 则 x 也是 y 的逆元, 这两者是同时成立的。另外, 如果 x 有逆元存在, 则称 x 是可逆元。当知道 x 有逆元存在时并不一定知道 x 的逆元究竟是谁。因此, 可逆元的概念是元素本身的性质, 而逆元的概念则是两个元素之间的关系, 并且这两个元素可能是一样的, 也可能是不一样的。

例 6.12　在代数系统 $\langle \mathbf{Z}, +, \times \rangle$ 中，

(1) 加法的幺元是 0，且每个元素关于 $+$ 都有逆元。$\forall a \in \mathbf{Z}, a$ 的逆元是 $-a$。0 的逆元是其本身。

(2) 乘法的幺元是 1，除了 1 和 -1 以外，每个元素关于 $\times$ 都无逆元。1 的逆元是其本身。

例 6.13　在代数系统 $\langle 2^X, \cap, \cup \rangle$ 中，

(1) $\cap$ 的幺元是 X。除了 X 以外，每个元素关于 $\cap$ 都无逆元。X 的逆元是其本身。

(2) $\cup$ 的幺元是 $\varnothing$。除了 $\varnothing$ 以外，每个元素关于 $\cup$ 都无逆元。$\varnothing$ 的逆元是其本身。

定理 6.2　设 $\langle X, * \rangle$ 是代数系统，$*$ 是 X 上的二元运算，$*$ 满足结合律且有幺元 e。那么 $\forall x \in X$，若 x 有逆元，则 x 的逆元是唯一的。

证　设 y_1, y_2 是 x 的逆元。由逆元的定义，有

$$x * y_1 = y_1 * x = e$$
$$x * y_2 = y_2 * x = e$$

于是有

$$y_1 = e * y_1 = (y_2 * x) * y_1 = y_2 * (x * y_1) = y_2 * e = y_2$$

即 x 的逆元是唯一的。　　■

但是当代数系统中的二元运算不满足结合律时，可逆元的逆元素不一定唯一。

例 6.14　设 $X = \{e, a, b, c, d\}$，$*$ 是 X 上的二元运算，$*$ 的运算如表 6.2 所示。

表 6.2

$*$	e	a	b	c	d
e	e	a	b	c	d
a	a	a	a	e	e
b	b	a	a	e	e
c	c	e	e	c	c
d	d	e	e	c	c

从表 6.2 可知 $\langle X, * \rangle$ 是代数系统，e 是关于 $*$ 的幺元。由于有

$$b * c = c * b = e$$
$$b * d = d * b = e$$

故 c 和 d 均为 b 的逆元，即 b 的逆元不唯一。原因在于运算 $*$ 不满足结合律，因为

$$(a * b) * c = a * c = e$$
$$a * (b * c) = a * e = a$$

即
$$(a * b) * c \neq a * (b * c)$$

从例 6.14 中还可以看到 a 的逆元也是 c，d。因此，当代数系统中的二元运算不满足结合律时，逆元的情况极为复杂。

上面所讨论的二元运算的性质都是针对一个二元运算而言的。在 $\langle \mathbf{Z}, +, \times \rangle$ 和 $\langle 2^X, \cap, \cup \rangle$ 这两个代数系统中都有两个二元运算，在一个代数系统中两个二元运算之间也有许多的关系，而分配律就是一个代数系统中两个二元运算之间的一种关系。

定义 6.7　设 $\langle X, *, \triangle \rangle$ 是代数系统，$*$ 和 $\triangle$ 是 X 上的两个二元运算。

(1) 若 $\forall x, y, z \in X$，有

$$x * (y \triangle z) = (x * y) \triangle (x * z)$$
$$(y \triangle z) * x = (y * x) \triangle (z * x)$$

则称运算 $*$ 对运算 $\triangle$ 满足**分配律**。

(2) 若 $\forall x, y, z \in X$，有

$$x \triangle (y * z) = (x \triangle y) * (x \triangle z)$$
$$(y * z) \triangle x = (y \triangle x) * (z \triangle x)$$

则称运算 $\triangle$ 对运算 $*$ 满足分配律。

例 6.15　在代数系统 $\langle \mathbf{Z}, +, \times \rangle$ 中

(1) 乘法对加法满足分配律，因为 $\forall a, b, c \in \mathbf{Z}$，有

$$a \times (b + c) = (a \times b) + (a \times c)$$
$$(b + c) \times a = (b \times a) + (c \times a)$$

(2) 加法对乘法不满足分配律，因为

$$3 + (5 \times 2) \neq (3 + 5) \times (3 + 2)$$

例 6.16　在代数系统 $\langle 2^X, \cap, \cup \rangle$ 中

(1) $\cap$ 对 $\cup$ 满足分配律。因为 $\forall A, B, C \in 2^X$，有

$$A \cap (B \cup C) = (A \cap B) \cup (A \cap C)$$
$$(B \cup C) \cap A = (B \cap A) \cup (C \cap A)$$

(2) $\cup$ 对 $\cap$ 满足分配律。因为 $\forall A, B, C \in 2^X$，有

$$A \cup (B \cap C) = (A \cup B) \cap (A \cup C)$$
$$(B \cap C) \cup A = (B \cup A) \cap (C \cup A)$$

当第一个二元运算满足交换律时，两个等式中只要有一个成立就可以满足第一个运算对第二个运算的分配律。

6.1.4　子代数系统

定义 6.8　设 $A = \langle X, O_1, O_2, \cdots, O_m \rangle$ 是代数系统,其中 $\{O_1, O_2, \cdots, O_m\}$ 是 X 上的 m 个运算,其阶分别为 $p_1, p_2, \cdots, p_m$。若有 $S \subseteq X$ 且 $S \neq \varnothing$,对 A 上的每一运算 O_i 有子关系 O'_i,使得 O'_i 是 S 上的 p_i 阶运算,则称 $\langle S, O'_1, O'_2, \cdots, O'_m \rangle$ 是 A 的**子代数系统**。记为

$$A_S = \langle S, O_1, O_2, \cdots, O_m \rangle$$

子代数系统的概念将贯穿于本章。因为每个非空集合总有非空子集存在,因此,每遇到一个代数系统就会遇到子代数系统的问题。由于子代数系统中的运算就是原来那代数系统中相应运算的子关系,因此经常将子代数系统中的运算符用原来那个代数系统中的运算符来表示。例如, $A = \langle X, O_1, O_2, \cdots, O_m \rangle$ 是代数系统,则 A 的子代数系统 A_S 记为 $\langle S, O_1, O_2, \cdots, O_m \rangle$。这也是前面所说"运算符是任意的"的一种具体体现。

例 6.17　已知 $\langle X, * \rangle$ 是代数系统, $*$ 运算如表 6.3 所示。

表 6.3

$*$	a	b	c	d
a	a	b	c	d
b	a	b	c	d
c	d	c	b	a
d	d	c	b	a

取 X 的子集 $S_1 = \{a, b\}$, $S_2 = \{c, d\}$,由表 6.3 取出 $*$ 对应于 S_1 和 S_2 的子关系如表 6.4 和表 6.5 所示。

表 6.4

$*$	a	b
a	a	b
b	a	b

表 6.5

$*$	c	d
c	b	a
d	b	a

由表 6.4 知, $*$ 是 S_1 上的二元运算,因此 $\langle S_1, * \rangle$ 是 $\langle X, * \rangle$ 的子代数系统。

由表 6.5 知, $*$ 不是 S_2 上的二元运算,因此 $\langle S_2, * \rangle$ 不是 $\langle X, * \rangle$ 的子代数系统。

由例 6.17 知,判断某个代数系统的子集是否有可能成为一个子代数系统时,通常是根据这个子集去寻找在代数系统的每个运算中是否有一个子关系能成为该子集上的运算。如果代数系统中的每个运算都有子关系是子集上的运算,那么这个子集和子关系们就能构成一个子代数系统,否则就不能构成子代数系统。

例 6.18　已知 $\langle \mathbf{Z}, +, \times \rangle$ 是代数系统，$+$ 和 $\times$ 是整数的加法和乘法。取 $\mathbf{Z}$ 的两个子集如下

$$E = \{x \mid x \text{ 是偶数}\}, \qquad O = \{y \mid y \text{ 是奇数}\}$$

由于任意两个偶数之和仍为偶数，任意两个偶数之积仍为偶数，故 $+$ 和 $\times$ 中都有子关系是 E 上的二元运算。因此 $\langle E, +, \times \rangle$ 是 $\langle \mathbf{Z}, +, \times \rangle$ 的子代数系统。

由于任意两个奇数之和是偶数，任意两个奇数之积仍是奇数，因此不存在 $+$ 的子关系是 O 上的二元运算。故虽有 $\times$ 的子关系是 O 上的二元运算，但 $\langle O, +, \times \rangle$ 仍不能构 $\langle \mathbf{Z}, +, \times \rangle$ 成的子代数系统。

从例 6.17 和例 6.18 中可以看到子代数系统的关键在于原代数系统的每个运算对子集来说必须是封闭的，而子关系的后者唯一性则由原来的关系是运算而直接得到。

定理 6.3　设 $\langle X, * \rangle$ 是代数系统，$*$ 是 X 上的二元运算，$\langle S, * \rangle$ 是 $\langle X, * \rangle$ 的子代数系统。

（1）若 X 上的运算 $*$ 满足结合律，则 S 上的运算 $*$ 满足结合律。

（2）若 X 上的运算 $*$ 满足交换律，则 S 上的运算 $*$ 满足交换律。

证　由于 S 上的运算 $*$ 是 X 上运算 $*$ 的子关系，且 S 上的运算 $*$ 在 S 上是封闭的，因此本定理结论成立。　　█

6.2　代数系统的同构与同态

6.2.1　基本概念

前面已介绍了代数系统的基本概念和代数系统中二元运算的一些性质。但前面所讲的内容都是针对一个代数系统而言的，那么，在两个代数系统之间会有些什么样的联系呢？下面先来看一个例子。

例 6.19　设 $A = \{a\}$，$\langle 2^A, \cup \rangle$ 是代数系统，$\cup$ 是 2^A 上的并运算，其运算表如表 6.6 所示。

设 $B = \{0,1\}$，$\langle B, \vee \rangle$ 是代数系统，$\vee$ 是 B 上的或运算，其运算表如表 6.7 所示。

表 6.6

$\cup$	$\varnothing$	A
$\varnothing$	$\varnothing$	A
A	A	A

表 6.7

$\vee$	0	1
0	0	1
1	1	1

在这两个代数系统中，虽然集合不同，运算不同，但这两个二元运算的运算表却如此相似。若用 $\cup$ 代替 $\vee$，用 $\varnothing$ 代替 0，用 A 代替 1，那么就会得到两张完全

一样的运算表,反之也一样.这说明这两个代数系统除符号外,没有任何不同.在这种意义下,这两个代数系统尽管表现形式上不一样,但实质上是一样的.为了说明这一点,下面先给出有关的一些概念.

定义 6.9　设$\langle X, f_1, f_2, \cdots, f_m \rangle$和$\langle Y, g_1, g_2, \cdots, g_n \rangle$是两个代数系统.$f_1$, $f_2, \cdots, f_m$是X上的m个运算,$g_1, g_2, \cdots g_n$是Y上的n个运算.若

(1) $m = n$;

(2) 运算f_i和相对应的运算g_i的阶相等$(i = 1, 2, \cdots, m)$.

则称$\langle X, f_1, f_2, \cdots, f_m \rangle$和$Y, g_1, g_2, \cdots, g_n \rangle$是两个**同类型的代数系统**.

例 6.20　$\langle \mathbf{Z}, +, \times \rangle$和$\langle 2^X, \cap, \cup \rangle$是两个同类型的代数系统.因为这两个代数系统都具有两个运算,且$+$和$\cap$是二元运算,$\times$和$\cup$也是二元运算.

定义 6.10　设$\langle X, f \rangle$和$\langle Y, g \rangle$是两个代数系统.f和g分别是X和Y上的n元运算.若有一函数$h: X \to Y$,使得$\forall (x_1, x_2, \cdots, x_n) \in X^n$,有

$$h(f(x_1, x_2, \cdots, x_n)) = g(h(x_1), h(x_2), \cdots, h(x_n)) \qquad (*)$$

则称函数h对f和g**保持运算**.同时称$(*)$式为**同态公式**.

所谓h保持运算的含义是指在h作用下,元素运算结果的象等于元素象的运算结果.当h对f和g保持运算时,也称h满足同态公式.

6.2.2　代数系统间的同构关系

定义 6.11　设$A = \langle X, f_1, f_2, \cdots, f_m \rangle$和$B = \langle Y, g_1, g_2, \cdots, g_m \rangle$是两个同类型的代数系统.若存在一双射函数$h: X \to Y$,对于$A$和$B$中的每一对相应的运算满足同态公式,则称$h$是从$A$到$B$的**同构函数**,同时称$A$和$B$**同构**.

由定义 6.11 可知,论及两个代数系统的同构,必须在两个同类型的代数系统之间讨论,即两个代数系统中运算的个数必须一样多,且对应的运算的阶也必须相同,否则同构无从谈起.

另外,代数系统间的同构要求有一个双射函数存在,即该函数的定义域和值域都是充满的,且该函数是一一对应的.因此,如果两个代数系统同构,那么这两个代数系统的集合的势是相等的,所以有限代数系统绝不会和无限代数系统同构.同时,这个双射函数还要对每一对运算满足同态公式,这样两个代数系统才能同构.由此可知,两个代数系统同构的要求是很高的,一般来说,代数系统之间是不容易满足同构条件的.

由于两个代数系统间的同构函数h是双射函数,因此h的逆函数存在.可以证明h^{-1}是从Y到X的双射函数且对相应的g_i和f_i保持运算,故h^{-1}是从$\langle Y, g_1, g_2, \cdots, g_m \rangle$到$\langle X, f_1, f_2, \cdots, f_m \rangle$的同构函数.因此对同构而言,两个代数系统若同构则是相互同构的.

现在再来看前面例 6.19 中的两个代数系统 $\langle 2^A, \bigcup \rangle$ 和 $\langle B, \vee \rangle$。

(1) 这两个代数系统是同类型的,都只有一个二元运算。

(2) 取函数 $h: 2^A \to B, h(\varnothing) = 0, h(A) = 1$。显然 h 是双射函数。

(3) 下面证明 h 满足同态公式。即要证 $\forall a, b \in 2^A, h(a \bigcup b) = h(a) \vee h(b)$。

$$h(\varnothing \bigcup \varnothing) = h(\varnothing) = 0, \quad h(\varnothing) \vee h(\varnothing) = 0 \vee 0 = 0$$
$$h(\varnothing \bigcup A) = h(A) = 1, \quad h(\varnothing) \vee h(A) = 0 \vee 1 = 1$$
$$h(A \bigcup \varnothing) = h(A) = 1, \quad h(A) \vee h(\varnothing) = 1 \vee 0 = 1$$
$$h(A \bigcup A) = h(A) = 1, \quad h(A) \vee h(A) = 1 \vee 1 = 1$$

由同构函数的定义知 h 是从 $\langle 2^A, \bigcup \rangle$ 到 $\langle B, \vee \rangle$ 的同构函数,即 $\langle 2^A, \bigcup \rangle$ 与 $\langle B, \vee \rangle$ 同构。

同时有 $h^{-1}: B \to 2^A, h^{-1}(0) = \varnothing, h^{-1}(1) = A$。显然 h^{-1} 是从 B 到 2^A 的双射函数。同上可证 h^{-1} 满足同态公式,因此 h^{-1} 是从 $\langle B, \vee \rangle$ 到 $\langle 2^A, \bigcup \rangle$ 的同构函数,即 $\langle B, \vee \rangle$ 与 $\langle 2^A, \bigcup \rangle$ 同构。

例 6.21　设 **N** 是自然数集合,＋是自然数加法,$\langle \mathbf{N}, + \rangle$ 是代数系统。设 E 是正偶数集合,＋是自然数加法,$\langle E, + \rangle$ 是代数系统。

下面证明这两个代数系统同构。

(1) 这两个代数系统是同类型的,都只有一个二元运算。

(2) 取函数 $h: \mathbf{N} \to E, h(i) = 2i$。由初等数学可知 h 是双射函数。

(3) $\forall i, j \in \mathbf{N}$,有

$$h(i + j) = 2(i + j) = 2i + 2j = h(i) + h(j)$$

故 h 满足同态公式。

由定义 6.11 知 h 是从 $\langle \mathbf{N}, + \rangle$ 到 $\langle E, + \rangle$ 的同构函数,即 $\langle \mathbf{N}, + \rangle$ 和 $\langle E, + \rangle$ 同构。

同时有函数 $h^{-1}: E \to \mathbf{N}, h^{-1}(j) = \dfrac{j}{2}$。由初等数学可知 h^{-1} 是双射函数。

且 $\forall i, j \in E$,有

$$h^{-1}(i + j) = \frac{i + j}{2} = \frac{i}{2} + \frac{j}{2} = h^{-1}(i) + h^{-1}(j)$$

故 h^{-1} 满足同态公式。

由定义 6.11 知 h^{-1} 是从 $\langle E, + \rangle$ 到 $\langle \mathbf{N}, + \rangle$ 的同构函数,即 $\langle E, + \rangle$ 和 $\langle \mathbf{N}, + \rangle$ 同构。

例 6.22　设 **R** 是实数集合,＋是实数加法,$\langle \mathbf{R}, + \rangle$ 是代数系统。设 $\mathbf{R}_+$ 是正实数集合,×是实数乘法,$\langle \mathbf{R}_+, \times \rangle$ 是代数系统。

下面证明这两个代数系统同构。

(1) 这两个代数系统是同类型的,都只有一个二元运算。

(2) 取函数 $h:\mathbf{R}\to\mathbf{R}_+$,$h(\alpha)=\mathrm{e}^\alpha$。由初等数学可知 h 是双射函数。

(3) $\forall\,\alpha,\beta\in\mathbf{R}$,有

$$h(\alpha+\beta)=\mathrm{e}^{\alpha+\beta}=\mathrm{e}^\alpha\times\mathrm{e}^\beta=h(\alpha)\times h(\beta)$$

故 h 满足同态公式。

由定义 6.11 知 h 是从 $\langle\mathbf{R},+\rangle$ 到 $\langle\mathbf{R}_+,\times\rangle$ 的同构函数,即 $\langle\mathbf{R},+\rangle$ 和 $\langle\mathbf{R}_+,\times\rangle$ 同构。

同时有 $h^{-1}:\mathbf{R}_+\to\mathbf{R}$,$h^{-1}(\alpha)=\ln\alpha$。由初等数学可知 h^{-1} 是双射函数,且有

$$h^{-1}(\alpha\times\beta)=\ln(\alpha\times\beta)=\ln\alpha+\ln\beta=h^{-1}(\alpha)+h^{-1}(\beta)$$

故 h^{-1} 满足同态公式。

由定义 6.11 知 h^{-1} 是从 $\langle\mathbf{R}_+,\times\rangle$ 到 $\langle\mathbf{R},+\rangle$ 的同构函数,即 $\langle\mathbf{R}_+,\times\rangle$ 和 $\langle\mathbf{R},+\rangle$ 同构。

定理 6.4　　代数系统间的同构关系是 S 上的等价关系,$S=\{A\,|\,A$ 是代数系统$\}$。

证　　只须证代数系统间的同构关系是自反的,对称的,传递的即可。

(1) 设 $A=\langle X,f_1,f_2,\cdots,f_m\rangle$ 是任一代数系统。

作函数 $h:X\to X$,$\forall\,x\in X$,$h(x)=x$。由于 h 是幺函数,故 h 是双射函数。

设 f_i 是 X 上的 n 元运算,于是有

$$\begin{aligned}h(f_i(x_1,x_2,\cdots,x_n))&=f_i(x_1,x_2,\cdots,x_n)\\&=f_i(h(x_1),h(x_2),\cdots,h(x_n))\end{aligned}$$

由 f_i 的任意性知 h 对每一对运算 f_i 和运算 f_i 满足同态公式。

由同构函数的定义知 h 是从 A 到 A 的同构函数,即 A 与 A 同构。

由自反关系的定义知代数系统间的同构关系是自反的。

(2) 设 $A_1=\langle X,f_1,f_2,\cdots,f_m\rangle$ 和 $A_2=\langle Y,g_1,g_2,\cdots,g_m\rangle$ 是任意两个同类型的代数系统。若 A_1 和 A_2 同构,则存在从 X 到 Y 的双射函数 h,且 h 对 A_1 和 A_2 中的每一对相应的运算满足同态公式。

取 h 的逆函数 $h^{-1}:Y\to X$。由于 h 是双射的,故 h^{-1} 也是双射的。

设 g_i 和 f_i 是 A_2 和 A_1 中相应两个 n 元运算,于是有

$$\begin{aligned}h^{-1}(g_i(y_1,y_2,\cdots,y_n))&=h^{-1}(g_i(h(x_1),h(x_2),\cdots,h(x_n)))\\&=h^{-1}(h(f_i(x_1,x_2,\cdots,x_n)))\\&=f_i(x_1,x_2,\cdots,x_n)\\&=f_i(h^{-1}(y_1),h^{-1}(y_2),\cdots,h^{-1}(y_n))\end{aligned}$$

由 i 的任意性知 h^{-1} 对 A_2 和 A_1 中的每一对相应的运算满足同态公式。

由同构函数的定义知 h^{-1} 是从 A_2 到 A_1 的同构函数,即 A_2 和 A_1 同构。

由对称关系的定义知代数系统间的同构关系是对称的。

（3）设 $A_1 = \langle X, f_1, f_2, \cdots, f_m \rangle, A_2 = \langle Y, g_1, g_2, \cdots, g_m \rangle, A_3 = \langle Z, l_1, l_2, \cdots, l_m \rangle$ 是任意三个同类型的代数系统。若 A_1 和 A_2 同构且 A_2 和 A_3 同构，于是有从 A_1 到 A_2 的同构函数 $h_1: X \rightarrow Y$，对 A_1 和 A_2 中的每一对相应的运算满足同态公式；且从 A_2 到 A_3 的同构函数 $h_2: Y \rightarrow Z$，对 A_2 和 A_3 中的每一对相应的运算满足同态公式。

取 h_3 为 h_1 和 h_2 的复合函数 $h_3: X \rightarrow Z, h_3(x) = h_2(h_1(x))$，由于两个双射函数的复合函数仍为双射函数，故 h_3 是从 X 到 Z 的双射函数。

设 f_i 和 l_i 是 A_1 和 A_3 中两个相对应的 n 元运算，于是有

$$
\begin{aligned}
h_3(f_i(x_1, x_2, \cdots, x_n)) &= h_2(h_1(f_i(x_1, x_2, \cdots, x_n))) \\
&= h_2(g_i(h_1(x_1), h_1(x_2), \cdots, h_1(x_n)) \\
&= l_i(h_2(h_1(x_1)), h_2(h_1(x_2)), \cdots, h_2(h_1(x_n))) \\
&= l_i(h_3(x_1), (h_3(x_2), \cdots, h_3(x_n))
\end{aligned}
$$

由 i 的任意性知 h_3 对 A_1 和 A_3 中的每一对相应的运算满足同态公式。

由同构函数的定义知 h_3 是从 A_1 到 A_3 的同构函数，即 A_1 和 A_3 同构。

由传递关系的定义知代数系统间的同构关系是传递的。

由等价关系的定义知代数系统间的同构关系是等价关系。 ▎

6.2.3　代数系统间的同态关系

在代数系统同构的概念中，要求两个代数系统之间存在着一个满足同态公式的双射函数，这个要求往往是达不到的，因为除符号外所有性质都相同的代数系统是不多的。为此，下面讨论比同构关系稍弱一点的代数系统间的关系，即同类型代数系统之间的同态关系。

定义 6.12　设 $A_1 = \langle X, f_1, f_2, \cdots, f_m \rangle$ 和 $A_2 = \langle Y, g_1, g_2, \cdots, g_m \rangle$ 是两个同类型的代数系统。若存在函数 $h: X \rightarrow Y$，对 A_1 和 A_2 中每一对相应的运算满足同态公式，则称 h 是从 A_1 到 A_2 的**同态函数**，并称 $\langle h(X), g_1, g_2, \cdots, g_m \rangle$ 是 A_1 的**同态象**。

（1）若 h 是单射的，则称 h 是从 A_1 到 A_2 的**单同态函数**，并称 $\langle h(X), g_1, g_2, \cdots, g_m \rangle$ 是 A_1 的**单同态象**。

（2）若 h 是满射的，则称 h 是从 A_1 到 A_2 的**满同态函数**，并称 A_2 是 A_1 的**满同态象**。

（3）若 h 是双射的，则称 h 是从 A_1 到 A_2 的**同构函数**，并称 A_1 和 A_2 **同构**。

由定义 6.12 可见，代数系统间的同构实际上是一种特殊的同态。同态概念与同构概念不相同。同构无方向性，即对两个同构的代数系统来说是相互同构。

但同态是有方向性的,从 A_1 到 A_2 有同态函数存在,从 A_2 到 A_1 就未必有同态函数存在,即同态的概念不可逆。另外,当 h 是满同态函数时,A_1 的同态象就是 A_2 本身。

例 6.23　设 **N** 为自然数集合,$+$ 是自然数加法,则 $\langle \mathbf{N}, + \rangle$ 是代数系统。

设 $N_m = \{[0], [1], \cdots, [m-1]\}$,$+_m$ 定义如下:

$$\forall [i], [j] \in N_m, \quad [i] +_m [j] = [(i+j) \bmod m]$$

由于 $0 \leqslant ((i+j) \bmod m) < m$,且结果唯一,故 $+_m$ 是 N_m 上的二元运算。于是有 $\langle N_m, +_m \rangle$ 是代数系统。

取函数 $h: \mathbf{N} \to N_m$,$h(i) = [i \bmod m]$,

(1) 对 N_m 中的任意元素 $[i]$,取 $i + m \in \mathbf{N}$,则

$$h(i+m) = [i]$$

故 h 是满射的。

(2) 任取 $i, j \in \mathbf{N}$,有

$$
\begin{aligned}
h(i+j) &= [(i+j) \bmod m] \\
&= [i] +_m [j] \\
&= [i \bmod m] +_m [j \bmod m] \\
&= h(i) +_m h(j)
\end{aligned}
$$

故 h 对 $+$ 和 $+_m$ 满足同态公式。

由定义 6.12 知 h 是从 $\langle \mathbf{N}, + \rangle$ 到 $\langle N_m, +_m \rangle$ 的满同态函数,即有 $\langle N_m, +_m \rangle$ 是 $\langle \mathbf{N}, + \rangle$ 的满同态象。

例 6.24　设 **N** 为自然数集合,$+$ 是自然数加法,则 $\langle \mathbf{N}, + \rangle$ 是代数系统。

设 $X = \{1, -1\}$,$\times$ 是整数乘法,则 $\langle X, \times \rangle$ 是代数系统。

取函数 $h: \mathbf{N} \to X$,$h(\text{偶数}) = 1$,$h(\text{奇数}) = -1$。由满射函数的定义知 h 是从 **N** 到 X 的满射函数。任取 $i, j \in N$

(1) 当 i 为偶数、j 为偶数时,$i+j$ 为偶数。于是有

$$h(i+j) = 1, \quad h(i) \times h(j) = 1 \times 1 = 1$$

(2) 当 i 为偶数、j 为奇数时,$i+j$ 为奇数。于是有

$$h(i+j) = -1, \quad h(i) \times h(j) = 1 \times (-1) = -1$$

(3) 当 i 为奇数、j 为偶数时,$i+j$ 为奇数。于是有

$$h(i+j) = -1, \quad h(i) \times h(j) = (-1) \times 1 = -1$$

(4) 当 i 为奇数、j 为奇数时,$i+j$ 为偶数。于是有

$$h(i+j) = 1, \quad h(i) \times h(j) = (-1) \times (-1) = 1$$

故 h 对 $+$ 和 $\times$ 满足同态公式。

由定义 6.12 知 h 是从 $\langle \mathbf{N}, + \rangle$ 到 $\langle X, \times \rangle$ 的满同态函数,即 $\langle X, \times \rangle$ 是 $\langle \mathbf{N}, + \rangle$

的满同态象。

由例 6.23 和例 6.24 可以看到 $\langle N_m, +_m \rangle$ 和 $\langle X, \times \rangle$ 都是 $\langle \mathbf{N}, + \rangle$ 的满同态象。由此可知,一个代数系统的满同态象可以是各种各样的代数系统。那么代数系统间的同态这个概念究竟带来了什么好处呢?下面给出两个定理。

定理 6.5 设 $A_1 = \langle X, f_1, f_2, \cdots, f_m \rangle$ 和 $A_2 = \langle Y, g_1, g_2, \cdots, g_m \rangle$ 是两个同类型的代数系统,h 是从 A_1 到 A_2 的同态函数,那么 A_1 的同态象 $\langle h(X), g_1, g_2, \cdots, g_m \rangle$ 是 A_2 的子代数系统。

证 只须证 A_2 中的每一运算 g_i 在 $h(X)$ 上是封闭的。

任取 g_i 是 A_2 中的 n 元运算,于是有

$$g_i(h(x_1), h(x_2), \cdots, h(x_n)) = h(f_i(x_1, x_2, \cdots, x_n))$$
$$= h(x) \in h(X)$$

由 i 的任意性知 g_i 在 $h(X)$ 上是封闭的。

由子代数系统的定义知 $\langle h(X), g_1, \cdots, g_m \rangle$ 是 A_2 的子代数系统。 ▮

定理 6.6 设 $\langle X, * \rangle$ 和 $\langle Y, \circ \rangle$ 是两个代数系统,$*$ 和 $\circ$ 分别是 X 和 Y 上的二元运算。h 是从 $\langle X, * \rangle$ 到 $\langle Y, \circ \rangle$ 的满同态函数,那么

(1) 若 $*$ 满足结合律,则 $\circ$ 满足结合律。

(2) 若 $*$ 满足交换律,则 $\circ$ 满足交换律。

(3) 若 e 是关于 $*$ 的幺元,则 $h(e)$ 是关于 $\circ$ 的幺元。

(4) 若 0 是关于 $*$ 的零元,则 $h(0)$ 是关于 $\circ$ 的零元。

(5) 若 x 关于 $*$ 有逆元 x^{-1},则 $h(x)$ 关于 $\circ$ 的逆元是 $h(x^{-1})$。

证 (1) $\forall y_1, y_2, y_3 \in Y$,由条件知有 $x_1, x_2, x_3 \in X$,使得

$$y_1 = h(x_1), \quad y_2 = h(x_2), \quad y_3 = h(x_3)$$

由同态公式知,有

$$(y_1 \circ y_2) \circ y_3 = (h(x_1) \circ h(x_2)) \circ h(x_3)$$
$$= h(x_1 * x_2) \circ h(x_3)$$
$$= h((x_1 * x_2) * x_3)$$
$$y_1 \circ (y_2 \circ y_3) = h(x_1) \circ (h(x_2) \circ h(x_3))$$
$$= h(x_1) \circ h(x_2 * x_2)$$
$$= h(x_1 * (x_2 * x_3))$$

由条件知 $(x_1 * x_2) * x_3 = x_1 * (x_2 * x_3)$,故 $h((x_1 * x_2) * x_3) = h(x_1 * (x_2 * x_3))$,即有

$$(y_1 \circ y_2) \circ y_3 = y_1 \circ (y_2 \circ y_3)$$

由结合律的定义知运算 $\circ$ 满足结合律。

(2) $\forall y_1, y_2 \in Y$,由条件知有 $x_1, x_2 \in X$,使得 $y_1 = h(x_1)$,$y_2 = h(x_2)$。

由同态公式知,有

$$y_1 \circ y_2 = h(x_1) \circ h(x_2) = h(x_1 * x_2)$$
$$y_2 \circ y_1 = h(x_2) \circ h(x_1) = h(x_2 * x_1)$$

由条件知 $x_1 * x_2 = x_2 * x_1$,故 $h(x_1 * x_2) = h(x_2 * x_1)$,即有

$$y_1 \circ y_2 = y_2 \circ y_1$$

由交换律的定义知运算。满足交换律。

（3）$\forall y \in Y$,由条件知有 $x \in X$,使得 $y = h(x)$。

由同态公式知,有

$$h(e) \circ y = h(e) \circ h(x) = h(e * x)$$
$$y \circ h(e) = h(x) \circ h(e) = h(x * e)$$

由条件知 $e * x = x * e = x$,故 $h(e * x) = h(x * e) = h(x)$,即有

$$h(e) \circ y = y = y \circ h(e)$$

由幺元的定义知 $h(e)$ 是关于。的幺元。

（4）$\forall y \in Y$,由条件知有 $x \in X$,使得 $y = h(x)$。

由同态公式知,有

$$h(0) \circ y = h(0) \circ h(x) = h(0 * x)$$
$$y \circ h(0) = h(x) \circ h(0) = h(x * 0)$$

由条件知 $0 * x = x * 0 = 0$,故 $h(0 * x) = h(x * 0) = h(0)$,即有

$$h(0) \circ y = h(0) = y \circ h(0)$$

由零元的定义知 $h(0)$ 是关于。的零元。

（5）由条件知 $x * x^{-1} = x^{-1} * x = e$,且 $h(e)$ 是关于。的幺元。

由同态公式知有

$$h(x) \circ h(x^{-1}) = h(x * x^{-1}) = h(e)$$
$$h(x^{-1}) \circ h(x) = h(x^{-1} * x) = h(e)$$

由逆元的定义知 $h(x^{-1})$ 是 $h(x)$ 关于。的逆元。　　▌

由定理 6.6 可知当 $\langle Y, \circ \rangle$ 是 $\langle X, * \rangle$ 的满同态象时,如果对 $\langle Y, \circ \rangle$ 的性质不了解,则可通过满同态函数将 $\langle X, * \rangle$ 上的性质带到 $\langle Y, \circ \rangle$ 中去。因此,在研究一个新代数系统时,首先应考虑它是否与已有的代数系统同构或同态,若是,研究起来就容易多了。

6.3　半群

半群是最简单的一类代数系统。所谓简单是指代数系统中的运算个数少,且运算的性质也少。由于半群的性质简单,因此对半群的研究和应用都不是一件容

易的事情。由于计算机科学中大量用到半群这类代数系统,因而对半群的研究和应用正在日益广泛地开展起来。半群在时序机理论、形式语言、语法分析等方面有着广泛的应用。

6.3.1　半群的基本概念

定义 6.13　设 $\langle X, * \rangle$ 是代数系统, $*$ 是 X 上的二元运算。若 $*$ 满足结合律,则称 $\langle X, * \rangle$ 为**半群**。

由半群的定义知,半群是一种特殊的代数系统,它只有一个二元运算且该运算满足结合律。

例 6.25　设 $\mathbf{Z}$ 是整数集合, $\times$ 是整数乘法。

(1) 由算术知识知,两个整数相乘仍为整数,且结果唯一,故整数乘法是 $\mathbf{Z}$ 上的二元运算。

(2) 由算术知识知,整数乘法满足结合律。

由半群的定义知 $\langle \mathbf{Z}, \times \rangle$ 是半群。

例 6.26　设 $\mathbf{M}_{n \times n}$ 是 $n \times n$ 阶实矩阵的全体, $\times$ 是矩阵乘法。

(1) 由线性代数知,两个 $n \times n$ 的实矩阵相乘仍为 $n \times n$ 的实矩阵,且结果唯一,故 $\times$ 是 $\mathbf{M}_{n \times n}$ 上的二元运算。

(2) 由线性代数知,矩阵乘法满足结合律。

由半群的定义知 $\langle \mathbf{M}_{n \times n}, \times \rangle$ 是半群。

例 6.27　设 $N_m = \{[0], [1], \cdots, [m-1]\}$, $\times_m$ 定义如下:
$$\forall [i], [j] \in N_m, \quad [i] \times_m [j] = [(i \times j) \bmod m]$$

(1) 由于 $0 \leqslant ((i \times j) \bmod m) < m$,且结果唯一,故 $\times_m$ 是 N_m 上的二元运算(通常称为 N_m 上的模乘运算)。

(2) 由于 $\forall [i], [j], [k] \in N_m$,有
$$([i] \times_m [j]) \times_m [k] = [(i \times j) \bmod m] \times_m [k] = [(i \times j \times k) \bmod m]$$
$$[i] \times_m ([j] \times_m [k]) = [i] \times_m [(j \times k) \bmod m] = [(i \times j \times k) \bmod m]$$
故有
$$([i] \times_m [j]) \times_m [k] = [i] \times_m ([j] \times_m [k])$$
由结合律的定义知 $\times_m$ 满足结合律。

由半群的定义知 $\langle N_m, \times_m \rangle$ 是半群。

例 6.28　设 X 为非空集合, 2^X 是 X 的幂集, $\bigcap$ 是 2^X 上的集合交运算。

(1) 由集合一章知 $\bigcap$ 是 2^X 上的二元运算。

(2) 由集合一章知 $\bigcap$ 满足结合律。

由半群的定义知 $\langle 2^X, \bigcap \rangle$ 是半群。

例 6.29　设 $P[x]$ 是实系数多项式的全体，$\times$ 是多项式的乘法。

(1) 由于两个多项式之积仍为多项式，且结果唯一，故 $\times$ 是 $P[x]$ 上的二元运算。

(2) 由于实数乘法和加法分别满足结合律，故多项式乘法满足结合律。

由半群的定义知 $\langle P[x], \times \rangle$ 是半群。

例 6.30　设 $X = \{a, b\}$，$X^X = \{f \mid f : X \to X\} = \{f_1, f_2, f_3, f_4\}$，。是函数的复合运算。$X^X$ 上的。运算如表 6.8 所示。

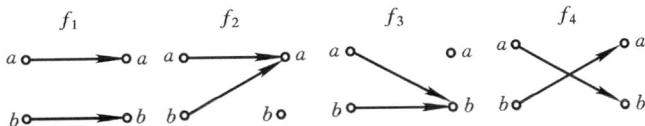

图 6.1

表 6.8

。	f_1	f_2	f_3	f_4
f_1	f_1	f_2	f_3	f_4
f_2	f_2	f_2	f_2	f_2
f_3	f_3	f_3	f_3	f_3
f_4	f_4	f_3	f_2	f_1

(1) 由表 6.8 可知。是 X^X 上的二元运算；

(2) 由函数一章知函数的复合运算满足结合律。

由半群的定义知 $\langle X^X, 。\rangle$ 是半群。

6.3.2　交换半群与含幺半群

定义 6.14　设 $\langle X, * \rangle$ 是半群。

(1) 若 $*$ 满足交换律，则称 $\langle X, * \rangle$ 是**交换半群**；

(2) 若关于 $*$ 有幺元，则称 $\langle X, * \rangle$ 是**含幺半群**。

例 6.31　在前面半群的例子中，

(1) $\langle \mathbf{Z}, \times \rangle$ 是交换含幺半群，幺元是 1。

(2) $\langle \mathbf{M}_{n \times n}, \times \rangle$ 不是交换半群，但是含幺半群，幺元是单位矩阵 $\mathbf{E}$。

(3) $\langle N_m, \times_m \rangle$ 是交换含幺半群，幺元是 $[1]$。

(4) $\langle 2^X, \cap \rangle$ 是交换含幺半群，幺元是 X。

(5) $\langle P[x], \times \rangle$ 是交换含幺半群，幺元是 1。

(6) $\langle X^X, 。\rangle$ 不是交换半群，但是含幺半群，幺元是幺函数 f_1。

例 6.32　　自由含幺半群。

（1）设 V 是非空的有限字符集合。通常将 V 称为字母表（广义的），称字母表中的元素为字母、字符或符号。

（2）字符串是字母表中字符的 n 重序元（n 元组）。

（3）字符串的长度为组成字符串的字符的个数。

（4）称长度为零的字符串为空串，通常用 ε 表示。

（5）V^* 是由 V 中字符组成的所有有限长字符串的集合。

（6）两个字符串相等是指两个字符串的长度相等且对应的序元相同。

（7）在 V^* 上定义一个二元运算 $+$ 如下
$$\forall\,\alpha,\beta\in V^*,\quad \alpha+\beta=\alpha\beta$$
例如，$\alpha=\text{semi}$，$\beta=\text{group}$，$\alpha+\beta=\text{semigroup}$。

由于 $\alpha,\beta\in V^*$，因此 α,β 均为有限长的字符串，故 $\alpha\beta$ 也是一个有限长的字符串，即 $\alpha+\beta\in V^*$ 且结果唯一，故 $+$ 是 V^* 上的一个二元运算，通常称 $+$ 为字符串的连接运算。

（8）由于 $\forall\,\alpha,\beta,\gamma\in V^*$，有
$$(\alpha+\beta)+\gamma=\alpha\beta\gamma=\alpha+(\beta+\gamma)$$
故字符串连接运算 $+$ 满足结合律。

（9）由于 $\forall\,\alpha\in V^*$，有 $\varepsilon+\alpha=\alpha+\varepsilon=\alpha$，由幺元的定义知 ε 是关于 $+$ 的幺元。

综上所述，$\langle V^*,+\rangle$ 是含幺半群。通常称这个含幺半群是由字母表 V 生成的自由含幺半群，这个半群不是交换半群。

自由含幺半群 $\langle V^*,+\rangle$ 被广泛地应用于文法和形式语言的研究中。

目前，在计算机中有许多种语言，语言种类之多类似于代数系统之多。那么，如何才能通过对这众多语言的研究产生出更高级、更方便的语言呢？

先从语言的组成说起。一种语言，首先要有个字符集；其次，由字符集中的字符组成字符串（即字）；然后，由字组成词组，进行造句；最后，将单个的语句连接起来组成语言或文章。从这里可以看到，语言的基本成员是字。字的集合，实际上就是上面所说的由 V 生成的自由含幺半群 $\langle V^*,+\rangle$。在 V^* 上加上一定的规则，即文法，就可以产生语言了。例如在 C 语言中，文法的内容有：什么是数，变量，数组，标准函数，表达式等。当在 V^* 上建立了这些文法规则后，语言就诞生了。因此，我们所说的自由含幺半群 $\langle V^*,+\rangle$ 是研究形式语言的基础。形式语言研究的主要对象是文法规则，根据不同的文法规则就可以产生不同的计算机语言，"编译原理"这门课程将深入讨论这些问题。

下面是一个在时序机的研究中用到的半群。

由门电路组成的电路叫组合电路或基本逻辑电路。由于组合电路的输入不

能自动地连续进行,因此仅由组合电路是构不成计算机的。为了使输入自动地连续进行,一般采用时钟脉冲信号来控制电路的连续输入。组合电路加上时钟脉冲就构成了时序电路。最简单的时序电路是时钟脉冲加触发器。时序电路的输出是外部输入与内存信息的函数。一个由时序电路组成的机器称为时序机或有穷自动机。而计算机从原理上来说就是一个复杂的有穷自动机。在有穷自动机的研究中将用到下面的半群。

例 6.33　设 X 是一非空有限集合,$\pi(X)$ 是 X 上所有划分的集合。设 $P,Q \in \pi(X)$, $P = \{p_1, p_2, \cdots, p_m\}$, $Q = \{q_1, q_2, \cdots, q_n\}$。

$P * Q$ 定义如下:

$P * Q = \{p_i \bigcap q_j \mid p_i \bigcap q_j \neq \varnothing,\ i = 1, 2, \cdots, m;\ j = 1, 2, \cdots, n\}$。

(1) 由于

$$\bigcup_{i=1}^{m} \bigcup_{j=1}^{n} (p_i \bigcap q_j) = \bigcup_{i=1}^{m} (p_i) \bigcap \bigcup_{j=1}^{n} (q_j) = X \bigcap X = X$$

$$(p_i \bigcap q_j) \bigcap (p_k \bigcap q_r) = (p_i \bigcap p_k) \bigcap (q_j \bigcap q_r) = \varnothing \bigcap \varnothing = \varnothing$$

由划分的定义知 $P * Q$ 是 X 上的划分,且结果唯一,故 $*$ 是 $\pi(X)$ 上的二元运算。

(2) 由于 $*$ 是由集合的交运算来定义的,而集合的交运算满足结合律,故 $*$ 满足结合律。

(3) 由于 $\forall P \in \pi(X)$,有 $P * \{X\} = \{X\} * P = P$。由幺元的定义知关于 $*$ 的幺元是$\{X\}$。

综上所述,$\langle \pi(X), * \rangle$ 是含幺半群,该半群是交换含幺半群。

6.3.3　循环半群

定义 6.15　设 $\langle X, * \rangle$ 是代数系统,$*$ 是 X 上的二元运算。X 中元素的乘幂定义如下:

$$\forall x \in X, \quad x^1 = x$$
$$x^{m+1} = x^m * x \quad (m \in \mathbf{N})$$

例 6.34　在代数系统 $\langle \mathbf{N}, + \rangle$ 中,取 $1 \in \mathbf{N}$,于是有

$$1^1 = 1,\ 1^2 = 1 + 1 = 2,\ 1^3 = 1^2 + 1 = 2 + 1 = 3, \cdots$$

例 6.35　在代数系统 $\langle 2^X, \bigcap \rangle$ 中,取 $A \in 2^X$,于是有

$$A^1 = A,\ A^2 = A \bigcap A = A,\ A^3 = A^2 \bigcap A = A \bigcap A = A, \cdots$$

下面的定理说明在半群中,元素的乘幂满足指数定律。

定理 6.7　设 $\langle X, * \rangle$ 是半群。任取 $x \in X$,$\forall m, n \in \mathbf{N}$,有

(1) $x^m * x^n = x^{m+n}$;

(2) $(x^m)^n = x^{mn}$。

证　用归纳法证。

(1) 固定 m,对 n 用归纳法。

当 $n = 1$ 时,由定义 6.15 知有 $x^m * x^1 = x^{m+1}$。

设当 $n = k$ 时,有 $x^m * x^k = x^{m+k}$。

当 $n = k + 1$ 时,有

$$x^m * x^{k+1} = x^m * (x^k * x) = (x^m * x^k) * x$$
$$= x^{m+k} * x = x^{(m+k)+1} = x^{m+(k+1)}$$

由归纳法知对任意的 $m, n \in \mathbf{N}$,有 $x^m * x^n = x^{m+n}$。

(2) 当 $n = 1$ 时,由定义 6.15 知 $(x^m)^1 = x^m = x^{m \times 1}$。

设当 $n = k$ 时,有 $(x^m)^k = x^{mk}$。

当 $n = k + 1$ 时,有

$$(x^m)^{k+1} = (x^m)^k * x^m = x^{mk} * x^m = x^{mk+m} = x^{m(k+1)}$$

由归纳法知对任意的 $m, n \in \mathbf{N}$,有 $(x^m)^n = x^{mn}$。　■

定义 6.16　设 $\langle X, * \rangle$ 是半群。若存在 $x_0 \in X$,对任意的 $x \in X$,存在 $n \in \mathbf{N}$,使得 $x = x_0^n$,则称 $\langle X, * \rangle$ 为**循环半群**,同时称 x_0 是该循环半群的**生成元**。

例 6.36　(1) $\langle N, + \rangle$ 是循环半群,生成元是 1。

(2) $\langle \mathbf{N}, \times \rangle$ 不是循环半群,因为无生成元。

(3) $\langle N_5, +_5 \rangle$ 是循环半群。[1],[2],[3],[4] 都是它的生成元,即 $\langle N_5, +_5 \rangle$ 的生成元不唯一。

定理 6.8　若 $\langle X, * \rangle$ 是循环半群,则 $\langle X, * \rangle$ 是交换半群。

证　设 x_0 是 $\langle X, * \rangle$ 的生成元。$\forall x, y \in X$,则有 $x = x_0^m, y = x_0^n$。于是有

$$x * y = x_0^m * x_0^n = x_0^{m+n} = x_0^{n+m} = x_0^n * x_0^m = y * x$$

由交换律的定义知 $*$ 满足交换律,即 $\langle X, * \rangle$ 是交换半群。　■

定理 6.8 说明循环半群一定是交换半群,但交换半群未必是循环半群。

例 6.37　取半群 $\langle N_5, \times_5 \rangle$,其运算表如表 6.9 所示。

表 6.9

$\times_5$	0	1	2	3	4
0	0	0	0	0	0
1	0	1	2	3	4
2	0	2	4	1	3
3	0	3	1	4	2
4	0	4	3	2	1

由表 6.9 知 $\langle N_5, \times_5 \rangle$ 是交换半群,但不是循环半群。因为 N_5 中的 0 无法表

示成任何元素的乘幂,同时 0 也不是生成元,故$\langle N_5, \times_5 \rangle$不是循环半群。

6.3.4　子半群

定义 6.17　设$\langle X, * \rangle$是半群,$S \subseteq X$,$S \neq \varnothing$。若$\langle S, * \rangle$是$\langle X, * \rangle$的子代数系统且$\langle S, * \rangle$是半群,则称$\langle S, * \rangle$是$\langle X, * \rangle$**的子半群**。

子半群的概念是子代数系统概念在半群这种代数系统中的具体体现。

由定理 6.3 知,若代数系统中的二元运算满足结合律,则子代数系统中的二元运算也满足结合律,因此半群的子代数系统就是这个半群的子半群。

6.4　群

群比半群要复杂一些。在代数系统中,由于群是研究得比较完善的一类代数结构,因此有许多关于群的专著。在计算机科学中,群在快速加法器的设计和纠错码理论等方面有着广泛的应用。

6.4.1　群的基本概念

定义 6.18　设$\langle G, * \rangle$是含幺半群。若G中每个元素都有逆元,则称$\langle G, * \rangle$为**群**。

从定义 6.18 中可以看到,群比含幺半群多了“每个元素都有逆元”的条件,故凡含幺半群所具有的性质,群也都具有。要证明一个代数系统$\langle G, * \rangle$是否为群,根据群的定义需要证明以下四点:

（1）$*$ 是 G 上的二元运算;

（2）$*$ 满足结合律;

（3）关于 $*$ 有幺元;

（4）G 中每个元素关于 $*$ 有逆元。

当然,如果已知给定的代数系统是半群,则只须证明（3）和（4）。

若已知给定的代数系统是含幺半群,则只须证明（4）。

在群中,通常将元素 x 的逆元记为 x^{-1}。

6.3 节中的五个例子$\langle \mathbf{Z}, \times \rangle$,$\langle \mathbf{M}_{n \times n}, \times \rangle$,$\langle N_m, \times_m \rangle$,$\langle 2^X, \cap \rangle$,$\langle P[x], \times \rangle$都是含幺半群,但都不是群,原因就在于不能保证每个元素有逆元。下面给出几个群的例子。

例 6.38　设 Z 是整数集合,＋是整数加法。由算术知识知:

（1）两个整数之和仍为整数,且结果唯一,故 ＋ 是 **Z** 上的二元运算。

（2）整数加法满足结合律。

（3）取$0 \in \mathbf{Z}$,$\forall a \in \mathbf{Z}$,有$a + 0 = 0 + a = a$。由幺元的定义知 0 是关于＋的幺

元。

(4) $\forall a \in \mathbf{Z}$,取 $-a \in \mathbf{Z}$,有 $a+(-a)=(-a)+a=0$。由逆元的定义知 $\mathbf{Z}$ 中每个元素有逆元。

由群的定义知 $\langle \mathbf{Z}, + \rangle$ 是群。

例 6.39　设 $M_{n \times n}$ 是 $n \times n$ 阶实矩阵的全体,$+$ 是矩阵加法。由线性代数知:

(1) 两个 $n \times n$ 的实矩阵相加仍为 $n \times n$ 的实矩阵,且结果唯一,故 $+$ 是 $M_{n \times n}$ 上的二元运算。

(2) 实矩阵加法满足结合律。

(3) 取零矩阵 $O \in M_{n \times n}$,$\forall A \in M_{n \times n}$,有 $A+O=O+A=A$。由幺元的定义知 O 是关于 $+$ 的幺元。

(4) $\forall A \in M_{n \times n}$,取 $-A \in M_{n \times n}$,有 $A+(-A)=(-A)+A=O$。由逆元的定义知 $M_{n \times n}$ 中每个元素都有逆元。

由群的定义知 $\langle M_{n \times n}, + \rangle$ 是群。

例 6.40　设 $N_m = \{[0],[1],\cdots,[m-1]\}$,$+_m$ 定义如下:
$$\forall [i],[j] \in N_m, \ [i] +_m [j] = [(i+j) \bmod m]$$

(1) 由于 $0 \leqslant ((i+j) \bmod m < m$,且结果唯一,故 $+_m$ 是 N_m 上的二元运算。通常称 $+_m$ 是 N_m 上的模加运算。

(2) 由于 $\forall [i],[j],[k] \in N_m$,有
$$\begin{aligned}
([i] +_m [j]) +_m [k] &= [(i+j) \bmod m] +_m [k] \\
&= [(i+j+k) \bmod m] \\
[i] +_m ([j] +_m [k]) &= [i] +_m [(j+k) \bmod m] \\
&= [(i+j+k) \bmod m]
\end{aligned}$$
故有
$$([i] +_m [j]) +_m [k] = [i] +_m ([j] +_m [k])$$
由结合律的定义知 $+_m$ 满足结合律。

(3) 取 $[0] \in N_m$,$\forall [i] \in N_m$,有
$$[0] +_m [i] = [(0+i) \bmod m] = [i]$$
$$[i] +_m [0] = [(i+0) \bmod m] = [i]$$
由幺元的定义知 $[0]$ 是关于 $+_m$ 的幺元。

(4) $\forall [i] \in N_m$,取 $[m-i] \in N_m$,有
$$[i] +_m [m-i] = [(i+(m-i)) \bmod m] = [0]$$
$$[m-i] +_m [i] = [((m-i)+i) \bmod m] = [0]$$
由逆元的定义知 N_m 中每个元素有逆元。

由群的定义知 $\langle N_m, +_m \rangle$ 是群。

例 6.41　设 X 是一非空集合，2^X 是 X 的幂集，$\oplus$ 是集合的对称差，即

$$A \oplus B = (A\backslash B)\bigcup(B\backslash A)$$

由第 3 章（集合）知：

(1) 对称差是 2^X 上的二元运算；

(2) 对称差运算满足结合律；

(3) 关于对称差运算的幺元是 $\varnothing$；

(4) $\forall A \in 2^X$，A 关于对称差的逆元是其本身。

由群的定义知 $\langle 2^X, \oplus \rangle$ 是群。

例 6.42　设 $P[x]$ 是实系数多项式的全体，$+$ 是多项式的加法。

(1) 由于两个多项式之和仍为多项式，且结果唯一，故 $+$ 是 $P[x]$ 上的二元运算。

(2) 由于实数加法满足结合律，故多项式加法满足结合律。

(3) 取 $0 \in P[x]$，$\forall p(x) \in P[x]$，有 $0 + p(x) = p(x) + 0 = p(x)$。由幺元的定义知 0 是关于 $+$ 的幺元。

(4) $\forall p(x) \in P[x]$，取 $-p(x) \in P[x]$，有

$$p(x) + (-p(x)) = (-p(x)) + p(x) = 0$$

由逆元的定义知 $P[x]$ 中每个元素有逆元。

由群的定义知 $\langle P[x], + \rangle$ 是群。

定义 6.19　设 $\langle G, * \rangle$ 是群。若 $*$ 满足交换律，则称 $\langle G, * \rangle$ 是**交换群**（Abel 群）。

例 6.38，例 6.39，例 6.40，例 6.41，例 6.42 都是交换群。

定义 6.20　设 $\langle G, * \rangle$ 是群，则称 G 的势为 $\langle G, * \rangle$ 的阶。

由定义 6.20 知，有限群的阶就是 G 中元素的个数，无限群的阶就是群的势，即 $|G|$。

6.4.2　群的基本性质

定理 6.9　设 $\langle G, * \rangle$ 是群，且 $|G| \geqslant 2$，则

(1) G 中每个元素的逆元是唯一的；

(2) G 中无零元。

证　(1) 由群的定义知 $*$ 满足结合律，由定理 6.2 知结论成立。

(2) 假设 G 有零元 0，则 $\forall g \in G$，有 $g * 0 = 0 * g = 0$。由逆元的定义知 0 无逆元存在。这与群中每个元素有逆元矛盾。矛盾说明假设不真，故 G 中无零元。　　■

定理 6.10　设 $\langle G, * \rangle$ 是群，则 $\forall a, b \in G$，有

(1) $(a^{-1})^{-1} = a$；

（2）$(a*b)^{-1} = b^{-1}*a^{-1}$。

证　（1）由于 a^{-1} 是 a 的逆元，故有 $a*a^{-1} = a^{-1}*a = e$。由逆元的定义知 a 是 a^{-1} 的逆元，即有 $(a^{-1})^{-1} = a$。

（2）由于

$$(a*b)*(b^{-1}*a^{-1}) = a*(b*b^{-1})*a^{-1} = e$$

$$(b^{-1}*a^{-1})*(a*b) = b^{-1}*(a^{-1}*a)*b = e$$

故由逆元的定义知 $b^{-1}*a^{-1}$ 是 $a*b$ 的逆元，即 $(a*b)^{-1} = b^{-1}*a^{-1}$。∎

定理 6.11　设 $\langle G, * \rangle$ 是群，则 $*$ 满足消去律。

证　设有 $a*b = a*c$，在等式两边同时用 $a^{-1}*$，则有

$$a^{-1}*(a*b) = a^{-1}*(a*c)$$

由 $*$ 的结合律有

$$(a^{-1}*a)*b = (a^{-1}*a)*c$$

由逆元和幺元的性质有 $b = c$。

同理可证，若 $b*a = c*a$，则有 $b = c$。

由消去律的定义知 $*$ 满足消去律。∎

定理 6.12　设 $\langle G, * \rangle$ 是有限群，$|G| = n$，则在 $*$ 的运算表中，G 中每个元素在每行（列）出现一次且只出现一次。

证　设 $G = \{g_1, g_2, \cdots, g_n\}$，$\forall i, j$，若 $i \neq j$，则 $g_i \neq g_j$。若有 g_k 在 l 行分别出现两次，不妨设在第 i 列和第 j 列同时出现。那么对应于 g_i 和 g_j 有

$$g_k = g_l*g_i, \quad g_k = g_l*g_j$$

由群的消去律得 $g_i = g_j$，这与 g_i 和 g_j 互不相同矛盾，故 G 中每个元素在每行至多出现一次。而运算表每行由 n 个元素构成，故每个元素必须在每行出现一次。由此可知，G 中每个元素在运算表的每一行出现一次且只出现一次。

同理可证，G 中每个元素在运算表的每一列出现一次且只出现一次。∎

由定理 6.12 知 n 阶有限群 G 中每个元素在运算表的每行（列）出现一次且只出现一次，故运算表中的每一行（列）都与 G 中的元素构成一个置换。因此，n 阶有限群的运算表是由 G 中元素的 n 个置换所构成，这个性质是由于群中每个元素都有逆元而产生的。

6.4.3　群中元素的阶

在群中由于运算是封闭的，因此当群中的元素自己和自己运算时，运算结果仍在群中。这就产生了元素乘幂的问题。在半群中，已讨论了元素的乘幂问题。在半群中讲的是元素的正整数次幂。在群中，由于出现了逆元的概念，只有元素的正整数次幂就不够用了。下面给出群中元素乘幂的定义。

定义 6.21　设 $\langle G, * \rangle$ 是群, $g \in G, n \in \mathbf{N}$。 g 的乘幂定义如下:

$$g^0 = e$$
$$g^1 = g$$
$$g^{n+1} = g^n * g$$
$$g^{-n} = (g^{-1})^n$$

由定义 6.21 知,群中元素的乘幂是在整数范围内进行的。同样可以由归纳法证明,当指数为整数时,指数定律在群中成立。即 $\forall g \in G$,任取 $n, m \in \mathbf{Z}$,有

$$g^n * g^m = g^{n+m}$$
$$(g^m)^n = g^{mn}$$

例 6.43　已知 $\langle \mathbf{Z}, + \rangle$ 是群,取 $1 \in \mathbf{Z}$,则有

$$1^0 = 0, 1^1 = 1, 1^2 = 1 + 1 = 2, \cdots, 1^n = n, \cdots$$
$$1^{-n} = (-1)^n = -n, \ 1^n + 1^{-n} = n + (-n) = 0$$

例 6.44　设 X 是方程 $x^4 = 1$ 的四个根组成的集合,即 $X = \{1, -1, i, -i\}$,其中 $i = \sqrt{-1}$。设 $\times$ 是复数乘法,其运算表如表 6.10 所示。

表 6.10

$\times$	1	-1	i	$-i$
1	1	-1	i	$-i$
-1	-1	1	$-i$	i
i	i	$-i$	-1	1
$-i$	$-i$	i	1	-1

由表 6.10 知 $\langle X, \times \rangle$ 是群。

在这个群中,关于元素的乘幂有以下结果:

$1^1 = 1, 1^2 = 1, 1^3 = 1, 1^4 = 1, 1^5 = 1, \cdots$

$(-1)^1 = -1, (-1)^2 = 1, (-1)^3 = -1, (-1)^4 = 1, (-1)^5 = -1, \cdots$

$i^1 = i, i^2 = -1, i^3 = -i, i^4 = 1, i^5 = i, \cdots$

$(-i)^1 = -i, (-i)^2 = -1, (-i)^3 = i, (-i)^4 = 1, (-i)^5 = -i, \cdots$

从这里可以看到, $1^1 = 1, (-1)^2 = 1, i^4 = 1, (-i)^4 = 1$,即 X 中的每个元素经过若干次自乘之后就会等于幺元。对于这样一种性质,下面给出群中元素的阶的概念。

定义 6.22　设 $\langle G, * \rangle$ 是群。对每个 $g \in G$,称使 $g^k = e$ 成立的最小正整数 k 是 g 的**阶**。若这样的 k 不存在,则称 g 的**阶为无穷**。

由于元素的自乘是一次次乘的,因此这个无穷只能是可数无穷。

由定义 6.22 知,群中有一个唯一的一阶元素,它是幺元。

在例 6.43 的群 $\langle \mathbf{Z}, + \rangle$ 中，幺元 0 的阶为 1，其他元素的阶均为无穷。

在例 6.44 的群 $\langle X, \times \rangle$ 中，幺元 1 的阶为 1，-1 的阶为 2。尽管 $(-1)^4 = 1$，但由元素阶的定义知必须取使 $g^k = e$ 成立的最小正整数，故 -1 的阶为 2。i 和 $-i$ 的阶为 4。

在例 6.44 中，可以看到由元素的阶这个概念所引出的一些问题。

(1) 在例 6.44 中，当 i 的阶为 4 时，i^1, i^2, i^3, i^4 互不相同。对 $-i$ 这个结论也成立。那么是否有，当群中元素 g 的阶为 n 时，$g^1, g^2, \cdots, g^n$ 也互不相同呢？

(2) 在例 6.44 中，i 和 $-i$ 互为逆元且 i 和 $-i$ 的阶相同。那么对群中任意元素 g，是否有 g 和 g^{-1} 的阶相同呢？

(3) 在例 6.44 中，由于 -1 的阶为 2，故有 $(-1)^2 = 1, (-1)^4 = 1, \cdots,$ $(-1)^{2k} = 1$。那么当群中元素 g 的阶为 k 时，若 $g^m = e$，是否有 $k \mid m$ 呢？

(4) 在例 6.44 中，每个元素的阶为有限且小于或等于 4。那么若一个有限群的阶为 n，是否能保证群中每个元素的阶小于或等于 n 呢？

下面一一回答这些问题。

定理 6.13　设 $\langle G, * \rangle$ 是群，$g \in G$。

(1) 若 g 的阶为 n，则 $g_1, g_2, \cdots, g_n$ 互不相同。

(2) 若 g 的阶为无穷，则 $g_1, g_2, \cdots, g_n, \cdots$ 互不相同。

证　(1) 用反证法。假设有 $g^i = g^j, 1 \leqslant i < j \leqslant n$，于是有
$$g^{j-i} = g^j * g^{-i} = g^i * g^{-i} = e$$
即有 $1 < j - i < n$，使 $g^{j-i} = e$，这与 g 的阶为 n 矛盾。矛盾说明假设不真，即有 $g^1, g^2, \cdots, g^n$ 互不相同。

(2) 同理可证。　　∎

定理 6.14　设 $\langle G, * \rangle$ 是群，$g \in G$，则 g 与 g^{-1} 有相同的阶。

证　分两种情况证明。

(1) 设 g 的阶为 n，即 $g^n = e$，g^{-1} 阶为 m，即 $(g^{-1})^m = e$。

由于
$$(g^{-1})^n = (g^n)^{-1} = e^{-1} = e$$
由阶的定义知 $m \leqslant n$。

由于
$$g^m = ((g^{-1})^m)^{-1} = e^{-1} = e$$
故由阶的定义知 $n \leqslant m$。

于是有 $m = n$，即 g 和 g^{-1} 的阶相同。

(2) 设 g 的阶为无穷，g^{-1} 的阶为有限，即有 $(g^{-1})^n = e$。

由于
$$g^n = ((g^{-1})^n)^{-1} = e^{-1} = e$$
故与 g 的阶为无穷矛盾。因此当 g 的阶为无穷时，g^{-1} 的阶也为无穷。

由（1）和（2）知，$\forall g \in G, g$ 和 g^{-1} 有相同的阶。　　■

定理 6.15　设 $\langle G, * \rangle$ 是群，$g \in G$ 且 g 的阶为 k。若 $g^m = e$，则有 $k \mid m$。

证　设 $m = pk + q, 0 \leqslant q < k$，只要证 $q = 0$ 即可。

由于
$$g^m = g^{pk+q} = g^{pk} * g^q = e * g^q = g^q$$
由于 $g^m = e$，故有 $g^q = e$。由于 $0 \leqslant q < k$ 且 k 是使 $g^k = e$ 成立的最小正整数，故有 $q = 0$。由整除的定义知有 $k \mid m$。　　■

定理 6.16　设 $\langle G, * \rangle$ 是有限群，$|G| = n$，则 G 中每个元素的阶 $\leqslant n$。

证　用反证法。设在 G 中有一个元素 g，它的阶为 m，且 $m > n$。由定理 6.13 知 $g^1, g^2, \cdots, g^m$ 互不相同，同时 $g^1, g^2, \cdots, g^m$ 都在 G 中。这与条件 $|G| = n$ 矛盾。故 G 中每个元素的阶 $\leqslant n$，即在有限群中每个元素的阶为有限。　　■

到此为止，定理 6.13、定理 6.14、定理 6.15 和定理 6.16 解决了由例 6.44 引出的四个问题，这四个问题的答案都是肯定的。

这里要强调的是，在定理 6.16 中用到了群的阶和群中元素的阶这两个概念。这是两个完全不同的概念。群的阶是指群中元素的个数，而群中元素的阶是指使 $g^k = e$ 成立的最小正整数 k。群的阶是对整体而言的，而群中元素的阶是对整体中的个体而言的。

6.4.4　循环群

定义 6.23　设 $\langle G, * \rangle$ 是群。若存在 $a \in G$，对每个 $g \in G$，存在 $n \in \mathbf{Z}$，使 $g = a^n$，则称 $\langle G, * \rangle$ 是**循环群**。同时称 a 为此循环群的**生成元**。

所谓循环群就是群中的每个元素都可表示成某个固定元素 a 的整数次幂。这个概念与循环半群的概念基本相同。所不同的是在循环半群中，要求每个元素可表示为生成元的正整数次幂；而在循环群中，则要求每个元素可表示成生成元的整数次幂。

例 6.45　已知 $\langle \mathbf{Z}, + \rangle$ 是群，取 $1 \in \mathbf{Z}$，由于
$$0 = 1^0, \quad n = 1^n, \quad -n = (-1)^n = 1^{-n}$$
故 $\mathbf{Z}$ 中的每个元素都可表示成 1 的整数次幂。

由循环群的定义知 $\langle \mathbf{Z}, + \rangle$ 是循环群，1 是该循环群的生成元。

例 6.46　已知 $\langle N_m, +_m \rangle$ 是群，取 $[1] \in N_m$，由于
$$[0] = [1]^0, \quad [i] = [1]^i$$

故 N_m 中的每个元素都可表示成[1]的整数次幂。

由循环群的定义知$\langle N_m, +_m\rangle$是循环群。[1]是该循环群的生成元。

关于循环群,这里列举了两个例子,一个是无限的循环群$\langle \mathbf{Z}, +\rangle$,一个是有限的循环群$\langle N_m, +_m\rangle$。对任意的循环群来说,如果是有限循环群,则与$\langle N_m, +_m\rangle$同构;如果是无限循环群,则与$\langle \mathbf{Z}, +\rangle$同构。因此,从同构的意义上来说,循环群只有这两个。下面的定理证明了这件事。

定理 6.17 设$\langle G, *\rangle$是循环群,a是生成元。

(1) 若 a 的阶为 m,则$\langle G, *\rangle$和$\langle N_m, +_m\rangle$同构。

(2) 若 a 的阶为无穷,则$\langle G, *\rangle$和$\langle \mathbf{Z}, +\rangle$同构。

证 (1) 由条件知

$$G = \{a^0, a^1, a^2, \cdots, a^{m-1}\}$$
$$N_m = \{[0], [1], [2], \cdots, [m-1]\}$$

取 $f: G \to N_m$,$f(a^k) = [k]$。由双射函数的定义知 f 是双射函数。

由于

$$f(a^i * a^j) = f(a^{i+j}) = [i+j]$$
$$= [i] +_m [j] = f(a^i) +_m f(a^j)$$

故 f 满足同态公式。

由同构函数的定义知 f 是从$\langle G, *\rangle$到$\langle N_m, +_m\rangle$的同构函数,即$\langle G, *\rangle$和$\langle N_m, +_m\rangle$同构。

(2) 由于 a 的阶为无穷,故有 $a^0, a^1, a^2, \cdots, a^n, \cdots$ 互不相同。由于 a^{-1} 和 a 有相同的阶,故 $a^{-1}, a^{-2}, \cdots, a^{-n}, \cdots$ 互不相同,且 a^i 和 a^{-j} 互不相同。否则有

$$a^{i+j} = a^i * a^j = a^{-j} * a^j = e$$

这与 a 的阶为无穷矛盾。

取 $f: G \to \mathbf{Z}$,$f(a^k) = k$。

由于 $\forall k \in \mathbf{Z}$,有原象 a^k,使 $f(a^k) = k$,故 f 是满射函数。

若 $i = j$,则有 $a^i = a^j$,即 f 是单射函数。

由双射函数的定义知 f 是双射函数。

由于有

$$f(a^i * a^j) = f(a^{i+j}) = i+j = f(a^i) + f(a^j)$$

故 f 满足同态公式。

由同构函数的定义知 f 是从$\langle G, *\rangle$到$\langle \mathbf{Z}, +\rangle$的同构函数,即$\langle G, *\rangle$和$\langle \mathbf{Z}, +\rangle$同构。 ∎

定理 6.18 设$\langle G, *\rangle$是循环群,则$\langle G, *\rangle$是交换群。

证 由条件知存在 $a \in G$,$\forall g \in G$,$\exists n \in \mathbf{Z}$,使 $g = a^n$。在 G 中任取 $g_1, g_2 \in G$,

则存在 $k_1, k_2 \in \mathbf{Z}$, 使 $g_1 = a^{k_1}, g_2 = a^{k_2}$。

于是有

$$g_1 * g_2 = a^{k_1} * a^{k_2} = a^{k_1 + k_2}$$
$$= a^{k_2 + k_1} = a^{k_2} * a^{k_1} = g_2 * g_1$$

由交换律的定义知 $*$ 满足交换律, 即 $\langle G, * \rangle$ 是交换群。　　■

6.4.5　置换群

定义 6.24　设 X 是非空有限集合, $|X| = n$。A 是 X 上的置换构成的集合, $\diamondsuit$ 是置换的合成。若 $\langle A, \diamondsuit \rangle$ 是群, 则称 $\langle A, \diamondsuit \rangle$ 是**置换群**或 **n 次置换群**。

例 6.47　设在三维空间有一矩形方框如图 6.2 所示。四个顶点分别标记为 $1, 2, 3, 4$, 我们用这些标记来表示矩形方框的运动。

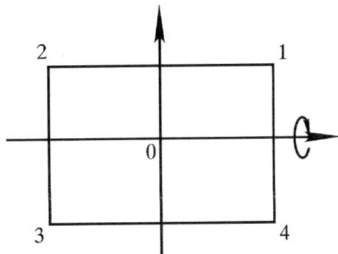

图 6.2

a:绕横轴旋转 $180°$。
$$\begin{pmatrix} 1 & 2 & 3 & 4 \\ 4 & 3 & 2 & 1 \end{pmatrix}$$

b:绕纵轴旋转 $180°$。
$$\begin{pmatrix} 1 & 2 & 3 & 4 \\ 2 & 1 & 4 & 3 \end{pmatrix}$$

c:在平面内绕原点旋转 $180°$。
$$\begin{pmatrix} 1 & 2 & 3 & 4 \\ 3 & 4 & 1 & 2 \end{pmatrix}$$

d:在平面内绕原点旋转 $360°$。
$$\begin{pmatrix} 1 & 2 & 3 & 4 \\ 1 & 2 & 3 & 4 \end{pmatrix}$$

这样就将方框的运动用置换的方式表示出来了。令 $P = \{a, b, c, d\}$, $\diamondsuit$ 为置换的合成, 下面用置换的合成来定义旋转的复合运动。$a \diamondsuit b$ 意味着先旋转 a 再旋转 b, 于是得到 P 上的置换合成表如表 6.11 所示。

表 6.11

$\diamondsuit$	a	b	c	d
a	d	c	b	a
b	c	d	a	b
c	b	a	d	c
d	a	b	c	d

由表 6.11 知:

(1) $\diamondsuit$ 是 P 上的二元运算;

（2）由于置换的合成满足结合律，故 $\diamondsuit$ 满足结合律；

（3）d 是关于 $\diamondsuit$ 的幺元；

（4）P 中每个元素的逆元是其本身。

由群的定义知 $\langle P,\diamondsuit\rangle$ 是群，称 $\langle P,\diamondsuit\rangle$ 是置换群，也称为**运动群**，又称为 **Klein - 4 群**。

另外由表 6.11 知，这个置换群是交换群。

例 6.48　在例 6.47 中可以看到刚体在空间的运动可以由置换来描述，但并不是所有的置换都表示运动。如在例 6.47 中

$$\begin{pmatrix} 1 & 2 & 3 & 4 \\ 2 & 1 & 3 & 4 \end{pmatrix}$$

就不代表任何运动。由于四个元素的置换应有 $4! = 24$ 个，而在例 6.47 中只取了其中的四个置换，尚未取完。下面讨论由所有置换构成的群。

为了简单起见，取 $X = \{1,2,3\}$，三个元素的置换有 $3! = 6$ 个。用轮换的形式写出来是

$$P_1 = (1), \qquad P_2 = (12), \qquad P_3 = (13)$$
$$P_4 = (23), \qquad P_5 = (123), \qquad P_6 = (132)$$

令 $S_3 = \{P_1,P_2,P_3,P_4,P_5,P_6\}$，$\diamondsuit$ 为置换的合成，则 S_3 的置换合成表如表 6.12 所示。

表 6.12

$\diamondsuit$	P_1	P_2	P_3	P_4	P_5	P_6
P_1	P_1	P_2	P_3	P_4	P_5	P_6
P_2	P_2	P_1	P_5	P_6	P_3	P_4
P_3	P_3	P_6	P_1	P_5	P_4	P_2
P_4	P_4	P_5	P_6	P_1	P_2	P_3
P_5	P_5	P_4	P_2	P_3	P_6	P_1
P_6	P_6	P_3	P_4	P_2	P_1	P_5

由表 6.12 知：

（1）$\diamondsuit$ 是 S_3 上的二元运算。

（2）由于置换的合成满足结合律，故 $\diamondsuit$ 满足结合律。

（3）P_1 是关于 $\diamondsuit$ 的幺元。

（4）P_1,P_2,P_3,P_4 的逆元是其本身，P_5,P_6 互为逆元。

由群的定义知 $\langle S_3,\diamondsuit\rangle$ 是群。这个群是置换群，又称为三次六阶对称群。

由表 6.12 知 $\langle S_3,\diamondsuit\rangle$ 不是交换群。

定理 6.19　设 X 是非空有限集合, $|X| = n, A$ 是 X 上所有置换构成的集合, $\diamondsuit$ 是置换的合成,则 $\langle A, \diamondsuit \rangle$ 是置换群。

证　(1) 由于两个 n 个元素的置换合成后仍为 n 个元素的置换,且结果唯一,故 $\diamondsuit$ 是 A 上的二元运算。

(2) 由于置换的合成满足结合律,故 $\diamondsuit$ 满足结合律。

(3) 关于 $\diamondsuit$ 的幺元是恒等置换。

(4) 由于 A 是由所有置换构成的集合,故对 A 中任一元素

$$a = \begin{bmatrix} x_1 & x_2 & x_3 & \cdots & x_n \\ y_1 & y_2 & y_3 & \cdots & y_n \end{bmatrix}$$

有逆元

$$a^{-1} = \begin{bmatrix} y_1 & y_2 & y_3 & \cdots & y_n \\ x_1 & x_2 & x_3 & \cdots & x_n \end{bmatrix}$$

故 A 中每个元素有逆元。

由置换群的定义知 $\langle A, \diamondsuit \rangle$ 是置换群。这种特殊的置换群称为 n 次对称群。　∎

定理 6.20 (Cayley 定理)　设 $\langle G, * \rangle$ 是有限群, $|G| = n$,则 $\langle G, * \rangle$ 同构于一个 n 次置换群。

证　由定理 6.12 知,在 $\langle G, * \rangle$ 的运算表中,每一列都是 G 中 n 个元素的一个置换。设对应于 g 所在的列置换为 p_g, $\forall x \in G, p_g(x) = x * g$。令 P 为运算表中 n 个列置换构成的集合, $\diamondsuit$ 是置换的合成,下证 $\langle P, \diamondsuit \rangle$ 是群。

(1) 任取 $p_a, p_b \in P, \forall x \in G$,有
$$(p_a \diamondsuit p_b)(x) = (x * a) * b$$
$$= x * (a * b) = p_{a*b}(x)$$
由于 $a * b \in G$,故 $p_{a*b} \in P$,即 $\diamondsuit$ 是 P 上的二元运算。

(2) 由于置换的合成满足结合律,故 $\diamondsuit$ 满足结合律。

(3) 取 $p_e \in P$,由于 p_e 是恒等置换,故 $\forall p_a \in P$ 有
$$(p_a \diamondsuit p_e)(x) = (x * a) * e$$
$$= x * (a * e) = x * a = p_a(x)$$
$$(p_e \diamondsuit p_a)(x) = (x * e) * a$$
$$= x * (e * a) = x * a = p_a(x)$$
由幺元的定义知 p_e 是关于 $\diamondsuit$ 的幺元。

(4) $\forall p_a \in P$,由于 G 中每个元素有逆元,取 $p_{a^{-1}} \in P$,有
$$(p_a \diamondsuit p_{a^{-1}})(x) = (x * a) * a^{-1}$$
$$= x * (a * a^{-1}) = x * e = p_e(x)$$

$$(p_{a-1} \bigcirc p_a)(x) = (x * a^{-1}) * a$$

$$= x * (a^{-1} * a) = x * e = p_e(x)$$

由逆元的定义知 p_a 的逆元是 p_{a-1}，即 P 中每个元素有逆元。

由群的定义知 $\langle P, \bigcirc \rangle$ 是群，并且是 n 次置换群。

下证 $\langle G, * \rangle$ 和 $\langle P, \bigcirc \rangle$ 同构。

取 $h:G \to P, h(g) = p_g$，由 p_g 的定义知 h 是双射函数。

由于 $\forall a, b \in G$，有

$$h(a * b) = p_{a*b} = p_a \bigcirc p_b$$

$$= h(a) \bigcirc h(b)$$

故 h 满足同态公式。

由同构函数的定义知 h 是从 $\langle G, * \rangle$ 到 $\langle P, \bigcirc \rangle$ 的同构函数，即 $\langle G, * \rangle$ 和 $\langle P, \bigcirc \rangle$ 同构。　▮

6.4.6　子群

定义 6.25　设 $\langle G, * \rangle$ 是群，$S \subseteq G$ 且 $S \neq \varnothing$。若 $\langle S, * \rangle$ 是 $\langle G, * \rangle$ 的子代数系统且 $\langle S, * \rangle$ 是群，则称 $\langle S, * \rangle$ 是 $\langle G, * \rangle$ 的**子群**。

由于群是一种代数系统，因此可以讨论它的子代数系统。子群是子代数系统概念在群中的反映。对于子群的定义有许多等价的说法，下面介绍几种子群的充分必要条件。

定理 6.21　设 $\langle G, * \rangle$ 是群，$S \subseteq G$ 且 $S \neq \varnothing$。那么 $\langle S, * \rangle$ 是 $\langle G, * \rangle$ 子群的充分必要条件是：

(1) $\forall a, b \in S$，有 $a * b \in S$；

(2) $\forall a \in S$，有 $a^{-1} \in S$。

证　先证必要性。

(1) 由条件知 $\langle S, * \rangle$ 是 $\langle G, * \rangle$ 的子群。由子群的定义知 $\langle S, * \rangle$ 是群，故 $*$ 是 S 上的二元运算，即有 $\forall a, b \in S, a * b \in S$。

(2) 先证子群中的幺元就是群中的幺元。

设 e_G 是群中的幺元，e_S 是子群中的幺元，于是有

$$e_S * e_G = e_S, \quad e_S * e_S = e_S$$

即有 $e_S * e_G = e_S * e_S$。由群中的消去律得 $e_G = e_S$。

再证子群中元素的逆元是群中元素的逆元。

设 $a \in S, a^{-1}$ 是 a 在群中的逆元，a' 是 a 在子群中的逆元。由逆元的定义有

$$a * a^{-1} = e, \quad a * a' = e$$

即有 $a * a^{-1} = a * a'$。由群中的消去律得 $a^{-1} = a' \in S$。即 $\forall a \in S$，有 $a^{-1} \in S$。

再证充分性。

(a) 由条件(1)知 $*$ 是 S 上的二元运算。

(b) $*$ 的结合律由运算的封闭性可得。

(c) 由条件(1)和(2)得 $a*a^{-1}=e\in S$,故 $\langle S,*\rangle$ 有幺元 e。

(d) 由(2)知 S 中每个元素有逆元。

由群的定义知 $\langle S,*\rangle$ 是群。

由子群的定义知 $\langle S,*\rangle$ 是 $\langle G,*\rangle$ 的子群。∎

定理 6.22 设 $\langle G,*\rangle$ 是群,$S\subseteq G$ 且 $S\neq\varnothing$,那么 $\langle S,*\rangle$ 是 $\langle G,*\rangle$ 子群的充分必要条件是 $\forall a,b\in S$,有 $a*b^{-1}\in S$。

证 先证必要性。

由于 $\langle S,*\rangle$ 是 $\langle G,*\rangle$ 的子群,由定理 6.21 知,$\forall a,b\in S$,有 $a^{-1},b^{-1}\in S$ 且 $a*b^{-1}\in S$。

再证充分性。

任取 $a\in S$,由条件知有 $a*a^{-1}=e\in S$。由于 $e,a\in S$,由条件知有 $e*a^{-1}=a^{-1}\in S$。

由于 $\forall a,b\in S$,有 $a,b^{-1}\in S$。由条件知有

$$a*(b^{-1})^{-1}=a*b\in S$$

由定理 6.21 知 $\langle S,*\rangle$ 是 $\langle G,*\rangle$ 的子群。∎

定理 6.23 设 $\langle G,*\rangle$ 是有限群,$|G|=n$,$S\subseteq G$ 且 $S\neq\varnothing$,那么 $\langle S,*\rangle$ 是 $\langle G,*\rangle$ 子群的充分必要条件是 $\forall a,b\in S$,$a*b\in S$。

证 先证必要性。

由子群的定义知结论成立。

再证充分性。

(1) 由条件知 $*$ 是 S 上的二元运算。

(2) 结合律由 $*$ 运算的封闭性可得。

(3) 由于 $|G|=n$,故 G 中每个元素的阶为有限;任取 $g\in S$,设 g 的阶为 m,由运算 $*$ 的封闭性得 $g^m=e\in S$,故 $\langle S,*\rangle$ 中有幺元。

(4) $\forall g\in S$,若 g 的阶为 m,由于 $g*g^{m-1}=g^{m-1}*g=g^m=e$,由逆元的定义知 g^{m-1} 是 g 的逆元,故 S 中每个元素有逆元。

由子群的定义知 $\langle S,*\rangle$ 是 $\langle G,*\rangle$ 的子群。∎

例 6.49 设 $\langle G,*\rangle$ 是群,则 $\langle\{e\},*\rangle$ 和 $\langle G,*\rangle$ 都是 $\langle G,*\rangle$ 的子群。由于每个群都有这两个子群且这两个子群对问题的研究价值不大,故称这两个子群是 $\langle G,*\rangle$ 的**平凡子群**。

例 6.50 设 $\langle G,*\rangle$ 是群,

$$S = \{c \,|\, c \in G \,\wedge\, (\forall g \in G)(g * c = c * g)\}$$

则 $\langle S, * \rangle$ 是 $\langle G, * \rangle$ 的子群。称 $\langle S, * \rangle$ 是 $\langle G, * \rangle$ 的**中心**。

证　由于 $\forall c_1, c_2 \in S, \forall g \in G$，有

$$(c_1 * c_2) * g = c_1 * (c_2 * g) = c_1 * (g * c_2)$$
$$= (c_1 * g) * c_2 = g * (c_1 * c_2)$$

故由 S 的定义知 $c_1 * c_2 \in S$。

另外，$\forall c \in S$ 有

$$c * (c^{-1} * g) = (c * c^{-1}) * g = g * (c * c^{-1})$$
$$= (g * c) * c^{-1} = c * (g * c^{-1})$$

由群的消去律得 $c^{-1} * g = g * c^{-1}$，由 S 的定义知 $c^{-1} \in S$。

由定理 6.21 知 $\langle S, * \rangle$ 是 $\langle G, * \rangle$ 的子群。　▌

例 6.51　设 $\langle G, * \rangle$ 是循环群，$\langle S, * \rangle$ 是 $\langle G, * \rangle$ 的子群，则 $\langle S, * \rangle$ 是循环群。

证　由子群的定义知 $\langle S, * \rangle$ 是群，下证 $\langle S, * \rangle$ 是循环群。

设 a 是 $\langle G, * \rangle$ 的生成元，于是 S 中的每个元素可表示成 $a^n, n \in \mathbf{Z}$。设 m 是 S 诸元素中方次最小的正方幂，证明 a^m 是 S 的生成元。

任取 $x \in S, x = a^l$。设 $l = qm + r, 0 \leqslant r < m$，于是有

$$a^r = a^{l - qm} = a^l * a^{-qm}$$

由于 $a^l \in S$ 且 $a^{-qm} \in S$，故 $a^r \in S$；而 m 是 S 中诸元素的最小正方幂，故有 $r = 0$；于是有 $x = a^{qm} = (a^m)^q$，即 a^m 是 $\langle S, * \rangle$ 的生成元。

由循环群的定义知 $\langle S, * \rangle$ 是循环群。　▌

6.4.7　陪集和 Lagrange 定理

陪集和 Lagrange 定理反映了群与子群之间的关系。从这种关系出发，可以比较容易地求得一些群的子群。目前在信息传输中使用的群码就是由这些概念和定理产生的。

定义 6.26　设 $\langle G, * \rangle$ 是群，$\langle H, * \rangle$ 是 $\langle G, * \rangle$ 的子群。任取 $a \in G$，

$$aH = \{a * h \,|\, h \in H\}$$

称 aH 为由 a 所确定的 H 在 G 中的**左陪集**，同时称元素 a 是左陪集 aH 的**代表元素**，简称代表元。

由于 $\langle H, * \rangle$ 是 $\langle G, * \rangle$ 的子群，因此 $\langle G, * \rangle$ 的幺元就是 $\langle H, * \rangle$ 的幺元，即 $e \in H$。于是有 $a = a * e \in aH$。这说明 a 属于 aH，故可以用 a 作为 aH 的代表元。

例 6.52　已知 $\langle S_3, \diamondsuit \rangle$ 是三次六阶置换群。

$$S_3 = \{(1), (12), (13), (23), (123), (132)\}$$

令 $H = \{(1),(12)\}$。由定理 6.23 可以验证 $\langle H, \diamondsuit \rangle$ 是 $\langle S_3, \diamondsuit \rangle$ 的子群。下面是由 S_3 中元素产生的 H 在 G 中的左陪集。

$$(1)H = \{(1),(12)\}, \qquad (12)H = \{(1),(12)\}$$
$$(13)H = \{(13),(132)\}, \qquad (132)H = \{(13),(132)\}$$
$$(23)H = \{(23),(123)\}, \qquad (123)H = \{(23),(123)\}$$

从例 6.52 可以看到 S_3 中的每个元素和 H 中的所有元素运算后都产生一个 H 在 G 中的左陪集。在这六个左陪集中有些是相同的。

类似地,下面给出右陪集的定义。

定义 6.27　设 $\langle G, * \rangle$ 是群,$\langle H, * \rangle$ 是 $\langle G, * \rangle$ 的子群。任取 $a \in G$,
$$Ha = \{h * a \mid h \in H\},$$
称 Ha 为由 a 所确定的 H 在 G 中的**右陪集**。同时称元素 a 是右陪集 Ha 的代表元素,简称代表元。

例 6.53　下面是由 S_3 中所有元素产生的 H 在 G 中的右陪集。

$$H(1) = \{(1),(12)\}, \qquad H(12) = \{(1),(12)\}$$
$$H(13) = \{(13),(123)\}, \qquad H(132) = \{(13),(123)\}$$
$$H(23) = \{(23),(132)\}, \qquad H(123) = \{(23),(132)\}$$

从例 6.52 和例 6.53 中可以看到几个现象:

(1) 在例 6.52、例 6.53 中,H 的所有左陪集(除去相同的)构成 G 的划分,同样,H 的所有右陪集(除去相同的)也构成 G 的划分。那么一般地说,是否有 H 关于 G 的左(右)陪集构成 G 的划分呢?

(2) 在例 6.52、例 6.53 中,每个左陪集的元素个数和每个右陪集的元素个数和子群 H 中元素的个数都是 2。那么一般地说,是否有左陪集的势等于右陪集的势,且等于产生陪集的子群的阶呢?

(3) 在例 6.52、例 6.53 中,不同的左陪集的个数是 3,不同的右陪集的个数也是 3,即不同的左陪集的个数和不同的右陪集的个数相同。那么一般地说,是否有左陪集的个数和右陪集的个数相同的结论呢?

下面,就这些问题逐个进行讨论。

定理 6.24　设 $\langle G, * \rangle$ 是群,$\langle H, * \rangle$ 是 $\langle G, * \rangle$ 的子群。
$$S_l = \{aH \mid a \in G\}, \qquad S_r = \{Ha \mid a \in G\}$$
则 S_l,S_r 均构成 G 上的划分。

证　先证 S_l 构成 G 上的划分。

要证 S_l 是 G 的划分,根据划分的定义只要证明两点:

(1) $\bigcup\limits_{a \in G} aH = G$;

(2) $\forall a, b \in G$,有 $aH = bH$ 或 $aH \bigcap bH = \varnothing$。

先证(1)。根据集合相等的定义,只要证明 $\bigcup\limits_{a\in G} aH \subseteq G$ 且 $G \subseteq \bigcup\limits_{a\in G} aH$。

$\forall x \in \bigcup\limits_{a\in G} aH$,存在 $a,h\in G$,使 $x = a * h$。由于 $a\in G$ 且 $h\in G$,故有 $a * h = x\in G$,即有 $\bigcup\limits_{a\in G} aH \subseteq G$。

$\forall g\in G$,由左陪集的定义知有 $g\in gH$,即 $g\in \bigcup\limits_{a\in G} aH$,即有 $G \subseteq \bigcup\limits_{a\in G} aH$。

由集合相等的定义知有 $\bigcup\limits_{a\in G} aH = G$。

再证(2)。只须证明:若 $aH \bigcap bH \neq \varnothing$,则 $aH = bH$。

若 $aH \bigcap bH \neq \varnothing$,则存在 $x_0 \in aH \bigcap bH$,$x_0 = a * h_1 = b * h_2$。于是有

$$a = b * h_2 * h_1^{-1} \qquad\qquad ①$$
$$b = a * h_1 * h_2^{-1} \qquad\qquad ②$$

任取 $x\in aH$,则 $x = a * h$。用 ① 代入得

$$x = (b * h_2 * h_1^{-1}) * h = b * h'$$

即有 $x\in bH$,即 $aH \subseteq bH$。

任取 $x\in bH$,则 $x = b * h$。用 ② 代入得

$$x = (a * h_1 * h_2^{-1}) * h = a * h'$$

即有 $x\in aH$,即 $bH \subseteq aH$。

由集合相等的定义知有 $aH = bH$。

由(1)和(2)知,S_l 构成 G 上的划分。

同理可证 S_r 构成 G 上的划分。∎

在定理 6.24 的证明过程中,对要证明的结论进行了一系列的转化,即将一个比较复杂的证明拆成许多较小的简单的证明来做。目的是要证明 S_l 是 G 上的划分,于是根据划分的定义将结论分成(1),(2)两部分来证。在(1)的证明中,由于是要证两个集合相等,因此根据集合相等的定义又分成了两部分来证,先证 $A \subseteq B$,再证 $B \subseteq A$。由于集合的包含是比较容易证明的,这样就解决了(1)的证明。在(2)的证明中,又一次将问题进行了转化,将结论"$aH = bH$ 或 $aH \bigcap bH = \varnothing$"转化成比较容易证明的"若 $aH \bigcap bH \neq \varnothing$,则 $aH = bH$",于是又一次将问题转化成在某种条件下证明两个集合相等,这样就解决了(2)的证明。最后由(1)和(2)就得到了定理 6.24 所要的结论。

定理 6.25 设 $\langle H, * \rangle$ 是 $\langle G, * \rangle$ 群的子群,则对任意 $a,b\in G$ 的有

$$|aH| = |H|, \qquad |Hb| = |H|$$

证 先证 $|aH| = |H|$。要证 $|aH| = |H|$,由势相等的定义知,只须在 aH 和 H 之间建立一个双射函数即可。

取 $f: aH \rightarrow H$,$f(a * h) = h$,

(1)由于 $\forall h\in H$,有原象 $a * h$,使 $f(a * h) = h$,故 f 是满射函数。

（2）若 $h_1 = h_2$，则有 $a * h_1 = a * h_2$，故 f 是单射函数。

由（1）和（2）知 f 是从 aH 到 H 的双射函数。

由势相等的定义知 $|aH| = |H|$。

同理可证 $|Hb| = |H|$。　■

定理 6.24 和定理 6.25 解决了前面提出的前两个问题。下面证明 $|S_l| = |S_r|$，其中 S_l 中的元素互不相同且 S_r 中的元素也互不相同。既然是要证两个集合势相等，当然可以像定理 6.25 一样，找出一个从 S_l 到 S_r 的双射函数即可。也许有人会想到最简单的双射函数 $f: S_l \rightarrow S_r, f(aH) = Ha$。但由于 S_l 和 S_r 中的元素都是 G 的等价类，因此在构造函数时，其函数值可能与代表元有关。例如，在例 6.52 和例 6.53 中虽有 $H(123) = H(13)$，但 $(123)H \neq (13)H$，故 f 将不是单射的。因此，这个问题的证明就不那么简单了。为此先证明两个定理，这两个定理的结论本身也是很有用的。

定理 6.26　设 $\langle H, * \rangle$ 是群 $\langle G, * \rangle$ 的子群，那么由 H 所产生的 G 的左（右）陪集划分是唯一的。

证　设 $S_l = \{aH \,|\, a \in A \subseteq G\}, S'_l = \{bH \,|\, b \in B \subseteq G\}$ 是 G 的两个左陪集划分。下证 $S_l = S'_l$。

在 S_l 中任取元素 aH，则 $a \in aH$。由于 S'_l 也是 G 的划分，故 a 必属于 S'_l 中的某个元素。不妨设 $a \in bH$，$bH \in S'_l$。由定理 6.24 的证明知，两个左陪集若相交则相等，故有 $aH = bH$，即有 $aH \in S'_l$，即 $S_l \subseteq S'_l$。

同理可证 $S'_l \subseteq S_l$。

根据集合相等的定义知有 $S_l = S'_l$，即由 H 产生的 G 的左陪集划分是唯一的。

同理可证由 H 所产生的 G 的右陪集划分也是唯一的。　■

定理 6.27　设 $\langle H, * \rangle$ 是群 $\langle G, * \rangle$ 的子群，$S_l = \{aH \,|\, a \in A \subseteq G\}$，则由 S_l 可产生 G 的右陪集划分 S_r。

证　对应于 S_l 中的每个元素 aH，做右陪集 Ha^{-1}。令

$$S_r = \{Ha^{-1} \,|\, a \in A \subseteq G\}$$

下证 S_r 是 G 的右陪集划分。

（1）先证 $\bigcup_{a \in A} Ha^{-1} = G$。

由于 $h \in G, a^{-1} \in G$，故有 $h * a^{-1} \in G$，即 $Ha^{-1} \subseteq G$，即有 $\bigcup_{a \in A} Ha^{-1} \subseteq G$。

任取 $g \in G$，则有 $g^{-1} \in G$。由于所有 aH 构成 G 的划分，故存在 aH，使 $g^{-1} \in aH$。于是有 $g^{-1} = a * h$，即有

$$g = (a * h)^{-1} = h^{-1} * a^{-1} \in Ha^{-1}$$

即 $g\in\bigcup\limits_{a\in A}Ha^{-1}$，即 $G\subseteq\bigcup\limits_{a\in A}Ha^{-1}$。

由集合相等的定义知有 $\bigcup\limits_{a\in A}Ha^{-1}=G$。

（2）再证 Ha^{-1} 们互不相交。

设有 Ha^{-1} 和 Hb^{-1} 使得 $(Ha^{-1})\bigcap(Hb^{-1})\neq\varnothing$，则有 $x\in Ha^{-1}$ 且 $x\in Hb^{-1}$。于是有

$$x = h_1 * a^{-1}, \qquad x = h_2 * b^{-1}$$
$$x^{-1} = a * h_1^{-1}, \qquad x^{-1} = b * h_2^{-1}$$

即有 $x^{-1}\in aH$ 且 $x^{-1}\in bH$，于是有 $aH\bigcap bH\neq\varnothing$，这与 S_l 是左陪集划分矛盾。故 Ha^{-1} 们互不相交。

由（1）和（2）及划分的定义知，S_r 是 H 产生的 G 上的右陪集划分。　　∎

定理 6.28　设 $\langle H,*\rangle$ 是群 $\langle G,*\rangle$ 的子群。若

$$S_l = \{aH \mid a\in A\subseteq G\}, \quad S_r = \{Hb \mid b\in B\subseteq G\}$$

分别是 G 的左、右陪集划分，则有 $|S_l| = |S_r|$。

证　由定理 6.26 和定理 6.27 知，有

$$S_r = \{Hb \mid b\in B\subseteq G\} = \{Ha^{-1} \mid a\in A\subseteq G\}$$

取 $f:S_l\to S_r, f(aH) = Ha^{-1}$。

（1）由于对于 S_r 中的每个元素有原象 aH，使得 $f(aH) = Ha^{-1}$，故 f 是满射函数。

（2）若 $Ha^{-1} = Hb^{-1}$，则有 $x\in Ha^{-1}$ 且 $x\in Hb^{-1}$，即有

$$x = h_1 * a^{-1} = h_2 * b^{-1}$$

于是有

$$x^{-1} = a * h_1^{-1} = b * h_2^{-1}$$

即有 $x^{-1}\in aH$ 且 $x^{-1}\in bH$。由定理 6.24 的证明知，左陪集若相交则相等，故有 $aH = bH$，即 f 是单射函数。

由双射函数的定义知 f 是双射函数。

由集合势相等的定义知 $|S_l| = |S_r|$。　　∎

到此为止，前面提出的三个问题都解决了。

在定理 6.25 的证明中，根据势相等的定义将问题转化成找一个双射函数。在作出函数 f 之后，又根据双射函数的定义将证明分成两部分来完成。一部分证明 f 是满射的，另一部分证明 f 是单射的，而这两点都是比较容易证明的。这里又一次将一个复杂的证明分解成若干个简单的证明，从而完成了定理 6.25 的证明。

为了证明 $|S_l| = |S_r|$，将这个问题分成了三步解决，也就是定理 6.26、定理

6.27 和定理 6.28 的证明。首先证明了"由 H 所产生的 G 的左(右)陪集划分是唯一的",然后证明了"可以由 S_l 产生 S_r",最后由这两条得出结论 $|S_l| = |S_r|$。其证明思路是先将 S_r 和构造的 S'_r 等同起来。由于 S'_r 是构造的,所以可以完全掌握它的情况,因此可以容易地在 S_l 和 S_r 之间找到一个双射函数,从而间接地完成 $|S_l| = |S_r|$ 的证明。

从这里可以看到一个定理证明的逻辑思维过程。这种分析问题的方法在本章的各章节中多次用到。在这一章里,每个定义或概念都是由若干简单的性质组合而成的。因此,在证明一个结论时,就可根据定义将结论分解成许多简单的结论来证明。如果分解后的结论仍可分解,就再分解下去,直到不能分解时为止,而这时要证明的结论一定是比较简单的。这种证明思想方法是本书"代数系统"这章的一大特点。

定义 6.28 设 $\langle H, * \rangle$ 是群 $\langle G, * \rangle$ 的子群,S_l 和 S_r 分别是 H 产生的 G 的左陪集集合和右陪集集合,称 $|S_l|$ 或 $|S_r|$ 为 G 关于 H 的**指数**。

由定义 6.28 知 G 关于 H 的指数就是 G 关于 H 的互不相交的左(右)陪集的个数。

在例 6.52 的 $\langle S_3, \diamond \rangle$ 中,G 关于 H 的指数是 3,而 H 的基数是 2。

定理 6.29（Lagrange 定理） 设 $\langle G, * \rangle$ 是有限群,$\langle H, * \rangle$ 是 $\langle G, * \rangle$ 的子群,G 关于 H 的指数为 k,则有 $|G| = k|H|$。

证 由条件知 H 在 G 中的左陪集个数为 k,且这 k 个左陪集构成 G 上的划分。由定理 6.25 知每个左陪集中元素的个数为 $|H|$,故有 $|G| = k|H|$。∎

由 Lagrange 定理可知,有限群 $\langle G, * \rangle$ 的子代数系统要成为子群,其必要条件是子代数系统中元素的个数必须是群的阶的因子,这样就大大缩小了寻找一个群的所有子群的范围。

例如在 $\langle S_3, \diamond \rangle$ 中,由于 S_3 的阶数为 6,故它的子群的阶只能是一、二、三、六阶的。由于一阶和六阶子群是两个平凡子群,故非平凡子群只能是二阶或三阶的。

由 Lagrange 定理可以得到如下推论。

推论 6.29.1 （1）素数阶群的子群只有两个,即两个平凡子群。

（2）在有限群中,每个元素的阶是群的阶的因子。

（3）每个素数阶的群是循环群。

（4）四阶不同构的群只有两个,一个是四阶循环群,一个是 Klein-4 群。

证 （1）由于 $|G|$ 是素数,故它的因子只能是 1 和它本身。因此由 Lagrange 定理知,素数阶群的子群为一阶子群和它本身,即两个平凡子群。

（2）由定理 6.16 知,有限群中每个元素的阶为有限,因此,G 中每个元素都可以生成一个阶为元素阶的循环子群。由 Lagrange 定理知,这个循环子群的阶是群的阶的因子,故每个元素的阶是群的阶的因子。

（3）由（2）知,在素数阶群中,其元素的阶为 1 或为群的阶。由于一阶元素只有一个幺元,故必有其阶与群的阶相同的元素存在,而这个元素正是这个群的生成元,故素数阶群为循环群。

（4）在四阶群中,只要有一个元素的阶为 4,则该群就是四阶循环群。

若没有四阶元素,由（2）知除幺元外,每个元素的阶只能是 2;而除幺元外,每个元素的阶为 2 的群就是 Klein - 4 群。

因此,从同构的意义上来说,四阶群只有两个,一个是四阶循环群,一个是 Klein - 4 群。 ∎

6.5　环

6.5.1　环的基本概念

定义 6.29　设 $\langle R, \oplus, \otimes \rangle$ 是代数系统,$\oplus$ 和 $\otimes$ 是 R 上的两个二元运算。若

（1）$\langle R, \oplus \rangle$ 是交换群;

（2）$\langle R, \otimes \rangle$ 是半群;

（3）$\otimes$ 对 $\oplus$ 满足分配律,即 $\forall a, b, c \in R$,有

$$a \otimes (b \oplus c) = (a \otimes b) \oplus (a \otimes c)$$
$$(b \oplus c) \otimes a = (b \otimes a) \oplus (c \otimes a)$$

则称 $\langle R, \oplus, \otimes \rangle$ 是**环**。

从环的定义可以看到环这种代数系统与半群和群不一样。在半群和群中只有一个二元运算,故无分配律可谈,情况比较简单。在环中,由于出现了两个二元运算且两个二元运算间有分配律,从而为环这种代数系统增加了许多半群和群中所没有的性质,因此环的结构比较复杂。

下面对环的定义作几点说明:

（1）在环中,由于 $\langle R, \oplus \rangle$ 是群,故关于 $\oplus$ 有幺元存在,将关于 $\oplus$ 的幺元记为 0。

在环中,由于 $\langle R, \oplus \rangle$ 是群,故 R 中每个元素关于 $\oplus$ 有逆元。设 $a \in R$,将 a 关于 $\oplus$ 的逆元记为 $-a$,且将 $a \oplus (-b)$ 简写为 $a - b$。

（2）在环中,对于 $\otimes$ 运算,若有幺元,则记为 1 或 e。设 $a \in R$,若 a 关于 $\otimes$ 有逆元,则记为 a^{-1}。

（3）以后谈到环,必有 $|R| \geqslant 2$,即我们不讨论一个元素的环。

(4) 在环的定义中,只要求 $\otimes$ 对 $\oplus$ 满足分配律,不要求 $\oplus$ 对 $\otimes$ 满足分配律。

下面给出环的几个例子。

例 6.54 设 $\mathbf{Z}$ 是整数集合,$+$ 和 $\times$ 是整数的加法和乘法。在上两节中已知 $\langle \mathbf{Z}, + \rangle$ 是交换群,$\langle \mathbf{Z}, \times \rangle$ 是半群。

由算术知识知,整数乘法对整数加法满足分配律。即 $\forall a, b, c \in \mathbf{Z}$,有
$$a \times (b + c) = (a \times b) + (a \times c)$$
$$(b + c) \times a = (b \times a) + (c \times a)$$

由环的定义知 $\langle \mathbf{Z}, +, \times \rangle$ 是环,此环称为**整数环**。

例 6.55 设 $\mathbf{M}_{n \times n}$ 是 $n \times n$ 阶实矩阵的全体,$+$ 和 $\times$ 是矩阵的加法和乘法。在上两节中已知 $\langle \mathbf{M}_{n \times n}, + \rangle$ 是交换群,$\langle \mathbf{M}_{n \times n}, \times \rangle$ 是半群。

由线性代数知矩阵乘法对矩阵加法满足分配律。即 $\forall \mathbf{A}, \mathbf{B}, \mathbf{C} \in \mathbf{M}_{n \times n}$,有
$$\mathbf{A} \times (\mathbf{B} + \mathbf{C}) = (\mathbf{A} \times \mathbf{B}) + (\mathbf{A} \times \mathbf{C})$$
$$(\mathbf{B} + \mathbf{C}) \times \mathbf{A} = (\mathbf{B} \times \mathbf{A}) + (\mathbf{C} \times \mathbf{A})$$

由环的定义知 $\langle \mathbf{M}_{n \times n}, +, \times \rangle$ 是环,此环称为**矩阵环**。

例 6.56 设 $N_m = \{[0], [1], \cdots, [m-1]\}$,$+_m$ 和 $\times_m$ 是 N_m 上的模加和模乘运算。在上两节中已知 $\langle N_m, +_m \rangle$ 是交换群,$\langle N_m, \times_m \rangle$ 是半群。

$\forall [i], [j], [k] \in N_m$ 有,
$$\begin{aligned}
[i] \times_m ([j] +_m [k]) &= [i] \times_m [(j+k) \bmod m] \\
&= [i \times (j+k) \bmod m] \\
&= [(i \times j) + (i \times k) \bmod m] \\
&= [i \times j \bmod m] +_m [j \times k \bmod m] \\
&= ([i] \times_m [j]) +_m ([i] \times_m [k])
\end{aligned}$$

同理可证 $([j] +_m [k]) \times_m [i] = ([j] \times_m [i]) + ([k] \times_m [i])$。故 $\times_m$ 对 $+_m$ 满足分配律。

由环的定义知 $\langle N_m, +_m, \times_m \rangle$ 是环,此环称为**整数模环**。

例 6.57 设 X 是非空集合,2^X 是 X 的幂集,$\oplus$ 是集合的对称差运算,$\cap$ 是集合的交运算。在上两节中已知 $\langle 2^X, \oplus \rangle$ 是交换群,$\langle 2^X, \cap \rangle$ 是半群。

由第 3 章知,集合的交运算对对称差运算满足分配律。即 $\forall A, B, C \in 2^X$,有
$$A \cap (B \oplus C) = (A \cap B) \oplus (A \cap C)$$
$$(B \oplus C) \cap A = (B \cap A) \oplus (C \cap A)$$

由环的定义知 $\langle 2^X, \oplus, \cap \rangle$ 是环,此环称为 X 的**子集环**。

例 6.58 设 $P[x]$ 是实系数多项式的全体,$+$ 和 $\times$ 是多项式的加法和乘法。在上两节中已知 $\langle P[x], + \rangle$ 是交换群(例 6.41),$\langle P[x], \times \rangle$ 是半群(例6.29)。

由于实数乘法对加法满足分配律,故多项式乘法对加法满足分配律。即 $\forall h(x), p(x), q(x) \in P[x]$,有

$$h(x) \times (p(x) + q(x)) = (h(x) \times p(x)) + (h(x) \times q(x))$$
$$(p(x) + q(x)) \times h(x) = (p(x) \times h(x)) + (q(x) \times h(x))$$

由环的定义知 $\langle P[x], +, \times \rangle$ 是环,此环称为**多项式环**。

定义 6.30　设 $\langle R, \oplus, \otimes \rangle$ 是环。

(1) 若 $\otimes$ 满足交换律,则称 $\langle R, \oplus, \otimes \rangle$ 是**交换环**;

(2) 若关于 $\otimes$ 有幺元,则称 $\langle R, \oplus, \otimes \rangle$ 是**含幺环**。

在前面的例子中

(1) $\langle \mathbf{Z}, +, \times \rangle$ 是交换环,是含幺环,关于 $\times$ 的幺元是 1。

(2) $\langle M_{n \times n}, +_m, \times_m \rangle$ 不是交换环,是含幺环,关于 $\times$ 的幺元是单位矩阵 E。

(3) $\langle N_m, +, \times \rangle$ 是交换环,是含幺环,关于 $\times_m$ 的幺元是 $[1]$。

(4) $\langle 2^X, \oplus, \cap \rangle$ 是交换环,是含幺环,关于 $\cap$ 的幺元是 X。

(5) $\langle P[x], +, \times \rangle$ 是交换环,是含幺环,关于 $\times$ 的幺元是零次多项式 1。

6.5.2　环的基本性质

定理 6.30　设 $\langle R, \oplus, \otimes \rangle$ 是环,$\forall a, b, c \in R$,有

(1) $a \otimes 0 = 0 = 0 \otimes a$(其中 0 是关于 $\oplus$ 的幺元);

(2) $a \otimes (-b) = (-a) \otimes b = -(a \otimes b)$;

(3) $(-a) \otimes (-b) = a \otimes b$;

(4) $a \otimes (b - c) = (a \otimes b) - (a \otimes c)$,
$(b - c) \otimes a = (b \otimes a) - (c \otimes a)$。

证　(1) 由于 $\langle R, \oplus, \otimes \rangle$ 是环,故有

$$a \otimes 0 = a \otimes (0 \oplus 0) = (a \otimes 0) \oplus (a \otimes 0)$$

在等式两边同时 $\oplus (-(a \otimes 0))$,得

$$a \otimes 0 = 0$$

同理可证 $0 \otimes a = 0$。

(2) 由于 $-(a \otimes b)$ 是 $(a \otimes b)$ 关于 $\oplus$ 的逆元,故只须证 $(a \otimes (-b)) \oplus (a \otimes b) = 0$ 即可。

由 $\otimes$ 对 $\oplus$ 的分配律,有

$$(a \otimes (-b)) \oplus (a \otimes b) = a \otimes ((-b) \oplus b) = a \otimes 0 = 0$$

即有

$$a \otimes (-b) = -(a \otimes b)$$

同理可证 $(-a) \otimes b = -(a \otimes b)$。

（3）由（2），有
$$(-a) \otimes (-b) = -(a \otimes (-b)) = -(-(a \otimes b)) = a \otimes b$$

（4）由于
$$a \otimes (b-c) = a \otimes (b \oplus (-c))$$
$$= (a \otimes b) \oplus (a \otimes (-c))$$
$$= (a \otimes b) \oplus (-(a \otimes c))$$
$$= (a \otimes b) - (a \otimes c)$$

故结论成立。

同理可证 $(b-c) \otimes a = (b \otimes a) - (c \otimes a)$。

由定理 6.30 的结论（1）知，在环 $\langle R, \oplus, \otimes \rangle$ 中，关于 $\oplus$ 的幺元就是关于 $\otimes$ 的零元。由于 $\langle R, \oplus \rangle$ 是交换群，故幺元一定存在，因此关于 $\otimes$ 的零元也一定存在。由于在一个代数系统中，零元是没有逆元的，因此在环 $\langle R, \oplus, \otimes \rangle$ 中，$\langle R, \otimes \rangle$ 构不成群。

6.5.3　无零因子环和含零因子环

定义 6.31　设 $\langle R, \oplus, \otimes \rangle$ 是环。若存在 $a, b \in R, a \neq 0, b \neq 0$，有 $a \otimes b = 0$，则

（1）称 a 是环中的**左零因子**；

（2）称 b 是环中的**右零因子**；

（3）称 $\langle R, \oplus, \otimes \rangle$ 是**含零因子环**；

（4）若环中无零因子，则称 $\langle R, \oplus, \otimes \rangle$ 是**无零因子环**。

所谓含零因子环，用通常的话说就是有两个不为零的元素相乘为零。用环的定义来说就是环中的两个元素，它们不是关于 $\otimes$ 的零元，但它们经过 $\otimes$ 运算后成为零元，于是就称此环为含零因子环。当一个环是交换环时，左零因子也就是右零因子，反之亦然。在这种情况下统称为零因子。如果在环中，不存在满足上述条件的元素，就称此环为无零因子环。

例 6.59　已知 $\langle \mathbf{Z}, +, \times \rangle$ 是环，由于任意两个不为零的整数相乘不为零，由定义 6.31 知 $\langle \mathbf{Z}, +, \times \rangle$ 是无零因子环。

例 6.60　已知 $\langle \mathbf{M}_{n \times n}, +, \times \rangle$ 是环 $(n \geqslant 2)$，不妨设 $n = 2$，丁是有
$$\begin{pmatrix} 2 & 0 \\ 0 & 0 \end{pmatrix} \times \begin{pmatrix} 0 & 0 \\ 2 & 0 \end{pmatrix} = \begin{pmatrix} 0 & 0 \\ 0 & 0 \end{pmatrix}$$

即两个不为零的矩阵相乘为零矩阵。

由定义 6.31 知 $\langle \mathbf{M}_{n \times n}, +, \times \rangle$ 是含零因子环。

例 6.61　已知 $\langle N_m, +_m, \times_m \rangle$ 是环。

(1) 当 m 为素数时,对任意的 $[i],[j] \in N_m,[i] \neq [0],[j] \neq [0]$,有 $i \times j \neq km$,即有 $[i] \times_m [j] = [(i \times j) \bmod m] \neq [0]$,即两个不为零的元素经过运算 $\times_m$ 后不为零。

由定义 6.31 知 $\langle N_m, +_m, \times_m \rangle$ 是无零因子环。

(2) 当 m 不是素数时,存在 $[i],[j] \in N_m,[i] \neq [0],[j] \neq [0]$,使 $m = i \times j$,即有 $[i] \times_m [j] = [(i \times j) \bmod m] = [0]$,即 $[i],[j]$ 是 N_m 中的零因子。

由定义 6.31 知 $\langle N_m, +_m, \times_m \rangle$ 是含零因子环。

例 6.62 已知 $\langle 2^X, \oplus, \cap \rangle$ 是环,设 $|X| \geqslant 2$。取 $a,b \in X$ 且 $a \neq b$,于是有 $\{a\},\{b\} \in 2^X$ 且 $\{a\} \cap \{b\} = \varnothing$,即两个不为零的元素相交后成为零元。

由定义 6.31 知 $\langle 2^X, \oplus, \cap \rangle$ 是含零因子环。

例 6.63 已知 $\langle P[x], +, \times \rangle$ 是环,由于两个非零多项式相乘仍为一非零多项式,由定义 6.31 知 $\langle P[x], +, \times \rangle$ 是无零因子环。

定理 6.31 设 $\langle R, \oplus, \otimes \rangle$ 是环,则环中无零因子的充分必要条件是环中的 $\otimes$ 运算满足消去律。

证 先证必要性,即要证当 $a \in R$ 且 $a \neq 0$ 时,

(1) 若 $a \otimes b = a \otimes c$,则 $b = c$;

(2) 若 $b \otimes a = c \otimes a$,则 $b = c$。

若 $a \otimes b = a \otimes c$,则有 $(a \otimes b) - (a \otimes c) = 0$,即有 $a \otimes (b - c) = 0$,由于 $a \neq 0$,故 $b - c = 0$,否则与环中无零因子矛盾,于是有 $b = c$。

同理可证,若 $b \otimes a = c \otimes a$,则 $b = c$。

再证充分性。用反证法。

假设环中有零因子,则有 $a,b \in R, a \neq 0, b \neq 0$,但 $a \otimes b = 0$,于是有 $a \otimes b = 0 \otimes b$。由于 $b \neq 0$,故由消去律知 $a = 0$,这与假设矛盾。矛盾说明假设不真,即环中无零因子。 ∎

由定理 6.31 知,在环中,无零因子和消去律是等价的。以后哪个条件用起来方便,就可以用哪个来判断一个环是否有零因子或是否有消去律。

6.5.4 整环

定义 6.32 设 $\langle R, \oplus, \otimes \rangle$ 是环,若

(1) $\otimes$ 运算满足交换律;

(2) 关于 $\otimes$ 运算有幺元;

(3) 关于 $\otimes$ 运算无零因子;

则称 $\langle R, \oplus, \otimes \rangle$ 是**整环**。

例 6.64 由整环的定义和前面的举例可知:

（1）$\langle \mathbf{Z}, +, \times \rangle$ 是整环。

（2）$\langle \boldsymbol{M}_{n \times n}, +, \times \rangle$ 不是整环。

（3）对 $\langle N_m, +_m, \times_m \rangle$ 来说，当 m 是素数时是整环；当 m 不是素数时不是整环。

（4）$\langle 2^X, \oplus, \cap \rangle$ 不是整环（$|X| \geqslant 2$）。

（5）$\langle P[x], +, \times \rangle$ 是整环。

6.5.5　除环

定义 6.33　设 $\langle R, \oplus, \otimes \rangle$ 是环。若

（1）关于 $\otimes$ 有幺元；

（2）$\forall a \in R$，当 $a \neq 0$ 时，a 有逆元；

则称 $\langle R, \oplus, \otimes \rangle$ 是**除环**。

由定义 6.33 可知，在除环中 $\langle R \setminus \{0\}, \otimes \rangle$ 是群。但 $\langle R, \otimes \rangle$ 构不成群，因为有零元存在。

例 6.65　在前面例子中的，$\langle \mathbf{Z}, +, \times \rangle$，$\langle \boldsymbol{M}_{n \times n}, +, \times \rangle$，$\langle 2^X, \oplus, \cap \rangle$，$\langle P[x], +, \times \rangle$ 都不是除环。

例 6.66　$\langle N_5, +_5, \times_5 \rangle$ 是除环。因为 $[1]$ 是幺元，$[1]$ 的逆元为 $[1]$，$[2]$ 的逆元为 $[3]$，$[3]$ 的逆元为 $[2]$，$[4]$ 的逆元为 $[4]$。故 N_5 中除零元外每个元素关于 $\times_5$ 都有逆元。由除环的定义知 $\langle N_5, +_5, \times_5 \rangle$ 是除环。

但 $\langle N_4, +_4, \times_4 \rangle$ 不是除环，因为虽有幺元 $[1]$，但 $[2]$ 无逆元。故由除环的定义知 $\langle N_4, +_4, \times_4 \rangle$ 不是除环。

例 6.67　设 $\mathbf{Q}$ 是有理数集，$+$ 和 $\times$ 是有理数的加法和乘法，容易验证 $\langle \mathbf{Q}, +, \times \rangle$ 是环。此环中关于 $\times$ 的幺元是 1，且关于 $\times$ 运算，除零元外每个元素有逆元。因为每个有理数可表示成 b/a 的形式，因此 b/a 的逆元是 a/b，由除环的定义知 $\langle \mathbf{Q}, +, \times \rangle$ 是除环。

定理 6.32　若 $\langle R, \oplus, \otimes \rangle$ 是除环，则 $\langle R, \oplus, \otimes \rangle$ 是含幺的无零因子环。

证　由除环的定义知，$\langle R, \oplus, \otimes \rangle$ 关于 $\otimes$ 运算有幺元。

下证除环中无零因子。用反证法。

假设环中有零因子，则有 $a, b \in R$，$a \neq 0$，$b \neq 0$，但 $a \otimes b = 0$，则有 $a \otimes b = 0 \otimes b$。由于 $\langle R, \oplus, \otimes \rangle$ 是除环，故有 b^{-1} 存在。于是有

$$(a \otimes b) \otimes b^{-1} = (0 \otimes b) \otimes b^{-1}$$

由 $\otimes$ 运算的结合律和逆元的定义知有 $a = 0$，这与假设 $a \neq 0$ 矛盾。矛盾说明假设不真，即除环中无零因子。　　■

反之，无零因子环未必是除环，即定理 6.32 的逆不成立。

例 6.68　已知 $\langle \mathbf{Z}, +, \times \rangle$ 是含幺无零因子环，但 $\langle \mathbf{Z}, +, \times \rangle$ 不是除环。因为

对 × 运算而言,除 1 和 −1 外其他元素均无逆元。

定理 6.33 设 $\langle R, \oplus, \otimes \rangle$ 是有限含幺环,$|R| = n$,则环中关于 $\otimes$ 有消去律的充分必要条件是在环中关于 $\otimes$ 运算,除零元外,每个元素有逆元。

证 先证必要性。

由于 $|R| = n$,不妨设 $R \backslash \{0\} = \{r_1, r_2, \cdots, r_{n-1}\}$。任取 $r \in R \backslash \{0\}$,由于 R 为有限集合,故存在 i, j,使 $r^j = r^i$ 且 $j > i$。令 $k = j - i$,于是有 $r^j = r^{i+k} = r^i \otimes r^k$;另外又有 $r^j = r^i \otimes e = r^i \otimes e$,由环的消去律有 $r^k = e$,即 $r^{-1} = r^{k-1}$。

由 r 的任意性知,除零元外,每个元素关于 $\oplus$ 有逆元。

再证充分性。

设 $a \neq 0$,有 $a \otimes b = a \otimes c$,由条件知有 a^{-1} 存在。于是有
$$a^{-1} \otimes (a \otimes b) = a^{-1} \otimes (a \otimes c)$$
由 $\otimes$ 的结合律和逆元的定义得 $b = c$。

同理可证,若 $b \otimes a = c \otimes a$,则有 $b = c$。 ∎

由以上的定理 6.31、定理 6.32、定理 6.33 可知,在环中,对 $\otimes$ 运算而言,消去律和无零因子是等价的。每个非零元有逆元可保证有消去律且无零因子。当环为有限时,反之亦真。但当环为无限时,反之不真,这些关系可用图 6.3 表示。

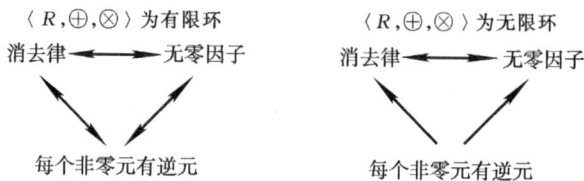

图 6.3

6.6　域

定义 6.34 若 $\langle R, \oplus, \otimes \rangle$ 是可交换的除环,则称 $\langle R, \oplus, \otimes \rangle$ 是**域**。

由定义 6.34 知,若一个代数系统 $\langle R, \oplus, \otimes \rangle$ 满足

(1) $\langle R, \oplus \rangle$ 是交换群;

(2) $\langle R \backslash \{0\}, \otimes \rangle$ 是交换群,其中 0 是关于 $\oplus$ 的幺元;

(3) $\otimes$ 对 $\oplus$ 运算满足分配律。

则 $\langle R, \oplus, \otimes \rangle$ 就是域。

以后若要验证一个代数系统是否为域,可根据上面三个条件来判断。

下面举几个熟知的域的例子。

例 6.69　设 **Q** 是有理数集合，＋和×分别是有理数的加法和乘法，则〈**Q**，＋，×〉是域，该域称为**有理数域**。

例 6.70　设 **R** 是实数集合，＋和×分别是实数的加法和乘法，则〈**R**，＋，×〉是域，该域称为**实数域**。

例 6.71　设 **C** 是复数集合，＋和×分别是复数的加法和乘法，则〈**C**，＋，×〉是域，该域称为**复数域**。

例 6.72　设 $X = \{a + b\sqrt{2} \mid a \in \mathbf{Q} \wedge b \in \mathbf{Q}\}$，$\oplus$ 和 $\otimes$ 定义如下：

$$(a_1 + b_1\sqrt{2}) \oplus (a_2 + b_2\sqrt{2}) = (a_1 + a_2) + (b_1 + b_2)\sqrt{2}$$

$$(a_1 + b_1\sqrt{2}) \otimes (a_2 + b_2\sqrt{2}) = (a_1 a_2 + 2b_1 b_2) + (a_1 b_2 + b_1 a_2)\sqrt{2}$$

请读者验证〈X，$\oplus$，$\otimes$〉是域。

定理 6.34　若〈R，$\oplus$，$\otimes$〉是有限整环，则〈R，$\oplus$，$\otimes$〉是域。

证　由于〈R，$\oplus$，$\otimes$〉是整环，故有

(1)〈R，$\oplus$〉是交换群；

(2)$\otimes$ 对 $\oplus$ 满足分配律。

下面只要证〈$R\backslash\{0\}$，$\otimes$〉是交换群即可。

由于〈R，$\oplus$，$\otimes$〉是有限整环，故 $\otimes$ 运算满足交换律，关于 $\otimes$ 运算有幺元，且无零因子。由上节的定理 6.31 和定理 6.33 知，环中关于 $\otimes$ 运算，除零元外每个元素有逆元，故〈$R\backslash\{0\}$，$\otimes$〉是交换群。

由域的定义知，有限整环〈R，$\oplus$，$\otimes$〉是域。　　▌

由域的定义知，每个域都是整环。因此在有限的条件下，域就是整环且整环就是域。在无限的条件下，域一定是整环，但整环未必是域。

例如〈**Z**，＋，×〉是整环，但不是域。

例 6.73　已知当 m 为素数时，〈N_m，$+_m$，$\times_m$〉是有限整环，故由定理 6.30 知，当 m 为素数时，〈N_m，$+_m$，$\times_m$〉是有限域，这个域称为 Galois 域。

下面将前面所举的几个环中第二个运算所具有的各种性质列表如下。从表 6.13 中可看到，随着条件的增加，能满足这些条件的代数系统越来越少，而且满足这些条件的代数系统的应用范围也越来越小。因而尽管半群这种代数系统性质很少，但由于应用范围可以很广，故它的重要性正在逐渐地得到提高。在现实世界中，要求各个代数系统满足域的条件是太苛刻了。当然一个代数系统满足的条件越多，使用也就越方便，这大概就是人们首先发现的是域这种代数系统而不是半群这种代数系统的原因吧。

表 6.13

	$\langle \mathbf{Z},+,\times \rangle$	$\langle \mathbf{M}_{n\times n},+,\times \rangle$	$\langle N_m,+_m,\times_m \rangle$		$\langle 2^X,\oplus,\cap \rangle$	$\langle P[x],+,\times \rangle$
运算	$\times$	$\times$	$\times_m$		$\cap$	$\times$
交换律	满足	不满足	满足		满足	满足
幺元	1	$\mathbf{E}$	$[1]$		X	1
零因子	无	有	m 是素数	m 是合数	有	无
			无	有		
整环	是	不是	是	不是	不是	是
除环	不是	不是	是	不是	不是	不是
域	不是	不是	是	不是	不是	不是

习 题 六

1. 设 $\mathbf{Z}$ 为整数集合,判断下面的二元关系是否是 $\mathbf{Z}$ 上的二元运算。

(1) $+ = \{((x,y),z) \mid x,y,z \in \mathbf{Z} \wedge z = x+y\}$;

(2) $- = \{((x,y),z) \mid x,y,z \in \mathbf{Z} \wedge z = x-y\}$;

(3) $\times = \{((x,y),z) \mid x,y,z \in \mathbf{Z} \wedge z = x \times y\}$;

(4) $/ = \{((x,y),z) \mid x,y,z \in \mathbf{Z} \wedge z = x/y\}$;

(5) $R = \{((x,y),z) \mid x,y,z \in \mathbf{Z} \wedge z = x^y\}$;

(6) $\sqrt{} = \{((x,y),z) \mid x,y,z \in \mathbf{Z} \wedge z = \sqrt[y]{x}\}$;

(7) $\max = \{((x,y),z) \mid x,y,z \in \mathbf{Z} \wedge z = \max(x,y)\}$;

(8) $\min = \{((x,y),z) \mid x,y,z \in \mathbf{Z} \wedge z = \min(x,y)\}$;

(9) $GCD = \{((x,y),z) \mid x,y,z \in \mathbf{Z} \wedge z = GCD(x,y)\}$;

(10) $LCM = \{((x,y),z) \mid x,y,z \in \mathbf{Z} \wedge z = LCM(x,y)\}$。

2. 设 $X = \{x \mid x = 2^n \wedge n \in \mathbf{N}\}$,问普通数的加法是否是 X 上的二元运算?普通数的乘法呢?

3. 设 $\langle X, * \rangle$ 是代数系统,$*$ 是 X 上的二元运算。若有元素 $e_l \in X, \forall x \in X$,有 $e_l * x = x$,则称 e_l 是关于 $*$ 的左幺元;若有元素 $e_r \in X$,使 $\forall x \in X, x * e_r = x$ 有,则称 e_r 是关于 $*$ 的右幺元。

(1) 试举出仅含有左幺元的代数系统的例子;

(2) 试举出仅含有右幺元的代数系统的例子;

(3) 证明:在代数系统 $\langle X, * \rangle$ 中,若关于 $*$ 有左幺元和右幺元,则左幺元等于右幺元。

4. 设 $\langle X, * \rangle$ 是代数系统,$*$ 是 X 上的二元运算。若有元素 $0_l \in X$,使 $\forall x \in$

X,有 $0_l * x = 0_l$,则称 0_l 是关于 $*$ 的左零元;若有元素 $0_r \in X$,使 $\forall x \in X$,有 $x * 0_r = 0_r$,则称 0_r 是关于 $*$ 的右零元。

(1) 试举出仅含有左零元的代数系统的例子;

(2) 试举出仅含有右零元的代数系统的例子;

(3) 证明:在代数系统 $\langle X, * \rangle$ 中,若关于 $*$ 有左零元和右零元,则左零元等于右零元。

5. 当给出一个代数系统的二元运算表时,如何从运算表上判断这个二元运算是否满足结合律,是否满足交换律,是否有幺元,是否有零元,每个元素是否有逆元。

6. 设 $\langle X, * \rangle$ 是代数系统,$*$ 是 X 上的二元运算,e 是关于 $*$ 的幺元。对于 X 中的元素 x,若存在 $y \in X$,使得 $y * x = e$,则称 y 是 x 的左逆元;若存在 $z \in X$,使得 $x * z = e$,则称 z 是 x 的右逆元。指出表 6.14 中各元素左、右逆元的情况。

表 6.14

$*$	a	b	c	d	e
a	a	b	c	d	e
b	b	d	a	c	d
c	c	a	b	a	b
d	d	a	c	d	c
e	e	d	a	c	e

7. 设 $\langle X, * \rangle$ 是代数系统,$*$ 是 X 上的二元运算。$\forall x, y \in X$,有 $x * y = x$。问 $*$ 是否满足结合律,是否满足交换律,是否有幺元,是否有零元,每个元素是否有逆元。

8. 设 $\langle \mathbf{N}, * \rangle$ 是代数系统,$*$ 是 $\mathbf{N}$ 上的二元运算,$\forall x, y \in \mathbf{N}, x * y = \mathrm{LCM}(x, y)$。问 $*$ 是否满足结合律,是否满足交换律,是否有幺元,是否有零元,每个元素是否有逆元。

9. 设 $\langle X, * \rangle$ 是代数系统,$*$ 是 X 上的二元运算。任取 $x \in X$,若有 $x * x = x$,则称 x 是**幂等元**。若 $*$ 是可结合的,且 $\forall x, y \in X$,当 $x * y = y * x$ 时,有 $x = y$。证明:X 中每个元素都是幂等元。

10. 设 $\langle X, \oplus, \otimes \rangle$ 是代数系统,$\oplus$ 和 $\otimes$ 分别是 X 上的两个二元运算。若 $\forall x \in X$,有 $x \oplus y = x$。证明 $\otimes$ 关于 $\oplus$ 是可分配的。

11. 设 $\langle X, \oplus, \otimes \rangle$ 是代数系统,$\oplus$ 和 $\otimes$ 分别是 X 上的两个二元运算。e_1 和 e_2 分别是关于运算 $\oplus$ 和 $\otimes$ 的幺元,且 $\oplus$ 对 $\otimes$ 满足分配律,$\otimes$ 对 $\oplus$ 满足分配律。证明:$\forall x \in X$,有 $x \oplus x = x, x \otimes x = x$。

12. 设 $X = \{a,b,c,d\}$，$\oplus$ 和 $\otimes$ 分别是 X 上的两个二元运算，其运算表如表 6.15 及表 6.16 所示。

表 6.15

$\oplus$	a	b	c	d
a	a	a	a	a
b	a	b	a	b
c	a	a	c	c
d	a	b	c	d

表 6.16

$\otimes$	a	b	c	d
a	a	b	c	d
b	b	b	d	d
c	c	d	c	d
d	d	d	d	d

取 $S_1 = \{b,d\}$，$S_2 = \{a,d\}$，$S_3 = \{b,c\}$，问 $\langle S_1, \oplus, \otimes \rangle$，$\langle S_2, \oplus, \otimes \rangle$，$\langle S_3, \oplus, \otimes \rangle$ 分别是 $\langle X, \oplus, \otimes \rangle$ 的子代数系统吗？为什么？

13. 设 $\langle X, * \rangle$ 是代数系统，$*$ 是 X 上的二元运算。若 $\forall a,b,c \in X$，有 $a * a = a$ 且 $(a * b) * (c * d) = (a * c) * (b * d)$。证明：
$$a * (b * c) = (a * b) * (a * c)$$

14. 设 $\langle X, * \rangle$ 是代数系统，$*$ 是 X 上的二元运算，R 是 X 上的等价关系。若 $\forall a,b,c \in X$，当 $(a,b) \in R$ 且 $(c,d) \in R$ 时，有 $(a * c, b * d) \in R$，则称 R 是 X 上关于 $*$ 的**同余关系**，称 R 产生的等价类是关于 $*$ 的**同余类**。

考察代数系统 $\langle \mathbf{Z}, + \rangle$，$\mathbf{Z}$ 是整数集合，$+$ 是整数加法。问以下的二元关系是 $\mathbf{Z}$ 上关于 $+$ 的同余关系吗？

(1) $R = \{(x,y) \mid x,y \in \mathbf{Z} \wedge (x < 0 \wedge y < 0) \vee (x \geqslant 0 \wedge y \geqslant 0)\}$；

(2) $R = \{(x,y) \mid x,y \in \mathbf{Z} \wedge |x - y| < 10\}$

(3) $R = \{(x,y) \mid x,y \in \mathbf{Z} \wedge (x = 0 \wedge y = 0) \vee (x \neq 0 \wedge y \neq 0)\}$

(4) $R = \{(x,y) \mid x,y \in \mathbf{Z} \wedge x \geqslant y\}$

15. 设 $S = \{a,b\}$，$X = \langle 2^S, \cap, \cup, ' \rangle$，$Y = \langle \{0,1\}, \wedge, \vee, \neg \rangle$，证明：$Y$ 是 X 的同态象。

16. 设 $\mathbf{R}$ 是实数集合，$+$ 和 $\times$ 是实数的加法和乘法。$X = \langle \mathbf{R}, + \rangle$，$Y = \langle \mathbf{R}, \times \rangle$，问 Y 是否是 X 同态象。

17. 设 $\mathbf{N}$ 是自然数集合，$\times$ 是自然数乘法，$X = \langle \mathbf{N}, \times \rangle$，$Y = \langle \{0,1\}, \times \rangle$。证明：$Y$ 是 X 的同态象。

18. 设 $S = \{a,b,c\}$，$X = \langle \{\varnothing, S\}, \cap, \cup, ' \rangle$，$Y = \langle \{\{a,b\}, S\}, \cap, \cup, ' \rangle$。问 X 和 Y 是否同构，为什么？

19. 设 $\langle X, * \rangle$ 和 $\langle Y, \oplus \rangle$ 是两个代数系统，$*$ 和 $\oplus$ 分别是 X 和 Y 上的二元运算，且满足交换律，结合律。f_1 和 f_2 都是从 $\langle X, * \rangle$ 到 $\langle Y, \oplus \rangle$ 的同态函数，令
$$h(x) = f_1(x) \oplus f_2(x)$$
证明：h 是从 $\langle X, * \rangle$ 到 $\langle Y, \oplus \rangle$ 的同态函数。

20. 设 $\langle X,f_1\rangle,\langle Y,f_2\rangle,\langle Z,f_3\rangle$ 是三个代数系统，f_1,f_2,f_3 分别是 X,Y,Z 上的二元运算。证明：若 h_1 是从 $\langle X,f_1\rangle$ 到 $\langle Y,f_2\rangle$ 的同态函数，h_2 是从 $\langle Y,f_2\rangle$ 到 $\langle Z,f_3\rangle$ 的同态函数，则 $h_2\cdot h_1$ 是从 $\langle X,f_1\rangle$ 到 $\langle Z,f_3\rangle$ 的同态函数。

21. 设 $\langle S,*\rangle$ 是有限含幺半群。证明：在 $*$ 的运算表中，任何两行或任何两列均不相同。

22. 设 k 是一正整数，$N_k=\{0,1,2,\cdots,k-1\}$，在 N_k 上定义二元运算如下：
$$\forall\,a,b\in N_k,\quad a*_k b=(a\times b)\bmod k$$

(1) 当 $k=6$ 时，写出 $*_6$ 的运算表；

(2) 证明：对任意的正整数 k，$\langle N_k,*_k\rangle$ 是半群。

23. 设 $\langle S,*\rangle$ 是半群，$a\in S$。在 S 上定义二元运算如下：
$$\forall\,x,y\in S,\quad x\oplus y=x*a*y$$
证明：$\langle S,\oplus\rangle$ 是半群。

24. 设 $\langle S,*\rangle$ 是有限半群。证明：S 中至少有一个幂等元。

25. 设 $\mathbf{R}$ 是实数集合，在 $\mathbf{R}$ 上定义二元运算 $*$ 如下：
$$\forall\,x,y\in\mathbf{R},\quad x*y=x+y+xy$$
证明：$\langle\mathbf{R},*\rangle$ 是含幺半群。

26. 设 $\langle S,*\rangle$ 是交换半群。证明：$\forall\,x,y\in S$，若 x,y 是幂等元，则有
$$(x*y)*(x*y)=(x*y)$$

27. 设 $\langle S,*\rangle$ 是半群。$\forall\,x,y\in S$，若 $x\neq y$，则 $x*y\neq y*x$。证明：

(1) $\forall\,x\in S$，有 $x*x=x$；

(2) $\forall\,x,y\in S$，有 $x*y*x=x$；

(3) $\forall\,x,y,z\in S$，有 $x*y*z=x*z$。

28. 设 $\langle S,*\rangle$ 是半群。证明：$\forall\,x,y,z\in S$，若 $x*z=z*x$ 且 $y*z=z*y$，则
$$(x*y)*z=z*(x*y)$$

29. 设 $\langle\{x,y\},*\rangle$ 是半群，$x*x=y$。证明：

(1) $x*y=y*x$；

(2) $y*y=y$。

30. $\langle S,*\rangle$ 是半群。若有 $a\in S$，$\forall\,x\in S$，$\exists\,u,v\in S$ 使得
$$a*u=v*a=x$$
证明：$\langle S,*\rangle$ 是含幺半群。

31. 设 $\langle S,*\rangle$ 是半群。$z\in S$，z 是关于 $*$ 的左零元。证明：$\forall\,x\in S$，$x*z$ 也是关于 $*$ 的左零元。

32. 设 $\langle S,*\rangle$ 是有限半群。$S^S=\{f\,|\,f:S\to S\}$，$\circ$ 是函数的复合运算。

(1) 证明:$\langle S^S, \circ \rangle$ 是半群;

(2) 证明:存在从 $\langle S, * \rangle$ 到 $\langle S^S, \circ \rangle$ 的同态函数。

33. 设 f 是从半群 $\langle X, * \rangle$ 到 $\langle Y, \oplus \rangle$ 的同态函数,证明:若 x 是 X 中的幂等元,则 Y 中也存在幂等元。

34. 设 f 是从半群 $\langle X, * \rangle$ 到 $\langle Y, \oplus \rangle$ 的同态函数,问下列结论是否为真。

(1) $\langle X, * \rangle$ 在 f 下的同态象是 $\langle Y, \oplus \rangle$ 的子代数系统;

(2) $\langle X, * \rangle$ 在 f 下的同态象是半群;

(3) 若 $\langle X, * \rangle$ 是含幺交换半群,则 $\langle X, * \rangle$ 在 f 下的同态象也是含幺交换半群。

35. 设 $N_6 = \{0,1,2,3,4,5\}$,N_6 上的运算 $+_6$ 定义如下
$$\forall a, b \in N_6, \quad a +_6 b = (a+b) \bmod 6$$
求出半群 $\langle N_6, +_6 \rangle$ 的所有子半群。

36. 说明含幺半群的子半群可以是一个含幺半群,但不一定是子含幺半群。

37. 设 $\langle S, * \rangle$ 是含幺半群,幺元为 e,
$$S_1 = \{x \,|\, x \in S \land (\exists y \in S)(y * x = e)\}$$
证明:$\langle S_1, * \rangle$ 是 $\langle S, * \rangle$ 的子含幺半群。

38. 写出所有不同构的一阶、二阶、三阶、四阶、五阶、六阶、七阶、八阶群。

39. 设 $\langle G, * \rangle$ 是群。证明:$\forall a, b \in G$,

(1) 存在唯一的 $x \in G$,使得 $a * x = b$;

(2) 存在唯一的 $y \in G$,使得 $y * a = b$。

40. 设 $\langle S, * \rangle$ 是半群,e 是关于 $*$ 的左幺元。若 $\forall x \in S$,存在 $y \in S$,使得 $y * x = e$。证明:

(1) $\forall a, b, c \in S$,若 $a * b = a * c$,则 $b = c$;

(2) $\langle S, * \rangle$ 是群。

41. 设 $\langle G, * \rangle$ 是群且 $|G| = 2n$。证明:G 中至少有一个二阶元素。

42. 设 $\langle G, * \rangle$ 是群。证明:$\langle G, * \rangle$ 是交换群的充分必要条件是 $\forall a, b \in G$,有
$$(a * b) * (a * b) = (a * a) * (b * b)$$

43. 设 $\langle S, * \rangle$ 是含幺半群。证明:若 $\forall x \in S$,有 $x * x = e$,则 $\langle S, * \rangle$ 是交换群。

44. 设 $\langle G, * \rangle$ 是群。证明:若 $\forall a, b \in G$,有
$$a^3 * b^3 = (a * b)^3, \quad a^4 * b^4 = (a * b)^4, \quad a^5 * b^5 = (a * b)^5$$
则 $\langle G, * \rangle$ 是交换群。

45. 设 $\langle G, * \rangle$ 是群。证明:幺元是唯一的幂等元。

46. 设 $\langle H_1, * \rangle$ 和 $\langle H_2, * \rangle$ 是群 $\langle G, * \rangle$ 的子群。证明:$\langle H_1 \cap H_2, * \rangle$ 是 $\langle G,$

* 〉的子群。

47. 设〈H_1, * 〉和〈H_2, * 〉是群〈G, * 〉的子群。令
$$H_1 H_2 = \{h_1 * h_2 \mid h_1 \in H_1 \wedge h_2 \in H_2\}$$
$$H_2 H_1 = \{h_2 * h_1 \mid h_2 \in H_2 \wedge h_1 \in H_1\}$$
证明：〈$H_1 H_2$, * 〉是〈G, * 〉的子群的充分必要条件是 $H_1 H_2 = H_2 H_1$。

48. 证明：循环群的子群是循环群。

49. 设〈H, * 〉是群〈G, * 〉的子群，$X = \{x \mid x \in G \wedge xH = Hx\}$。证明：〈$X$, * 〉是群〈$G$, * 〉的子群。

50. 设 $G = \{f \mid f : \mathbf{R} \to \mathbf{R}, f(x) = ax + b, a \in \mathbf{R} \wedge b \in \mathbf{R} \wedge a \neq 0\}$，其中 $\mathbf{R}$ 是实数集合，。是 G 上的函数复合运算。

(1) 证明〈G, 。〉是群；

(2) 设 $S_1 = \{f \mid f(x) = x + b, x \in \mathbf{R} \wedge b \in \mathbf{R}\}$，
$$S_2 = \{f \mid f(x) = ax, a \in R \wedge x \in R \wedge a \neq 0\},$$
证明〈S_1, 。〉和〈S_2, 。〉都是〈G, 。〉的子群。

51. 设 $Z_6 = \{[0], [1], [2], [3], [4], [5]\}$，$+_6$ 是 Z_6 上的模 6 加法。
$$\forall [a], [b] \in Z_6, \quad [a] +_6 [b] = [(a + b) \bmod 6]$$
写出群〈Z_6, $+_6$〉的所有子群及其相应的左陪集。

52. 证明：在由群〈G, * 〉的子群〈H, * 〉所确定的左陪集中，只有一个陪集是子群。

53. 设 p 是素数。证明：p^m 阶群中必有一个 p 阶子群。

54. 证明：循环群的同态象是循环群。

55. 设〈G, * 〉是群，$a \in G, f : G \to G, f(x) = a * x * a^{-1}$。证明：$f$ 是从〈G, * 〉到〈G, * 〉的自同构函数。

56. 设 f, g 是从群〈X, * 〉到群〈Y, +〉的同态函数。证明：〈H, * 〉是群〈X, * 〉的子群。其中，
$$H = \{x \mid x \in X \wedge f(x) = g(x)\}$$

57. 设〈G, * 〉是群，
$$R = \{(x, y) \mid x, y \in G \wedge (\exists z \in G)(y = z * x * z^{-1})\}$$
证明：R 是 G 上的等价关系。

58. 设〈H, * 〉是群〈G, * 〉的子群。若 $\forall a \in G$，有 $aH = Ha$，则称〈H, * 〉为群〈G, * 〉的**不变子群**。

(1) 设〈G, * 〉是偶数阶群，〈H, * 〉是群〈G, * 〉的子群，$|H| = |G|/2$。证明：〈H, * 〉是〈G, * 〉的不变子群。

(2) 设〈G, * 〉是群，$H = \{a \mid a \in G \wedge (\forall b \in G)(a * b = b * a)\}$。证明：

$\langle H, * \rangle$ 是 $\langle G, * \rangle$ 的不变子群。

（3）设 $\langle H_1, * \rangle$ 和 $\langle H_2, * \rangle$ 是群 $\langle G, * \rangle$ 的不变子群。证明：$\langle H_1 \bigcap H_2, * \rangle$ 是群 $\langle G, * \rangle$ 的不变子群。

59. 设 $\mathbf{Z}$ 是整数集合，$\oplus$ 和 $\otimes$ 是 $\mathbf{Z}$ 上的两个二元运算。
$$\forall a, b \in \mathbf{Z}, \quad a \oplus b = a + b - 1$$
$$a \otimes b = a + b - ab$$
证明：$\langle \mathbf{Z}, \oplus, \otimes \rangle$ 是有幺元的交换环。

60. 设 $\langle X, +, \times \rangle$ 是代数系统，$+$ 和 $\times$ 是普通数的加法和乘法。问当 X 取下列集合时，$\langle X, +, \times \rangle$ 是整环吗？为什么？

（1）$X = \{x \mid x = 2n, n \in \mathbf{Z}\}$；

（2）$X = \{x \mid x = 2n + 1, n \in \mathbf{Z}\}$；

（3）$X = \{x \mid x \geqslant 0, x \in \mathbf{Z}\}$；

（4）$X = \{x \mid x = a + b \sqrt[4]{5}, a, b \in \mathbf{Q}\}$；

（5）$X = \{x \mid x = a + b \sqrt{3}, a, b \in \mathbf{Q}\}$。

61. 设 $\langle R, \oplus, \otimes \rangle$ 是环，$\forall x \in R$，有 $x \otimes x = x$。证明：

（1）$\forall x \in R$，有 $x \oplus x = 0$，其中 0 是关于 $+$ 的幺元；

（2）$\langle R, \oplus, \otimes \rangle$ 是交换环。

62. 设 X 是所有有理数对 (x, y) 的集合。在 X 上定义两个二元运算如下：
$\forall (x_1, y_1), (x_2, y_2) \in X$，

$(x_1, y_1) \oplus (x_2, y_2) = (x_1 + x_2, y_1 + y_2)$

$(x_1, y_1) \otimes (x_2, y_2) = (x_1 x_2, y_1 y_2)$

问 $\langle X, \oplus, \otimes \rangle$ 是否是环，它有无零因子，关于 $\otimes$ 运算是否有幺元，哪些元素关于 $\otimes$ 运算有逆元。

63. 设 $\mathbf{Z}$ 是整数集合，$+$ 和 $\times$ 是整数的加法和乘法。证明：对任何整数 m，代数系统 $\langle \{mx \mid x \in \mathbf{Z}\}, +, \times \rangle$ 是环 $\langle \mathbf{Z}, +, \times \rangle$ 的子环。

64. 证明：环的同态象是环。

65. 设 $\langle S, \oplus, \otimes \rangle$ 是环 $\langle R, \oplus, \otimes \rangle$ 的子环。若 $\forall x \in S, \forall y \in R$，有 $x \otimes y \in S, y \otimes x \in S$，则称 $\langle S, \oplus, \otimes \rangle$ 是环 $\langle R, \oplus, \otimes \rangle$ 的**理想**。

（1）求环 $\langle N_m, +_m, \times_m \rangle$ 的所有子环和理想，其中 m 分别是 $6, 8, 11$。

（2）设 $\langle S_1, \oplus, \otimes \rangle$ 和 $\langle S_2, \oplus, \otimes \rangle$ 是环 $\langle R, \oplus, \otimes \rangle$ 的理想。证明：$\langle S_1 \bigcap S_2, \oplus, \otimes \rangle$ 和 $\langle S_1 S_2, \oplus, \otimes \rangle$ 也是 $\langle R, \oplus, \otimes \rangle$ 的理想，其中
$$S_1 S_2 = \{x \oplus y \mid x \in S_1, y \in S_2\}$$

（3）设 $\langle R, \oplus, \otimes \rangle$ 是交换环，$a \in R$，0 是关于 $\oplus$ 的幺元。证明：$\langle S, \oplus, \otimes \rangle$ 是环 $\langle R, \oplus, \otimes \rangle$ 的理想，其中

$$S = \{x \mid x \in R \land x + a = 0\}$$

66. 求解域 $\langle F, \oplus, \otimes \rangle$ 中的方程组

$$x \oplus (c \otimes y) = a$$
$$(c \otimes x) \oplus y = b$$

67. 设 $\langle F, \oplus, \otimes \rangle$ 是域，$\langle R, \oplus, \otimes \rangle$ 是 $\langle F, \oplus, \otimes \rangle$ 的子环。问 $\langle R, \oplus, \otimes \rangle$ 是否是整环？

68. 设 $\langle X, +, \times \rangle$ 是代数系统，$+$ 和 $\times$ 是普通数的加法和乘法，当 X 为下列集合时，问 $\langle X, +, \times \rangle$ 是否是域？为什么？

(1) $X = \{x \mid x \geqslant 0, x \in \mathbf{Z}\}$；

(2) $X = \{x \mid x = a + b\sqrt{3}, a, b \in \mathbf{Q}\}$；

(3) $X = \{x \mid x = a + b\sqrt[3]{5}, a, b \in \mathbf{Q}\}$；

(4) $X = \{x \mid x = a + b\sqrt{5}, a, b \in \mathbf{Q}\}$；

(5) $X = \{x \mid x = a/b, a, b \in \mathbf{N}, a \neq kb\}$。

其中，$\mathbf{Z}$ 为整数集合，$\mathbf{Q}$ 为有理数集合，$\mathbf{N}$ 为自然数集合。

69. 设 $\langle F, \oplus, \otimes \rangle$ 是域，$\langle S_1, \oplus, \otimes \rangle$ 和 $\langle S_2, \oplus, \otimes \rangle$ 是 $\langle F, \oplus, \otimes \rangle$ 的子域。证明：$\langle S_1 \cap S_2, \oplus, \otimes \rangle$ 是 $\langle F, \oplus, \otimes \rangle$ 的子域。

70. 问是否有四个元素的域。若有，请写出其运算表。若没有，请说明理由。

第7章

格与布尔代数

上一章介绍了几种代数系统,如半群、群、环、域等。在这一章中将再介绍两种代数系统——格与布尔代数。有人称计算机是布尔代数与电子器件相结合的产物,由此可见布尔代数与计算机科学的紧密关联关系。关于格与布尔代数在计算机科学中的应用是众所周知的。

7.1 格

7.1.1 格的基本概念

在介绍格之前,先介绍两个代数系统中关于二元运算的性质。

定义 7.1 设 $\langle X, * \rangle$ 是代数系统,$*$ 是 X 上的二元运算。

(1) 任取 $x \in X$,若有 $x * x = x$,则称 x 是**幂等元**;

(2) 若 $\forall x \in X$,x 是幂等元,则称运算 $*$ 满足**幂等律**。

定义 7.2 设 $\langle X, *, \triangle \rangle$ 是代数系统,$*$ 和 $\triangle$ 是 X 上的两个二元运算。若 $\forall x, y \in X$ 有

$$x * (x \triangle y) = x$$
$$x \triangle (x * y) = x$$

则称运算 $*$ 和运算 $\triangle$ 满足**吸收律**。

例 7.1 设 X 是非空集合,2^X 是 X 的幂集,$\cap$ 和 $\cup$ 是集合的交运算和并运算。已知 $\langle 2^X, \cap, \cup \rangle$ 是代数系统。

(1) 任取 $A \in 2^X$,由第 3 章知有

$$A \cap A = A, \qquad A \cup A = A$$

由定义 7.1 知,$\cap$ 和 $\cup$ 运算均满足幂等律。

(2) 任取 $A,B \in 2^X$，由第 3 章知有

$$A \cap (A \cup B) = A$$
$$A \cup (A \cap B) = A$$

由定义 7.2 知，$\cap$ 和 $\cup$ 运算满足吸收律。

例 7.2 设 $\mathbf{Z}$ 是整数集合。定义运算 $*$ 和 $\oplus$ 如下：$\forall a, b \in \mathbf{Z}$

$$a * b = \min\{a, b\}$$
$$a \oplus b = \max\{a, b\}$$

则 $\langle \mathbf{Z}, *, \oplus \rangle$ 是代数系统。

(1) 由于 $\forall a \in \mathbf{Z}$ 有

$$a * a = \min\{a, a\} = a$$
$$a \oplus a = \max\{a, a\} = a$$

由定义 7.1 知，$*$ 和 $\oplus$ 运算均满足幂等律。

(2) 任取 $a, b \in \mathbf{Z}$，由于有

$$a * (a \oplus b) = \min\{a, \max\{a, b\}\} = a$$
$$a \oplus (a * b) = \max\{a, \min\{a, b\}\} = a$$

由定义 7.2 知，$*$ 和 $\oplus$ 运算满足吸收律。

定义 7.3 设 $\langle L, *, \oplus \rangle$ 是代数系统，$*$ 和 $\oplus$ 是 L 上的两个二元运算。若

(1) $*$ 运算和 $\oplus$ 运算满足结合律；

(2) $*$ 运算和 $\oplus$ 运算满足交换律；

(3) $*$ 运算和 $\oplus$ 运算满足幂等律；

(4) $*$ 运算和 $\oplus$ 运算满足吸收律；

则称 $\langle L, *, \oplus \rangle$ 是**格**。

从格的定义可知，格是一个代数系统。这个代数系统有两个二元运算，这两个二元运算分别满足四条性质。从格的定义可以看到格这种代数系统与环、域这类代数系统有很大的不同。格中的两个运算满足幂等律和吸收律，这在环和域中是没有的；而环中幺元和逆元的概念在格中也是没有的。因此环和格是两类不同的代数系统。

从格的定义还看到，格中两个二元运算的性质具有对称性，即一个运算所具有的性质，另一个运算也有；反之亦然。这正是格这种代数系统的一大特点。格中的许多性质均与此特点有关。

例 7.3 已知 $\langle 2^X, \cap, \cup \rangle$ 是代数系统。由第 3 章和例 7.1 知 $\cap$ 和 $\cup$ 运算分别满足结合律、交换律、幂等律和吸收律，由格的定义知 $\langle 2^X, \cap, \cup \rangle$ 是格。

例 7.4 设 $\mathbf{Z}$ 是整数集合，$\forall a, b \in \mathbf{Z}$

$$a * b = \min\{a, b\}$$

$$a \oplus b = \max\{a, b\}$$

则 $\langle \mathbf{Z}, *, \oplus \rangle$ 是代数系统。

(1) 由于 $\forall a, b, c \in \mathbf{Z}$，有

$$(a * b) * c = \min\{\min\{a, b\}, c\} = \min\{a, b, c\}$$
$$a * (b * c) = \min\{a, \min\{b, c\}\} = \min\{a, b, c\}$$
$$(a \oplus b) \oplus c = \max\{\max\{a, b\}, c\} = \max\{a, b, c\}$$
$$a \oplus (b \oplus c) = \max\{a, \max\{b, c\}\} = \max\{a, b, c\}$$

由结合律的定义知 $*$ 运算和 $\oplus$ 运算满足结合律。

(2) 由于 $\forall a, b \in \mathbf{Z}$，有

$$a * b = \min\{a, b\} = \min\{b, a\} = b * a$$
$$a \oplus b = \max\{a, b\} = \max\{b, a\} = b \oplus a$$

由交换律的定义知 $*$ 运算和 $\oplus$ 运算满足交换律。

(3) 由例 7.2 知 $*$ 运算和 $\oplus$ 运算满足幂等律。

(4) 由例 7.2 知 $*$ 运算和 $\oplus$ 运算满足吸收律。

由格的定义知 $\langle \mathbf{Z}, *, \oplus \rangle$ 是格。

下面介绍格中的一些性质，从这些性质出发，可以产生格的另一种等价的定义。

定理 7.1　设 $\langle L, *, \oplus \rangle$ 是格。$\forall a, b \in L$，$a * b = a$ 的充分必要条件是 $a \oplus b = b$。

证　先证必要性。

由条件 $a * b = a$ 和吸收律知有

$$a \oplus b = (a * b) \oplus b = b$$

故 $a \oplus b = b$ 成立。

再证充分性。

由条件 $a \oplus b = b$ 和吸收律知有

$$a * b = a * (a \oplus b) = a$$

故 $a * b = a$ 成立。　∎

由定理 7.1 知，在格中 $a * b = a$ 和 $a \oplus b = b$ 这两个等式是等价的。当其中的一个等式成立时，另一个等式也成立；反之亦然。在以后的使用中，哪个等式使用方便就用哪个。

定理 7.2　设 $\langle L, *, \oplus \rangle$ 是格，那么在 L 中存在着半序关系 R。

证　由于定理中说的是存在一个半序关系 R，因此该定理的证明采用的是构造证明法。即先构造 L 上的一个关系 R，然后证明这个关系 R 是半序关系。

在 L 上定义关系 R 如下

$$R = \{(a,b) \mid a,b \in L \land a * b = a\}$$

由二元关系的定义知 R 是 L 上的一个二元关系。

下证 R 是 L 上的半序关系。

(1) $\forall a \in L$，由于 $\langle L, * , \oplus \rangle$ 是格，由 $*$ 的幂等律知有 $a * a = a$；由 R 的定义知，有 $(a,a) \in R$。

由自反关系的定义知 R 是自反的。

(2) $\forall a,b \in L$，若 $(a,b) \in R$ 且 $(b,a) \in R$，由 R 的定义知有 $a * b = a$ 且 $b * a = b$；由于 $\langle L, * , \oplus \rangle$ 是格，由 $*$ 的交换律知有 $a * b = b * a$。故有 $a = b$。

由反对称关系的定义知 R 是反对称的。

(3) $\forall a,b,c \in L$，若 $(a,b) \in R$ 且 $(b,c) \in R$，由 R 的定义知有 $a * b = a$，$b * c = b$。由于 $\langle L, * , \oplus \rangle$ 是格，由 $*$ 的结合律知有

$$a * c = (a * b) * c = a * (b * c) = a * b = a$$

由 R 的定义知 $(a,c) \in R$。

由传递关系的定义知 R 是传递的。

由半序关系的定义知 R 是 L 上的半序关系。

由定理 7.2 知，可以通过格中的 $*$ 运算构造出格上的一个半序关系，那么是否也可以由格中的 $\oplus$ 运算构造出格上的一个半序关系来呢？由于 $*$ 运算和 $\oplus$ 运算的对称性，因此不但可以用 $\oplus$ 运算构造出一个半序关系，而且还可以构造出同一个半序关系来。由定理 7.1 知 $a * b = a$ 和 $a \oplus b = b$ 两式是等价的，因此定理 7.2 中的 R 可以用 $\oplus$ 运算定义为

$$R = \{(a,b) \mid a,b \in L \land a \oplus b = b\}$$

同理可以证明 R 也是 L 上的半序关系，而且由定理 7.1 知这个半序关系和定理 7.2 中的半序关系是同一个半序关系。今后将这样定义的半序关系 R 记为 $\leqslant$。

$$\leqslant = \{(a,b) \mid a,b \in L \land a * b = a\}$$
$$= \{(a,b) \mid a,b \in L \land a \oplus b = b\}$$

即在格 $\langle L, * , \oplus \rangle$ 中，$\forall a,b \in L$

$$a \leqslant b \Leftrightarrow a * b = a \Leftrightarrow a \oplus b = b$$

定理 7.3　设 $\langle L, * , \oplus \rangle$ 是格，$\leqslant = \{(a,b) \mid a,b \in L \land a * b = a\}$，则有

$$\mathrm{GLB}\{a,b\} = a * b$$

其中，$\mathrm{GLB}\{a,b\}$ 是 a,b 的下确界（GLB 是 greatest lower bound 的缩写）。

证　根据下确界的定义，先证 $a * b$ 是 a,b 的下界，再证若 a,b 还有下界 c，则 $c \leqslant a * b$。

(1) 任取 $a,b \in L$，由于 $\langle L, * , \oplus \rangle$ 是格，故有

$$(a * b) * a = a * (b * a) = a * (a * b) = (a * a) * b = a * b$$

$$(a * b) * b = a * (b * b) = a * b$$

由上面两式和 ≤ 的定义知有 $a * b \leqslant a$ 且 $a * b \leqslant b$。

由下界的定义知 $a * b$ 是 $\{a, b\}$ 的一个下界。

(2) 设 c 是 a, b 的任一下界,由下界的定义知有 $c \leqslant a$ 且 $c \leqslant b$,由 ≤ 的定义知有 $c * b = c$ 且 $c * a = c$。下证 $c \leqslant a * b$:

由于 $c * (a * b) = (c * a) * b = c * b = c$,由 ≤ 的定义知有 $c \leqslant a * b$。

由下确界的定义知 $a * b$ 是 a, b 的下确界,即有 GLB$\{a, b\} = a * b$。 ∎

定理 7.4 设 $\langle L, *, \oplus \rangle$ 是格,$\leqslant = \{(a, b) \mid a, b \in L \land a \oplus b = b\}$,则有

$$\text{LUB}\{a, b\} = a \oplus b$$

其中,LUB$\{a, b\}$ 是 a, b 的上确界(LUB 是 lest upper bound 的缩写)。

证 根据上确界的定义,先证 $a \oplus b$ 是 a, b 的上界,再证若 a, b 还有上界 c,则 $a \oplus b \leqslant c$。

(1) 任取 $a, b \in L$,由于 $\langle L, *, \oplus \rangle$ 是格,故有

$$a \oplus (a \oplus b) = (a \oplus a) \oplus b = a \oplus b$$
$$b \oplus (a \oplus b) = (b \oplus a) \oplus b = (a \oplus b) \oplus b = a \oplus (b \oplus b) = a \oplus b$$

由上面两式和 ≤ 的定义知 $a \leqslant a \oplus b$ 且 $b \leqslant a \oplus b$。

由上界的定义知 $a \oplus b$ 是 $\{a, b\}$ 的一个上界。

(2) 设 c 是 a, b 的任一上界,由上界的定义知有 $a \leqslant c$ 且 $b \leqslant c$,由 ≤ 的定义知有 $a \oplus c = c$ 且 $b \oplus c = c$。下证 $a \oplus b \leqslant c$:

由于 $(a \oplus b) \oplus c = a \oplus (b \oplus c) = a \oplus c = c$,由 ≤ 的定义知有 $a \oplus b \leqslant c$。

由上确界的定义知 $a \oplus b$ 是 a, b 的上确界,即有 LUB$\{a, b\} = a \oplus b$。 ∎

由定理 7.1、定理 7.2、定理 7.3 和定理 7.4 知道,如果 $\langle L, *, \oplus \rangle$ 是格,那么就可以在 L 上利用 * 运算或 $\oplus$ 运算定义出一个半序关系 ≤,在这个半序关系的作用下,$\langle L, \leqslant \rangle$ 成为半序集且 L 中的任意两个元素在半序关系 ≤ 的作用下都有上、下确界,并且任意两个元素的上、下确界可以用 * 运算或 $\oplus$ 运算表示出来。格的这种性质是格这种代数系统所独有的。

现在反过来问一句,如果有一个半序集,这个半序集上的任意两个元素都有上、下确界存在,那么这个半序集是否能构成一个格呢?定理 7.5 回答了这个问题。

定理 7.5 设 $\langle L, \leqslant \rangle$ 是半序集,≤ 是 L 上的半序关系。若 L 中的任意两个元素在 ≤ 的作用下都有上、下确界存在,则 $\langle L, \leqslant \rangle$ 是格。

证 要证 $\langle L, \leqslant \rangle$ 是格,就是要证 L 上有两个二元运算且这两个二元运算分别满足格中的四条性质。证明采用构造法。

(1) 先在 L 上建立两个二元运算。$\forall a,b \in L$,有

$$a * b = \text{GLB}\{a,b\}$$

$$a \oplus b = \text{LUB}\{a,b\}$$

由上、下确界的定义知,L 中任意两个元素的上、下确界是唯一的且在 L 中,且由运算的定义知 $*$ 和 $\oplus$ 是 L 上的两个二元运算。

(2) 证明 $*$ 运算和 $\oplus$ 运算分别满足结合律。

先证 $(a * b) * c \leqslant a * (b * c)$。

由下确界和下界的定义,有

$$(a * b) * c \leqslant a * b \leqslant a$$

$$(a * b) * c \leqslant a * b \leqslant b$$

$$(a * b) * c \leqslant c$$

由半序关系的传递性,有

$$(a * b) * c \leqslant a \tag{7.1}$$

$$(a * b) * c \leqslant b \tag{7.2}$$

$$(a * b) * c \leqslant c \tag{7.3}$$

由下确界和下界的定义以及(7.2) 和(7.3),有

$$(a * b) * c \leqslant b * c \tag{7.4}$$

由下确界和下界的定义以及(7.1) 和(7.4),有

$$(a * b) * c \leqslant a * (b * c) \tag{7.5}$$

再证 $a * (b * c) \leqslant (a * b) * c$。

由下确界和下界的定义,有

$$a * (b * c) \leqslant a$$

$$a * (b * c) \leqslant b * c \leqslant b$$

$$a * (b * c) \leqslant b * c \leqslant c$$

由半序关系的传递性,有

$$a * (b * c) \leqslant a \tag{7.6}$$

$$a * (b * c) \leqslant b \tag{7.7}$$

$$a * (b * c) \leqslant c \tag{7.8}$$

由下确界和下界的定义以及(7.6) 和(7.7),有

$$a * (b * c) \leqslant a * b \tag{7.9}$$

由下确界和下界的定义以及(7.8) 和(7.9),有

$$a * (b * c) \leqslant (a * b) * c \tag{7.10}$$

由半序关系的反对称性以及(7.5) 和(7.10),有

$$(a * b) * c = a * (b * c)$$

由结合律的定义知运算 $*$ 满足结合律。

同理可证 $\oplus$ 运算也满足结合律。

（3）证明运算 $*$ 和运算 $\oplus$ 分别满足交换律。

先证 $a * b \leqslant b * a$。

由下确界和下界的定义知,有

$$a * b \leqslant b \qquad\qquad (7.11)$$

$$a * b \leqslant a \qquad\qquad (7.12)$$

由下确界和下界的定义以及(7.11)和(7.12)知,有

$$a * b \leqslant b * a \qquad\qquad (7.13)$$

再证 $b * a \leqslant a * b$。

由下确界和下界的定义知,有

$$b * a \leqslant a \qquad\qquad (7.14)$$

$$b * a \leqslant b \qquad\qquad (7.15)$$

由下确界和下界的定义以及(7.14)和(7.15)知,有

$$b * a \leqslant a * b \qquad\qquad (7.16)$$

由半序关系的反对称性以及(7.13)和(7.16)知,有

$$a * b = b * a$$

由交换律的定义知 $*$ 运算满足交换律。

同理可证 $\oplus$ 运算也满足交换律。

（4）证明 $*$ 运算和 $\oplus$ 运算分别满足幂等律。

先证 $a * a \leqslant a$。

由下确界和下界的定义知,有

$$a * a \leqslant a \qquad\qquad (7.17)$$

再证 $a \leqslant a * a$。

由半序关系的自反性知,有

$$a \leqslant a \qquad\qquad (7.18)$$

$$a \leqslant a \qquad\qquad (7.19)$$

由下确界和下界的定义以及(7.18)和(7.19)知,有

$$a \leqslant a * a \qquad\qquad (7.20)$$

由半序关系的反对称性以及(7.17)和(7.20)知,有

$$a * a = a$$

由幂等律的定义知 $*$ 运算满足幂等律。

同理可证 $\oplus$ 运算也满足幂等律。

（5）证明 $*$ 运算和 $\oplus$ 运算满足吸收律。

先证 $a * (a \oplus b) \leqslant a$。

由下确界和下界的定义知,有

$$a * (a \oplus b) \leqslant a \tag{7.21}$$

再证 $a \leqslant a * (a \oplus b)$。

由半序关系的自反性以及上确界和上界的定义知,有

$$a \leqslant a \tag{7.22}$$

$$a \leqslant a \oplus b \tag{7.23}$$

由下确界和下界的定义以及(7.22)和(7.23)知,有

$$a \leqslant a * (a \oplus b) \tag{7.24}$$

由半序关系的反对称性以及(7.21)和(7.24),有

$$a * (a \oplus b) = a$$

由吸收律的定义知 $*$ 对 $\oplus$ 满足吸收律。

同理可证 $\oplus$ 对 $*$ 也满足吸收律。

综上所述,$*$ 运算和 $\oplus$ 运算满足结合律、交换律、幂等律、吸收律。

由格的定义知 $\langle L, \leqslant \rangle$ 是格。 ▮

从这一定理可知,一个半序集,若其中任意两个元素都有上、下确界存在,就可以按此定理给出的方法构成一格。若在此格中再按定理 7.2 的方法定义一个半序关系,则这个半序关系就是半序集上原来的那个半序关系。理由如下:

设有半序集 $\langle L, \leqslant \rangle$,且在半序关系 $\leqslant$ 的作用下 L 中任意两个元素都有上确界和下确界。由定理 7.5 知可得一格 $\langle L, *, \oplus \rangle$,其中 $a * b = \mathrm{GLB}\{a,b\}, a \oplus b = \mathrm{LUB}\{a,b\}$。在此格上按定理 7.2 的方式定义一个半序关系 $\leqslant'$:

$$\leqslant' = \{(a,b) \mid a,b \in L \wedge a * b = a\}$$

由定理 7.2、定理 7.3 和定理 7.4 知,在 $\leqslant'$ 的作用下有

$$a * b = \mathrm{glb}\{a,b\}, \qquad a \oplus b = \mathrm{lub}\{a,b\}$$

由于这里的 $*$ 和 $\oplus$ 就是上面格中的 $*$ 运算和 $\oplus$ 运算,故有

$$a * b = \mathrm{glb}\{a,b\} = \mathrm{GLB}\{a,b\}$$

$$a \oplus b = \mathrm{lub}\{a,b\} = \mathrm{LUB}\{a,b\}$$

下面证明 $\leqslant = \leqslant'$。

(1) 任取 $(a,b) \in \leqslant$,于是有 $a \leqslant b$,由下确界的定义知有 $\mathrm{GLB}\{a,b\} = a$。又因为 $a * b = \mathrm{GLB}\{a,b\}$,故有 $a * b = a$;由 $\leqslant'$ 的定义知有 $(a,b) \in \leqslant'$。由 (a,b) 的任意性和 $\subseteq$ 的定义知 $\leqslant \subseteq \leqslant'$。

(2) 任取 $(a,b) \in \leqslant'$,由 $\leqslant'$ 的定义知有 $a * b = a$,又因为 $a * b = \mathrm{GLB}\{a,b\}$,故有 $a = \mathrm{GLB}\{a,b\}$。由下确界的定义知有 $a \leqslant b$,于是有 $(a,b) \in \leqslant$。由 (a,b) 的任意性和 $\subseteq$ 的定义知 $\leqslant' \subseteq \leqslant$。

由集合相等的定义知 $\leqslant = \leqslant'$。　▋

由此可知,格与任意两个元素有上、下确界的半序集是等价的,即格就是任意两个元素有确界的半序集,而任意两个元素有确界的半序集就是格。于是我们得到格的另一种等价的定义。

定义 7.3′ 设 $\langle L, \leqslant \rangle$ 是半序集,若 L 中的任意两个元素有上、下确界存在,则称 $\langle L, \leqslant \rangle$ 是**格**。

由于定义 7.3 和定义 7.3′ 的等价性,以后关于格,既可以用 $\langle L, *, \oplus \rangle$ 来表示,也可以用 $\langle L, \leqslant \rangle$ 来表示。

当用 $\langle L, *, \oplus \rangle$ 表示时,半序关系 $\leqslant$ 是用 $a * b = a$ 或 $a \oplus b = b$ 来定义的。

当用 $\langle L, \leqslant \rangle$ 表示时,两个运算是用 $a * b = \mathrm{GLB}\{a,b\}$,$a \oplus b = \mathrm{LUB}\{a,b\}$ 来定义的。

更多的时候则用 $\langle L, \leqslant, *, \oplus \rangle$ 来表示格,即将格中的代数性质和半序性质都表示出来。这种表示法将格的性质描述得比较全面。

例如,$\langle 2^X, \cap, \cup \rangle$ 是格,$\langle 2^X, \subseteq \rangle$ 也是格,且是同一个格,因此通常用 $\langle 2^X, \subseteq, \cap, \cup \rangle$ 来表示这个格。

下面给出两个例子,这两个例子建立了同一个格。一个是从定义 7.3 的角度建立的,一个是从定义 7.3′ 的角度建立的。

例 7.5 设 $\mathbf{N}$ 为自然数集,$*$ 和 $\oplus$ 定义如下

$$a * b = \mathrm{GCD}\{a,b\}$$
$$a \oplus b = \mathrm{LCM}\{a,b\}$$

由于两个自然数的最大公约数和最小公倍数是唯一的且为自然数,故 $*$ 和 $\oplus$ 是 $\mathbf{N}$ 上的两个二元运算。

下面证明这两个二元运算满足结合律、交换律、幂等律、吸收律。

(1) $\forall a, b, c \in \mathbf{N}$,由于有

$$(a * b) * c = \mathrm{GCD}\{a,b,c\} = a * (b * c)$$
$$(a \oplus b) \oplus c = \mathrm{LCM}\{a,b,c\} = a \oplus (b \oplus c)$$

由结合律的定义知 $*$ 运算和 $\oplus$ 运算满足结合律。

(2) $\forall a, b \in \mathbf{N}$,由于有

$$a * b = \mathrm{GCD}\{a,b\} = \mathrm{GCD}\{b,a\} = b * a$$
$$a \oplus b = \mathrm{LCM}\{a,b\} = \mathrm{LCM}\{b,a\} = b \oplus a$$

由交换律的定义知 $*$ 运算和 $\oplus$ 运算满足交换律。

(3) $\forall a \in \mathbf{N}$,由于有

$$a * a = \mathrm{GCD}\{a,a\} = a$$
$$a \oplus a = \mathrm{LCM}\{a,a\} = a$$

由幂等律的定义知 $*$ 运算和 $\oplus$ 运算满足幂等律。

（4） $\forall a,b\in\mathbf{N}$，由于有

$$a * (a \oplus b) = \mathrm{GCD}\{a,\mathrm{LCM}\{a,b\}\} = a$$
$$a \oplus (a * b) = \mathrm{LCM}\{a,\mathrm{GCD}\{a,b\}\} = a$$

由吸收律的定义知 $*$ 运算和 $\oplus$ 运算满足吸收律。

由格的定义知 $\langle\mathbf{N},*,\oplus\rangle$ 是格。

由定理 7.2 可知，在此格上有半序关系 R 如下

$$R = \{(a,b)\,|\,a,b\in\mathbf{N} \wedge a * b = a\}$$
$$= \{(a,b)\,|\,a,b\in\mathbf{N} \wedge a \oplus b = b\}$$

由于 $a * b = a$ 等价于 $\mathrm{GCD}\{a,b\} = a$，$a \oplus b = b$ 等价于 $\mathrm{LCM}\{a,b\} = b$，故当且仅当 a 整除 b 时，a,b 有关系 R，因此半序关系 R 就是 $\mathbf{N}$ 上的整除关系，且在此半序关系的作用下有

$$\mathrm{GLB}\{a,b\} = a * b = \mathrm{GCD}\{a,b\}$$
$$\mathrm{LUB}\{a,b\} = a \oplus b = \mathrm{LCM}\{a,b\}$$

例 7.6　设 $\mathbf{N}$ 是自然数集，$R = \{(a,b)\,|\,a,b\in\mathbf{N} \wedge a\,|\,b\}$，则 $\langle\mathbf{N},R\rangle$ 是格。

要证 $\langle\mathbf{N},R\rangle$ 是格，只须证两点，一是证明 R 为 $\mathbf{N}$ 上的半序关系，二是证明在 R 的作用下 $\mathbf{N}$ 中任意两个元素都有上、下确界。

证　先证 R 是 $\mathbf{N}$ 上的半序关系。

（1） $\forall a\in\mathbf{N}$，由整除的性质知有 $a\,|\,a$，由 R 的定义知有 $(a,a)\in R$。

由自反关系的定义知 R 是自反的。

（2） $\forall a,b\in\mathbf{N}$，若 $(a,b)\in R$ 且 $(b,a)\in R$，由 R 的定义知有 $a\,|\,b$ 且 $b\,|\,a$，由整除的性质知有 $a = b$。

由反对称关系的定义知 R 是反对称的。

（3） $\forall a,b,c\in\mathbf{N}$，若 $(a,b)\in R$ 且 $(b,c)\in R$，由 R 的定义知有 $a\,|\,b$ 且 $b\,|\,c$。由整除的性质知有 $a\,|\,c$，由 R 的定义知有 $(a,c)\in R$。

由传递关系的定义知 R 是传递的。

由半序关系的定义知 R 是 $\mathbf{N}$ 上的半序关系。

再证 $\mathbf{N}$ 中任两个元素在 R 的作用下都有上、下确界存在。

设 α 是 a,b 的最大公约数，即 $\alpha = \mathrm{GCD}\{a,b\}$，于是有 $\alpha\,|\,a$ 且 $\alpha\,|\,b$，即 α 是 a，b 的一个下界。若 a,b 另有下界 β，则有 $\beta\,|\,a$ 且 $\beta\,|\,b$，故 β 是 a,b 的公约数。由最大公约数的定义知有 $\beta\,|\,\alpha$，即 α 是 a,b 的最大下界，即有

$$\mathrm{GLB}\{a,b\} = \mathrm{GCD}\{a,b\}$$

设 γ 是 a,b 的最小公倍数，即 $\gamma = \mathrm{LCM}\{a,b\}$，于是有 $a\,|\,\gamma$ 且 $b\,|\,\gamma$，即 γ 是 a，b 的一个上界。若 a,b 另有上界 δ，则有 $a\,|\,\delta$ 且 $b\,|\,\delta$，故 δ 是 a,b 的公倍数。由最小

公倍数的定义知 $\gamma \mid \delta$，即 γ 是 a,b 的最小上界，即有

$$\text{LUB}\{a,b\} = \text{LCM}\{a,b\}$$

由格的定义知 $\langle \mathbf{N}, R\rangle$ 是格。

由定理 7.5 的证明知，在此格上可产生两个二元运算 $*$ 和 $\oplus$，其中

$$a * b = \text{GLB}\{a,b\} = \text{GCD}\{a,b\}$$
$$a \oplus b = \text{LUB}\{a,b\} = \text{LCM}\{a,b\}$$

且 $*$ 运算和 $\oplus$ 运算满足结合律、交换律、幂等律、吸收律。

由例 7.5 和例 7.6 可知，如果将求最大公约数和求最小公倍数作为 $\mathbf{N}$ 上的两个二元运算，则半序关系就是 $\mathbf{N}$ 中两元素之间的整除关系，且任二元素的上确界就是它们的最小公倍数，任二元素的下确界就是它们的最大公约数。

反之，若在 $\mathbf{N}$ 上定义一个整除关系，则此关系是一个半序关系，且任二元素的上确界就是它们的最小公倍数，任二元素的下确界就是它们的最大公约数。由此而引出的两个二元运算是求最大公约数和求最小公倍数且这两个二元运算满足结合律、交换律、幂等律、吸收律。

这两个例子验证了定义 7.3 和定义 7.3' 的等价性。

通常将此格记为 $\langle \mathbf{N}, \mid, \text{GCD}, \text{LCM}\rangle$。

7.1.2 格的基本性质

1. 对偶原理

设 $\langle L, \leqslant, *, \oplus\rangle$ 是格，$\geqslant$ 是 $\leqslant$ 的逆关系。若 T 是格中某个已证明的定理，那么在定理的条件和结论中实行：

(1) 将 $\leqslant$ 换成 $\geqslant$；

(2) 将 $*$ 换成 $\oplus$；

(3) 将 $\oplus$ 换成 $*$。

由此所得到的新的定理仍然成立。

格中的对偶原理来源于格中两个二元运算 $*$ 和 $\oplus$ 所具有的结合律、交换律、幂等律、吸收律的对称性以及半序关系 $\leqslant$ 和其逆关系 $\geqslant$ 的对称性。

2. 运算的保序性

定理 7.6 设 $\langle L, \leqslant, *, \oplus\rangle$ 是格。$\forall a,b,c \in L$，若 $a \leqslant b$，则

$$a * c \leqslant b * c$$
$$a \oplus c \leqslant b \oplus c$$

证 要证 $a * c \leqslant b * c$，只须证明 $(a * c) * (b * c) = a * c$。

由条件 $a \leqslant b$ 知有 $a * b = a$，由于 $\langle L, \leqslant, *, \oplus\rangle$ 是格，于是有

$$(a * c) * (b * c) = (a * b) * (c * c) = a * c$$

即有 $a * c \leqslant b * c$。

同理可证 $a \oplus c \leqslant b \oplus c$。 ∎

3. 分配不等式

定理 7.7　设 $\langle L, \leqslant, *, \oplus \rangle$ 是格。$\forall a, b, c \in L$，有

(1) $a \oplus (b * c) \leqslant (a \oplus b) * (a \oplus c)$；

(2) $(a * b) \oplus (a * c) \leqslant a * (b \oplus c)$。

证　(1) 由上、下确界的性质，有

$$\left. \begin{aligned} a &\leqslant a \oplus b \\ a &\leqslant a \oplus c \end{aligned} \right\} \Rightarrow a \leqslant (a \oplus b) * (a \oplus c) \tag{7.25}$$

$$\left. \begin{aligned} b * c &\leqslant b \leqslant a \oplus b \\ b * c &\leqslant c \leqslant a \oplus c \end{aligned} \right\} \Rightarrow b * c \leqslant (a \oplus b) * (a \oplus c) \tag{7.26}$$

由 (7.25) 和 (7.26) 以及上确界和上界的定义知

$$a \oplus (b * c) \leqslant (a \oplus b) * (a \oplus c)$$

(2) 由上、下确界的性质，有

$$\left. \begin{aligned} a * b &\leqslant a \\ a * c &\leqslant a \end{aligned} \right\} \Rightarrow (a * b) \oplus (a * c) \leqslant a \tag{7.27}$$

$$\left. \begin{aligned} a * b &\leqslant b \leqslant b \oplus c \\ a * c &\leqslant c \leqslant b \oplus c \end{aligned} \right\} \Rightarrow (a * b) \oplus (a * c) \leqslant b \oplus c \tag{7.28}$$

由 (7.27) 和 (7.28) 以及下确界和下界的定义知

$$(a * b) \oplus (a * c) \leqslant a * (b \oplus c) \quad ∎$$

4. 模不等式

定理 7.8　设 $\langle L, \leqslant, *, \oplus \rangle$ 是格。$\forall a, b, c \in L$，有

(1) $(a * b) \oplus (a * c) \leqslant a * (b \oplus (a * c))$

(2) $a \oplus (b * (a \oplus c)) \leqslant (a \oplus b) * (a \oplus c)$

证　(1) 由上、下确界的性质，有

$$\left. \begin{aligned} a * b &\leqslant a \\ a * b &\leqslant b \leqslant b \oplus (a * c) \end{aligned} \right\} \Rightarrow (a * b) \leqslant a * (b \oplus (a * c)) \tag{7.29}$$

$$\left. \begin{aligned} a * c &\leqslant a \\ a * c &\leqslant b \oplus (a * c) \end{aligned} \right\} \Rightarrow (a * c) \leqslant a * (b \oplus (a * c)) \tag{7.30}$$

由 (7.29) 和 (7.30) 以及上确界和上界的定义知

$$(a * b) \oplus (a * c) \leqslant a * (b \oplus (a * c))$$

(2) 由上、下确界的性质，有

$$\left. \begin{aligned} a &\leqslant a \oplus b \\ a &\leqslant a \oplus c \end{aligned} \right\} \Rightarrow a \leqslant (a \oplus b) * (a \oplus c) \tag{7.31}$$

$$\left.\begin{array}{l} b * (a \oplus c) \leqslant b \leqslant a \oplus b \\ b * (a \oplus c) \leqslant a \oplus c \end{array}\right\} \Rightarrow b * (a \oplus c) \leqslant (a \oplus b) * (a \oplus c) \quad (7.32)$$

由(7.31)和(7.32)以及上确界和上界的定义知

$$a \oplus (b * (a \oplus c)) \leqslant (a \oplus b) * (a \oplus c) \qquad \blacksquare$$

7.1.3　模格

定义 7.4　设$\langle X, *, \oplus \rangle$是代数系统，$*$ 和 $\oplus$ 是 X 上的两个二元运算。若 $\forall x, y, z \in L$，有

$$(x * y) \oplus (x * z) = x * (y \oplus (x * z))$$
$$(x \oplus y) * (x \oplus z) = x \oplus (y * (x \oplus z))$$

则称 $*$ 运算和 $\oplus$ 运算满足**模律**。

定义 7.5　设$\langle L, \leqslant, *, \oplus \rangle$是格。若 $*$ 运算和 $\oplus$ 运算满足模律，则称 $\langle L, \leqslant, *, \oplus \rangle$ 为**模格**。

定理 7.9　设$\langle L, \leqslant, *, \oplus \rangle$是格，那么$\langle L, \leqslant, *, \oplus \rangle$是模格的充分必要条件是 $\forall a, b, c \in L$，有

$$a \leqslant c \Rightarrow a \oplus (b * c) = (a \oplus b) * c$$

证　先证必要性。

由于$\langle L, \leqslant, *, \oplus \rangle$是模格，因此 $\forall a, b, c \in L$，有

$$a \oplus (b * (a \oplus c)) = (a \oplus b) * (a \oplus c) \qquad (7.33)$$

再将条件 $a \leqslant c$(即 $a \oplus c = c$) 代入(7.33) 式，即有

$$a \oplus (b * c) = (a \oplus b) * c$$

再证充分性。

由条件知当 $a \leqslant c$ 时，有 $a \oplus (b * c) = (a \oplus b) * c$。 　　　　　(7.34)

任取 $x, y, z \in L$，令 $a = x, b = y, c = x \oplus z$。由于 $x \leqslant x \oplus z$，故满足条件 $a \leqslant c$。将 a, b, c 代入式(7.34)，即有

$$x \oplus (y * (x \oplus z)) = (x \oplus y) * (x \oplus z)$$

同理可证$(x * y) \oplus (x * z) = x * (y \oplus (x * z))$ 成立。

由模格的定义知$\langle L, \leqslant, *, \oplus \rangle$是模格。 　　　　　$\blacksquare$

例 7.7　已知$\langle 2^X, \subseteq, \cap, \cup \rangle$是格，由于 $\forall A, B, C \in 2^X$，有

$$A \cap (B \cup (A \cap C)) = (A \cap B) \cup (A \cap A \cap C)$$
$$= (A \cap B) \cup (A \cap C)$$
$$A \cup (B \cap (A \cup C)) = (A \cup B) \cap (A \cup A \cup C)$$
$$= (A \cup B) \cap (A \cup C)$$

故由模格的定义知$\langle 2^X, \subseteq, \cap, \cup \rangle$是模格。

例 7.8　格 $\langle L, \leqslant \rangle$ 如图 7.1 所示,可以验证这是一个模格。

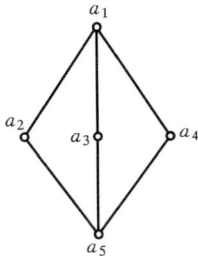
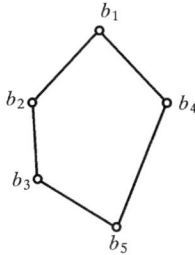

图 7.1　　　　　　　　图 7.2

例 7.9　格 $\langle L, \leqslant \rangle$ 如图 7.2 所示,此格不是模格。因为虽然有 $b_3 \leqslant b_2$,但

$$b_3 \oplus (b_4 * b_2) = b_3 \oplus b_5 = b_3$$
$$(b_3 \oplus b_4) * b_2 = b_1 * b_2 = b_2$$

即 $b_3 \oplus (b_4 * b_2) \neq (b_3 \oplus b_4) * b_2$,由定理 7.9 知此格不是模格。

7.1.4　分配格

定义 7.6　设 $\langle L, \leqslant, *, \oplus \rangle$ 是格。若 $\forall a,b,c \in L$,有

$$a * (b \oplus c) = (a * b) \oplus (a * c)$$
$$a \oplus (b * c) = (a \oplus b) * (a \oplus c)$$

则称 $\langle L, \leqslant, *, \oplus \rangle$ 是**分配格**。

所谓分配格就是在格 $\langle L, \leqslant, *, \oplus \rangle$ 中, $*$ 运算对 $\oplus$ 运算满足分配律且 $\oplus$ 运算对 $*$ 运算也满足分配律。

例 7.10　已知 $\langle 2^X, \subseteq, \cap, \cup \rangle$ 是格。由第 1 章(集合)知 $\forall A,B,C \in 2^X$,有

$$A \cap (B \cup C) = (A \cap B) \cup (A \cap C)$$
$$A \cup (B \cap C) = (A \cup B) \cap (A \cup C)$$

由分配格的定义知 $\langle 2^X, \subseteq, \cap, \cup \rangle$ 是分配格。

例 7.11　已知 $\langle N, |, GCD, LCM \rangle$ 是格。由 GCD 和 LCM 的性质可知, $\forall a,b,c \in \mathbf{N}$,有

$$GCD\{a, LCM\{b,c\}\} - LCM\{GCD\{a,b\}, GCD\{a,c\}\}$$
$$LCM\{a, GCD\{b,c\}\} = GCD\{LCM\{a,b\}, LCM\{a,c\}\}$$

由分配格的定义知 $\langle \mathbf{N}, |, GCD, LCM \rangle$ 是分配格。

例 7.12　图 7.3 和图 7.4 所示的两个格均不是分配格。

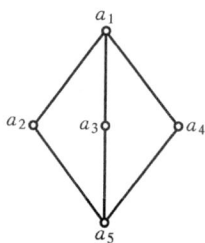

图 7.3

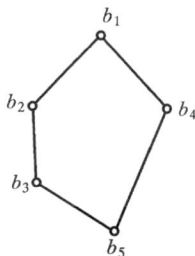

图 7.4

由于在图 7.3 中，

$$a_2 * (a_3 \oplus a_4) = a_2 * a_1 = a_2$$

$$(a_2 * a_3) \oplus (a_2 * a_4) = a_5 \oplus a_5 = a_5$$

故 $a_2 * (a_3 \oplus a_4) \neq (a_2 * a_3) \oplus (a_2 * a_4)$。由分配格的定义知此格不是分配格。

由于在图 7.4 中，

$$b_2 * (b_3 \oplus b_4) = b_2 * b_1 = b_2$$

$$(b_2 * b_3) \oplus (b_2 * b_4) = b_3 \oplus b_5 = b_5$$

故 $b_2 * (b_3 \oplus b_4) \neq (b_2 * b_3) \oplus (b_2 * b_4)$。由分配格的定义知此格也不是分配格。

关于分配格有一个充分必要条件，即一个格不是分配格的充分必要条件是格中有一子格与例 7.12 中的某个格同构。

从例 7.12 可以看到图 7.3 的格是模格，但不是分配格。图 7.4 的格既不是模格也不是分配格。因此模格不一定是分配格，但分配格一定是模格。

定理 7.10 若 $\langle L, \leqslant, *, \oplus \rangle$ 是分配格，则 $\langle L, \leqslant, *, \oplus \rangle$ 是模格。

证 由条件知 $\forall a, b, c \in L$，有

$$a * (b \oplus (a * c)) = (a * b) \oplus (a * a * c)$$

$$= (a * b) \oplus (a * c)$$

$$a \oplus (b * (a \oplus c)) = (a \oplus b) * (a \oplus a \oplus c)$$

$$= (a \oplus b) * (a \oplus c)$$

由模格的定义知 $\langle L, \leqslant, *, \oplus \rangle$ 是模格。 ▮

定理 7.11 设 $\langle L, \leqslant, *, \oplus \rangle$ 是分配格，$\forall a, b, c \in L$，若 $a * b = a * c$ 且 $a \oplus b = a \oplus c$，则 $b = c$。

证 由条件 $a * b = a * c$ 且 $a \oplus b = a \oplus c$ 和 $\langle L, \leqslant, *, \oplus \rangle$ 是分配格知，有

$$b = b * (b \oplus a) = b * (a \oplus c) = (b * a) \oplus (b * c)$$

$$= (a * c) \oplus (b * c) = c * (a \oplus b) = c * (a \oplus c) = c$$

故 $b = c$ 成立。　　　■

定理 7.11 说明在分配格中有格的消去律。这里要说明一点,即格中的消去律没有提到零元的问题。这是因为在格中,关于 $*$ 的零元,若有的话只能是最小元;而关于 $\oplus$ 的零元,若有的话只能是最大元。在格中,当 $|L| \geqslant 2$ 时,最小元和最大元就不会是同一个元素。因此,若 a 是关于 $*$ 的零元就不是关于 $\oplus$ 的零元,若 a 是关于 $\oplus$ 的零元就不是关于 $*$ 的零元。由于在定理 7.11 中要求 $a * b = a * c$ 和 $a \oplus b = a \oplus c$ 同时成立,因此对 a 就没有任何要求。因此,格中的消去律与前面提过的消去律有所不同,这里是格中的消去律。

定理 7.12　设 $\langle L, \leqslant, *, \oplus \rangle$ 是格,若 $\leqslant$ 是 L 上的全序关系,则 $\langle L, \leqslant, *, \oplus \rangle$ 是分配格。

证　由条件知 $\leqslant$ 是 L 上的全序关系,故 L 中任二元素均可比较大小。因此 $\forall a, b, c \in L$,可按全序关系分成下列四种情况,即

(1) $a \leqslant b$ 且 $a \leqslant c$;

(2) $b \leqslant a$ 且 $c \leqslant a$;

(3) $b \leqslant a \leqslant c$;

(4) $c \leqslant a \leqslant b$。

实际上 3 个元素之间的全序关系有 $3! = 6$ 种情况,但由于在(1),(2)中分别包含了两种情况,故在此将六种情况合并为四种情况。下证在每种情况下均有

$$a * (b \oplus c) = (a * b) \oplus (a * c)$$
$$a \oplus (b * c) = (a \oplus b) * (a \oplus c)$$

(1) 当 $a \leqslant b$ 且 $a \leqslant c$ 时,有

$$a * (b \oplus c) = a = (a * b) \oplus (a * c)$$
$$a \oplus (b * c) = b * c = (a \oplus b) * (a \oplus c)$$

(2) 当 $b \leqslant a$ 且 $c \leqslant a$ 时,有

$$a * (b \oplus c) = b \oplus c = (a * b) \oplus (a * c)$$
$$a \oplus (b * c) = a = (a \oplus b) * (a \oplus c)$$

(3) 当 $b \leqslant a \leqslant c$ 时,有

$$a * (b \oplus c) = a = (a * b) \oplus (a * c)$$
$$a \oplus (b * c) = a = (a \oplus b) * (a \oplus c)$$

(4) 当 $c \leqslant a \leqslant b$ 时,有

$$a * (b \oplus c) = a = (a * b) \oplus (a * c)$$
$$a \oplus (b * c) = a = (a \oplus b) * (a \oplus c)$$

因此,无论在什么情况下均有

$$a * (b \oplus c) = (a * b) \oplus (a * c)$$
$$a \oplus (b * c) = (a \oplus b) * (a \oplus c)$$

由分配格的定义知 $\langle L, \leqslant, *, \oplus \rangle$ 是分配格。　　■

例 7.13　设 X 为实数 $[0,1]$ 闭区间，$\leqslant$ 为实数之间的小于或等于关系。由于 $\forall a,b \in X$，有

$$\text{GLB}\{a,b\} = \min\{a,b\}$$
$$\text{LUB}\{a,b\} = \max\{a,b\}$$

故 $\langle X, \leqslant \rangle$ 是格，且 $a * b = \min\{a,b\}$，$a \oplus b = \max\{a,b\}$。

由于任意两个实数均能比较大小，故此格中的半序关系为全序关系。因此由定理 7.12 知 $\langle L, \leqslant, *, \oplus \rangle$ 是分配格，有时也记为 $\langle X, \leqslant, \min, \max \rangle$。

7.1.5　有界格和有补格

定义 7.7　设 $\langle L, \leqslant, *, \oplus \rangle$ 是格。

(1) 若存在 $l_0 \in L$，$\forall a \in L$，有 $l_0 \leqslant a$，则称 l_0 是格中的**最小元**，通常记为 0。

(2) 若存在 $l_1 \in L$，$\forall a \in L$，有 $a \leqslant l_1$，则称 l_1 是格中的**最大元**，通常记为 1。

(3) 若格中有最大元和最小元，则称此格为**有界格**。

今后若一个格是有界的，往往将最大元 1 和最小元 0 也写在格的表示中，即将有界格表示为 $\langle L, \leqslant, *, \oplus, 0, 1 \rangle$。

由于格是半序集，且格中任意两个元素都有上、下确界，因此有限格中必有最大元和最小元，即有限格一定是有界格。但在无限格中就不一定有最大元和最小元，即无限格不一定是有界格。

例 7.14　已知 $\langle 2^X, \subseteq, \cap, \cup \rangle$ 是格，当 $|X| = n$ 时，这是有限格，因此 $\langle 2^X, \subseteq, \cap, \cup \rangle$ 是有界格。

由于 $\forall A \in 2^X$，有 $\varnothing \subseteq A$，故 $\varnothing$ 是此格的最小元。

由于 $\forall A \in 2^X$，有 $A \subseteq X$，故 X 是此格的最大元。

例 7.15　已知 $\langle [0,1], \leqslant, \min, \max \rangle$ 是格，这是一个无限格。但这是一个有界格，最大元是 1，最小元是 0。

例 7.16　已知 $\langle \mathbf{N}, |, \text{GCD}, \text{LCM} \rangle$ 是格，这是一个无限格，并且这不是一个有界格，因为在此格中无最大元。

定义 7.8　设 $\langle L, \leqslant, *, \oplus, 0, 1 \rangle$ 是有界格。

(1) 任取 $a \in L$，若存在 $b \in L$，使得

$$a * b = 0, \qquad a \oplus b = 1$$

则称 b 是 a 的**补元**，将 b 记为 a'。

(2) 若格中每个元素均有补元，则称此格为**有补格**。

在定义 7.8 中可以看到补元的概念是建立在有界格的基础上的，即寻找补

元的先决条件是此格必须是有界格。补元是对某个元素而言的,有补格则是对所有的元素而言的。一个元素可以有补元,也可以没有补元。但在有补格中,则要求每个元素都有补元。

另外,由 * 和 ⊕ 的交换律知,当 b 是 a 的补元时,a 也是 b 的补元。最大元的补元是最小元,最小元的补元是最大元。

例 7.17　设 S_{24} 是 24 的所有因子的集合,由图 7.5 可知 $\langle S_{24},|,\mathrm{GCD},\mathrm{LCM},1,24\rangle$ 是格。

这是一个有界格,在此格中:

8 的补元是 3,3 的补元是 8;

24 的补元是 1,1 的补元是 24。

其他元素均无补元。

此格不是有补格,但此格是分配格。

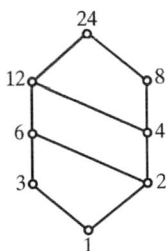

图 7.5

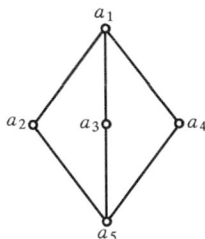

图 7.6

例 7.18　已知图 7.6 是格且是有界格。在此格中:

a_1 的补元是 a_5;

a_2 的补元是 a_3,a_4;

a_3 的补元是 a_2,a_4;

a_4 的补元是 a_2,a_3;

a_5 的补元是 a_1。

由此可见,在有界格中,每个元素的补元不一定唯一。

此格是有补格,但此格不是分配格。

例 7.19　已知 $\langle 2^X,\subseteq,\cap,\cup,\varnothing,X\rangle$ 是有界格,最小元为 $\varnothing$,最大元为 X。

由于 $\forall A \in 2^X$,取 $X \setminus A$,于是有

$$(X \setminus A) \cap A = \varnothing$$

$$(X \setminus A) \cup A = X$$

由 A 的任意性知,在此格中每个元素均有补元,此格是有补格,并且此格是分配

格。

定理 7.13　设 $\langle L, \leqslant, *, \oplus, 0, 1\rangle$ 是有界的分配格。那么对任意的 $a \in L$，若 a 有补元，则 a 的补元是唯一的。

证　　用反证法。假设 b, c 是 a 的补元且 $b \neq c$。由补元的定义有

$$b * a = 0, \qquad b \oplus a = 1$$
$$c * a = 0, \qquad c \oplus a = 1$$

即有 $b * a = c * a$ 且 $b \oplus a = c \oplus a$。由定理 7.11 知，有 $b = c$，这与假设矛盾。故若 a 有补元，则补元唯一。　▉

由定理 7.13 可知在有补的分配格中，每个元素的补元是唯一的。因此，可以将对每个元素的求补定义为一个一元运算，通常将这个运算记为 $'$，同时将有补的分配格记为 $\langle L, \leqslant, *, \oplus, ', 0, 1\rangle$。

例如：$\langle 2^X, \subseteq, \cap, \cup, \varnothing, X\rangle$ 是有补的分配格，记为 $\langle 2^X, \subseteq, \cap, \cup, ', \varnothing, X\rangle$。

7.2　布尔代数

7.2.1　布尔代数的基本概念

定义 7.9　若 $\langle B, \leqslant, *, \oplus, ', 0, 1\rangle$ 是有补的分配格，则称 $\langle B, \leqslant, *, \oplus, ', 0, 1\rangle$ 是**布尔代数**，简记为 B。

例 7.20　在上一节中已知集合代数 $\langle 2^X, \subseteq, \cap, \cup, ', \varnothing, X\rangle$ 是有补的分配格，故由定义 7.9 知 $\langle 2^X, \subseteq, \cap, \cup, ', \varnothing, X\rangle$ 是布尔代数。当 $X = \{a\}$ 时，$\forall A, B \in 2^X$，其运算表如表 7.1 所示。

表 7.1

A	B	$A \cap B$	$A \cup B$	A'	B'
$\varnothing$	$\varnothing$	$\varnothing$	$\varnothing$	X	X
$\varnothing$	X	$\varnothing$	X	X	$\varnothing$
X	$\varnothing$	$\varnothing$	X	$\varnothing$	X
X	X	X	X	$\varnothing$	$\varnothing$

例 7.21　设 $B = \{0, 1\}$，其中 $0, 1$ 分别表示电路中的断开和接通。$\wedge, \vee, {}^{-}$ 分别是 B 上的与、或、非运算。$\forall x, y \in B$，其运算表如表 7.2 所示。

表 7.2

x	y	$x \wedge y$	$x \vee y$	$\bar{x}$	$\bar{y}$
0	0	0	0	1	1
0	1	0	1	1	0
1	0	0	1	0	1
1	1	1	1	0	0

通常称 $\langle B, \wedge, \vee, ^- \rangle$ 为**开关代数**。

我们发现表 7.2 和表 7.1 是如此地相似,以致于很容易作出一个双射函数
$$f: 2^X \to B, \quad f(\varnothing) = 0, \quad f(X) = 1$$
通过变元代换即知这两张运算表除符号外没有任何不同,故开关代数和集合代数同构。因此,$\langle B, \leqslant, \wedge, \vee, ^-, 0, 1 \rangle$ 也是布尔代数。

例 7.22　设 $A = \{F, T\}$,其中 F, T 分别表示命题中的假值和真值。$\wedge, \vee,$ $\neg$ 分别是 A 上的合取联结词、析取联结词和否定联结词。$\forall P, Q \in A$,其运算表如表 7.3 所示。

表 7.3

P	Q	$P \wedge Q$	$P \vee Q$	$\neg P$	$\neg Q$
F	F	F	F	T	T
F	T	F	T	T	F
T	F	F	T	F	T
T	T	T	T	F	F

通常称 $\langle A, \wedge, \vee, \neg \rangle$ 为**命题代数**。

我们发现表 7.3 和表 7.1 也非常相似,以至于很容易作出一个双射函数
$$f: 2^X \to A, \quad f(\varnothing) = F, \quad f(X) = T$$

通过变元代换即知这两张运算表除符号外没有任何不同,因此,命题代数与集合代数同构。所以,$\langle A, \leqslant, \wedge, \vee, \neg, F, T \rangle$ 也是布尔代数。

由例 7.20、例 7.21、例 7.22 可知上面的集合代数、开关代数、命题代数都是布尔代数,这是三个最简单的布尔代数。

当 $|X| = \{a\}$ 时,称 $\langle 2^X, \subseteq, \cap, \cup, ', \varnothing, X \rangle$ 为一元集合代数。

当 $B = \{0, 1\}$ 时,称 $\langle B, \leqslant, \wedge, \vee, ^-, 0, 1 \rangle$ 为一元开关代数。

当 $A = \{F, T\}$ 时,称 $\langle A, \leqslant, \wedge, \vee, \neg, F, T \rangle$ 为一元命题代数。

由例 7.20、例 7.21、例 7.22 知道一元集合代数、一元开关代数和一元命题代数都是同构的。集合代数、开关代数、命题代数是布尔代数的三个实例。在一元的情况下,它们是同构的;在 n 元的情况下,它们也是同构的。下面给出 n 元集合

代数、n 元开关代数和 n 元命题代数的定义。

定义 7.10 已知 $\langle 2^X, \subseteq, \cap, \cup, ', \varnothing, X\rangle$ 是集合代数，当 $|X| = n$ 时，称 $\langle 2^X, \subseteq, \cap, \cup, ', \varnothing, X\rangle$ 为 **n 元集合代数**。

定义 7.11 设 $B_n = \{(a_1, a_2, \cdots, a_n) \mid a_i \in \{0, 1\}, i = 1, 2, 3, \cdots, n\}$，定义 B_n 上的运算 $\wedge$，$\vee$，$^-$ 如下：$\forall a, b \in B_n$，

$$a \wedge b = (a_1 \wedge b_1, a_2 \wedge b_2, \cdots, a_n \wedge b_n)$$
$$a \vee b = (a_1 \vee b_1, a_2 \vee b_2, \cdots, a_n \vee b_n)$$
$$\bar{a} = (\bar{a_1}, \bar{a_2}, \cdots, \bar{a_n})$$

其中括号中的 $\wedge$，$\vee$，$^-$ 就是例 7.21 中的一元开关代数的与、或、非运算，称 $\langle B, \wedge, \vee, ^-\rangle$ 为 **n 元开关代数**。

定义 7.12 设 $A_n = \{(p_1, p_2, \cdots, p_n) \mid p_i \in \{F, T\}, i = 1, 2, \cdots, n\}$，定义 A_n 上的运算 $\wedge$，$\vee$，$\neg$ 如下：$\forall P, Q \in A_n$，

$$P \wedge Q = (p_1 \wedge q_1, p_2 \wedge q_2, \cdots, p_n \wedge q_n)$$
$$P \vee Q = (p_1 \vee q_1, p_2 \vee q_2, \cdots, p_n \vee q_n)$$
$$\neg P = (\neg p_1, \neg p_2, \cdots, \neg p_n)$$

其中括号中的 $\wedge$，$\vee$，$\neg$ 就是例 7.22 中的一元命题代数的合取、析取、否定联结词，称 $\langle A, \wedge, \vee, \neg\rangle$ 是 **n 元命题代数**。

可以证明，n 元集合代数与 n 元开关代数同构且 n 元集合代数与 n 元命题代数同构。下面给出 n 元集合代数与 n 元开关代数同构的证明。

定理 7.14 n 元开关代数与 n 元集合代数同构。

证 设 n 元集合代数为 $\langle 2^X, \cap, \cup, '\rangle$，$n$ 元开关代数为 $\langle B_n, \wedge, \vee, ^-\rangle$。

由于 $|X| = n$，故可对 X 中的元素进行编号，令 $X = \{x_1, x_2, \cdots, x_n\}$。同时，对 B_n 中的元素进行编号。任取 $b_i = (a_1, a_2, \cdots, a_n)$，其中 i 是 $a_1, a_2, \cdots, a_n$ 组成的 0,1 序列所对应的二进制数。对应于这个 0,1 序列，可以得到 X 的一个子集 A_i，其规则如下：

当 $a_j = 1$ 时，则 $x_j \in A_i$

当 $a_j = 0$ 时，则 $x_j \notin A_i$

取 $f: B_n \rightarrow 2^X$，$f(b_i) = A_i$。

先证 f 是双射函数。

(1) 任取 X 的一个子集 A_i，根据 $x_j (j = 1, 2, 3, \cdots, n)$ 属于或不属于 A_i 就可以得到一个 0,1 序列 $b_i \in B_n$，使 $f(b_i) = A_i$。

由满射函数的定义知 f 是满射函数。

(2) 若 $b_i \neq b_j$，即存在 $b_{ik} \neq b_{jk}$，不妨设 $b_{ik} = 1$，$b_{jk} = 0$。由 f 的定义知，x_k 属于 b_i 所对应的 A_i，而 x_k 不属于 b_j 所对应的 A_j，故 $A_i \neq A_j$。

由单射函数的定义知 f 是单射函数。

由双射函数的定义知 f 是双射函数。

再证 f 对 $\wedge$，$\vee$，$^-$ 分别满足同态公式。

(1) $f(b_i \wedge b_j) = f(b_{i \wedge j}) = A_{i \wedge j} = A_i \bigcap A_j = f(b_i) \bigcap f(b_j)$；

(2) $f(b_i \vee b_j) = f(b_{i \vee j}) = A_{i \vee j} = A_i \bigcup A_j = f(b_i) \bigcup f(b_j)$；

(3) $f(\overline{b_i}) = f(b_{\overline{i}}) = A_{\overline{i}} = A_i' = (f(b_i))'$

其中 $i \wedge j$ 是二进制数的按位与，$i \vee j$ 是二进制数的按位或，$\overline{i}$ 是二进制数的按位非。

由同构的定义知 n 元开关代数和 n 元集合代数同构。

由于 n 元集合代数是布尔代数，故 n 元开关代数也是布尔代数。　　■

同理可证 n 元集合代数与 n 元命题代数同构，故 n 元命题代数也是布尔代数。

7.2.2　布尔代数的基本性质

由于布尔代数就是有补的分配格，因此布尔代数具有在上一节中谈到的有关格的所有性质。下面再给出布尔代数中的一些其他性质。

定理 7.15　设 $\langle B, \leqslant, *, \oplus, ', 0, 1 \rangle$ 是布尔代数，那么 $\forall a, b, c \in B$，有

(1) $(a')' = a$。

(2) 若 $a * b = a * c$ 且 $a' * b = a' * c$，则 $b = c$；

　　若 $a \oplus b = a \oplus c$ 且 $a' \oplus b = a' \oplus c$，则 $b = c$。

(3) $(a * b)' = a' \oplus b'$；

　　$(a \oplus b)' = a' * b'$。

证　(1) 由于 a' 是 a 的补元，故 a 也是 a' 的补元，由补元的定义知有 $(a')' = a$。

(2) 由于 $a * b = a * c$ 且 $a' * b = a' * c$，

故有　　　　　　　$(a * b) \oplus (a' * b) = (a * c) \oplus (a' * c)$

由分配律的定义知，有

$$(a \oplus a') * b = (a \oplus a') * c$$

由补元的定义和最大元的性质知，有

$$b = c$$

另一式由对偶原理可得。

(3) 只须证 $(a * b) * (a' \oplus b') = 0$ 且 $(a * b) \oplus (a' \oplus b') = 1$ 即可。

由布尔代数的性质知，有

$$(a * b) * (a' \oplus b') = (a * b * a') \oplus (a * b * b')$$
$$= 0 \oplus 0 = 0$$

$$(a * b) \oplus (a' \oplus b') = (a \oplus a' \oplus b') * (b \oplus a' \oplus b')$$
$$= 1 * 1 = 1$$

由补元的定义知 $a' \oplus b'$ 是 $a * b$ 的补元。即有

$$(a * b)' = a' \oplus b'$$

另一式由对偶原理可得。 ∎

定理 7.15 中的(2)实际上是布尔代数中的一种消去律,它既不同于群中的消去律,也不同于格中的消去律。由于在布尔代数中有两个二元运算和一个一元运算,因而产生了它自己特有的这种消去律。当然,由于布尔代数是格,因此格中的消去律在布尔代数中也是成立的。以后在布尔代数中,这两种消去律可以任意使用。

定理 7.15 中的(3)是 De Morgan 定律,它反映了布尔代数中一元运算和二元运算之间的联系。

定理 7.16　设 $\langle B, \leqslant, *, \oplus, ', 0, 1 \rangle$ 是布尔代数,则下面的四种说法是等价的。

(1) $a \leqslant b$　$(a * b = a \vee a \oplus b = b)$;

(2) $b' \leqslant a'$　$(b' * a' = b' \vee b' \oplus a' = a')$;

(3) $a * b' = 0$;

(4) $a' \oplus b = 1$。

证　采用循环证法,即 $(1) \Rightarrow (2) \Rightarrow (3) \Rightarrow (4) \Rightarrow (1)$。

$(1) \Rightarrow (2)$

由条件 $a \leqslant b$ 知 $a * b = a$,等式两边求补,则有 $(a * b)' = a'$。由定理7.15知有 $a' \oplus b' = a'$,即 $b' \leqslant a'$。

$(2) \Rightarrow (3)$

由条件 $b' \leqslant a'$ 知 $b' * a' = b'$,等式两边 $* a$,则有 $b' * a' * a = b' * a$,即 $a * b' = 0$。

$(3) \Rightarrow (4)$

由条件知 $a * b' = 0$,等式两边求补得 $(a * b')' = 0'$,由定理 7.15 知有 $a' \oplus b = 1$。

$(4) \Rightarrow (1)$

由条件知 $a' \oplus b = 1$,等式两边 $* a$ 得 $(a' \oplus b) * a = 1 * a$,由分配律和最大元的性质知有 $(a' * a) \oplus (b * a) = a$,由补元的定义和最小元的性质知有 $b * a = a$,即有 $a \leqslant b$。 ∎

7.2.3　有限布尔代数的原子表示

由 7.2.1 节知集合代数是布尔代数,那么布尔代数是否就是集合代数呢?如

果能证明每一个布尔代数都与某个集合代数同构,那么布尔代数就可以用集合代数来表示了;而集合代数又正是我们非常熟悉的代数系统,因此,对布尔代数的研究就可以转化为对集合代数的研究,这就大大简化了对布尔代数的研究。为此,下面给出的定理说明每个有限布尔代数都与某个集合代数同构。在解决这个问题之前,先引进一些概念和定理,以便最后完成这个定理的证明。

定义 7.13　设 B 是有限布尔代数。若 $a \in B, a \neq 0$ 且 $\forall x \in B$,有 $x * a = a$ 或 $x * a = 0$,则称 a 是 B 的**原子**。

在定义 7.13 中 $a \neq 0$ 表示 a 不是 B 中的最小元,而且对 B 中任一元素 x 来说,或者 x 比 a 大,或者 x 与 a 不能比较大小。总之,除去最小元 0 外,不会有一个 x 比 a 小。

例 7.23　在图 7.7 中,b 是最小元。唯一的一个原子是 a,同时也是最大元。

在图 7.8 中,a_4 是最小元。a_2 和 a_3 都是原子。a_1 是最大元,a_1 不是原子。

在图 7.9 中,b_8 是最小元。b_5, b_6, b_7 是原子。b_1, b_2, b_3, b_4 都不是原子。

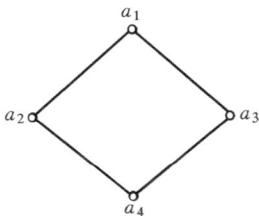
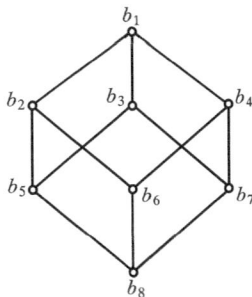

图 7.7　　　　　　　　图 7.8　　　　　　　　图 7.9

从例 7.23 的半序图中可以看到,原子就是最小元的直接后继,即在原子和最小元之间再没有其他任何元素了。

定义 7.14　设 $\langle L, \leqslant \rangle$ 是半序集,$x, y \in L$ 且 $x \leqslant y$,若 $\forall z \in L$,当 $x \leqslant z$ 且 $z \leqslant y$ 时,有 $x = z$ 或 $y = z$,则称 y 是 x 的**直接后继**。

定理 7.17　设 B 是有限布尔代数,$a \in B$。a 是 B 的原子的充分必要条件是 a 是最小元 0 的直接后继。

证　先证必要性,用反证法。

假设 a 不是最小元 0 的直接后继,则存在 $b \in B$,使得 $0 \leqslant b \leqslant a$ 且 $b \neq 0, b \neq a$,于是有 $b * a = b \neq 0$,这与 a 是原子矛盾,故 a 是最小元 0 的直接后继。

再证充分性。

任取 $x \in B$,若 $0 \leqslant x \leqslant a$,分两种情况讨论。

(1) 设 x 与 a 可比较。由于 a 是 0 的直接后继，故有 $a \leqslant x$，于是 $a = x$。

(2) 设 x 与 a 不可比较，则有 $a * x = b, b \neq a, b \neq x$。由于 b 是 x 和 a 的下确界，故有 $b \leqslant a$。由于 a 是 0 的直接后继，且 $b \leqslant a, b \neq a$，故有 $b = 0$，即 $a * x = 0$。

由原子的定义知 a 是原子。 ∎

定理 7.18　设 B 是有限布尔代数，$|B| = n$。$\forall x \in B$，若 $x \neq 0$，则有 B 的原子 a，使 $a \leqslant x$。

证　若 x 是原子，则有 $x \leqslant x$，结论成立。

若 x 不是原子，即 x 不是 0 的直接后继，由于 $0 \leqslant x$，故存在 x_1，使 $0 \leqslant x_1 \leqslant x$。若 x_1 是原子，则结论成立；否则存在 x_2，使 $0 \leqslant x_2 \leqslant x_1 \leqslant x$。若 x_2 是原子，则结论成立；否则继续下去。由于 B 是有限的，因此在有限步之后得 $0 \leqslant x_i \leqslant x_{i-1} \cdots \leqslant x$，这时将无元素可插入，即 x_i 是 0 的直接后继，故 x_i 是原子，且 $x_i \leqslant x$。 ∎

定理 7.19　设 B 是有限布尔代数，a, b 是 B 的原子。若 $a * b \neq 0$，则 $a = b$。

证　由于 $a * b \neq 0$，由原子的定义知 $a * b = a$ 且 $a * b = b$，故有 $a = b$。 ∎

定理 7.20　设 B 是有限布尔代数，$b, a_1, a_2, \cdots, a_n$ 是 B 中的原子且 $b \neq 0$。若 $x = \bigoplus_{i=1}^{n} a_i$ 且 $b \leqslant x$，则 $b \in \{a_1, a_2, \cdots, a_n\}$。

证　由于 $b \leqslant x$，故有 $b * x = b$，即 $b * \bigoplus_{i=1}^{n} a_i = \bigoplus_{i=1}^{n} (b * a_i) = b$。由于 $b \neq 0$，故至少有一 i 存在，使 $b * a_i \neq 0$，由定理 7.19 知 $b = a_i$，即 $b \in \{a_1, a_2, \cdots, a_n\}$。 ∎

定理 7.21　设 B 是有限布尔代数，$x \in B$ 且 $x \neq 0$，S 是 B 中所有原子集合。令 $S(x) = \{a | a \in S \wedge a \leqslant x\}$，则 $x = \bigoplus_{a \in S(x)} a$ 且 x 的表示是唯一的。

证　令 $y = \bigoplus_{a \in S(x)} a$。

(1) 先证 $y \leqslant x$。

由于 $\forall a \in S(x)$，有 $a \leqslant x$，由上确界的性质知有 $y \leqslant x$。

(2) 再证 $x \leqslant y$，即要证 $x * y' = 0$。

用反证法。设 $x * y' \neq 0$，由定理 7.18 知，B 中有一原子，使得 $0 \leqslant b \leqslant x * y'$，于是有 $b \leqslant x$ 且 $b \leqslant y'$。由 $b \leqslant x$ 知 $b \in S(x)$，于是有 $b \leqslant y$。由于 $b \leqslant y$ 且 $b \leqslant y'$，得 $b \leqslant y * y' = 0$，即 $b = 0$。这与 b 是原子矛盾，故有 $x * y' = 0$，即 $x \leqslant y$。

由 $\leqslant$ 的反对称性知 $x = y$，即有 $x = \bigoplus_{a \in S(x)} a$。

由定理 7.20 知，当 $x = \bigoplus_{a \in S(x)} a$ 时，若有原子 $b \leqslant x$，则 $b \in S(x)$，即 x 的这种

表示是唯一的。　　▮

　　由定理 7.21 知,在有限布尔代数中,每个元素都是所有小于它的原子的上确界。由此推得在有限布尔代数中,最大元必是所有原子的上确界,即 $\underset{a \in S(x)}{\oplus} a = 1$。

　　定理 7.22（Stone 定理）　设 $\langle B, \leqslant, *, \oplus, ', 0, 1 \rangle$ 是有限布尔代数,S 是 B 中所有原子构成的集合,那么 $\langle B, \leqslant, *, \oplus, ', 0, 1 \rangle$ 和 $\langle 2^S, \subseteq, \cap, \cup, ', \varnothing, S \rangle$ 同构。

　　证　作 $f: B \to 2^S$,

$$f(x) = \begin{cases} \varnothing, & x = 0 \\ \{a \mid a \in S \wedge a \leqslant x\}, & x \neq 0 \end{cases}$$

先证 f 是双射函数。

（1）任取 $A \in 2^S$,由定理 7.21 知存在 $x = \underset{a \in A}{\oplus} a$,使 $f(x) = A$,故 f 是满射的。

（2）任取 $A, B \in 2^S$,若 $A = B$,则 $x = \underset{a \in A}{\oplus} a$,$y = \underset{b \in B}{\oplus} b$。由定理 7.21 知有 $x = y$,即 f 是单射的。

由双射函数的定义知 f 是双射函数。

再证 f 对三个运算满足同态公式,即要证

（1）$f(x * y) = f(x) \cap f(y)$;

（2）$f(x \oplus y) = f(x) \cup f(y)$;

（3）$f(x') = \overline{f(x)}$。

（1）当 $x * y \neq 0$ 时,有

$$\begin{aligned} f(x * y) &= \{a \mid a \in S \wedge a \leqslant x * y\} \\ &= \{a \mid a \in S \wedge a \leqslant x \wedge a \leqslant y\} \\ &= \{a \mid a \in S \wedge a \leqslant x\} \cap \{a \mid a \in S \wedge a \leqslant y\} \\ &= f(x) \cap f(y) \end{aligned}$$

当 $x * y = 0$ 时,有 $x = 0$ 或者 $y = 0$ 或者 x, y 是两个不同的原子。在这三种情况下均有

$$f(x * y) = f(0) = \varnothing = f(x) \cap f(y)$$

故　　　　　　　　　　　　$f(x * y) = f(x) \cap f(y)$

（2）当 $x \oplus y \neq 0$ 时,有

$$\begin{aligned} f(x \oplus y) &= \{a \mid a \in S \wedge a \leqslant x \oplus y\} \\ &= \{a \mid a \in S \wedge (a \leqslant x \vee a \leqslant y)\} \\ &= \{a \mid a \in S \wedge a \leqslant x\} \cup \{a \mid a \in S \wedge a \leqslant y\} \\ &= f(x) \cup f(y) \end{aligned}$$

当 $x \oplus y = 0$ 时,有 $x = 0$ 且 $y = 0$,故有

$$f(x \oplus y) = f(0) = \varnothing = f(x) \bigcup f(y)$$

故　　　　　　　　　　$f(x \oplus y) = f(x) \bigcup f(y)$

(3) 当 $x \neq 1$ 时,有

$$f(x') = \{a \mid a \in S \wedge a \leqslant x'\} = \overline{\{a \mid a \in S \wedge a \leqslant x\}} = \overline{f(x)}$$

当 $x = 1$ 时,有 $x' = 0$,故 $f(x) = f(1) = S$,于是有 $f(x') = f(0) = \varnothing = \overline{S} = \overline{f(x)}$,即有 $f(x') = \overline{f(x)}$。

由同构函数的定义可知,f 是从 $\langle B, \leqslant, *, \oplus, ', 0, 1 \rangle$ 到 $\langle 2^S, \subseteq, \cap, \cup, ', \varnothing, S \rangle$ 的同构函数,因此这两个代数系统同构。　▌

由 Stone 定理知每一个有限布尔代数都与某一个集合代数同构。前面还证明了开关代数和集合代数同构,命题代数和集合代数同构。因此,研究集合代数也就是在研究布尔代数、开关代数、命题代数,它们的地位都是平等的。在以后的研究中,哪个方便就用哪个。

由于在有限的集合代数中,集合是 2^X,因此集合代数中集合的势为 $|2^X| = 2^{|X|}$,即原子的个数是 2 的若干次幂。由 Stone 定理可知,任何一个有限布尔代数中集合的势也是 2 的若干次幂,并且具有相同势集合的布尔代数是同构的,都同构于集合为 2^X 的集合代数,其中 S 是有限布尔代数的原子集合。这样对于布尔代数的结构就了解得比较透彻了。

7.2.4　布尔代数和布尔环

现在,我们已了解了两种不同性质的代数系统:环与布尔代数,它们都是含有两个二元运算的代数系统。那么,这两种代数系统之间是否能建立起某种联系呢?下面就来解决这个问题。

定义 7.15　设 $\langle B, \oplus, \otimes \rangle$ 是环。若 $\forall a \in R$,有 $a \otimes a = a$,则称 $\langle B, \oplus, \otimes \rangle$ 是**布尔环**。

定理 7.23　布尔环是交换环。

证　先证在布尔环中,$\forall a \in R$,有 $a \oplus a = 0$,这里 0 是关于 $\oplus$ 的幺元。

由于 $\forall a \in R$,有

$$(a \oplus a) \otimes (a \oplus a) = a \oplus a$$

$$(a \oplus a) \otimes (a \oplus a) = (a \otimes a) \oplus (a \otimes a) \oplus (a \otimes a) \oplus (a \otimes a)$$

$$= a \oplus a \oplus a \oplus a$$

故有 $a \oplus a = a \oplus a \oplus a \oplus a$,即有 $a \oplus a = 0$,即 $a = -a$。

由于 $\forall a, b \in R$,有

$$(a \oplus b) \otimes (a \oplus b) = a \oplus b$$

$$(a \oplus b) \otimes (a \oplus b) = (a \otimes a) \oplus (a \otimes b) \oplus (b \otimes a) \oplus (b \otimes b)$$
$$= a \oplus b \oplus (a \otimes b) \oplus (b \otimes a)$$

于是有 $(a \otimes b) \oplus (b \otimes a) = 0$，即有 $a \otimes b = -(b \otimes a) = b \otimes a$。

由交换律的定义知 $\otimes$ 运算满足交换律，故布尔环是交换环。 ▌

下面在布尔代数和布尔环之间建立一种相对应的关系。

定理 7.24 设 $\langle B, *, \oplus, ', 0, 1 \rangle$ 是布尔代数，在 B 上定义两个二元运算如下：$\forall a, b \in B$，

$$a + b = (a * b') \oplus (b * a')$$
$$a \cdot b = a * b$$

则 $\langle B, +, \cdot \rangle$ 是**含幺布尔环**。

证 先证 $\langle B, + \rangle$ 是交换群。

(1) 由 $*$，$+$ 和 $'$ 的封闭性知 $+$ 运算封闭；

(2) 由 $*$ 和 $\oplus$ 的结合律、交换律、分配律以及 $'$ 和 $*$，$\oplus$ 之间的 De Morgan 律可知 $+$ 运算满足结合律；

(3) 关于 $+$ 的幺元是最小元 0；

(4) a 关于 $+$ 的逆元是 a；

(5) 由 $*$ 和 $\oplus$ 的交换律知 $+$ 运算满足交换律。

由交换群的定义知，$\langle B, + \rangle$ 是交换群。

再证 $\langle B, \cdot \rangle$ 是交换含幺半群。

(1) 由 $*$ 的封闭性知 $\cdot$ 运算封闭；

(2) 由 $*$ 的结合律知 $\cdot$ 运算满足结合律；

(3) 由 $*$ 的交换律知 $\cdot$ 运算满足交换律；

(4) 关于 $\cdot$ 的幺元是最大元 1。

由交换含幺半群的定义知 $\langle B, \cdot \rangle$ 是交换含幺半群。

下证 $\cdot$ 运算对 $+$ 运算满足分配律。

由于 $\forall a, b, c \in B$，有

$$a \cdot (b + c) = a * ((b * c') \oplus (c * b'))$$
$$= (a * b * c') \oplus (a * b' * c)$$
$$(a \cdot b) + (a \cdot c) = ((a \cdot b) * (a \cdot c)') \oplus ((a \cdot c) * (a \cdot b)')$$
$$= ((a * b) * (a * c)') \oplus ((a * c) * (a * b)')$$
$$= ((a * b) * (a' \oplus c')) \oplus ((a * c) * (a' \oplus b'))$$
$$= (a * b * c') \oplus (a * b' * c)$$

故 $a \cdot (b + c) = (a \cdot b) + (a \cdot c)$。由 $\cdot$ 运算的交换律知另一分配等式成立。

由分配律的定义知 $\cdot$ 运算对 $+$ 运算满足分配律。

由环的定义可知,$\langle B,+,\cdot \rangle$ 是含幺环。

由于 $\forall a\in B$,有 $a\cdot a=a*a=a$,故$\langle B,+,\cdot \rangle$ 是含幺布尔环。　▋

定理 7.25　设$\langle B,+,\cdot \rangle$是含幺布尔环,在 B 上定义运算 $*$,$\oplus$,$'$ 如下: $\forall a,b\in B$,

$$a*b=a\cdot b$$
$$a\oplus b=a+b-a\cdot b$$
$$a'=1-a$$

则$\langle B,*,\oplus,',0,1\rangle$是布尔代数,其中 0 是关于 $+$ 的幺元,1 是关于 $\cdot$ 的幺元。

证　由于运算 $*$ 是由运算 $\cdot$ 定义的,而运算 $\cdot$ 满足结合律、交换律、幂等律,故 $*$ 运算也满足结合律、交换律、幂等律。

下证运算 $\oplus$ 满足结合律、交换律、幂等律。

(1) 由于 $\forall a,b,c\in B$,有

$$(a\oplus b)\oplus c=(a+b-a\cdot b)+c-(a+b-a\cdot b)\cdot c$$
$$=a+b+c-a\cdot b-b\cdot c-c\cdot a+a\cdot b\cdot c$$
$$a\oplus (b\oplus c)=a+(b+c-b\cdot c)-a\cdot (b+c-b\cdot c)$$
$$=a+b+c-a\cdot b-b\cdot c-c\cdot a+a\cdot b\cdot c$$

即有 $a\oplus (b\oplus c)=(a\oplus b)\oplus c$。由结合律的定义知 $\oplus$ 运算满足结合律。

(2) 由于 $\forall a,b\in B$,有

$$a\oplus b=a+b-a\cdot b=b+a-b\cdot a=b\oplus a$$

由交换律的定义知 $\oplus$ 运算满足交换律。

(3) 由于 $\forall a\in B$,有

$$a\oplus a=a+a-a\cdot a=a+0=a$$

由幂等律的定义知 $\oplus$ 运算满足幂等律。

下证 $*$ 和 $\oplus$ 运算满足吸收律和分配律。

(1) 由于 $\forall a,b\in B$,有

$$a*(a\oplus b)=a\cdot (a+b-a\cdot b)$$
$$=a\cdot a+a\cdot b-a\cdot a\cdot b=a$$
$$a\oplus (a*b)=a+a\cdot b-a\cdot a\cdot b=a$$

由吸收律的定义知 $*$ 和 $\oplus$ 运算满足吸收律。

(2) 由于 $\forall a,b,c\in B$,有

$$a\oplus (b*c)=a+b\cdot c-a\cdot b\cdot c$$
$$(a\oplus b)*(a\oplus c)=(a+b-a\cdot b)\cdot (a+c-a\cdot c)$$
$$=a+b\cdot c-a\cdot b\cdot c$$

由分配律的定义知 $\oplus$ 对 $*$ 运算满足分配律。

(3) 由于 $\forall a,b,c \in B$,有

$$a * (b \oplus c) = a \cdot (b + c - b \cdot c)$$
$$= a \cdot b + a \cdot c - a \cdot b \cdot c$$
$$(a * b) \oplus (a * c) = a \cdot b + a \cdot c - a \cdot b \cdot a \cdot c$$
$$= a \cdot b + a \cdot c - a \cdot b \cdot c$$

由分配律的定义知 $*$ 对 $\oplus$ 运算满足分配律。

至此,已证明了 $\langle B, *, \oplus \rangle$ 是分配格。下证 $\langle B, *, \oplus \rangle$ 为有补格。

由于 $\forall a \in B$,有 $a \oplus 1 = a + 1 - a \cdot 1 = 1$,由最大元的定义知 1 是此格的最大元。

由于 $\forall a \in B$,有 $a * 0 = a \cdot 0 = 0$,由最小元的定义知 0 是此格的最小元。

由于 $\forall a \in B$,有

$$a * (1 - a) = a \cdot (1 - a) = a \cdot 1 - a \cdot a$$
$$= a - a = 0$$
$$a \oplus (1 - a) = a + (1 - a) - a \cdot (1 - a)$$
$$= a + 1 - a - a + a = 1$$

由补元的定义知 a 的补元是 $1 - a$。

由 a 的任意性知此格中每个元素都有补元,故此格为有补格。

综上所述,$\langle B, \leqslant, *, \oplus, ', 0, 1 \rangle$ 是有补的分配格。

由布尔代数的定义知 $\langle B, \leqslant, *, \oplus, ', 0, 1 \rangle$ 是布尔代数。　■

定理 7.24 和定理 7.25 将布尔代数和环这两种不同的代数系统紧密联系在一起了。

习 题 七

1. 设 $\langle L, \leqslant \rangle$ 是半序集,$\leqslant$ 是 L 上的整除关系。问当 L 取下列集合时,$\langle L, \leqslant \rangle$ 是否是格。

(1) $L = \{1, 2, 3, 4, 6, 12\}$;

(2) $L = \{1, 2, 3, 4, 6, 8, 10, 12\}$;

(3) $L = \{1, 2, 3, 4, 5, 6, 7, 8, 9, 10\}$。

2. 设 $\langle L, \leqslant \rangle$ 是格,任取 $a, b \in L$ 且 $a \leqslant b \wedge a \neq b$,证明 $\langle B, \leqslant \rangle$ 是格。其中

$$B = \{x \mid x \in L \wedge a \leqslant x \leqslant b\}$$

3. 设 A, B 是两个集合,f 是从 A 到 B 的函数。证明:$\langle S, \subseteq \rangle$ 是 $\langle 2^X, \subseteq \rangle$ 的子格,其中

$$S = \{y \mid y = f(x) \wedge x \in 2^A\}$$

4. 设 $\langle L, \leqslant, *, \oplus \rangle$ 是格。$\forall a, b \in L$,证明:

　　$a * b \prec a$ 且 $a * b \prec b$ 当且仅当 a 与 b 是不可比较的。

5. 设 $\langle L, \leqslant, *, \oplus \rangle$ 是格。证明:

(1) $(a * b) \oplus (c * d) \leqslant (a \oplus c) * (b \oplus d)$;

(2) $(a * b) \oplus (b * c) \oplus (c * a) \leqslant (a \oplus b) * (b \oplus c) * (c \oplus a)$。

6. 设 $\mathbf{Z}$ 是整数集合。证明:$\langle \mathbf{Z}, \min, \max \rangle$ 是分配格。

7. 设 $\langle A, \leqslant, *, \oplus \rangle$ 是分配格,$a, b \in A$ 且 $a \prec b$,证明:

$$f(x) = (x \oplus a) * b$$

是从 $\langle A, \leqslant, *, \oplus \rangle$ 到 $\langle B, \leqslant, *, \oplus \rangle$ 的同态函数。其中

$$B = \{x \mid x \in A \wedge a \leqslant x \leqslant b\}$$

8. 证明:一个格是分配格的充分必要条件是 $\forall a, b, c \in L$,有

$(a * b) \oplus (b * c) \oplus (c * a) = (a \oplus b) * (b \oplus c) * (c \oplus a)$

9. 设 $\langle L, \leqslant \rangle$ 是格,其 Hasse 图如图 7.10 所示:

(1) 找出格中每个元素的补元;

(2) 此格是有补格吗?

(3) 此格是分配格吗?

10. 设 $\langle L, \leqslant, *, \oplus, 0, 1 \rangle$ 是有界格。$\forall x, y \in L$,证明:

(1) 若 $x \oplus y = 0$,则 $x = 0$ 且 $y = 0$;

(2) 若 $x * y = 1$,则 $x = 1$ 且 $y = 1$。

图 7.10

11. 证明:在有界格中,0 是 1 的唯一补元,1 是 0 的唯一补元。

12. 设 $\langle L, \leqslant \rangle$ 是格,$|L| \geqslant 2$。证明:L 中不存在以自己为补元的元素。

13. 设 $\langle L, \leqslant \rangle$ 是全序集,$|L| \geqslant 3$。证明:$\langle L, \leqslant \rangle$ 是格,但不是有补格。

14. 在有界的分配格中,证明:具有补元的那些元素组成一个子格。

15. 求 $\langle S_{12}, | \rangle$ 的所有子格。其中 S_{12} 是 12 的所有因子的集合,$|$ 是 S_{12} 上的整除关系。

16. 证明:一个格 $\langle L, \leqslant \rangle$ 是分配格的充分必要条件是 $\forall a, b, c \in L$,有

$$(a \oplus b) * c \leqslant a \oplus (b * c)$$

17. 设 $\langle L_1, R_1 \rangle$ 和 $\langle L_2, R_2 \rangle$ 是两个格,$f: L_1 \rightarrow L_2$ 是从 $\langle L_1, R_1 \rangle$ 到 $\langle L_2, R_2 \rangle$ 的同态函数。证明:f 的同态象是 $\langle L_2, R_2 \rangle$ 的子格。

18. 设 $B = \{1, 2, 5, 10, 11, 22, 55, 110\}$。证明:$\langle B, \mathrm{GCD}, \mathrm{LCM}, ' \rangle$ 是布尔代数。其中,GCD 是求最大公约数,LCM 是求最小公倍数,$x' = 110/x$。

19. 设 $L_1 = \{1, 2, 3, 4, 6, 12\}$,$L_2 = \{1, 2, 3, 4, 6, 8, 12, 24\}$。

(1) $\langle L_1, \mathrm{GCD}, \mathrm{LCM}, ' \rangle$ 是布尔代数吗?为什么?

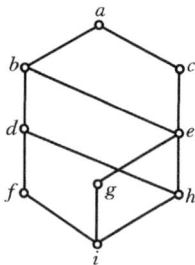

(2) $\langle L_2, \text{GCD}, \text{LCM}, '\rangle$ 是布尔代数吗?为什么?

20. 设 $\langle B, *, \oplus, '\rangle$ 是布尔代数,证明下列布尔恒等式。

(1) $a \oplus (a' * b) = a \oplus b$;

(2) $a * (a' \oplus b) = a * b$;

(3) $(a * c) \oplus (a' * b) \oplus (b * c) = (a * c) \oplus (a' * b)$;

(4) $(a \oplus b') * (b \oplus c') * (c \oplus a') = (a' \oplus b) * (b' \oplus c) * (c' \oplus a)$;

(5) $(a \oplus b) * (b \oplus c) * (c \oplus a) = (a * b) \oplus (b * c) \oplus (c * a)$。

21. 设 $\langle B, *, \oplus, '\rangle$ 是布尔代数。在 B 上定义二元运算 $\oplus$ 如下:
$$\forall a, b \in B, \quad a \oplus b = (a * b') \oplus (a' * b)$$
证明:$\langle B, \oplus \rangle$ 是交换群。

22. 设 $\langle B, *, \oplus, '\rangle$ 是布尔代数。在 B 上定义两个二元运算 $+$,$\cdot$ 如下:
$$\forall a, b \in B, \quad a + b = (a * b') \oplus (a' * b)$$
$$a \cdot b = a * b$$

(1) 证明:$\langle B, +, \cdot \rangle$ 是环;

(2) 找出关于 $\cdot$ 的幺元;

(3) 证明:$\forall a \in B, a + a = 0, a + 0 = a, a + 1 = a'$;

(4) 证明:$\forall a, b \in B, (a + b) + b = a$;

(5) 证明:$\forall a, b, c \in B, a \cdot (b + c) = (a \cdot b) + (a \cdot c)$。

23. 设 $\langle A, \wedge, \vee, ^- \rangle$ 和 $\langle B, \cap, \cup, '\rangle$ 是两个布尔代数,f 是从 $\langle A, \wedge, \vee, ^- \rangle$ 到 $\langle B, \cap, \cup, '\rangle$ 的满同态函数。证明:
$$f(0_A) = 0_B, \qquad f(1_A) = 1_B$$
其中,0_A 和 0_B 分别是 A, B 中的最小元,1_A 和 1_B 分别是 A, B 中的最大元。

24. 设 $a, b_1, b_2, \cdots, b_r$ 是布尔代数 $\langle B, \leqslant, *, \oplus, ', 0, 1 \rangle$ 的原子。证明:$a \leqslant b_1 \oplus b_2 \oplus \cdots \oplus b_r$ 的充分必要条件是存在 $i(1 \leqslant i \leqslant r)$,使 $a = b_i$。

25. 设 $b_1, b_2, \cdots, b_r$ 是有限布尔代数 $\langle B, \leqslant, *, \oplus, ', 0, 1 \rangle$ 的所有原子。证明:$y = 0$ 的充分必要条件是 $\forall_i (1 \leqslant i \leqslant r)$,都有 $y * b_i = 0$。

26. 设 $\langle 2^X, \cap, \cup, '\rangle$ 是布尔代数,其中 $X = \{a, b, c\}$。$\langle B, \wedge, \vee, ^- \rangle$ 是布尔代数,其中 $B = \{0, 1\}$。$g: 2^X \to B$,
$$g(x) = \begin{cases} 0, & \text{当 } b \notin x \text{ 时} \\ 1, & \text{当 } b \in x \text{ 时} \end{cases}$$
证明:g 是从 $\langle 2^X, \cap, \cup, '\rangle$ 到 $\langle B, \wedge, \vee, ^- \rangle$ 的满同态函数。

代数系统的历史

在一般的意义下,代数被认为是对符号的操作。在人类历史上,代数的发展分为两个历史阶段。第一阶段是在 19 世纪以前,这个时期的代数称为古典代数。第二阶段是从 19 世纪至今,这个时期的代数称为近世代数。实际上,近世代数是相对于古典代数而言的。代数的这两个历史阶段是以它们的研究内容和研究问题方法的不同来划分的。

远在古希腊时代,人们就知道可以用符号代表所解题目中的未知数,并且这些符号可以像数一样进行运算,直到获得问题的解。因此,古典代数可以用"每一个符号总是代表一个数"这样一句话来刻划,这个数可以是整数也可以是实数。古典代数的基本内容是方程论,它是以讨论方程的解法为中心的。古典代数的主要目标是用代数运算解一元 n 次方程。在解一元二次、三次、四次方程的过程中,古典代数取得了巨大的成功。古典代数还提出了许多解含有多个变量的线性方程的解法。

然而,直到 18 世纪,数学家们还不能肯定一个负数的平方根是否是一个数。如果不是一个数,那么又如何用符号来表示它呢?这就成为古典代数发展史上一个不可逾越的障碍。到 19 世纪初,人们逐渐认识到,符号不仅可以代表数,事实上,符号可以代表任何东西。在这种思想认识的支配下,出现了近世代数中的体系结构和方法。

首先是挪威数学家 Niels Henrik Abel(1802—1829) 在 1824 年严格证明了一般五次方程不可能用根式求解,从而开创了近世代数方程论的新纪元。后来法国数学家 Evarisfe Galois(1811—1832) 用置换群的方法彻底解决了代数方程的根式可解条件,从此开辟了代数学的一个崭新的领域 —— 群论。现在全世界都公认 Abel 和 Galois 是近世代数的创始人。

随着科学技术的进一步发展,近世代数越来越显示出它在各个科学领域中的生命力。但在计算机科学迅猛发展的今天,近世代数的内容已不够全面,因此现在提出了更一般的代数系统。现在所说的代数系统不仅包括了近世代数中的群、环、域的概念体系结构,而且还包含了计算机科学中使用的半群、格、布尔代数等各种各样的代数系统。当然,随着人类社会和科学技术的发展,必然还会出现新的各种各样的代数系统。但了解和掌握古典代数、近世代数和现有代数系统的内容和其研究方法,对理解和创造新的代数系统必然有着极其重要的意义。

第四部分

图　论
Graph Theory

第8章

图 论

8.1 图论一瞥

图论最早处理的问题是哥尼斯堡（konigsberg）城 Pregel 河上的七桥问题。1736 年，瑞士数学家 Leonhard Euler（欧拉，1707—1783）在他发表的"哥尼斯堡七座桥"的著名文章中阐述了解决这个问题的观点，从而被誉为图论之父。

问题是这样的：在公元 18 世纪的东普鲁士有个哥尼斯堡城（第二次世界大战后划归苏联，称为加里宁格勒，现属立陶宛共和国），该城位于 Pregel 河畔，河中有两个岛，城市中的各个部分通过七座桥彼此相连（如图 8.1 所示）。

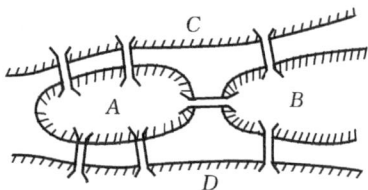

图 8.1

当时城中的居民热衷于这样一个问题：从四块陆地中的任一块出发，怎样才能做到经过每座桥一次且仅一次最后返回原出发地。问题看来并不复杂，但当地的居民和游人作了不少尝试，却都没有取得成功。

后来，瑞士的数学家 Euler 解决了这个问题。他将四块陆地表示成四个结点，凡陆地间有桥相连的，便在两点间连一条线，这样图 8.1 就转化为图 8.2 了。

此时，哥尼斯堡七桥问题归结为：在图 8.2 所示的图中，从 A, B, C, D 任一点出发，通过每条边一次且仅一次而返回原出发点的回路是否存在？

Euler 断言，这样的回路是不存在的。理由是：从图 8.2 中的任一点出发，为了要回到原来的出发点,要求与每个点相关联的边数均为偶数,这样才能保证从一条边进入某点后再从另一条边出去,通过每个点不同两条边的一进一出才能回到出发点。而图 8.2 中的 A,B,C,D 四个点全是与奇数条边相关联,由此可知所要求的回路是不可能存在的。

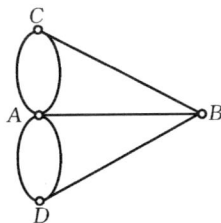

图 8.2

20 世纪 40 年代,一个数学游戏也使用类似的方法得到了解决:某人挑一担菜并带一条狼、一只羊要从河的北岸到南岸。由于船小,只允许带狼、羊、菜三者中的一种过河;由于明显的原因,当人不在场时狼与羊、羊与菜不能呆在一起。此人应采取怎样的办法才能将这三样东西安全地带过河去?

将人、狼、羊、菜中任意几种在一起的情况看作是一种状态,则北岸可能出现的状态共有 16 种,其中安全状态有下面 10 种:

(人,狼,羊,菜),(人,狼,羊),(人,狼,菜),(人,羊,菜),(人,羊),(空),(菜),(羊),(狼),(狼,菜)。

不安全的状态有如下 6 种:

(人),(人,菜),(人,狼),(狼,羊,菜),(狼,羊),(羊,菜)。

可将 10 种安全状态表示成 10 个结点,而渡河的全过程则看作是状态间的转移。这样,上述问题就转化为求一条从(人,狼,羊,菜) 状态到(空) 状态的路径,图 8.3 中箭头所表示的路径就是其中的一条。

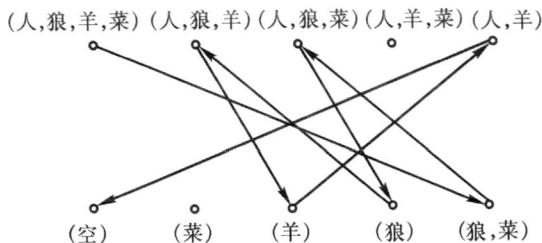

图 8.3

从上面的两个例子可以看到对某些问题的研究可以归结为对图的研究,图是由点和线构成的。在图中我们感兴趣的事情是给定的两点间是否有连线,至于如何连结则是无关紧要的,这样的处理方式可以使问题变得简洁明了。下面,我们给出图的正式定义。

8.2　图的基本概念

8.2.1　图的基本概念

由上节的例子,对什么是图有了初步了解。我们看到:一个图有两个基本的成分——点与线,并且组成图的点与线之间有一定的联系。如在图 8.2 中与点对 (A,B) 相联系的有一条边,与点对 (A,D) 相联系的有两条边,而点对 (C,D) 间却无边相联。作为图的定义,则需将点与边的关系描述清楚。

定义 8.1　图 $G = (V,E)$ 是一个系统,其中 V 是非空有限集合,V 中的元素称为**结点**;E 是有限集合,E 中的元素称为**边**;且 E 中的元素与 V 中的一对元素相连系。

此定义的优点是简单,适应面广;缺点是没有规定清楚点、线之间的关系。

例 8.1　有四个城市 v_1,v_2,v_3,v_4,其中 v_1 与 v_2 间、v_1 与 v_4 间、v_2 与 v_3 间有公路相连。

上述事实可用图 $G = (V,E)$ 表示。图中结点集合 $V = \{v_1,v_2,v_3,v_4\}$,图中边的集合 $E = \{v_1$ 与 v_2 之间的边,v_1 与 v_4 之间的边,v_2 与 v_3 之间的边$\}$,它的图示如图 8.4 所示。

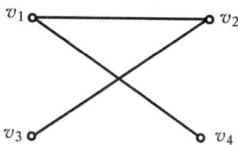

图 8.4

例 8.2　有四个程序,它们之间存在如下的调用关系:P_1 能调用 P_2,P_2 能调用 P_3,P_2 能调用 P_4。

上述事实也可用一图 $G = (V,E)$ 来表示。图中结点集合 $V = \{P_1,P_2,P_3,P_4\}$,图中边的集合 $E = \{P_1$ 到 P_2 的边,P_2 到 P_3 的边,P_2 到 P_4 的边$\}$,它的图示如图 8.5 所示。

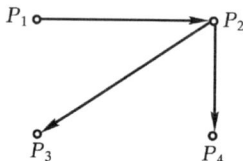

图 8.5

定义 8.2　图 $G = (V,E)$ 是一个系统,其中 V 是非空有限集合,V 中的元素称为结点;E 是集合 V 上的关系 $E \subseteq V \times V$,E 中的元素称为边。

此定义的优点是简单,规定清楚了点、线之间的关系,很适合简单图、特别是有向图(比如第 4 章的关系图、Hasse 图);缺点是无法表示平行边,因此不适合多重图(比如上节的七桥图)。

根据这个定义,例 8.1 可表示为:
$$V = \{v_1,v_2,v_3,v_4\}$$
$$E = \{(v_1,v_2),(v_2,v_1),(v_2,v_3),(v_3,v_2),(v_1,v_4),(v_4,v_1)\}$$
而例 8.2 则可表示为

$$V = \{P_1, P_2, P_3, P_4\}$$
$$E = \{(P_1, P_2), (P_2, P_3), (P_2, P_4)\}$$

现在观察图 8.6。

如用定义 8.2 来描述它,那末

$$V = \{a, b, c, d\}$$

$$E = \{(a,b), (b,a), (b,c), (c,b), (b,c), (c,b), (b,d),$$
$$(d,b), (a,d), (d,a), (a,c), (c,a), (b,d), (d,b)\}$$

这样表示不仅非常累赘,而且按照集合论中的规定:集合中的元素重复出现是多余的。若是这样,定义 8.2 就不能客观地描述清楚图 8.6 的情况。如果用定义 8.1 来描述图 8.6 也将发生同样的情况。

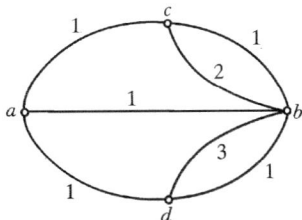

图 8.6

定义 8.3　设 V 是非空有限集合,Σ 是一个标号集合,$E \subseteq V \times \Sigma \times V$,称 $G = (V, \Sigma, E)$ 为一图。称 V 中的元素为 G 的结点;设 $u, v \in V$,$\sigma \in \Sigma$,若 $(u, \sigma, v) \in E$,则称 (u, σ, v) 为 G 中的一条边,此边起自于 u 终止于 v;称 u 为边 (u, σ, v) 的起点,v 为边 (u, σ, v) 的终点,起点或终点统称为边 (u, σ, v) 的端点。

此定义的优点是规定了严格的点、线之间的关系,适应面很广,特别适合多重图(比如上节的七桥图);缺点是边的表示比较复杂,简单图一般不采用。

按定义 8.3,对图 8.6 有:

$V = \{a, b, c, d\}$

$\Sigma = \{1, 2, 3\}$

$E = V \times \Sigma \times V = \{(a,1,c), (c,1,a), (a,1,b), (b,1,a), (a,1,d),$
$$(d,1,a), (b,1,c), (c,1,b), (b,2,c), (c,2,b),$$
$$(b,1,d), (d,1,b), (b,3,d), (d,3,b)\}$$

定义 8.4　图 $G = (V, E, \gamma)$ 是一个系统。其中 V 是结点的非空有限集合;E 是边的有限集合;γ 是边到结点集的一个关联函数,即 $\gamma : E \rightarrow 2^V$。一般来说,它将 E 中的每条边 $e \in E$ 与结点集 V 中的一个二元子集 $\{u, v\} \in 2^V$ 相关联,即 $\gamma(e) = \{u, v\}$,结点 u 和 v 统称为边 e 的端点。

此定义的优点是适应面较广,尤其是将边看作是与结点同样的独立的研究对象,边不再是由结点表示的一个附属对象,用函数概念规定了点、线之间的严格关联关系,这样一来,便于边概念的进一步推广(比如引出超图概念);缺点是关联函数表示比较烦琐,简单图一般不采用。

按定义 8.4,图 8.6 可表示为图 8.7 并且有:

$V = \{a,b,c,d\}$,

$E = \{e_1,e_2,e_3,e_4,e_5,e_6,e_7\}$,

$\gamma: E \to 2^V$

$\gamma(e_1) = \{a,c\}, \quad \gamma(e_2) = \{a,b\}, \quad \gamma(e_3) = \{a,d\}, \quad \gamma(e_4) = \{c,b\},$

$\gamma(e_5) = \{c,b\}, \quad \gamma(e_6) = \{d,b\}, \quad \gamma(e_7) = \{d,b\}$。

比较上面四种不同的定义,定义 8.3 比较严格地刻划了点、线之间的关系,而且既适合无向图,又适合有向图以及多重图。但为方便起见,今后在不发生混淆的前提下,对图的定义仍采用定义 8.2 的方式,并将有 n 个结点、m 条边的图称为 (n,m) 图。

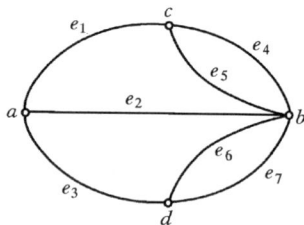

图 8.7

设 $G = (V,\Sigma,E)$,在图 G 中,若 (u,σ,v) 与 (v,σ,u) 表示同一条边,则称此边为**无向边**;若 G 中所有的边均为无向边,则称 G 为无向图(如图 8.8(a) 所示)。在图 G 中,若 (u,σ,v) 与 (v,σ,u) 表示不同的边,则称它们为**有向边**;若 G 中所有的边均为有向边,则称 G 为**有向图**(如图 8.8(b) 所示)。若在图 G 中,既有有向边又有无向边,则称这种图为**混合图**(如图 8.8(c) 所示)。若在图 G 中 $E = \varnothing$,则称 G 为**零图**;特别称只有一个结点的图为**平凡图**。

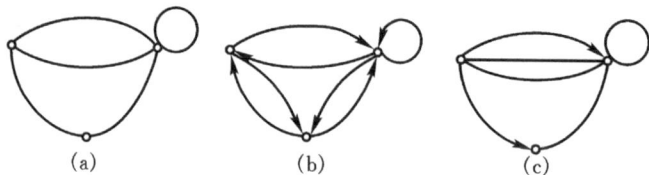

图 8.8

设 $G = (V,\Sigma,E)$,若 G 中的两条边有一个公共的端点,则称此二**边邻接**;若 G 中的两个结点是同一条边的两个端点,则称此二**结点相邻**。若 G 中的结点 v 是边 e 的端点,则称结点 v 与边 e **相关联**;不与任何边相关联的点称为**孤立点**;关联于同一结点的一条边称为**自环**。

在图 G 中,若两条边有相同的端点(对有向图则有相同的起点和终点),则称此二边为**平行边**;两结点间平行边的条数称为平行边的**重数**;若图 G 中有平行边存在,则称此图为**多重图**;若图 G 中无平行边且无自环,则称图 G 为**简单图**。

8.2.2　子图与补图

定义 8.5　设 $G = (V, E)$ 为简单图,若 G 中每一对不同的结点间都有边相连,则称 G 为**完全图**。

设 G 有 n 个结点,m 条边。当 G 为无向完全图时,则有 $m = n(n-1)/2$;当 G 为有向完全图时,则有 $m = n(n-1)$。一般将 n 个结点的无向完全图记为 K_n。

定义 8.6　设有图 $G = (V, E)$ 和图 $G' = (V', E')$,

(1) 若 $V' \subseteq V, E' \subseteq E$,则称 G' 为 G 的**子图**；

(2) 若 $V' \subset V$ 或 $E' \subset E$,则称 G' 为 G 的**真子图**；

(3) 若 $V' = V, E' \subseteq E$,则称 G' 为 G 的**生成子图**。

特别指出,当 $V' = V, E' = E$,或 $V' = V, E' = \varnothing$ 时,称这两个子图为**平凡子图**。此时图 G' 既是 G 的子图,同时也是 G 的生成子图。

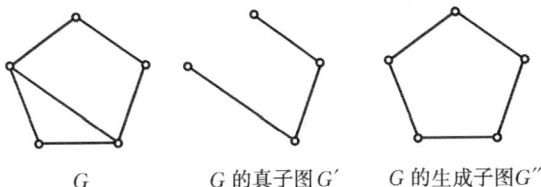

G　　　　　　　G 的真子图 G'　　　　　G 的生成子图 G''

图 8.9

定义 8.7　设 $G = (V, E)$ 为一简单图,$G^* = (V, E^*)$ 为完全图,称 $\overline{G} = (V, \overline{E})$ 为 G 的**补图**,其中 $\overline{E} = E^* \setminus E$。

图 8.9 中各图的补图分别为

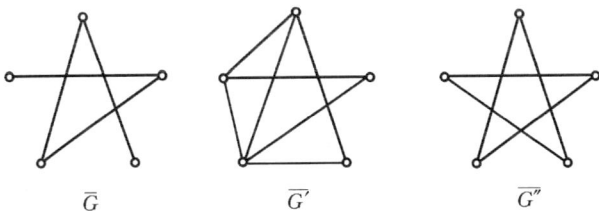

$\overline{G}$　　　　　　　$\overline{G'}$　　　　　　　$\overline{G''}$

图 8.10

8.2.3　结点的度

定义 8.8　设 $G = (V, E)$ 是图,

(1) 当 G 为有向图时,G 中以 v 为起点的边的条数称为 v 的**出度**,记为 $\overrightarrow{\deg}(v)$;以 v 为终点的边的条数称为 v 的**入度**,记为 $\overleftarrow{\deg}(v)$;入度和出度之和称为 v 的**度**,记为 $\deg(v)$。

（2）当 G 为无向图时，以 v 为端点的边的条数称为 v 的度，记为 $\deg(v)$。

例 8.3　在图8.11所示的有向图中：

$$\overleftarrow{\deg}(a) = 3, \quad \overrightarrow{\deg}(a) = 4, \quad \deg(a) = 7$$

$$\overleftarrow{\deg}(b) = 1, \quad \overrightarrow{\deg}(b) = 2, \quad \deg(b) = 3$$

$$\overleftarrow{\deg}(c) = 3, \quad \overrightarrow{\deg}(c) = 1, \quad \deg(c) = 4$$

$$\overleftarrow{\deg}(d) = 0, \quad \overrightarrow{\deg}(d) = 0, \quad \deg(d) = 0$$

$$\overleftarrow{\deg}(e) = 1, \quad \overrightarrow{\deg}(e) = 1, \quad \deg(e) = 2$$

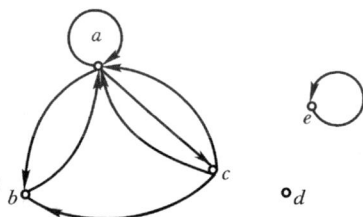

图 8.11

例 8.4　在图8.12所示的无向图中：

$$\deg(a) = 5, \quad \deg(b) = 3$$

$$\deg(c) = 1, \quad \deg(d) = 3$$

若某结点的度数为奇数，称此结点为**奇结点**；若结点的度数为偶数，则称此结点为**偶结点**；称度数为1的结点为**悬挂点**，与悬挂点关联的边称为**悬挂边**。

定理 8.1　设 $G = (V, E)$ 是 (n, m) 无向图，则

$$\sum_{i=1}^{n} \deg(v_i) = 2m。$$

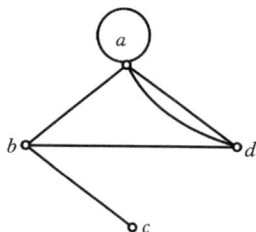

图 8.12

证　因为图 G 中的每一条边都与两个结点相关联，所以每条边都能给 G 中结点的度数添加2，而 G 中共有 m 条边，故 G 中所有结点的度数之和为 $2m$，即 $\sum_{i=1}^{n} \deg(v_i) = 2m$。　∎

定理 8.2　设 $G = (V, E)$ 是 (n, m) 有向图，则

$$\sum_{i=1}^{n} \overleftarrow{\deg}(v_i) = \sum_{i=1}^{n} \overrightarrow{\deg}(v_i) = m$$

证　对于有向图，每条有向边都对应着一个入度和一个出度。若一个结点具有一个出度（或入度），则它必关联一条有向边，并通过此有向边与另一结点相邻，且为此结点提供一入度（或出度）。所以在任何有向图中，入度之和等于出度之和，并等于边数，即：

$$\sum_{i=1}^{n} \overleftarrow{\deg}(v_i) = \sum_{i=1}^{n} \overrightarrow{\deg}(v_i) = m$$　∎

定理 8.3　设 $G = (V, E)$ 是无向图，则奇结点的个数为偶数。

证　设图中有 n 个结点，其中奇结点的个数为 n_1，偶结点的个数为 n_2，则

$$\sum_{i=1}^{n} \deg(v_i) = \sum_{i=1}^{n_1} \deg(v_i) + \sum_{i=1}^{n_2} \deg(v_i)$$

由于 $\sum\limits_{i=1}^{n_2}\deg(v_i)$ 中每项都为偶数,故和为偶数;又因为 $\sum\limits_{i=1}^{n}\deg(v_i)=2m$ 为偶数, 所以 $\sum\limits_{i=1}^{n_1}\deg(v_i)$ 为偶数;而组成此和的每一单项为奇数,故 n_1 必为偶数。　■

由上面的定理,可以得到一个有趣的说法:在一次集会上,同奇数个人握手的人的个数为偶数。原因是:如果用结点表示人,用边表示相互握手的两人,便可得到一个图,这个图表达了参加集会的人彼此之间握手打招呼的情况,于是直接运用定理 8.2 即可知结论成立。

8.2.4　图的同构

在代数系统中我们研究了同构这一概念,从而得知:两个代数系统同构标志着它们在结构上是没有什么差别的,同构这个概念在图论中同样适用。

我们知道,一个图可以用它的图示来描述,对于图示,我们最关心的是结点的个数、边的条数以及结点与边之间的相互联系,而对于结点的大小、边的长短、形状、标记等我们都没有作限制。观察图 8.13 所示的四个图示:

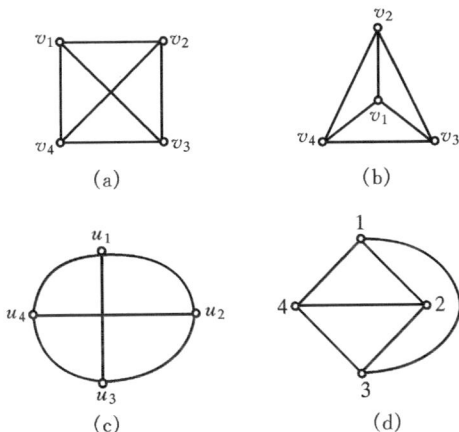

图 8.13

图 8.13 中的四个图示,表面形状虽然不同,但这四个图示反映的结点的个数、边的条数以及结点与边间的联系是相同的。若将(b)中的边 (v_1,v_3) 拉长(如图 8.14 所示),即可发现(b)与(a)是同一个图;(c)只是将(a)中的结点换了一个名字而已;而(d)也只是将(a)中的结点名字换了一下且改变了边 (v_1,v_3) 的位置。所以,图 8.13 中的

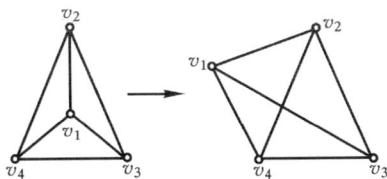

图 8.14

四个图示所反映问题的实质是一样的,因此我们将它们看作是同构的。

定义 8.9　设 $G = (V, E)$ 和 $G' = (V', E')$ 是两个简单无向图,若存在从 V 到 V' 的双射函数 h,使得 $e = \{v_i, v_j\} \in E$ 当且仅当 $e' = \{h(v_i), h(v_j)\} \in E'$,则称图 G 与图 G' 同样。

例 8.5　下面的两个图是同构的

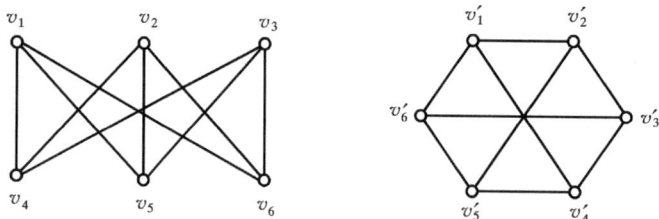

图 8.15

代函数 $h: V \to V'$

$$h(v_1) = v'_1, \quad h(v_2) = v'_3, \quad h(v_3) = v'_5$$
$$h(v_4) = v'_2, \quad h(v_5) = v'_6, \quad h(v_6) = v'_4$$

由双射函数的定义知 h 是双射函数。

$$h: \quad \{v_1, v_4\} \to \{v'_1, v'_2\}$$
$$\{v_1, v_5\} \to \{v'_1, v'_6\}$$
$$\{v_1, v_6\} \to \{v'_1, v'_4\}$$
$$\{v_2, v_4\} \to \{v'_3, v'_2\}$$
$$\{v_2, v_5\} \to \{v'_3, v'_6\}$$
$$\{v_2, v_6\} \to \{v'_3, v'_4\}$$
$$\{v_3, v_4\} \to \{v'_5, v'_2\}$$
$$\{v_3, v_5\} \to \{v'_5, v'_6\}$$
$$\{v_3, v_6\} \to \{v'_5, v'_4\}$$

由定义 8.9 知这两个图同构。

由上面的讨论我们不难看出,若两个图同构,则它们必须满足:

(1) 结点个数相等;

(2) 边数相等;

(3) 度数相同的结点个数相等。

然而,上面的三个条件只是两个图同构的必要条件,并不是充分条件,如:

图 8.16 中(a),(b) 两个图示满足上述三个条件,但由于(a) 中度为 3 的结点 v_1 与两个度为 1 的结点 v_2 和 v_3 相邻,而在(b) 中度为 3 的结点 u_1 只与一个度为 1 的

结点 u_2 相邻,故(a),(b) 不同构。

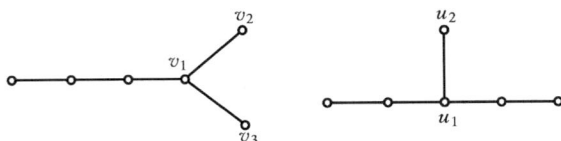

图 8.16

容易看出:图的同构关系是一个等价关系。对于图,我们感兴趣的问题是边与点的连接关系,所以在画图示时有时略去点的标号。有了同构的概念后,我们可以把一个无标号的图看作是同构图的等价类代表。

定义 8.10 设 $G = (V,E)$ 和 $G' = (V',E')$ 是两个简单有和图,若存在从 V 到 V' 的双射函数 h,使得 $e = (v_i,v_j) \in E$ 当且仅当 $e' = (h(v_i),h(v_j)) \in E'$,则称图 G 与图 G' 同构。

8.3 路与圈

8.3.1 基本概念

定义 8.11 设 $G = (V,E)$ 为图,W 是 G 的有限非空点边交错序列

$$W = v_0 e_1 v_1 e_2 v_2 \cdots e_k v_k$$

称 W 为 G 的一条从 v_0 到 v_k 的**途径**,称 v_0 为途径的起点,v_k 为途径的终点,k 为途径的**长度**。

定义 8.12 在途径 W 中,若 $v_0 \neq v_k$,则称 W 是从 v_0 到 v_k 的一条**路**;若 $v_0 = v_k$,则称 W 是**圈**。

需要说明的是:在实际应用中,为方便起见,常把途径表示成边列或点列,如

$$W = (e_1,e_2,\cdots,e_k) = ((v_0,v_1),(v_1,v_2),\cdots,(v_{k-1},v_k))$$

$$W = (v_0,v_1,v_2,\cdots,v_k)$$

例 8.6 在图8.17 中由结点 1 到结点 3 的路有:

$P_1 : (1,2,3)$

$P_2 : (1,4,3)$

$P_3 : (1,2,4,3)$

$P_4 : (1,2,4,1,2,3)$

$P_5 : (1,2,4,1,4,3)$

$P_6 : (1,1,2,3)$

$\vdots$

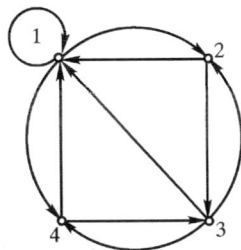

图 8.17

在图 8.17 中，由结点 1 到 1 的圈有：

$C_1:(1,1)$，　$C_2:(1,2,1)$，　$C_3:(1,2,3,1)$，　$C_4:(1,4,3,1)$，

$C_5:(1,2,3,2,1)$，　$C_6:(1,2,3,2,3,1)$，…

定义 8.13　无重复边的路称为**简单路**，无重复边的圈称为**简单圈**；无重复点的路称为**初级路**，无重复点的圈称为**初级圈**。

在例 8.6 中，P_1，P_2，P_3 是初级路，P_5，P_6 是简单路，P_4 既非初级路又非简单路，C_1，C_2，C_3，C_4 是初级圈，C_5 是简单圈，C_6 既非初级圈又非简单圈。

由上述定义可知：一条初级路（圈）必定是简单路（圈），反之不然。而且，对于给定的一条从 u 到 v 的路 P，必可以找到一条从 u 到 v 的初级路 P'，方法是删去 P 中所有的圈。按照同样的办法，对于给定的圈只要删去其中所有的"小圈"，即可得到一初级圈。

路的概念可以用来描述很多东西。

例 8.7　(1) 在 Pascal 语言中，一个复合语句以 BEGIN 开始，以 END 结束，其中若干个语句用分号隔开。所以，执行一个 Pascal 语言中的复合语句可以认为是图 8.18(a) 中从 BEGIN 开始到 END 结束的一条路。

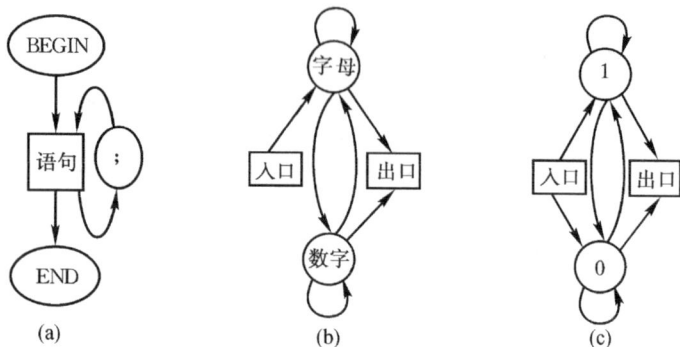

图 8.18

(2) Pascal 语言中的"标识符"可以认为是图 8.18(b) 中从"入口"到"出口"的一条路。

(3) 一个二进制数可以认为是图 8.18(c) 中从"入口"到"出口"的一条路。

关于初级路及初级圈的长度有如下定理：

定理 8.4　设 $G=(V,E)$ 为一简单图，$|V|=n$，则

(1) G 中任一初级路的长度不超过 $n-1$；

(2) G 中任一初级圈的长度不超过 n。

证　(1) 首先，在任一初级路中，各结点都是不相同的；其次，在长度为 k 的初

级路中,不同结点的个数必然为 $k+1$。由于图 G 中有 n 个不同的结点,所以 G 中任一初级路的长度不会超过 $n-1$。

(2) 对于长度为 k 的初级圈,不同的结点数目也为 k,而图 G 中仅有 n 个不同的结点,故初级圈的长度不超过 n。∎

利用路的概念可以解决一些有趣的问题。例如,在 8.1 节中人、狼、羊、菜安全过河的问题就是求一条从(人、狼、羊、菜)状态到(空)状态的路径,而且为了使渡河花的时间为最少,要求所求的路径是一条初级路。这里,我们再举一个分油问题的例子。

例 8.8 有三个油桶 a,b,c,分别可装 8 斤、5 斤、3 斤油。假设 a 桶已装满了油,在没有其他度量工具的情况下,如何将油平分?

首先,由于没有其他工具,只能利用这三只油桶来回倾倒而达到分油的目的,为了分得准确,规定倒油时必须将油桶倒满或倒空。

其次,我们用 (b,c) 表示 b,c 两个桶中装油的各种可能状态,由于 $b \leqslant 5, c \geqslant 3$,故 (b,c) 共有 24 种不同的状态。每一种状态用一结点表示,两结点间有边相连当且仅当这两种状态可通过倒油的方法互相转换。规定起始状态为 $(0,0)$,终结状态为 $(4,0)$,其他则为中间状态。同时,为了尽快将油分好,要求中间状态不重复出现。这样,分油问题就转化为:在 24 个形如 (b,c) 结点的图中,寻找由 $(0,0)$ 到 $(4,0)$ 的初级路。

这样的初级路有两条,如图 8.19 中的(a),(b) 所示。(a),(b) 可合并为(c)。

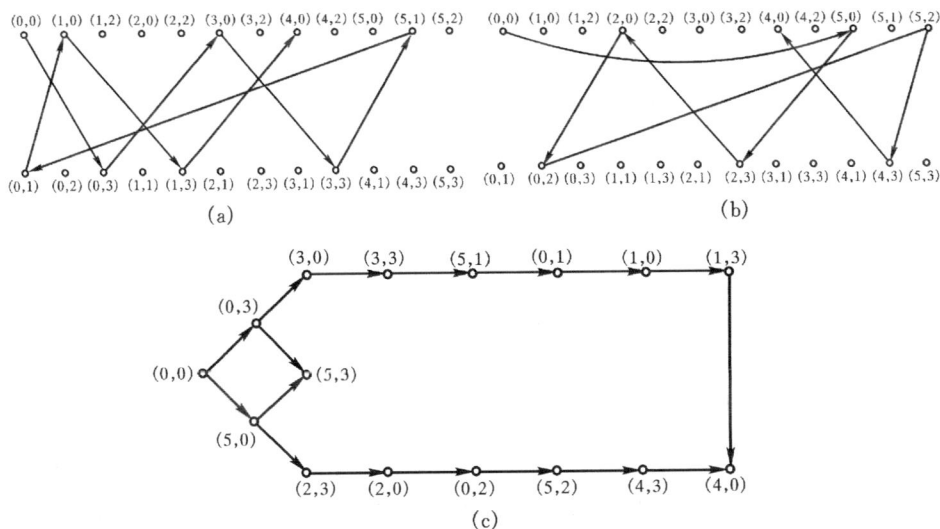

图 8.19

8.3.2 可达性

有了路的概念后,我们就可以讨论图中的可达性问题。

定义 8.14 设 $G = (V, E)$ 是图,任取 $u, v \in V$,如果 G 中存在一条从 u 到 v 的路,则称 u **可达** v。

这里,我们规定 u 到自己总是可达的。

在无向图中,可达的概念是对称的,即:若 u 可达 v,则 v 亦可达 u,所以 "u 可达 v" 与 "u, v 相互可达" 的说法是一致的。而在有向图中,u 可达 v 却不一定能保证 v 可达 u,所以对 u, v 相互可达要作如下解释:

$$u, v \text{ 相互可达} \Leftrightarrow u \text{ 可达 } v \wedge v \text{ 可达 } u$$

一般来讲,当从 u 可达 v 时,它们之间不一定只有一条路,可能会有好几条路,我们称从 u 到 v 所有路中长度最短的那一条为**短程线**,并将短程线的长度叫做从 u 到 v 的**距离**,用 $d(u, v)$ 表示。我们规定:

(1) $d(u, u) = 0$;

(2) 若 u 到 v 不可达,则 $d(u, v) = \infty$。

需要说明的是:短程线不一定是唯一的。如图 8.20 所示,从 v_1 到 v_3 的短程线有三条,$d(v_1, v_3) = 2$;而由 v_3 到 v_1 的短程线只有一条,且 $d(v_3, v_1) = 1$。同时,按照通常的理解,距离应具有下列性质:

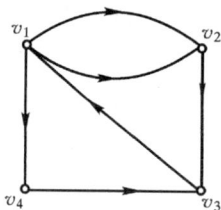

图 8.20

(1) $d(u, v) \geqslant 0$ (非负性);

(2) $d(u, v) = d(v, u)$ (对称性);

(3) $d(u, v) + d(v, w) \geqslant d(u, w)$ (三角不等式)。

对无向图,上述性质依然成立;然而对有向图来说,第二条性质是不成立的。

下面,我们借助于可达的概念来讨论图的连通性。

8.3.3 图的连通性

先讨论无向图的情况。

定义 8.15 设 $G = (V, E)$ 是无向图,如果 G 中任意两结点间均可达,则称图 G 是**连通的**,否则称图 G 是**非连通的**。

如图 8.21 所示,G_1 是连通的,我们称 G_1 为**连通图**,而 G_2 是不连通的,我们称 G_2 为**非连通图**。

由于无向图中的可达性是自反的、对称的和传递的,所以可达性建立了图中结点集合上的一种等价关系,从而确定了结点集合上的一个划分,每一个划分块都是给定图的一个连通子图,而且在每一个划分块中结点间的可达性已达到极大限度。下面我们给这样的极大连通子图一专有名称。

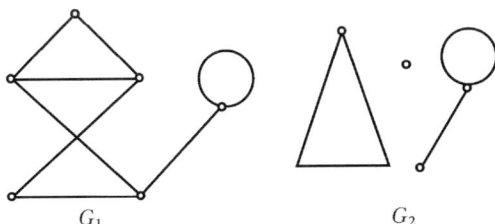

图 8.21

定义 8.16　设 $G = (V, E)$ 为无向图，G 的一个极大连通子图称为 G 的一个**连通支**。

由连通支的概念可知：图 G 中的每一个结点及每一条边，必处于且也只能处于某个连通支中；如图 G 是连通的，必须且只须 G 的连通支数为 1。如在图 8.21 中，G_1 的连通支数为 1，故 G_1 是连通图，而 G_2 有三个连通支。

对于有向图，由于其可达性不具有对称的性质，所以有向图连通性的概念相对于无向图要复杂一些。

定义 8.17　设 $G = (V, E)$ 为有向图，若 G 中任意两结点间都是相互可达的，则称 G 是强连通的；若 G 中任意两结点间至少有一结点可到达另一结点，则称 G 是**单向连通**的；若略去边的方向后，G 的无向图是连通的，则称 G 是**弱连通**的。

例 8.9　在图 8.22 中，(a) 是强连通的；(b) 是单向连通的；(c) 是弱连通的。

强连通的　　　单向连通的　　　弱连通的
图 8.22

由上述定义可知：若图 G 是强连通的，则必为单向连通；若图 G 是单向连通的，则必为弱连通的；反之不然。

定义 8.18　设 $G = (V, E)$ 是简单有向图，称 G 的极大的强连通子图为 G 的**强连通支**；称 G 的极大的单向连通子图为 G 的一个**单向连通支**；称 G 的一个极大的弱连通子图为 G 的一个**弱连通支**。

例 8.10　在图 8.23 中，

有三个强连通支，它们是

$$G_1 = (\{1, 2, 3\}, \{(1, 3), (3, 2), (2, 1)\})$$

$$G_2 = (\{4, 5\}, \{(4, 5), (5, 4)\})$$

$$G_3 = (\{6\}, \varnothing)$$

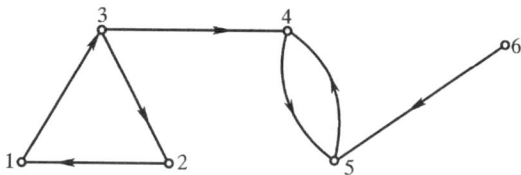

图 8.23

有两个单向连通支,它们是

$G_4 = (\{1,2,3,4,5\},\{(1,3),(3,2),(2,1),(3,4),(4,5),(5,4)\})$

$G_5 = (\{4,5,6\},\{(4,5),(5,4),(6,5)\})$

有一个弱连通支为

$G_6 = (\{1,2,3,4,5,6\},\{(1,3),(3,2),(2,1),\cdots,(6,5)\})$

值得注意的是:有向图中的强连通性及弱连通性建立了 G 中结点集合 V 上的等价关系,所以它们都构成了 V 上的一个划分,每一个连通支就是一个"划分块",但是这两种划分是有差别的。对弱连通,它不仅建立了结点集上的划分,而且还建立了边集上的划分。设 $G_1,G_2,\cdots,G_k$ 为 G 的所有弱连通支,则有:

$$V(G_1) \bigcup V(G_2) \bigcup \cdots \bigcup V(G_k) = V(G)$$

$$E(G_1) \bigcup E(G_2) \bigcup \cdots \bigcup E(G_k) = E(G)$$

当 $i \neq j$ 时,有

$$V(G_i) \bigcap V(G_j) = \varnothing, \quad E(G_i) \bigcap E(G_j) = \varnothing \qquad (8.1)$$

但对强连通来说,它只能建立结点集合上的划分,而不能建立边集上的划分。即:设 $G_1,G_2,\cdots,G_k$ 为 G 的强连通支,则:

$$V(G_1) \bigcup V(G_2) \bigcup \cdots \bigcup V(G_k) = V(G)$$

$$E(G_1) \bigcup E(G_2) \bigcup \cdots \bigcup E(G_k) \subseteq E(G)$$

当 $i \neq j$ 时,有

$$V(G_i) \bigcap V(G_j) = \varnothing$$

如在图 8.23 中,边 $(3,4)$ 和 $(6,5)$ 不属于 G_1,G_2,G_3 中的任何一个连通支。

对于单向连通性,由于单向可达不具有对称性,所以这种关系并不是 G 上的等价关系,从而单向连通支就不是由某种等价关系确定的划分,所以在单向连通支 G_i,G_j 中,未必存在(8.1)式所示的关系。如在图 8.23 中,有两个单向连通支 G_4 及 G_5,而

$$V(G_4) \bigcap V(G_5) = \{4,5\}$$

$$E(G_4) \bigcap E(G_5) = \{(4,5),(5,4)\}$$

基于上述分析,我们有如下定理:

定理 8.5 在简单有向图 $G = (V,E)$ 中,

(1) 每一个结点及每一条边恰在一个弱连通支中;

（2）每一个结点恰在一个强连通支中；

（3）每一个结点、每一条边至少属于一个单向连通支。

下面我们介绍两个在计算机科学中应用图的连通性的例子。

例 8.11 在多道程序的计算机系统中,在同一时间内几个程序要穿插进行,在各个程序运行的过程中需要动态地申请一些资源(如 CPU、内存、外存、输入输出设备、编译程序等),有时就可能出现冲突。如程序 A 占有资源 R_1,要申请资源 R_2;而程序 B 占有资源 R_2 要申请资源 R_1,这时两个程序都无法进行工作,这种情况被称为"死锁"状态。我们可以用有向图模拟资源的分配以及产生死锁的特征,从而有利于死锁的测定与纠正。

资源分配图 G 是一个有向图,它表达了时刻 t 系统中程序申请资源的分配状态。在图 G 中结点表示系统的资源,当程序 P_k 占有资源 R_i 而要申请资源 R_j 时,则从结点 R_i 到 R_j 用一条有向边相连,从而构成了 G 的边集。

设 $R = \{R_1, R_2, R_3, R_4\}$ 为时刻 t 的资源集合,$P = \{P_1, P_2, P_3, P_4\}$ 为时刻 t 运行的程序集合。

资源的分配状况如下：

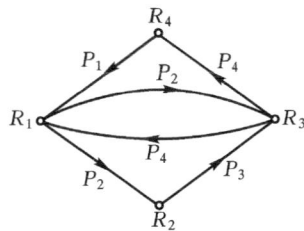

图 8.24

P_1 占有资源 R_4 要申请资源 R_1;

P_2 占有资源 R_1 要申请资源 R_2 及 R_3;

P_3 占有资源 R_2 要申请资源 R_3;

P_4 占有资源 R_3 要申请资源 R_1 及 R_4。

它们的资源分配图如图 8.24 所示。

由于时刻 t 系统产生死锁等价于 G 中含有强连通支,而在上面的例子中,图 8.24 表示的有向图是强连通的,所以必然产生死锁现象。

例 8.12 在程序运行中,计算机系统需要弄清一个过程是否递归。但在多个过程调用中,其递归性往往不太明显。这里,我们可以用有向图来刻划过程间的调用关系,并用有向图的特性来表示某过程的递归调用。

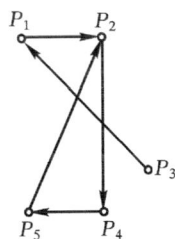

图 8.25

我们用结点表示一个过程,如果过程 P_i 调用过程 P_j,则用一条自结点 P_i 到结点 P_j 的有向边表示,这样便可用一有向图描述过程间的调用关系。

设过程集合为 $P = \{P_1, P_2, P_3, P_4, P_5\}$,它们间的调用关系如下：$P_3$ 调用 P_1,P_1 调用 P_2,P_2 调用 P_4,P_3 调用 P_1,P_4 调用 P_5,P_5 调用 P_2。反映过程间调用关系的有向图如图 8.25 所示。

可以看出过程递归调用等价于 G 中含有强连通支,由图 8.25 和强连通支的定义可知：$(\{P_2, P_4, P_5\}, \{(P_2, P_4), (P_4, P_5), (P_5, P_2)\})$ 是强连通支,所以,P_2, P_4, P_5 是递归调用的。

8.4　图的矩阵表示

怎样把一个图存储起来,以便在计算机中处理,这是人们十分关注的一个问题。比较简便的方法是将图用一个矩阵表示出来,而矩阵在计算机里用一个二维数组就可以表示清楚,这样图的存储问题也就解决了。这里,我们主要介绍简单有向图的矩阵表示。

8.4.1　邻接矩阵

定义 8.19　设 $G = (V,E)$ 是简单有向图,$V = \{v_1, v_2, \cdots, v_n\}$ 被强行命名,称 n 阶方阵 $\boldsymbol{A} = (a_{ij})_{n \times n}$ 为 G 的**邻接矩阵**。其中

$$a_{ij} = \begin{cases} 1, & (v_i, v_j) \in E \\ 0, & (v_i, v_j) \notin E \end{cases}$$

定义中的强行命名是指给 V 中的各结点从 v_1 到 v_n 确定一个排队的次序。

例 8.13　G 的图示如图 8.26 所示。将 V 强行命名为 $V = \{v_1, v_2, v_3, v_4\}$,则 G 的邻接矩阵为

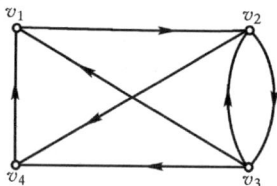

图 8.26

$$\boldsymbol{A} = \begin{array}{c} \\ v_1 \\ v_2 \\ v_3 \\ v_4 \end{array} \begin{array}{c} \begin{array}{cccc} v_1 & v_2 & v_3 & v_4 \end{array} \\ \left[\begin{array}{cccc} 0 & 1 & 0 & 0 \\ 0 & 0 & 1 & 1 \\ 1 & 1 & 0 & 1 \\ 1 & 0 & 0 & 0 \end{array} \right] \end{array}$$

由邻接矩阵的定义,我们不难看出它主对角线上的元素全部为零。

对于一个简单有向图,在其结点被强行命名之后,一个图的邻接矩阵完整地刻划了图中各结点间的邻接关系。也就是说:对于一个给定的图,我们能用一个主对角线全为零的方阵将结点间的邻接关系反映出来;反之,对于一个对角线全为零的、元素为 0 或 1 的方阵,我们可以将其表示成一个图。

不过,当结点的次序发生变化时,那么同一个图的邻接矩阵也会随着变化。比如,在上面的例子中若将 V 强行命名为 $V = \{v_3, v_2, v_1, v_4\}$,则它相应的邻接矩阵为

$$\boldsymbol{A} = \begin{array}{c} \\ v_3 \\ v_2 \\ v_1 \\ v_4 \end{array} \begin{array}{c} \begin{array}{cccc} v_3 & v_2 & v_1 & v_4 \end{array} \\ \left[\begin{array}{cccc} 0 & 1 & 1 & 1 \\ 1 & 0 & 0 & 1 \\ 0 & 1 & 0 & 0 \\ 0 & 0 & 1 & 0 \end{array} \right] \end{array}$$

可以看到,这种变化仅是相应的行与列的顺序进行了对调。所以,对于一个 (n, m) 图可以用 $n!$ 个不同的邻接矩阵来表示此图,由此可以看到,定义中对结点的强行命名是十分重要的。

所谓两个图同构,由定义 8.8 可知:是指两个图中结点与边之间的联系是相同的,即结点间的邻接关系相同。因此,若图 G_1 与 G_2 同构,则它们相对应的邻接矩阵 $\boldsymbol{A}(G_1)$ 与 $\boldsymbol{A}(G_2)$ 或者相同,或者其中的一个通过行与列的交换能转换成另一个。

一个图若是零图,则相应的邻接矩阵的元素全为零;一个图若是完全图,则它的邻接矩阵除主对角线上的元素为零外,其余元素均为 1;一个图若是对称的,则它的邻接矩阵按主对角线对称,即 $\boldsymbol{A} = \boldsymbol{A}^{\mathrm{T}}$。

对于图中各结点的入度和出度,也容易通过邻接矩阵求得

$$\overleftarrow{\deg}(v_i) = \sum_{k=1}^{n} a_{ik}$$

$$\overrightarrow{\deg}(v_i) = \sum_{k=1}^{n} a_{ki}$$

$$\deg(v_i) = \sum_{k=1}^{n} (a_{ik} + a_{ki})$$

更值得我们注意的是:当一个图用它的邻接矩阵表示后,相当于将一个关系问题转化为一个数量问题,从而可以通过邻接矩阵的某些运算反映出图的一些性质。

先观察 $\boldsymbol{AA}^{\mathrm{T}}$ 及 $\boldsymbol{A}^{\mathrm{T}}\boldsymbol{A}$ 中元素的含义:

令 $\boldsymbol{B} = \boldsymbol{AA}^{\mathrm{T}}$,则 $b_{ij} = \sum_{k=1}^{n} a_{ik} \cdot a_{kj}^{\mathrm{T}} = \sum_{k=1}^{n} a_{ik} \cdot a_{jk}$;若 $b_{ij} = 1$,则表示存在一个结点 v_{k_0},使从 v_i 及 v_j 发出的边都终止于它;同理,若 $b_{ij} = 2$,则表示存在两个结点,使从 v_i 及 v_j 发出的边都终止于它们;因此,b_{ij} 的值表示了从 v_i 和 v_j 发出的边终止于同一结点的结点数目。特别当 $i = j$ 时,B 的主对角线上的元素值表示了结点 v_i 的出度,即

$$b_{ii} = \sum_{k=1}^{n} a_{ik} \cdot a_{ik} = \sum_{k=1}^{n} a_{ik} = \overleftarrow{\deg}(v_i)$$

按照同样的道理,令 $\boldsymbol{B} = \boldsymbol{A}^{\mathrm{T}}\boldsymbol{A}$,则 $b_{ij} = \sum_{k=1}^{n} a_{ik}^{\mathrm{T}} \cdot a_{kj} = \sum_{k=1}^{n} a_{ki} \cdot a_{kj}$,所以 b_{ij} 的值表示存在着这些数量的结点使它们发出的边同时终止于 v_i 及 v_j。特别当 $i = j$ 时,B 的主对角线上的元素的值表示了结点的入度,即

$$b_{ii} = \sum_{k=1}^{n} a_{ki} \cdot a_{ki} = \sum_{k=1}^{n} a_{ki} = \overrightarrow{\deg}(v_i)$$

再看 $\boldsymbol{A}^n$ 中的元素:

当 $n=1$ 时,$\boldsymbol{A}^1=(a_{ij}^1)_{n \times n}$,$a_{ij}=1$ 表示存在一条边 (v_i,v_j),即从 v_i 到 v_j 存在一条长度为 1 的路。

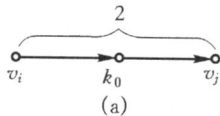

当 $n=2$ 时,$\boldsymbol{A}^2=(a_{ij}^2)_{n \times n}$,$a_{ij}^2=\sum\limits_{k=1}^{n}a_{ik} \cdot a_{kj}$,由于

$$a_{ij}^2=1 \Leftrightarrow (\exists k_0)(a_{ik_0}=1 \wedge a_{k_0j}=1)$$

由 $a_{ik_0}=1$ 及 $a_{k_0j}=1$ 知:存在边 (v_i,v_{k_0}) 和 (v_{k_0},v_j),即存在一条从 v_i 到 v_j 的长度为 2 的路(如图 8.27(a) 所示)。由于

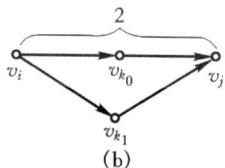

$$a_{ij}^2=2 \Leftrightarrow (\exists k_0,k_1)((a_{ik_0}=1 \wedge a_{k_0j}=1 \wedge a_{ik_1}=1 \wedge a_{k_1j}=1)$$

由 $a_{ik_0}=1,a_{k_0j}=1,a_{ik_1}=1,a_{k_1j}=1$ 知:存在边 (v_i,v_{k_0}),(v_{k_0},v_j),(v_i,v_{k_1}),(v_{k_1},v_j),从而存在两条由 v_i 到 v_j 的长度为 2 的路(如图 8.27(b) 所示)。

因此得知 a_{ij}^2 表示由 v_i 到 v_j 长度为 2 的不同路的总数;而 a_{ii}^2 则表示经过 v_i 的长度为 2 的圈数。特别,若 $a_{ij}^2=0$,表示从 v_i 到 v_j 没有长度为 2 的路。

一般地,

$$\boldsymbol{A}^{l+1}=(a_{ij}^{l+1})_{n \times n}$$

$$a_{ij}^{l+1}=\sum_{k=1}^{n}a_{ik}^l \cdot a_{kj}^1$$

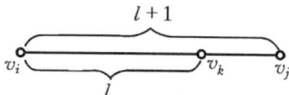

a_{ij}^{l+1} 表示从 v_i 到 v_j 的长度为 $l+1$ 的路的总数。

运用数学归纳法,很容易得到下面结论:

定理 8.6 设 G 为简单有向图,$\boldsymbol{A}$ 是它的邻接矩阵,则 a_{ij}^m 是由 v_i 到 v_j 的长度为 m 的路的条数。

对图 8.26 中所举的例子,有

$$\boldsymbol{A}=\begin{pmatrix} 0 & 1 & 0 & 0 \\ 0 & 0 & 1 & 1 \\ 1 & 1 & 0 & 1 \\ 1 & 0 & 0 & 0 \end{pmatrix} \quad \boldsymbol{A}^2=\begin{pmatrix} 0 & 0 & 1 & 1 \\ 2 & 1 & 0 & 1 \\ 1 & 1 & 1 & 1 \\ 0 & 1 & 0 & 0 \end{pmatrix}$$

$$\boldsymbol{A}^3=\begin{pmatrix} 2 & 1 & 0 & 1 \\ 1 & 2 & 1 & 1 \\ 2 & 2 & 1 & 2 \\ 0 & 0 & 1 & 1 \end{pmatrix} \quad \boldsymbol{A}^4=\begin{pmatrix} 1 & 2 & 1 & 1 \\ 2 & 2 & 2 & 3 \\ 3 & 3 & 2 & 3 \\ 2 & 1 & 0 & 1 \end{pmatrix}$$

观察上面四个矩阵中的元素 $a_{24},a_{24}^2,a_{24}^3,a_{24}^4$:

$a_{24}=1$ 表示由 v_2 到 v_4 长度 1 的路只有一条;

$a_{24}^2 = 1$ 表示由 v_2 到 v_4 长度为 2 的路也只有一条,它是 (v_2 , v_3 , v_4);

$a_{24}^3 = 1$ 表示由 v_2 到 v_4 长度为 3 的路仍然只有一条,它是 (v_2 , v_3 , v_2 , v_4);

$a_{24}^4 = 3$ 表示由 v_2 到 v_4 长度为 4 的路共有三条,它们是 $(v_2 , v_3 , v_2 , v_3 , v_4)$, $(v_2 , v_3 , v_1 , v_2 , v_4)$, $(v_2 , v_4 , v_1 , v_2 , v_4)$。

需要说明的是:这里所说的路和圈都未必是简单路和简单圈。

8.4.2　可达矩阵

由定理 8.4 知:在一个 (n, m) 图中,任一初级路的长度小于等于 $n-1$,任一初级圈的长度小于等于 n。而且,若从 v_i 到 v_j 有路,则从 v_i 到 v_j 必有一条初级路;相应地,若从 v_i 到 v_j 有圈,则必有一条长度不超过 n 的初级圈。为此,我们观察矩阵

$$B = A + A^2 + A^3 + \cdots + A^n$$

此时,矩阵 B 的元素 b_{ij} 给出了由 v_i 到 v_j 的所有长度从 1 到 n 的路的总条数。例如在例 8.13 中,

$$B = A + A^2 + A^3 + A^4 = \begin{pmatrix} 3 & 4 & 2 & 3 \\ 5 & 5 & 4 & 6 \\ 7 & 7 & 4 & 7 \\ 3 & 2 & 1 & 2 \end{pmatrix}$$

其中,说明从结点 v_2 到结点 v_4 共有六条路。但实际上,我们所关心的是从 v_i 到 v_j 是否有路可通,至于路的长度与有多少条路的问题,常常不是最为关注的。为此,我们将矩阵 B 进行适当的改造,并用下面定义的矩阵 R 来描述图 G 的各结点间的可达性。

定义 8.20　设 $G = (V, E)$ 是简单有向图,$V = \{v_1, v_2, \cdots, v_n\}$ 被强行命名,n 阶方阵称 $R = (r_{ij})_{n \times n}$ 为图 G 的**可达矩阵**,其中

$$r_{ij} = \begin{cases} 1, & v_i \text{ 到 } v_j \text{ 可达} \\ 0, & v_i \text{ 到 } v_j \text{ 不可达} \end{cases}$$

特别是

$$r_{ii} = \begin{cases} 1, & v_i \text{ 到 } v_i \text{ 有圈} \\ 0, & v_i \text{ 到 } v_i \text{ 无圈} \end{cases}$$

定义中关于 r_{ii} 的说明是必要的,因为在前面谈及结点间的可达性时已约定 v_i 到 v_i 总是可达的,于是总有 $r_{ii} = 1$,这样对判断图中是否有圈不利。有了上面的限制后,当 $r_{ii} = 1$ 时,表示 G 中确实至少有一条通过 v_i 的有向圈。

尽管可达矩阵不能像邻接矩阵那样完整地刻画出图的全部性质,而只是反映了图中各结点间的可达性及是否有圈存在,我们仍然关心如何去求一个给定图的可达矩阵。一个最简单的方法是:先求出图 G 的邻接矩阵 A,然后求 $A^2, A^3, A^4, \cdots, A^n$,由此得到矩阵 B,再由 B 确定 R。如在例 8.13 中,由 B 可得所给图的可

达矩阵为

$$\boldsymbol{R} = \begin{pmatrix} 1 & 1 & 1 & 1 \\ 1 & 1 & 1 & 1 \\ 1 & 1 & 1 & 1 \\ 1 & 1 & 1 & 1 \end{pmatrix}$$

上述方法显然是做了许多不必要的计算,考虑到可达矩阵是一个布尔矩阵,所以首先将上面矩阵运算中的算术加法与算术乘法换成布尔加与布尔乘,此时

$$a_{ij}^{(l+1)} = \bigvee_{k=1}^{n} (a_{ik}^{(l)} \wedge a_{kj})$$

其中

∨	0	1
0	0	1
1	1	1

∧	0	1
0	0	0
1	0	1

于是

$$\boldsymbol{R} = \boldsymbol{A} \vee \boldsymbol{A}^{(2)} \vee \boldsymbol{A}^{(3)} \vee \cdots \vee \boldsymbol{A}^{(n)}$$

例 8.14　给定图 $G = (V, E)$(如图 8.29 所示)。

将 V 强行命名为 $V = \{v_1, v_2, v_3, v_4\}$,则 G 的邻接矩阵为

$$\boldsymbol{A} = \begin{pmatrix} 0 & 0 & 0 & 1 \\ 1 & 0 & 1 & 1 \\ 0 & 0 & 0 & 0 \\ 0 & 1 & 1 & 0 \end{pmatrix}$$

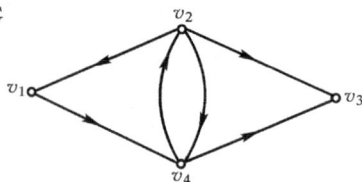

图 8.29

同时有

$$\boldsymbol{A}^{(2)} = \begin{pmatrix} 0 & 1 & 1 & 0 \\ 0 & 1 & 1 & 1 \\ 0 & 0 & 0 & 0 \\ 1 & 0 & 1 & 1 \end{pmatrix}, \quad \boldsymbol{A}^{(3)} = \begin{pmatrix} 1 & 0 & 1 & 1 \\ 1 & 1 & 1 & 1 \\ 0 & 0 & 0 & 0 \\ 0 & 1 & 1 & 1 \end{pmatrix}, \quad \boldsymbol{A}^{(4)} = \begin{pmatrix} 1 & 0 & 1 & 1 \\ 1 & 1 & 1 & 1 \\ 0 & 0 & 0 & 0 \\ 1 & 1 & 1 & 1 \end{pmatrix}$$

所以,G 的可达矩阵为

$$\boldsymbol{R} = \begin{pmatrix} 1 & 1 & 1 & 1 \\ 1 & 1 & 1 & 1 \\ 0 & 0 & 0 & 0 \\ 1 & 1 & 1 & 1 \end{pmatrix}$$

上面的办法较前面的求法尽管有了改善,但计算量仍然很大,下面介绍一种计算可达矩阵的更为有效的算法 ——**Warshall 算法**。

给定图 $G = (V,E)$,为了方便起见,将结点 V 强行命名为 $V = \{1,2,3,\cdots,n\}$,Warshall 算法的基本思想是构造一个矩阵序列

$$A = R^{(0)}, R^{(1)}, R^{(2)}, \cdots, R^{(n)} = R$$

这里 $R^{(0)} = A$ 是邻接矩阵,$R = R^{(n)}$ 就是可达矩阵。

No1:由 A 求 $R^{(0)}$。

$$r_{ij}^{(0)} = a_{ij}$$

其中 $r_{ij}^{(0)}$ 为 $R^{(0)}$ 的元素,a_{ij} 为 G 的邻接矩阵 A 的元素。

No2:由 $R^{(0)}$ 求 $R^{(1)}$。

$$r_{ij}^{(1)} := r_{ij}^{(0)} \vee (r_{i1}^{(0)} \wedge r_{1j}^{(0)})$$

其含义是:

(1) 若结点 i 到结点 j 直接有边相连,则 $r_{ij}^{(1)} = 1$;

(2) 若结点 i 到结点 1 有边,而结点 1 到结点 j 亦有边,即结点 i,j 可通过结点 1 相连,则 $r_{ij}^{(1)} = 1$。

No3:由 $R^{(1)}$ 求 $R^{(2)}$。

$$r_{ij}^{(2)} := r_{ij}^{(1)} \vee (r_{i2}^{(1)} \wedge r_{2j}^{(1)})$$

其含义是:

(1) 若 $r_{ij}^{(1)} = 1$,即结点 i,j 之间或直接有边、或通过结点 1 相连时,则 $r_{ij}^{(2)} = 1$;

(2) 若 $r_{i2}^{(1)} = 1$(即结点 i 与结点 2 之间或直接有边、或通过结点 1 相连),$r_{2j}^{(1)} = 1$(即结点 2 与结点 j 之间或直接有边或通过结点 1 相连),则 $r_{ij}^{(2)} = 1$。

由上可知:$r_{ij}^{(2)} = 1 \Leftrightarrow$ 结点 i,j 之间或直接有边或通过结点 1,2 相连。

$$\vdots$$

Nok:由 $R^{(k-1)}$ 求 $R^{(k)}$。

$$r_{ij}^{(k)} := r_{ij}^{(k-1)} \vee (r_{ik}^{(k-1)} \wedge r_{kj}^{(k-1)})$$

其含义是:

$r_{ij}^{(k)} = 1 \Leftrightarrow$ 结点 i,j 之间可以通过结点 1,2,$\cdots,k$ 连接起来。

$$\vdots$$

Non:由 $R^{(n-1)}$ 求 $R^{(n)}$。

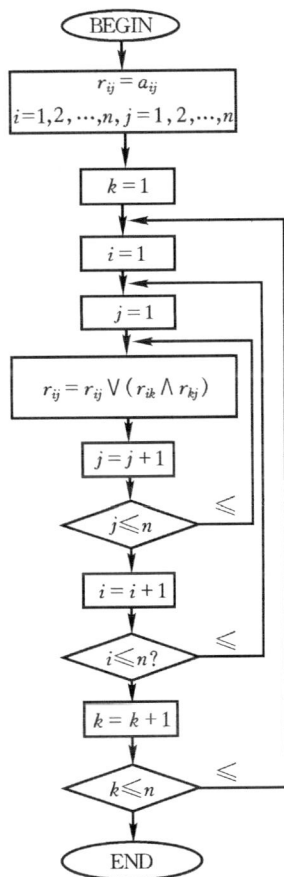

图 8.30

$$r_{ij}^{(n)} := r_{ij}^{(n-1)} \bigvee (r_{in}^{(n-1)} \bigwedge r_{nj}^{(n-1)})$$

其含义是:

$r_{ij}^{(n)} = 1 \Leftrightarrow$ 结点 i,j 之间可以通过不超过 n 的结 点们连接起来。

由上面的分析,可以得到 Warshall 算法如下:

No1 $R = A$

No2 $k = 1$

No3 $i = 1$

No4 $j = 1$

No5 $r_{ij} := r_{ij} \bigvee (r_{ik} \bigwedge r_{kj})$

No6 $j = j+1$; if $j \leqslant n$ then goto No5

No7 $i = i+1$; if $i \leqslant n$ then goto No4

No8 $k = k+1$; if $k \leqslant n$ then goto No3

No9 end

Warshall 算法的框图如图 8.30 所示。

例 8.15 用 Warshall 算法求图 8.31 的可达矩阵。

将 V 强行命名为 $V = \{1,2,3,4\}$,则

$$\boldsymbol{R}^{(0)} = \boldsymbol{A} = \begin{pmatrix} 0 & 1 & 0 & 0 \\ 0 & 0 & 1 & 1 \\ 1 & 1 & 0 & 1 \\ 1 & 0 & 0 & 0 \end{pmatrix}$$

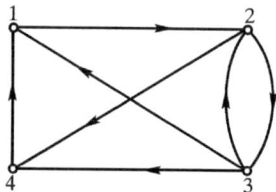

图 8.31

$$\boldsymbol{R}^{(1)} = \begin{pmatrix} 0 & 1 & 0 & 0 \\ 0 & 0 & 1 & 1 \\ 1 & 1 & 0 & 1 \\ 1 & 1 & 0 & 0 \end{pmatrix}$$

$$\boldsymbol{R}^{(2)} = \begin{pmatrix} 0 & 1 & 1 & 1 \\ 0 & 0 & 1 & 1 \\ 1 & 1 & 1 & 1 \\ 1 & 1 & 1 & 1 \end{pmatrix}$$

$$\boldsymbol{R}^{(3)} = \begin{pmatrix} 1 & 1 & 1 & 1 \\ 1 & 1 & 1 & 1 \\ 1 & 1 & 1 & 1 \\ 1 & 1 & 1 & 1 \end{pmatrix}$$

$$R^{(4)} = \begin{pmatrix} 1 & 1 & 1 & 1 \\ 1 & 1 & 1 & 1 \\ 1 & 1 & 1 & 1 \\ 1 & 1 & 1 & 1 \end{pmatrix} = R$$

相对于前面两种方法,运用 Warshall 算法求图 G 的可达矩阵不仅节省时间而且节约了空间。

8.4.3　可达矩阵与图的连通性

对于有向图的连通性,有下列判断方法:

(1) G 是强连通的 $\Leftrightarrow R$ 是全 1 的矩阵;

(2) G 是单向连通的 $\Leftrightarrow R \vee R^T$ 的元素除主对角线外均为 1;

(3) G 是弱连通的 $\Leftrightarrow$ 由 $A \vee A^T$ 确定的 R 是全 1 矩阵;

(4) G 中有圈 $\Leftrightarrow R$ 的某些主对角线的元素 $r_{ii} = 1$。

例 8.16　讨论图 8.32 中 G_1, G_2, G_3, G_4 的连通性。

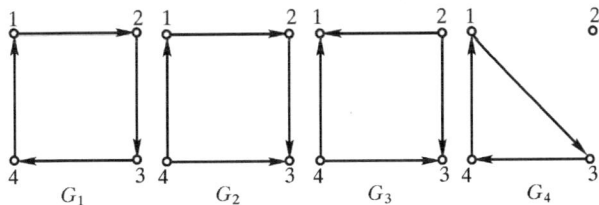

图 8.32

首先,对 G_1, G_2, G_3, G_4 的结点集合强行命名为:$V = \{1,2,3,4\}$,

对 G_1:

$$R^{(0)} = A = \begin{pmatrix} 0 & 1 & 0 & 0 \\ 0 & 0 & 1 & 0 \\ 0 & 0 & 0 & 1 \\ 1 & 0 & 0 & 0 \end{pmatrix}, \quad R^{(1)} = \begin{pmatrix} 0 & 1 & 0 & 0 \\ 0 & 0 & 1 & 0 \\ 0 & 0 & 0 & 1 \\ 1 & 1 & 0 & 0 \end{pmatrix}$$

$$R^{(2)} = \begin{pmatrix} 0 & 1 & 1 & 0 \\ 0 & 0 & 1 & 0 \\ 0 & 0 & 0 & 1 \\ 1 & 1 & 1 & 0 \end{pmatrix}, \quad R^{(3)} = \begin{pmatrix} 0 & 1 & 1 & 1 \\ 0 & 0 & 1 & 1 \\ 0 & 0 & 0 & 1 \\ 1 & 1 & 1 & 1 \end{pmatrix}, \quad R^{(4)} = \begin{pmatrix} 1 & 1 & 1 & 1 \\ 1 & 1 & 1 & 1 \\ 1 & 1 & 1 & 1 \\ 1 & 1 & 1 & 1 \end{pmatrix}$$

由于 $R = R^{(4)}$ 为全 1 的矩阵,故知 G_1 为强连通图。

对 G_2:

$$\boldsymbol{R}^{(0)} = \boldsymbol{A} = \begin{pmatrix} 0 & 1 & 0 & 0 \\ 0 & 0 & 1 & 0 \\ 0 & 0 & 0 & 0 \\ 1 & 0 & 1 & 0 \end{pmatrix}, \qquad \boldsymbol{R}^{(1)} = \begin{pmatrix} 0 & 1 & 0 & 0 \\ 0 & 0 & 1 & 0 \\ 0 & 0 & 0 & 0 \\ 1 & 1 & 1 & 0 \end{pmatrix}$$

$$\boldsymbol{R}^{(2)} = \begin{pmatrix} 0 & 1 & 1 & 0 \\ 0 & 0 & 1 & 0 \\ 0 & 0 & 0 & 0 \\ 1 & 1 & 1 & 0 \end{pmatrix}, \qquad \boldsymbol{R}^{(4)} = \boldsymbol{R}^{(3)} = \boldsymbol{R}^{(2)}$$

由于 $\boldsymbol{R} = \boldsymbol{R}^{(4)} = \boldsymbol{R}^{(3)} = \boldsymbol{R}^{(2)}$，其元素不是全 1，故 G_2 非强连通。但因

$$\boldsymbol{R} \vee \boldsymbol{R}^{\mathrm{T}} = \begin{pmatrix} 0 & 1 & 1 & 1 \\ 1 & 0 & 1 & 1 \\ 1 & 1 & 0 & 1 \\ 1 & 1 & 1 & 0 \end{pmatrix}$$

除主对角线上的元素外，其余元素均为 1，故 G_2 是单向连通的。

对 G_3：

$$\boldsymbol{A} = \begin{pmatrix} 0 & 0 & 0 & 0 \\ 1 & 0 & 1 & 0 \\ 0 & 0 & 0 & 0 \\ 1 & 0 & 1 & 0 \end{pmatrix}, \qquad \boldsymbol{R} = \boldsymbol{R}^{(4)} = \boldsymbol{R}^{(3)} = \boldsymbol{R}^{(2)} = \boldsymbol{R}^{(1)} = \boldsymbol{R}^{(0)} = \boldsymbol{A}$$

由于 $\boldsymbol{R}$ 的元素不全为 1，故 G_3 不是强连通的；

$$\boldsymbol{R} \vee \boldsymbol{R}^{\mathrm{T}} = \begin{pmatrix} 0 & 1 & 0 & 1 \\ 1 & 0 & 1 & 0 \\ 0 & 1 & 0 & 1 \\ 1 & 0 & 1 & 0 \end{pmatrix}$$

由于 $\boldsymbol{R} \vee \boldsymbol{R}^{\mathrm{T}}$ 中除主对角线的元素外，其他元素不全为 1，故 G_3 不是单向连通的。

考察 $\boldsymbol{A} \vee \boldsymbol{A}^{\mathrm{T}}$，并对此矩阵求其可达矩阵，有

$$\boldsymbol{R}^{(1)} = \begin{pmatrix} 0 & 1 & 0 & 1 \\ 1 & 1 & 1 & 1 \\ 0 & 1 & 0 & 1 \\ 1 & 1 & 1 & 1 \end{pmatrix}, \boldsymbol{R}^{(2)} = \begin{pmatrix} 1 & 1 & 1 & 1 \\ 1 & 1 & 1 & 1 \\ 1 & 1 & 1 & 1 \\ 1 & 1 & 1 & 1 \end{pmatrix}, \boldsymbol{R} = \boldsymbol{R}^{(4)} = \boldsymbol{R}^{(3)} = \boldsymbol{R}^{(2)}$$

故知 G_3 是弱连通的。

对 G_4：

$$\boldsymbol{R}^{(0)} = \boldsymbol{A} = \begin{pmatrix} 0 & 0 & 1 & 0 \\ 0 & 0 & 0 & 0 \\ 0 & 0 & 0 & 1 \\ 1 & 0 & 0 & 0 \end{pmatrix}, \quad \boldsymbol{R}^{(1)} = \begin{pmatrix} 0 & 0 & 1 & 0 \\ 0 & 0 & 0 & 0 \\ 0 & 0 & 0 & 1 \\ 1 & 0 & 1 & 0 \end{pmatrix}$$

$$\boldsymbol{R}^{(2)} = \boldsymbol{R}^{(1)}, \quad \boldsymbol{R}^{(3)} = \begin{pmatrix} 0 & 0 & 1 & 1 \\ 0 & 0 & 0 & 0 \\ 0 & 0 & 0 & 1 \\ 1 & 0 & 1 & 1 \end{pmatrix}, \quad \boldsymbol{R}^{(4)} = \begin{pmatrix} 1 & 0 & 1 & 1 \\ 0 & 0 & 0 & 0 \\ 1 & 0 & 1 & 1 \\ 1 & 0 & 1 & 1 \end{pmatrix}$$

　　由于 $\boldsymbol{R} = \boldsymbol{R}^{(4)}$ 的元素不全为 1，所以 G_4 不是强连通的；又由于在 $\boldsymbol{R} \vee \boldsymbol{R}^{\mathrm{T}}$ 中（事实上 $\boldsymbol{R} \vee \boldsymbol{R}^{\mathrm{T}} = \boldsymbol{R}$）除主对角线上的元素外，其他元素不全为 1，所以 G_4 也不是单向连通的；最后，由于 $\boldsymbol{A} \vee \boldsymbol{A}^{\mathrm{T}}$ 的可达矩阵的元素也不全为 1（与 G_4 的可达矩阵相同），故知 G_4 也不是弱连通的，所以 G_4 是不连通的。

8.5　带权图的最短路径

　　定义 8.21　设 $G = (V, E)$ 是简单图，若对于每一个 $e \in E$，均有一正实数 $W(e)$ 与之对应，则称 W 是 G 的权函数，并称 G 为带有权 W 的图，简称带权图。

　　带权图经常出现在图论的应用中，例如在图 8.33 所示的交通图中，权表示了铁路的长度。

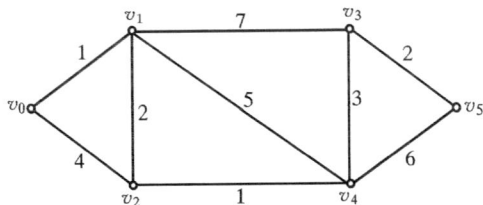

图 8.33

　　又如，在通讯图中，权可以表示各种通讯线路的建造或维修费用。

　　我们研究带权图，一个很重要的内容就是寻找某类具有最小（或最大）权的子图，其中之一就是最短路的问题。例如：给定一个连接各城市的铁路网络（连通的带权图），在这个网络的两个指定城市之间确定一条最短路线。

定义 8.22　设 $\mathcal{M} = (e_{i_1}, e_{i_2}, \cdots, e_{i_k})$ 是带权图中的一条路，$\mathcal{M}$ 的路长为

$$W(\mathcal{M}) = \sum_{l=1}^{k} W(e_{i_l})$$

从 u 到 v 的最短路 P 是指满足下述条件的路

$$W(P) = \min\{W(\mathcal{M}) \mid \mathcal{M} \text{ 为从 } u \text{ 到 } v \text{ 的路}\}$$

由上述定义可以看到：如果每条边的权函数值均为 1，则带权图的路长与一般图的路长是一致的。

求最短路的算法是 E. W. Dijkstra 于 1959 年提出来的，这是至今公认的求最短路径的最好方法，我们称它为 **Dijkstra 算法**。假定给定带权图 G，要求 G 中从 v_0 到 v 的最短路径，Dijkstra 算法的基本思想是：

将图 G 中结点集合 V 分成两部分：一部分称为具有 P 标号的集合，另一部分称为具有 T 标号的集合。所谓结点 a 的 P 标号是指从 v_0 到 a 的最短路的路长；而结点 b 的 T 标号是指从 v_0 到 b 某条路径的长度。Dijkstra 算法中首先将 v_0 取为 P 标号结点，其余的结点均为 T 标号结点，然后逐步地将具有 T 标号的结点改为 P 标号结点，当结点 v 也被改为 P 标号时，则找到了从 v_0 到 v 的一条最短路径。下面，给出 Dijkstra 算法的步骤：

(1) 先给 v_0 一个 P 标号，v_0 的 P 标号 $d(v_0) = 0$，并且 $P = \{v_0\}$；对于 $v_i \in T = V\backslash P$ 给以 T 标号，它们的 T 标号按下式确定：

$$d(v_i) = \begin{cases} W(v_0, v_i), & \text{若}(v_0, v_i) \in E \\ \infty, & \text{若}(v_0, v_i) \notin E \end{cases}$$

(2) ① 寻找具有最小 T 标号的结点。假设最小 T 标号的结点为 v_1，则将 v_1 的 T 标号改为为 P 标号，并且 $P = P \bigcup \{v_1\}$；② 修改与 v_1 相邻的结点的 T 标号，即对 $v_i \in T = T\backslash\{v_1\}$ 按下式修改：

$$d(v_i) = \begin{cases} d(v_1) + W(v_1, v_i), & \text{若 } d(v_1) + W(v_1, v_i) < d(v_i) \\ d(v_i), & \text{否则} \end{cases}$$

(3) 反复上述过程，直到 v 为 P 标号为止。

将上述步骤形式化，就得到了 Dijkstra 算法：

No1　$P = \{v_0\}$；$T = V\backslash\{v_0\}$

　　　　$d(v_0) = 0$；$(\forall t \in T)(d(t) = \infty)$；　$\text{mark}(v_0) = d(v_0)$

No2　$(\forall t \in T)(d(t) = \min_{p \in P}\{d(t), d(p) + W(p, t)\}$

　　　　$(\exists t_0 \in T)(\forall t \in T)(d(t_0) \leqslant d(t))$

No3　$P = P \bigcup \{t_0\}$；　$T = T\backslash\{t_0\}$；　$\text{mark}(t_0) = d(t_0)$

No4　if $t_0 \neq v$ then go to No2 else end

例 8.17　求图 8.33 中由 v_0 到 v_5 的最短路径。

具体计算过程如下:

(1) 如图 8.34 所示,给结点 v_0 标上 P 标号 0(用方框表示)。与 v_0 邻接的结点 v_1, v_2 的 T 标号为 1 和 4,其余各结点的 T 标号全为 ∞(所有的 T 标号均用圆圈表示)。

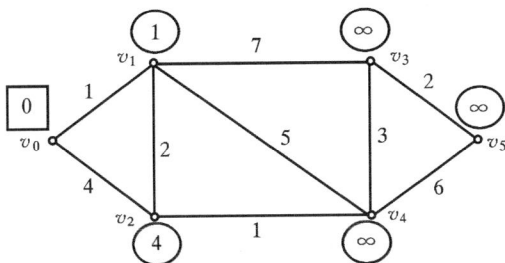

图 8.34

(2) 观察图 8.34,可知:结点 v_1 的 T 标号是所有 T 标号中最小的,故把 v_1 的 T 标号改为 P 标号;把与结点 v_1 邻接的结点 v_2 的 T 标号修改为 3;v_3,v_4 的 T 标号修改为 8 和 6,其余结点的 T 标号不变。于是,图 8.34 变为图 8.35。

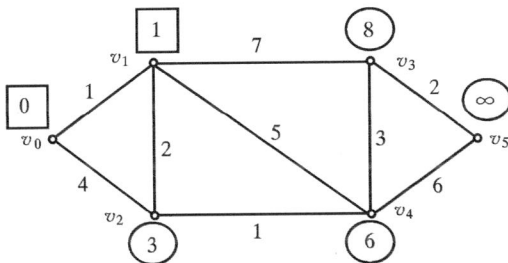

图 8.35

(3) 观察图 8.35,可知:结点 v_2 的 T 标号是所有 T 标号中最小的,故把 v_2 的 T 标号改为 P 标号;把与 v_2 邻接的结点 v_4 的 T 标号修改为 4,其余结点的 T 标号不变。这样,由图 8.35 得到图 8.36。

(4) 观察图 8.36,可知:结点 v_4 的 T 标号是所有 T 标号中最小的,于是,把 v_4 的 T 标号改为 P 标号;再把与 v_4 邻接的结点 v_3,v_5 的 T 标号修改成 7 和 10。这样,图 8.36 变成了图 8.37。

(5) 观察图 8.37,可知:结点 v_3 的 T 标号是所有 T 标号中最小的,把 v_3 的 T 标号改为 P 标号;把与 v_3 邻接的结点 v_5 的 T 标号修改成 9。由于除 v_5 外其他结点都已具有 P 标号,所以 9 就是 v_5 的 P 标号,这样全部结点都具有 P 标号(如图 8.38 所示),算法结束。

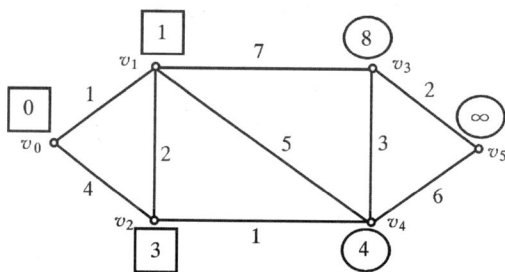

图 8.36

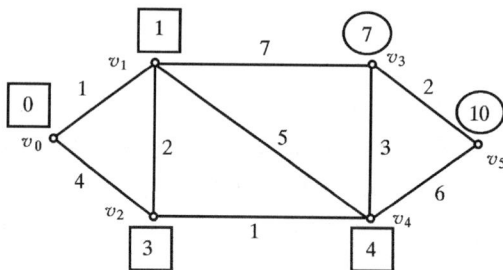

图 8.37

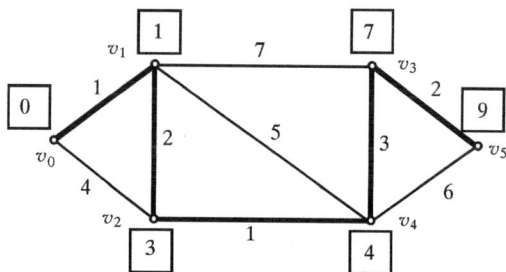

图 8.38

由上面的计算可知：由 v_0 到 v_5 最短路径的长度为 9，路径如图 8.38 中粗线所示。而且可看出每一结点的 P 标号即为 v_0 到此结点的最短路径的长度。

8.6　Euler 图

Euler 图产生的背景就是前面介绍的 Konigsberg 七桥问题，有了前面几节的知识后,我们可以讨论 Euler 图问题的解决方法了。

定义 8.23　设 $G = (V, E)$ 是无向连通图。

(1) 若存在一条路,此路通过 G 中每条边一次且仅一次,则称此路为 **Euler 路**;

(2) 若存在一圈,此圈通过 G 中每条边一次且仅一次,则称此圈为 **Euler 圈**;

(3) 若 G 中有 Euler 圈,则称 G 为 **Euler 图**。

实际上,Euler 路就是通过图中每条边一次且仅一次的路,而 Euler 圈则是通过图中每条边一次且仅一次的圈。这类通过图中各条边恰好一次的问题就是我们通常所说的一笔画问题(即:笔不离纸、线不重复、一笔画完)。

定理 8.7(Euler 定理)　设 $G = (V, E)$ 是无向连通图,那么 G 是 Euler 图的充要条件是 G 中每个结点都是偶结点。

证　先证必要性。

由条件知 G 是 Euler 图,故 G 中有 Euler 圈 C 通过 G 中每条边一次且仅一次。首先,由于 G 是无向连通图,所以 G 中的每个结点都有边与之关联,于是 C 在通过图中各条边的同时必通过图中各结点。其次,当 C 通过某结点时,必从一边进,从另一边出,从而就给此结点的度数增加 2。所以在 C 中尽管某结点可以反复出现,但由于上述原因它们的度数必为偶数,即 G 中每个结点都是偶结点。

再证充分性。

由于 G 中每个结点都是偶结点且 G 连通,故 G 中至少存在一个简单圈 C。若 C 是 Euler 圈,则图 G 就是 Euler 图。否则,G 中一定还有边不属于 C。由 G 的连通性知:必有 C 之外的边 e_i 与 C 中的点 v_i 相关联,于是从 v_i 出发经过 e_i,在 G 中除去 C 后的子图中必可得到一个简单圈 C'。由于图中每个结点都是偶结点,故 C 与 C' 由 v_i 相连(如图 8.39 所示)。将 C' 并入 C,便可得到一条更长的简单圈,若此圈是 Euler 圈,则说明图 G 是 Euler 图;否则,继续上述做法。由于 G 中的边是有限的,最后一定能得到一个包括 G 中所有边的简单圈,所以 G 为 Euler 图。 ∎

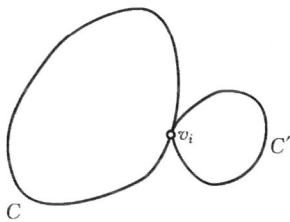

图 8.39

例 8.18　图 G 如图 8.40 所示。问图 G 是否为 Euler 图?若是,求出其 Euler 圈。

由于 G 中的六个结点均为偶结点且 G 连通,根据 Euler 定理可知 G 为 Euler 图。仿照定理证明的办法,可得到 G 中的 Euler 圈。具体步骤如下:

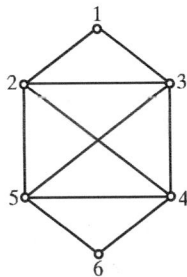

图 8.40

在图 8.40 中任意找一简单圈 $C:(1,2,3,1)$；发现还有七条边不在此圈中，边 $(3,4)$ 不在 C 中且与圈中的结点 3 相关联，由结点 3 出发经过边 $(3,4)$ 可得到一简单圈 $C'(3,4,5,3)$，将 C' 并入 C 得到了一个新的更长的简单圈 $C:(1,2,3,4,5,3,1)$。此时仍有四条边不在圈 C 中，边 $(4,6)$ 不在 C 中且与结点 4 相关联，由结点 4 出发经过边 $(4,6)$ 又可得到一简单圈 $C'':(4,6,5,2,4)$，C'' 将并入 C 得到一个更长的简单圈 $C:(1,2,3,4,6,5,2,4,5,3,1)$。可以看到，$G$ 中所有的边已全在 C 中了，故知此圈 C 即为 G 中的一条 Euler 圈。

从 Euler 定理可以得到一个推论：

推论 8.7.1　设 G 为无向连通图，G 中具有 Euler 路的充要条件是 G 中恰有两个奇结点。

证　充分性。

若 G 是连通的，且恰有两个奇结点，则将这两个奇结点连一条边就得到一个新图 G'。G' 连通且每个结点为偶结点，于是由 Euler 定理知：G' 中有 Euler 圈。这个圈当然包括新添的那条边，将此边删去，就得到 G 中的一条 Euler 路。

必要性。

除了 Euler 路的起点和终点外，其余的结点都是此路中所经过的点，因此它们都是偶结点；起点和终点虽然也可能出现在路中，但每次出现时次数加 2，故只有起点和终点是奇结点，即 G 中恰有两个奇结点。

定义 8.24　设 $G=(V,E)$ 是一无向图，$e\in E$，若 $W(G\backslash e)>W(G)$，则称 e 为 G 的**割边**，其中 $W(G)$ 表示 G 的连通支数。

如何在恰有两个奇结点的连通图中寻找 Euler 路，可参考下面的方法。

Fleury 算法　从一个奇结点出发，按下面步骤走一条路到另一个奇结点：

（1）从一个奇结点出发，每走一边抹去一边；

（2）在走边的过程中，除非没有其他选择时才走割边。

图 8.41

例 8.19　在图 8.41 中，有两个奇结点 4 和 9，所以存在 Euler 路。按照 Fleury 算法可得其中一条 Euler 路为 $(9,7,8,9,10,11,12,10,3,2,1,3,4,5,6,4)$。

例 8.20　由 8.1 节可知，Konigsberg 七桥问题已归结为对图 8.42 是否为 Euler 图的讨论。由于图中的四个结点 A,B,C,D 均为奇结点，由 Euler 定理知，图中不存在 Euler 圈。即该问题无解。

对于有向图的情况，有如下结论：

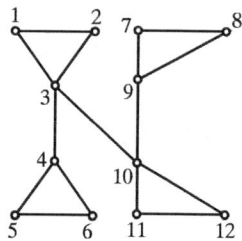

定理 8.8　一个有向图有 Euler 路必须且只须此图是连通的,并且每个结点的入度等于出度;最多只有两个结点例外,它们中一个结点的入度比出度多 1,另一结点的出度比入度多 1。

定理 8.9　一个有向图有 Euler 圈,必须且只须此图是连通的,并且每个结点的入度等于出度。

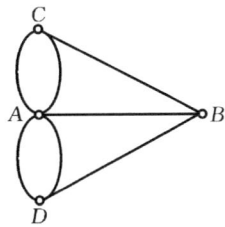

图 8.42

上面两个定理的证明与无向图的情况十分相似,这里就不再给出证明了。

例 8.21　计算机鼓轮的设计。

计算机旋转鼓轮的位置是借助于鼓轮表面上 n 个电触点所产生的二元信号来识别的,比如 1 表示通电,0 表示不通电。鼓轮表面被分成 2^n 个部分,每一部分由绝缘体给出信号 0,导体给出信号 1。

图 8.43 表示三个触点的鼓轮,鼓轮表面分成八个部分,空白部分表示绝缘体,阴影部分表示导体。图中鼓轮的位置由三个触点 a,b,c 给出读数 110,如果鼓轮按顺时针方向转动一个位置,读数变为 101,于是通过不同的读数可区别出鼓轮旋转

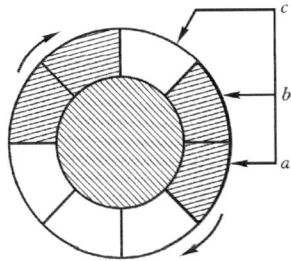

图 8.43

的不同位置。但在图 8.43 中,按顺时针方向将鼓轮继续转动两个位置后,触点给出的读数又为 110,这时的位置就无法与初始位置相区别。

我们希望设计出这样的鼓轮:当合理安排鼓轮上八个部分的导体和缘绝体后,鼓轮每转动一个位置,就能从三个触点上读到一组不同的读数,从而可以由读数判断鼓轮所处的位置。

如果用两位二进制数作为结点,则这样的结点共有四个,它们是:00,01,10,11。若一个结点右边的二进制数与另一结点左边的二进制数相同,则规定这两个结点间有一条有向边。例如:从结点 01 可引出两条有向边 010 和 011。这样的有向边恰好反映了鼓轮在某一位置由三个触点输出的一个读数,并且不同的边反映的读数也不一样。所以鼓轮的设计问题就转化为在四个结点 00,10,01,11 的图中(如图 8.44 所示),按上述有向边的规定去寻找一条 Euler 圈。

图 8.44 中的 Euler 圈是存在的,因为在此有向图中,每个结点的入度和出度均为 2,满足定理 8.9 中的条件。比如,有如下 Euler 圈:{000,001,011,111,110,101,010,100}。上述 Euler 圈可用一个二进制序列 00011101 来表示,此序列称为 De Bruijn 序列。按此序列来安排绝缘体及导体的位置将是鼓轮的合理设计(如图 8.45 所示)。

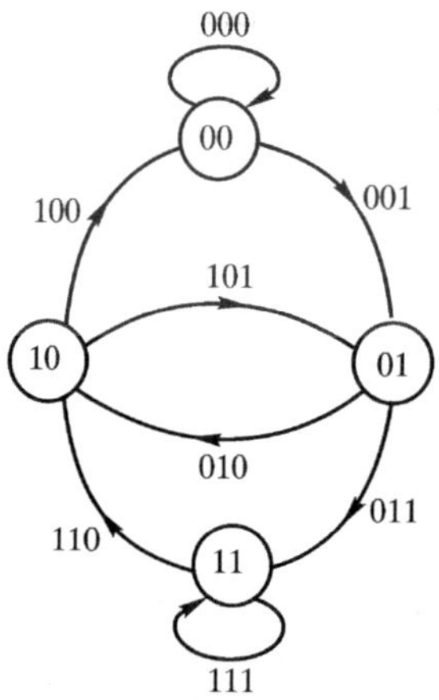

图 8.44 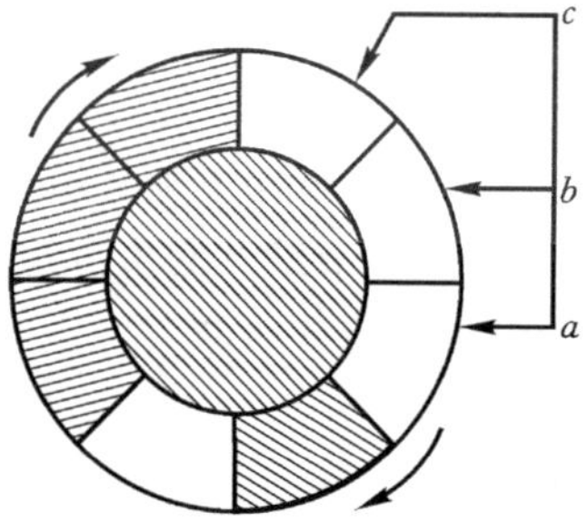　　　　　　　　　　　　　　　图 8.45

下面介绍两个与 Euler 图有关的问题：

1. 笔画问题

对于一个给定的图，究竟需要多少笔才能画成？这里只讨论连通图的笔画问题。因为假若一个图是不连通的，则此图的笔画问题可以归结成对各连通支笔画的讨论。

连通图的笔画是由图中奇结点的个数决定的。定理 8.2 已经证明过：图中奇结点的个数是偶数。所以奇结点是成对出现的，即为 $2k$ 个。当 $k = 0, 1$ 时，此图是一笔画的，而当 $k > 1$ 时，则此图是 k 笔画的。

2. 中国邮路问题

投递员的工作是：在邮局领取邮件，投递邮件，然后再返回邮局。当然，他必须走过他投递范围内的每一条街道，并且选择一条最短的路线。山东师范学院管梅谷教授于 1962 年解决了上述问题，国外图论著作将它命名为**中国邮路问题**。

中国邮路问题是与 Euler 图及最短路径都有关的问题，用图论的话来说就是：在一个带权图 G 中怎样找一个圈 C，使得 C 包含图中的每条边至少一次，且具有最短的长度。

这个问题解的存在性是毫无疑义的。

当 G 为 Euler 图时，每条边可以只通过一次，此时图中的 Euler 圈必然具有最短长度。

但在一般情况下，这个带权图未必是 Euler 图，所以要求每条边恰好通过一次是办不到的，其中必定有某些边要通过两次或者更多次。

处理上述问题的基本思想是：在带权图 G 中添加一些重复边（这些重复边上

的权值与原来边上的权值相同,表示投递员第二次通过这条街道),使得增加边后的带权图能够构成 Euler 图.问题的关键是:应如何添加这些重复边,使得增加的重复边长度总和为最小.

如果带权图 G 中只有两个奇结点,(如图 8.46(a) 所示),则可先求出这两个奇结点间的最短路径,然后将最短路径中的每条边重复一次(如图 8.46(b) 所示),得到一个新的带权图 G',它是一个 Euler 图,G' 中的 Euler 圈必定是取得最小值的圈.

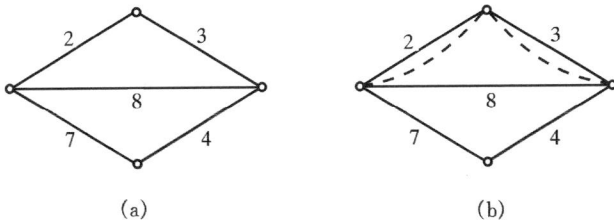

图 8.46

但当带权图中奇结点的数目比较多时,简单地用求两个奇结点间最短路径,然后添加重复边的方法就不行了.设给定带权图 G(如图 8.47(a) 所示),两次运用求两个奇结点间最短路径,再添加重复边的方法后可得到一个新的带权图 G'(如图 8.47(b) 所示),G' 是 Euler 图,但 G' 中 Euler 圈的长度超过了 G''(如图 8.47(c) 所示) 中 Euler 圈的长度.

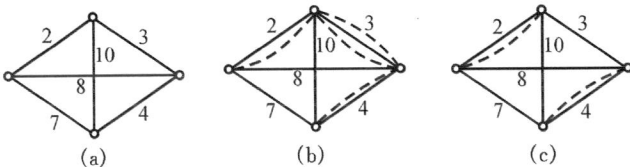

图 8.47

值得注意的是:

(1) 当某条边重复 $k(k \geqslant 2)$ 次后得到的图为 Euler 图时,则此边重复 $k-2$ 次得到的图也一定为 Euler 图.

(2) 在图 G 的一个初级圈上,如果将原来的重复边都删去,而在原来没有重复边的边上都加上一条重复边,那么图中各结点的度数改变 0 或 2,所以,这种做法不会改变 G 是 Euler 图的性质.由此可知:当 Euler 圈中重复边的长度之和超过此圈总长的一半时,如作上述改变,则重复边长度之和减少,而 Euler 圈的性质不变.

基于上面的分析,可得如下定理:

定理 8.10 设 C 是带权图 G 的一条包含 G 中各边的圈,则 C 具有最小长度的充要条件是:

(1) 每条边最多重复一次;

(2) 在 G 的每个初级圈上,有重复边的长度之和不超过圈长的一半。

此定理的证明略。

利用这个定理求解时,应先对带权图 G 中的某些边添加重复边,得到一个 Euler 图,然后对每一个初级圈进行比较、调整,最后求得解答,这种方法叫做"奇偶点图上作业法"。但由于使用这种方法时要验算每一个初级圈,工作量大,实际使用时显得不方便。现在已经有了更为有效的方法,感兴趣的读者可查阅有关资料。

8.7　Hamilton 图

在上节中,讨论了一个图是否有通过图中每条边一次且仅一次的路或圈的问题,与它十分类似的问题是:图中是否存在通过每个结点一次且仅一次的路和圈的问题,这就是本节要讨论的 Hamilton 图。

1859 年,威廉·汉密尔顿爵士(Sir Willian Hamilton,英国数学家)在给他的朋友 Gravas 的一封信中谈了一个关于正十二面体的数学游戏。他将正十二面体的 20 个顶点看作 20 个城市(如图 8.48(a) 所示),连结两顶点间的棱比作两个城市间的交通线。问题是:能否找到一条旅行线路,使得由任意一个城市出发,沿着交通线经过每个城市一次且恰好一次,然后回到出发地?他将这个问题称为周游世界问题。

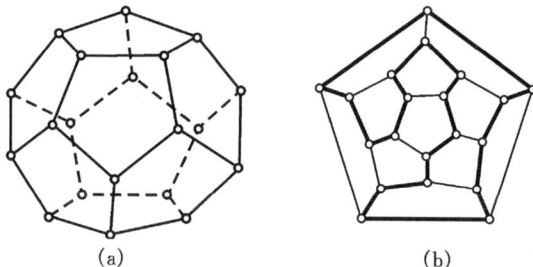

(a)　　　　　　　　　(b)

图 8.48

Hamilton 所提出的问题很快得到了解决,其线路如图 8.48(b) 中粗线所示,之后将具有这种回路的图称为 Hamilton 图。

定义 8.25 设 $G = (V,E)$ 是无向连通图。

(1) 若存在一条路，此路通过 G 中每个结点一次且仅一次，则称此路为 Hamilton 路，记作 H-路；

(2) 若存在一圈，此圈通过 G 中每个结点一次且仅一次，则称此圈为 Hamilton 圈，记作 H-圈；

(3) 若 G 中有 Hamilton 圈，则称 G 为 Hamilton 图。

从表面看，Hamilton 问题与 Euler 问题似乎很相似，但是，寻找 Hamilton 图的充要条件却十分困难，以至到现在为止还未得到解决。这里，先介绍一个 Hamilton 图的必要条件。

定理 8.11 若 G 是 Hamilton 图，则对于结点集合 V 的任一非空子集 S，均有 $W(G \backslash S) \leqslant |S|$，其中 $W(G)$ 表示 G 的连通支数。

证 设 C 是 G 的一条 H-圈，若对于 V 的任何一个非空子集 S 在 C 中删去 S 中的任一结点 a_1，则 $C \backslash a_1$ 是连通的非回路；若再删去 S 中另一结点 a_2，则 $W(C \backslash a_1 \backslash a_2) \leqslant 2$，由归纳法可得 $W(C \backslash S) \leqslant |S|$。同时，由于 $C \backslash S$ 是 $G \backslash S$ 的一个生成子图，因而 $W(G \backslash S) \leqslant W(C \backslash S)$，故有

$$W(G \backslash S) \leqslant |S| \qquad \blacksquare$$

例 8.22 考察图 8.49(a)，此图中有九个结点，当把中间层上的三个结点删去时(在图 8.49(a) 中用黑点标记的) 此图变为 8.49(b)，而图 8.49(b) 的连通支数为 4，由定理 8.11 知它不是 Hamilton 图。

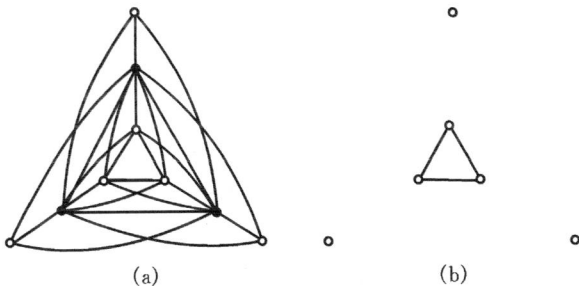

图 8.49

由例 8.22 可以看到，利用定理 8.11 可以判断某些图不是 Hamilton 图。但是这种判断不一定都是有效的，这是由于定理 8.11 中所述的要求是一个图成为 Hamilton 图的必要条件。

例 8.23 考察图 8.50(a) 所示的 Petersen 图，已知它不是一个 Hamilton 图，但它却满足定理 8.11 中的条件。在此图中，若删去一个或两个结点，都不能

使原图不连通；若删去三个结点，最多只能得到两个连通支的子图（如图 8.50(b) 所示）；若删去四个结点，最多只能得到三个连通支的子图；若删去五个或五个以上的结点，余下子图的结点数都不大于 5，故必不会有五个以上的连通支数，所以 Petersen 图满足条件 $W(G\backslash S) \leqslant |S|$。

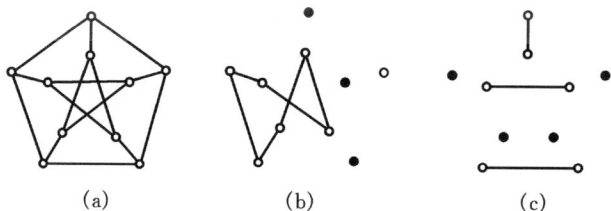

图 8.50

下面给出一个无向图具有 H -路的充分条件。

定理 8.12 设 $G = (V, E)$ 是具有 n 个结点的简单无向图，若对任意的 $u, v \in V$，均有

$$\deg(u) + \deg(v) \geqslant n - 1$$

则 G 中必有一条 H -路。

证 先证 G 是连通的。用反证法。

假设 G 不连通，则 G 中至少有两个连通支 G_1, G_2（此时 G_1, G_2 间当然无边相连）。设 G_1 有 n_1 个结点，G_2 有 n_2 个结点，显然 $n_1 + n_2 \leqslant n$。任取 $u \in V(G_1)$，$v \in V(G_2)$，则 $\deg(u) \leqslant n_1 - 1$，$\deg(v) \leqslant n_2 - 1$，于是有

$$\deg(u) + \deg(v) \leqslant (n_1 - 1) + (n_2 - 1) = n_1 + n_2 - 2 < n - 1$$

这与题设矛盾，故 G 是连通的。

然后，按照下面的方法即可得到 G 中的一条 H -路。

No1. 从 G 中任一点出发，走一条初级路，并将路的两端延伸到尽头，得到一条初级路

$$C = (v_1, v_2, v_3, \cdots, v_p) \quad (p \leqslant n)$$

所谓将路的两端延伸到尽头是指：若 C 的两端点 v_1 和 v_p 仍邻接不在此路上的结点，那么立即延伸它，使 C 包含此结点。也就是说：这里得到的初级路 C，它的两端只邻接于路中的结点，不再与 C 之外的结点邻接。

No2. 若 $p = n$，则 Hamilton 路已找到。

No3. 否则若 v_1 与 v_p 相邻，将边 (v_p, v_1) 并入 C，得到一个初级圈，仍记为

$$C = (v_1, v_2, \cdots, v_p, v_1)$$

转向 No5。

No4. 若 v_1 与 v_p 不相邻,可以证明仍存在一条包含 $v_1,v_2,\cdots,v_p$ 的初级圈。

假设与 v_1 相邻的结点有 k 个,它们为 $v_{i_1},v_{i_2},\cdots,v_{i_k}(2\leqslant i_j\leqslant p-1)$,这时 v_p 至少与 $v_{i_1-1},v_{i_2-1},\cdots,v_{i_k-1}$ 中的某个结点相邻(v_{i_j-1} 是指 C 中 v_{i_j} 前面的那个结点)。假若不然,设 $\deg(v_1)=k$,则 $\deg(v_p)\leqslant p-1-k$,于是

$$\deg(v_1)+\deg(v_p)\leqslant k+p-1-k=p-1<n-1$$

这与题设矛盾。现设 v_p 与 v_{i_j-1} 相邻,这时 $(v_1,v_2,\cdots,v_{i_j-1},v_p,v_{p-1},\cdots,v_{i_j},v_1)$ 即为通过 $v_1,v_2,\cdots,v_p$ 的一个初级圈(如图 8.51(a) 所示),将此圈仍记作 C。

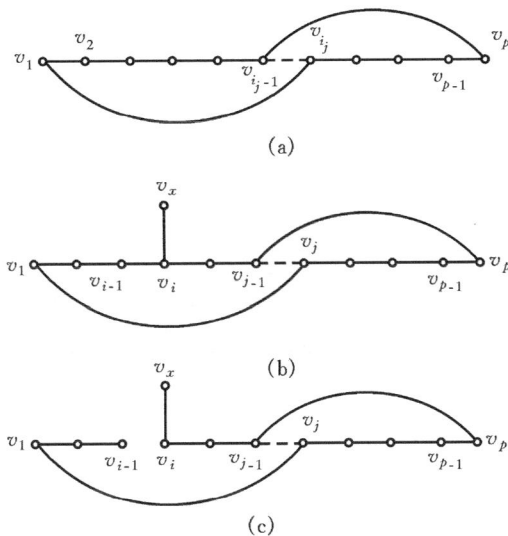

图 8.51

No5. 由于 G 是连通图,所以初级圈 C 外必有一个不属于 C 的结点 v_x 与 C 中的结点 v_i 相邻(如图 8.51(b) 所示),延伸 v_i 到 v_x,并拆去 v_i 的一个邻边 (v_{i-1},v_i)(如图 8.51(c) 所示),这样就得到了一条更长的初级路,仍用 C 表示:

$$C=(v_x,v_i,v_{i+1},\cdots,v_{j-1},v_p,v_{p-1},\cdots,v_j,v_1,v_2,\cdots,v_{i-1})$$

将 C 的两端延伸到尽头并转向 No2。 ∎

容易看出,定理 8.12 中的条件对图中是否存在 Hamilton 路是充分而不必要的,如图 8.52 中的所示的六边形 G,虽然任意两个结点度数之和 $4<6-1(n=6)$,但 G 中却显然有 Hamilton 路(实际上 G 是 Hamilton 图)。

定理 8.13 设 $G=(V,E)$ 是 n 个结点的简单无向图,若对于任意的 $u,v\in V$,均有 $\deg(u)+\deg(v)\geqslant n$,则 G 是 Hamilton 图。

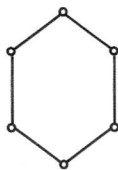

图 8.52

证 由定理 8.12 知 G 中有一条 H-路,设 C 是 G 的一条 H-路。

$$C = (v_1, v_2, v_3, \cdots, v_n)$$

现在证明 G 中必有包含 $v_1, v_2, v_3, \cdots, v_n$ 的初级圈。若 v_1 与 v_n 相邻,则初级圈已得。若 v_1 与 v_n 不相邻,设与 v_1 相邻的结点有 k 个,它们是 $v_{i_1}, v_{i_2}, \cdots, v_{i_k}$,这时 v_n 必与 $v_{i_1-1}, v_{i_2-1}, \cdots, v_{i_k-1}$ 之一相邻。假若不是,则 $\deg(v_1) = k$,$\deg(v_n) \leqslant n-1-k$,于是 $\deg(v_1) + \deg(v_n) \leqslant k + n - 1 - k \leqslant n - 1 < n$,这与题设矛盾。

设 v_{i_j-1} 与 v_n 相邻(如图 8.53 所示),这时 $(v_1, v_2, \cdots, v_{i_j-1}, v_n, v_{n-1}, \cdots, v_{i_j}, v_1)$ 即为一个 Hamilton 圈,故 G 为 Hamilton 图。∎

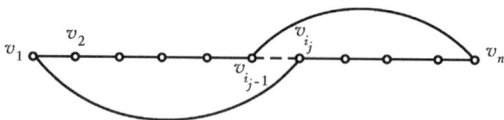

图 8.53

如何判断一个图是否为 Hamilton 图至今还没有一个好办法,但在实际应用中,往往可以通过尝试的方法或一些其他特定的办法来寻找一个图的 H-圈或判断一个图有没有 H-圈。对于 H-路的判断也是如此。在下面的例子中可以看到对某些特殊的图,通过一些说明可以指出图中不存在 H-圈或 H-路。

例 8.24 试判断图 8.54(a) 中是否存在 H-圈。

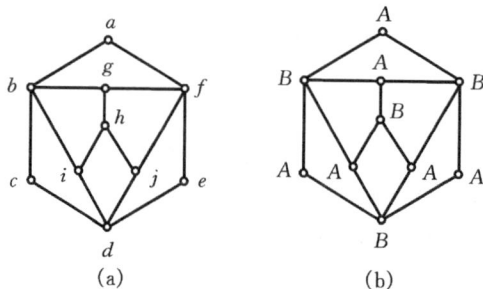

图 8.54

在图 8.54(a) 中任选一结点 a,并用 A 标记此结点,然后用 B 标记所有与 a 相邻的结点,继续用 A 标记所有相邻于 B 的结点,用 B 标记所有与 A 相邻的结点,直到所有的结点标记完毕(如图 8.54(b) 所示)。

如果图 8.54(a) 中有 H-圈的话,那么它必交替地通过结点 A 和结点 B,并且 A, B 的个数相同,然而在本例中有六个结点标 A,而只有四个结点标 B,所以不可能存在 H-圈。

需要指出的是:在标记的过程中,若相邻的结点出现相同的标记时(如图

8.55 中 G 的结点 e,d），有时可在对应的边上增加一个结点并标上相异的标记（如图 8.55 中所示）。这是由于图 G 中的结点 d 和 e 均是 2 度结点，若 G 中有 H -圈，则此圈必通过结点 d,e 及与它们相关联的边 (d,e)，当在 G 的边 (d,e) 上增加一个结点后得到了一个新的图 G'，但图 G 与 G' 在 Hamilton 圈的存在性上是一致的。所以可用对图 G' 的 H -圈存在性的讨论来代替对图 G 的 Hamilton 问题的研究。

但是，并不是所有的图都能用此种标记法来标记，进而否定其 Hamilton 圈和 Hamilton 路的存在性的。例如图 8.56 中所示的图，肯定没有 Hamilton 圈，因为它有一个悬挂点。

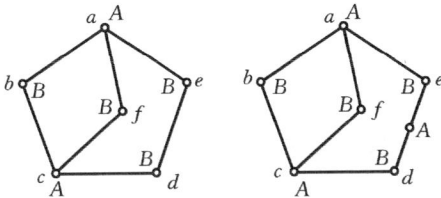
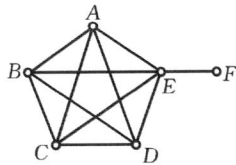

图 8.55　　　　　　　　　　　　　　　　图 8.56

对于无向图的 Hamilton 问题就简单地介绍这些内容，对有向图的 Hamilton 问题的讨论则要困难得多了，这里介绍一种特殊的有向图——竞赛图的 Hamilton 问题。

定义 8.26　完全图的定向图称为**竞赛图**。

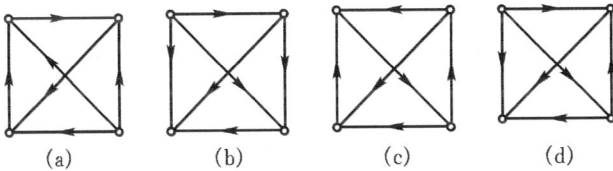

(a)　　　　(b)　　　　(c)　　　　(d)

图 8.57

图 8.57 中的(a)，(b)，(c)，(d) 分别表示了具有四个结点的竞赛图。

定理 8.14　设 $G = (V,E)$ 是一个竞赛图，$|V| = n$，则 G 中必有一条 H -路。

证　按照下面的做法，必可以从图 G 中得到一条 H -路。

No1　从 G 中任意一点出发，走一条初级路，并将两端延伸到尽头，得到
$$C = (v_1, v_2, \cdots, v_p)$$

No2　若 $p = n$，则 C 就是 G 的一条 H -路，出口；

No3　若 $p \neq n$，则必存在一结点 $x, x \notin C$ 且有下式成立：

$$(\exists k)((v_k,x)\in E \wedge (x,v_{k+1})\in E)\quad(如图\ 8.58\ 所示)$$

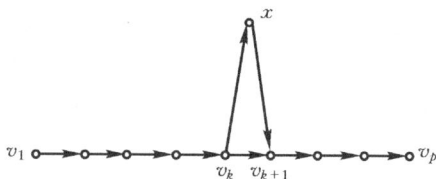

图 8.58

假若不然,则 $\quad(\forall i)((v,x)\notin E \vee (x,v_{i+1})\notin E)\quad(i=1,2,\cdots,p)$

即 $\quad\quad\quad\quad(\forall i)(v_i,x)\in E \Rightarrow (x,v_{i+1})\notin E$

或 $\quad\quad\quad\quad(\forall i)((x,v_{i+1})\in E \Rightarrow (v_i,x)\notin E$

于是有

(1) $(v_1,x)\in E \Rightarrow (x,v_2)\notin E \Rightarrow (v_2,x)\in E \Rightarrow \cdots \Rightarrow (x,v_p)\notin E \Rightarrow (v_p,x)\in E$,这与 v_p 是路 C 的尽头矛盾;

(2) $(x,v_p)\in E \Rightarrow (v_{p-1},x)\notin E \Rightarrow (x,v_{p-1})\in E \Rightarrow \cdots \Rightarrow (v_1,x)\notin E \Rightarrow (x,v_1)\in E$,这与 v_1 是路 C 的尽头矛盾。

将 x 插入 C 中,得到

$$C=(v_1,v_2,\cdots,v_k,x,v_{k+1},\cdots,v_p)$$

这是一条更长的初级路,仍将它记为 $C=(v_1,v_2,\cdots,v_p)$,转 No2。

在一个竞赛图中,将 n 个结点代表 n 个羽毛球运动员,如结点 v_i 到 v_j 间有一条有向边,则表示 v_i 打败了 v_j。那么竞赛图表示了这 n 个羽毛球运动员间进行的单循环赛的战绩。由上述定理可以知道:在这样的比赛中,总可以排出一个次序,使得第一名打败第二名,第二名打败第三名。

一个与 Hamilton 圈有密切关系的问题是所谓**货郎担问题**,这个问题引起了人们极大的兴趣。货郎为了销售物品,要去访问若干个村、镇,然后回到自己所住的地方。假设每个村镇间都有一段路,那末他应该怎样设计所走的路线,使得能对每个村镇恰好访问一次且走的路程为最短?

用图论的话来叙述货郎担问题就是:在一个带权的完全图中,如何寻找一条最短的 Hamilton 圈。

解决货郎担问题的最简单办法是找出图中所有的初级圈,求出其长度,然后找出最短的那个圈。但当图中结点个数增多时,这种计算量是很大的,即便使用计算机也需要很多时间,所以至今还没有找到一个解决货郎但问题的有效办法。一般来讲,解决货郎担问题比解决 Hamilton 问题更加困难些。这里,介绍两个最简单的、寻找货郎担问题近似解的方法 —— 近邻法和交换法。

近邻法　　其计算步骤如下(参见图 8.59)：

No1　　从 G 中任选一点 v_1，从 v_1 出发寻找距 v_1 最近的一点 v_2，得到一条初级路 $C=(v_1,v_2),i=2$；

No2　　从 v_i 出发，观察 $V \backslash C$ 中各点，寻找一个距 v_i 最近的点 v_{i+1} 并将 C 延至 v_{i+1}，即 $C=C \bigcup \{v_{i+1}\},i=i+1$；

No3　　若 $i=n$，则将 C 从 v_n 延至 v_1，得到一条 H -圈 C，否则转 No2。

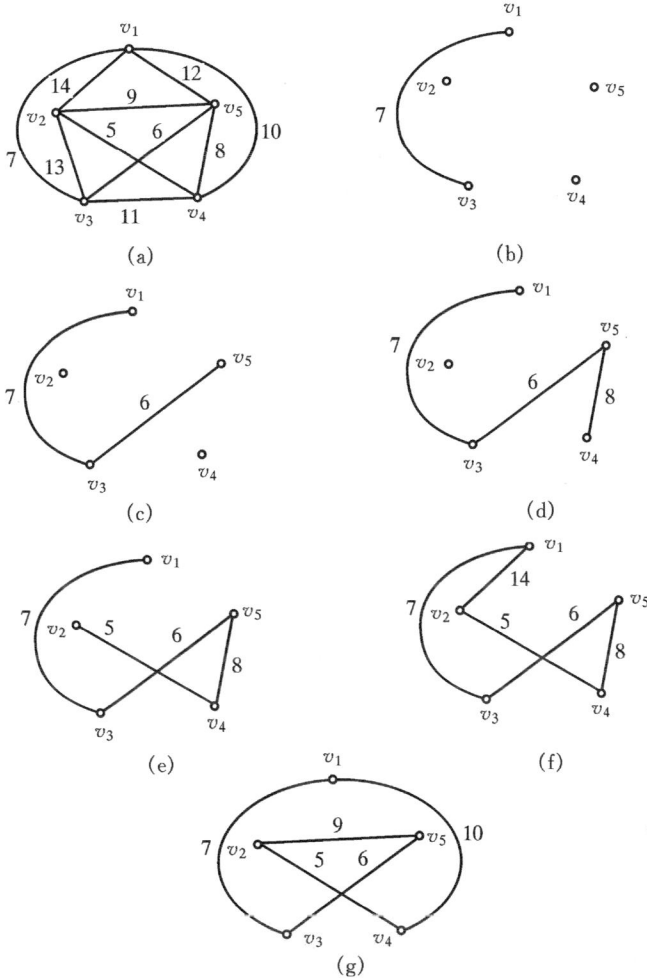

图 8.59

交换法(Lin(1965),Held.karp(1970,1971))　　此法又称为两两交换的启发式算法(参见图 8.60)，其计算步骤如下：

No1　　从 G 中任找一条 H-圈 $C = (v_1, v_2, \cdots, v_n, v_1)$（可用近邻法的结果）；

No2　　若有 $W(v_i, v_j) + W(v_{i+1}, v_{j+1}) < W(v_i, v_{i+1}) + W(v_j, v_{j+1})$（这里 $i + 1 < j$），则令

$$C = (v_1, v_2, \cdots, v_i, v_j, v_{j-1}, \cdots, v_{i+1}, v_{j+1}, v_{j+2}, \cdots, v_n, v_1)$$

No3　　若没有这样的情况，则 exit；否则，goto No2。

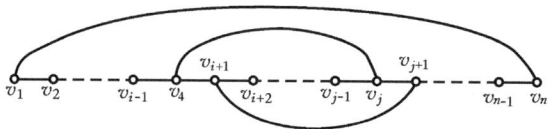

图 8.60

例 8.25　　在图 8.59(a) 所示的图中，任选一结点 v_1。按近邻法的步骤（如图 8.59 的 (b) ~ (f) 所示）可以得到一条 H-圈 $C = (v_1, v_2, v_4, v_5, v_3, v_1)$，其圈长为 40。而事实上，如图 8.59(g) 中所示的 H-圈 $C' = (v_1, v_4, v_2, v_5, v_3, v_1)$，其圈长为 37。这个结果，可由交换法得到。因为在 H-圈 C 时有

$$W(v_1, v_4) + W(v_2, v_5) = 10 + 9 = 19 < 22 = 14 + 8$$
$$= W(v_1, v_2) + W(v_4, v_5)$$

故 H-圈 C 可修改成 H-圈 C'（参见图 8.61），C' 的圈长为 $40 - 22 + 19 = 37$。由此可知：在带权完全图中，近邻法仅提供了一个求最小 H-圈的近似算法。一般说来，交换法也仅是求最小 H-圈的一个近似算法，但是结合着使用这两个算法，却能取得较优的结果。

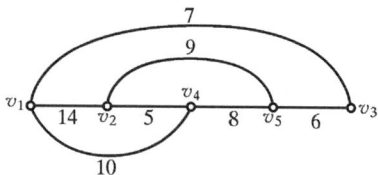

图 8.61

8.8　　二分图

前面就图论中的一般概念以及路和圈的问题作了介绍，下面介绍几种特殊的图。

定义 8.27　　设 $G = (V, E)$ 为简单无向图，如果存在 V 的一个划分 $V = V_1 \cup V_2$，使得 G 中每一条边的一个端点在 V_1 中，另一端点在 V_2 中，则称 G 为**二分图**，称 V_1, V_2 为 V 的互补结点子集。

特别，当 V_1 中的每一个结点都与 V_2 中的每一个结点邻接时，称此图为**完全二分图**。若 $|V_1| = m$，$|V_2| = n$，则将此完全二分图记作 $K_{m,n}$。

例 8.26　图 8.62 所示的是一个完全二分图,其中 $V_1 = \{v_1, v_2, v_3\}$, $V_2 = \{v_4, v_5, v_6\}$,此图记作 $K_{3,3}$。

定理 8.15　设 $G = (V, E)$ 为简单无向图,G 为二分图的充要条件是 G 中每一个圈的长度都是偶数。

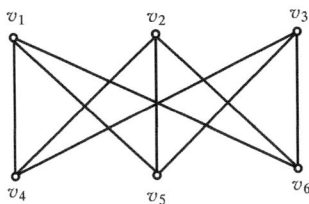

图 8.62

证　先证必要性。

设 G 为二分图,故可将 V 划分为两部分,即 V_1 及 V_2。任取 C 为 G 的一条长度为 l 的圈;

$$C = (v_1, v_2, v_3, \cdots, v_{l-1}, v_l, v_1)$$

下证 l 为偶数。

事实上,不妨设 $v_1 \in V_1$,观察圈 C 中的各结点,有

$$v_1 \in V_1 \Rightarrow v_2 \in V_2 \Rightarrow v_3 \in V_1 \Rightarrow v_4 \in V_2 \Rightarrow \cdots \Rightarrow v_l \in V_2 \Rightarrow v_1 \in V_1$$

从而

$$v_1, v_3, v_5, \cdots, v_{l-1} \in V_1$$
$$v_2, v_4, v_6, \cdots, v_l \in V_2$$

这样,$l-1$ 必为奇数,而 l 则必为偶数。

再证充分性。

设 G 中每一个圈的长度为偶数,并假定 G 为连通图(若 G 不连通,则可采用下面的方法证明 G 的每一个连通支都是二分图,从而得知 G 为二分图),定义 V 的两个子集 V_1 及 V_2 如下:

任取 $v \in V$,置 $V_1 = \{v_i \mid v_i \text{ 与 } v \text{ 的距离为偶数}\}$,$V_2 = V \backslash V_1$。这样,$V_1$ 与 V_2 构成了 V 的一个划分。欲证 V_1 与 V_2 的结点间均无边相连。

先证 V_1 的结点间无边相连。假若不然,设有边 $(v_i, v_j) \in E$ 且 $v_i, v_j \in V_1$,则必可找到由 v_i 到 v 及由 v 到 v_j 的最短路径,构成如图 8.63 所示的圈。因为由 v_i 到 v 及由 v 到 v_j 的长度 l_1, l_2 均是偶数,故图 8.63 中所示圈的长度必为奇数,这与定理所给的条件矛盾。此矛盾说明边 (v_i, v_j) 不存在,即 V_1 的任意两个结点间无边相连。

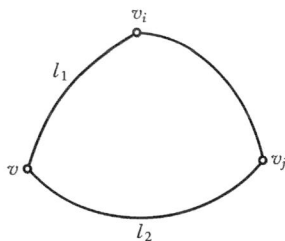

图 8.63

同理可证:V_2 的任意结点间亦无边相连,从而得知 G 为二分图。　∎

例 8.27　观察图 8.64(a),这是一个连通图,且它每一个圈的长度均为偶数,故此图是二分图。

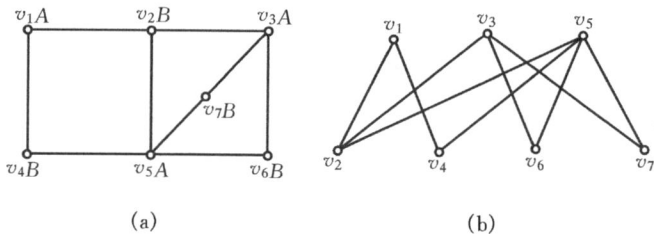

图 8.64

注意到图 8.64(a) 中的 A,B 标记,可知:

$$V_1 = \{v_1, v_3, v_5\}, \quad V_2 = \{v_2, v_4, v_6, v_7\}$$

将图 8.64(a) 画成图 8.65(b),更可清楚地看到它是一个二分图。

例 8.28　出席某次国际学术会议的有六个成员 a,b,c,d,e,f。他们的情况是:a 会讲汉语、法语和日语;b 会讲德语、日语和俄语;c 会讲英语和法语;d 会讲汉语和西班牙语;e 会讲英语和德语;f 会讲俄语和西班牙语。如将此六人分成两组,是否会发生同一组内的任意两个人不能互相直接交谈的情况?

用结点表示参加学术会议的成员,两成员间如有共同语言时则有边相连,否则无边相连。按题意可得图 8.65。由于图 8.65 中的圈长均为偶数,故由定理 8.15 知此图为二分图。设 $V_1 = \{a,e,f\}$,$V_2 = \{b,c,d\}$,当六位代表按 V_1,V_2 的办法分组时,则同一组内的任意两个人都不能相互直接交谈。

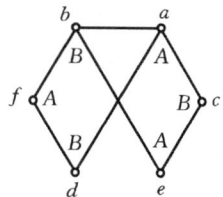

图 8.65

与二分图的概念紧密相关的问题是匹配问题。

定义 8.28　设 $G = (V,E)$ 是二分图,$E \subseteq V_1 \times V_2$。若 $M \subset E$,且 M 中任何两条边不相邻,则称 M 是 G 的一个**匹配**;具有边数最多的匹配称为**最大匹配**;若 $|V_1| = |V_2| = |M|$,则称 M 为**完美匹配**。匹配 M 中的边 $e \in M$ 称为**杆**。

例 8.29　在图 8.66 所表示的图 G 中,$M = \{(v_1, v_4), (v_3, v_7), (v_5, v_2)\}$ 就是 G 的一个匹配(图中用粗线表示的),并且是最大匹配,但不是完美匹配。

定义 8.29　设 M 是一匹配,则

(1) 结点 $u \in V_1$,$v \in V_2$ 称为被 M 所匹配当且仅当有杆 $e \in M$ 使得 $e = (u,v)$;

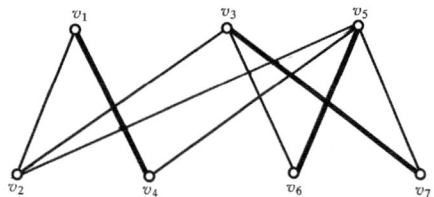

图 8.66

（2）结点 $u \in V_1 \bigcup V_2$ 称为 M 的饱和点当且仅当有杆 $e \in M$ 匹配结点 u；否则，结点 u 称为 M 的非饱和点；

（3）交错路 P 是一条分别交替的属于 M 和 $E \backslash M$ 的边构成的极大的初级路（或圈）；

（4）增广路 P 是一条起点为 u 及终点为 v 且都是非饱和点的交错路。

图 8.67 中左边的路都是交错路，也是增广路，其端点都是非饱和点，实线所示的边都是匹配中的边（即杆）。如果我们像图 8.67 中右边那样，将左边路中的实线边变为虚线边、虚线边变成实线边，就可以逐步增加匹配中的边，从而使匹配达到最大匹配。下面我们将要给出的求最大匹配的算法，就基于此种思想。

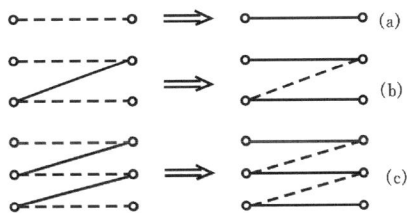

图 8.67

利用定义 8.29 所给的术语，我们有下述求最大匹配 M 的算法。

匈牙利方法（J. Edmonds，1965）　其计算步骤如下：

No1　任取一匹配 M（可以是空集或只含一条边的集合）；

No2　令 $S = \{u \mid u \in V_1 \wedge u$ 是 M 的非饱和点$\}$，若 $S = \varnothing$，则 M 已是最大匹配，exit；

No3　否则，$S \neq \varnothing$，任取一非饱和点 $u_0 \in S$ 作为起点，从此起点走出几条交错路 $P_{i_1}, P_{i_2}, \cdots, P_{i_k}$；

No4　如果它们中有某条路 P 是增广路（即 P 的终点也是非饱和点），则令 $M = M \oplus P = (M \backslash P) \bigcup (P \backslash M)$（并且有 $|M|$（新）$= |M|$（旧）$+ 1$），go to No3；

No5　否则，如果它们中无一条是增广路（即终点全是饱和点），则令 $S = S \backslash \{u_0\}$。如果 $S \neq \varnothing$，则 go to No3；否则 $S = \varnothing$，则 M 就是最大匹配，exit；

此算法的停机性勿容置疑，因为算法使匹配 M 的边每次增一且边集 E 为有限。

例 8.30　有六位教师：张、王、李、赵、孙、周，要安排他们去教六门课程：数学、化学、物理、语文、英语、程序设计。张老师会教数学、程序设计和英语；王老师会教英语和语文；李老师会教数学和物理；赵老师会教化学；孙老师会教物理和程序设计；周老师会教数学和物理。应怎样安排课程才能使每门课都有人教，每个人都只教一门课并且不致于使任何人去教他不懂的课程？

这是一个工作分派问题,并且是图论中求二分图完美匹配的典型问题。

将教师和课程看作二分图中两个互补的结点子集,当某教师会教某课程时相应的两结点间就有边相连,这样,按照例题中所给的条件可画出如图 8.68 所示的二分图。

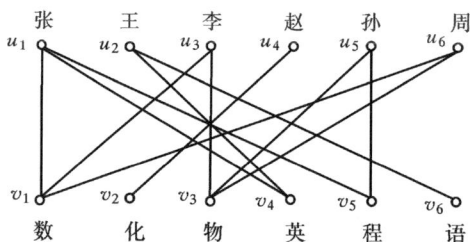

图 8.68

现在用算法来求图中的最大匹配 M:

(1) 先任取一个初始匹配

$$M_1 = \{(u_2, v_6), (u_3, v_1)\}$$

如图 8.69(a) 实线所示,于是得到 $S_1 = \{u_1, u_4, u_5, u_6\} \subseteq V_1$,任选非饱和点 $u_1 \in S_1$ 作为起点,得到一条增广路

$$P_1 = \{(u_1, v_1), (v_1, u_3), (u_3, v_3)\}$$

(2) 从而得到新匹配

$$M_2 = M_1 \oplus P_1 = \{(u_1, v_1), (u_2, v_6), (u_3, v_3)\}$$

如图 8.69(b) 实线所示,于是得到 $S_2 = \{u_4, u_5, u_6\} \subseteq V_1$,任选非饱和点 $u_4 \in S_2$ 作为起点,得到一条增广路

$$P_2 = \{(u_4, v_2)\}$$

(3) 从而得到新匹配

$$M_3 = M_2 \oplus P_2 = \{(u_1, v_1), (u_2, v_6), (u_3, v_3), (u_4, v_2)\}$$

如图 8.69(c) 实线所示,于是得到 $S_3 = \{u_5, u_6\} \subseteq V_1$,任选非饱和点 $u_6 \in S_3$ 作为起点,得到一条增广路

$$P_3 = \{(u_6, v_3), (v_3, u_3), (u_3, v_1), (v_1, u_1), (u_1, v_4)\}$$

(4) 从而得到新匹配

$$M_4 = M_3 \oplus P_3 = \{(u_1, v_4), (u_2, v_6), (u_3, v_1), (u_4, v_2), (u_6, v_3)\}$$

如图 8.69(d) 实线所示,于是得到 $S_4 = \{u_5\} \subseteq V_1$,只能选非饱和点 $u_5 \in S_4$ 作为起点,得到一条增广路

$$P_4 = \{(u_5, v_5)\}$$

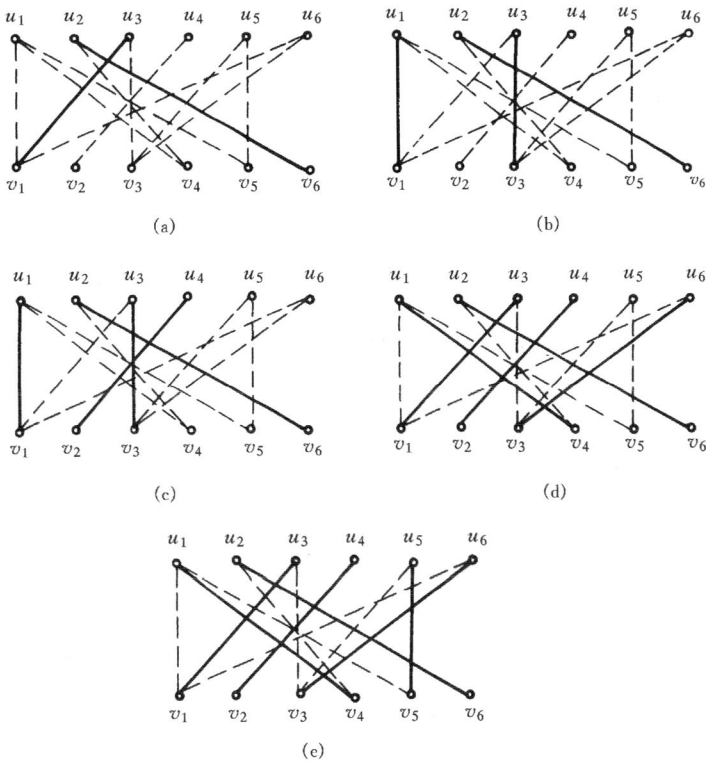

图 8.69

（5）从而得到新匹配

$$M_5 = M_4 \oplus P_4 = \{(u_1,v_4),(u_2,v_6),(u_3,v_1),(u_4,v_2),(u_5,v_5),(u_6,v_3)\}$$

如图 8.69(e) 实线所示，这时得到 $S_5 = \varnothing \subseteq V_1$，没有非饱和点可选，$M = M_5$，exit；

$M = \{(u_1,v_4),(u_2,v_6),(u_3,v_1),(u_4,v_2),(u_5,v_5),(u_6,v_3)\}$ 就是所求的匹配，它是本例中的最大匹配，且是完美匹配。按此匹配来分配教师们的工作，就可做到每门课程都有人教，每位教师只教一门课且不发生让教师教他不懂课程的情况。

通过前面的例子，可以看到：在一个二分图中，最大匹配和完美匹配并不唯一，例如，在上例中 $M' = \{(u_1,v_4),(u_2,v_6),(u_3,v_3),(u_4,v_2),(u_5,v_5),(u_6,v_1)\}$ 是另一个最大匹配和完美匹配。在一个二分图中，如果两个互补结点子集 V_1 和 V_2 的结点个数不相同，则此二分图一定不存在完美匹配；如果两个互补结点子集 V_1 和 V_2 的结点个数相同，且所有结点的度数相同，则此二分图一定存在完美匹配。

8.9　平面图

8.9.1　平面图的一般概念

在引入图的概念时,曾经指出:一个图能用一定的图示来表示,而对于图示,是没有形状要求的。如四个结点的完全图可以画成图8.70中(a),(b)两种形式。

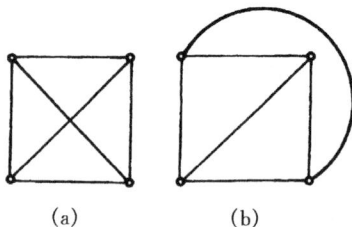

(a)　　　　　(b)

图 8.70

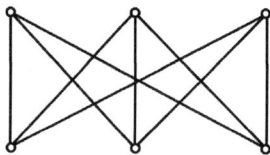

图 8.71

在图8.70(a)中,两条对角线产生了一个交叉点,而在图8.70(b)中,则没有交叉点。

在实际应用中,经常遇到如何画图的问题。如:一个电路由六个元件组成,共分成两组,每组三个元件,并要求一组中的一个元件与另一组中的每一个元件都用导线连接起来。用图来描述上面的问题,可得到如图8.71所示的图示。

问题是:能否将这六个元件及导体放在一块印刷板上,而且使任意两根导线不相交叉?即寻找图8.71的一种画法,使得任意两条边不相交。

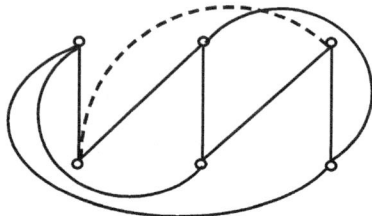

图 8.72

可以发现,在这个图中交叉点是不可避免的,无论怎样画,总有两条导线会相交(如图8.72所示)。

定义 8.30　设 $G = (V, E)$ 是无向图,如果存在 G 的一种图示,使得任意两条边不相交,则称 G 为**平面图**。

例 8.31　图8.73(a)是平面图,因为略作变化即可将图8.73(a)画成图8.73(b)的形式;但如在图8.73(a)中再加一条边,如图8.73(c)所示,此时无论怎样变化,这条新添进去的边都会与其他边相交,故图8.73(c)是非平面图,它是五个结点的完全图,记作 K_5。

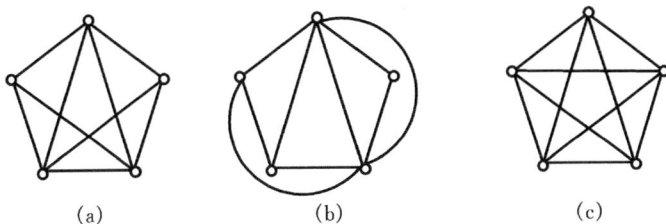

图 8.73

8.9.2　Euler 公式

定义 8.31　在平面图的图示中,一个极小的初级圈所包围的部分称为平面图的一个**区域**,而称该初级圈的边为此区域的边界。平面图中最大的初级圈之外的部分称为平面图的**无穷域**,最大的初级圈上的边称为无穷域的边界。

所谓极小的初级圈是指:在此圈内不再含有其他更小的初级圈,但不排斥圈内可以有其他结点或边。此外,当图中无圈时,整个平面即为一无穷域。由此可知:一个图有且只有一个无穷域,并且当图中无圈时,此图的无穷域没有边界。

例 8.32　图 8.74 是一个平面图,图中共有四个区域,它们的边界为:

区域 1——(a,b,f,a)

区域 2——(b,d,f,b)

区域 3——(b,c,d,b)

区域 4——(a,b,c,d,f,a)

其中区域 4 为无穷域。

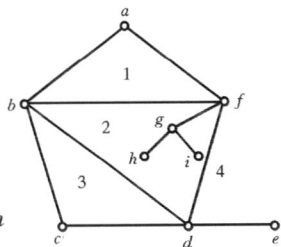

图 8.74

1750 年,Euler 提出凸多面体的顶点数 n、棱数 m 及面数 r 间有如下关系:

$$n-m+r=2$$

此关系被称为 **Euler 公式**.有趣的是 Euler 公式同样刻划了平面图中结点的个数、边的条数及区域数之间的数量关系。

定理 8.16　设 G 为连通的 (n,m) 平面图,它的区域数为 r,则有

$$n-m+r=2$$

证　对边数 m 用数学归纳法。

当 $m=1$ 时,对连通图来说只有如图 8.75 所示的两种可能的情形。

显然,这两个图都满足 Euler 公式 $n-m+r=2$。

设 $m=k-1$ 时 Euler 公式成立,即有 $n-(k-1)+r=2$。

当 $m=k$ 时,分两种情况讨论:

$n=2,m=1,r=1$ $n=1,m=1,r=2$

图 8.75

(1) G 中有悬挂点 v。

将 v 以及与 v 相关联的悬挂边删去,得到图 G',显然 G' 是连通的平面图且 G' 有 $k-1$ 条边,故对图 G' Euler 公式成立。设 G' 的结点数与区域数分别为 n' 与 r',则有

$$n'-(k-1)+r'=2 \quad (\text{其中 } n'=n-1,\ r'=r)$$

于是对于图 G 应有

$$n-k+r=(n'+1)-k+r'=n'-(k-1)+r'=2$$

即 Euler 公式成立。

(2) G 中无悬挂点。

此时 G 中的每一条边都是某一区域的边界。若从 G 的某个区域的边界上删除一条边 e 可得一图 G',G' 有 $k-1$ 条边且是连通的平面图,故对 G' Euler 公式仍成立。但由于 e 是 G 中两个区域的公共边界,所以当删除 e 后,这两个区域就变成了一个区域(参见图 8.76)。

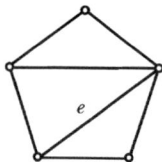

图 8.76

设 G' 的结点数为 n',区域数为 r',则有

$$n'-(k-1)+r'=2 \quad (\text{其中 } n'=n,\ r'=r-1)$$

于是对图 G 应有:

$$n-k+r=n'-k+(r'+1)=n'-(k-1)+r'=2$$

Euler 公式仍成立。 ∎

需要指出的是:Euler 公式是平面图应满足的必要条件,利用它可以很快判断出一个图为非平面图。但对于某些图其区域数 r 不易从图示中看出,给 Euler 公式的使用造成了一定的困难,相比之下,下面的推论则有其独特的优点。

推论 8.16.1 设 G 是连通的 (n,m) 简单平面图,且每个区域由三条及三条以上的边组成,则 $m \leqslant 3n-6$。

证 由于 G 中每一区域至少由三条边围成,故

$$\text{诸区域的边数总和} \geqslant 3r$$

又因为一条边至多是两个区域的公共边,故

$$2m \geqslant \text{诸区域的边数总和}$$

所以 $3r \leqslant 2m$, $r \leqslant \dfrac{2}{3}m$, 代入 Euler 公式, 得 $n - m + \dfrac{2}{3}m \geqslant 2$, 从而有

$$m \leqslant 3n - 6 \qquad \blacksquare$$

例 8.33 利用推论 8.16.1, 可立刻判断出五个结点的完全图（K_5 图, 如图 8.77 所示）是非平面图。此时 $n = 5$, $m = 10$, 于是

$$m = 10 > 3 \times 5 - 6 = 3n - 6$$

推论中的条件不满足。

然而利用推论 8.16.1 的结论却判断不出 $K_{3,3}$（如图 8.78 所示）是非平面图, 这是由于 $K_{3,3}$ 图的每个区域至少由四条边围成的缘故。

推论 8.16.2 设 G 是连通的 (n, m) 简单平面图, 且每个区域由四条及四条以上的边围成, 则 $m \leqslant 2n - 4$。

其证明的方法与推论 8.16.1 相仿, 这里不再重复。

例 8.34 利用推论 8.16.2, 对 $K_{3,3}$ 图有 $n = 6$, $m = 9$。由于 $9 \leqslant 12 - 4$ 不成立, 故 $K_{3,3}$ 不是平面图。

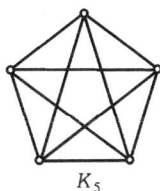

图 8.77

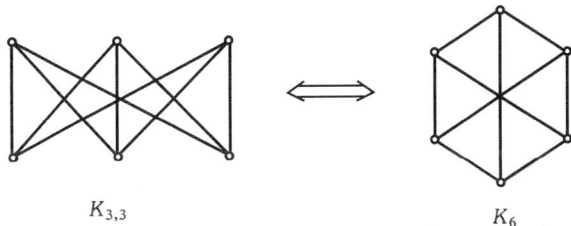

图 8.78

需要指出的是：在利用上述推论判断一个图为非平面图时, 不等式的形式将随着围成区域的最少边数的变化而改变, 切不可不根据图中的具体情况乱套用某一不等式, 这样会导致错误的结论。

8.9.3 Kuratowski 定理

由上面的讨论可以看到：K_5 和 $K_{3,3}$ 是非平面图的最小模型。1930 年, 波兰数学家 Kuratowski 给出了判别平面图的充分必要条件。

定理 8.17（Kuratowski 定理） 图 $G = (V, E)$ 是平面图的充要条件是 G 中无一子图或无一经过 Kuratowski 技术之后的子图与 K_5 或 $K_{3,3}$ 同构。

此定理的证明省略。

定理中的 Kuratowski 技术是指：

(1) 当两点间已有边时, 在两点间增加重复边或删去重复边；

(2) 当两点间已有边时, 在边上增加一个结点, 使一条边变成两条边；

（3）当两个结点都与第三个结点邻接、而第三个结点的度数为 2 时，删去第三个结点而使两边合成一边。

显然，对一个图使用 Kuratowski 技术不会使平面性有所改变，即本来的平面图使用 Kuratowski 技术后仍然是平面图；而本来不是平面图的，在使用上述技术后仍不能是平面图。

图 8.79(a) 表示了使用 Kuratowski 技术（1）的情况；图 8.79(b) 表示了使用 Kuratowski 技术（2）及（3）的情况；图 8.79(c) 中的两个图表示在 Kuratowski 技术的意义下它们是同构的。

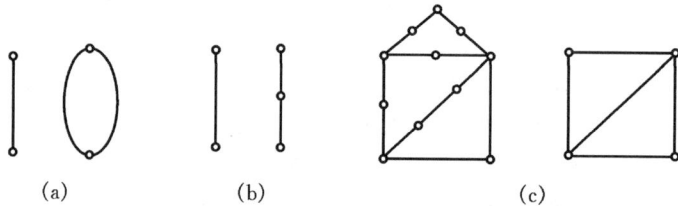

        (a)   (b)   (c)

图 8.79

例 8.35   证明 Petersen 图是非平面图。

证明的步骤如图 8.80 所示。

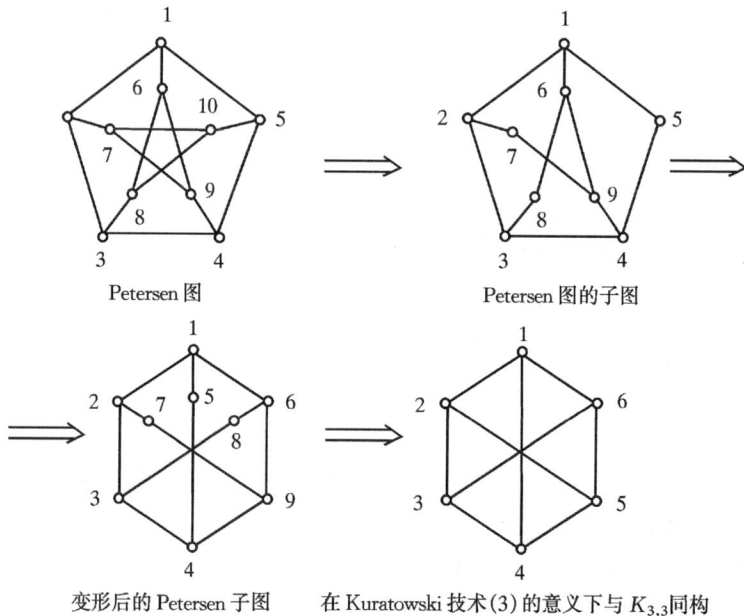

Petersen 图   Petersen 图的子图

变形后的 Petersen 子图   在 Kuratowski 技术（3）的意义下与 $K_{3,3}$ 同构

图 8.80

需要说明的是:虽然 Kuratowski 定理给出判断一个图是否为平面图的充分必要条件,但是对一个具体的图如何熟练地使用 Kuratowski 技术却不容易,所以定理的使用受到了限制。然而在实际应用中,如在印刷线路的设计中,一个电网络是否为可平面的问题是一个亟待解决的问题,所以对图的可平面性的研究曾经吸引了很多人的关注。加拿大的 W. T. Tutte 在这方面进行了大量研究并提出了有关算法。之后,于 1964 年,Demoucrou, Malgrange 和 Pertuiset 对他的算法进行了改进并提出了新的算法,有兴趣的读者可查阅有关资料。

8.10　树

8.10.1　自由树

树是图论中重要的概念之一,它在计算机科学中(如算法分析、数据结构)等方面有着广泛的应用。

定义 8.32　设 $G = (V, E)$ 是一个无向图,若 G 是连通的且无圈,则称 G 是一棵**自由树**。树中的边称为**树枝**;若 $\deg(v) = 1$,称 v 为**叶子**,否则称为**分枝点**。

按照树的定义,图 8.81 中的(a)、(b)、(c)、(d) 都符合定义中的要求,所以它们都是树。

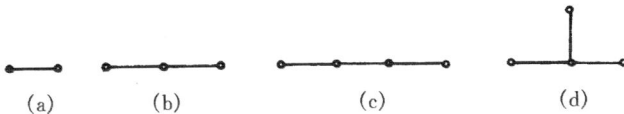

图 8.81

定理 8.18　设 $G = (V, E)$ 是 (n, m) 无向图,那么下面的六种说法是等价的:

(1) G 是一棵树;

(2) G 的每一对结点间有且只有一条路;

(3) G 是连通的且 $m = n - 1$;

(4) G 是无圈的且 $m = n - 1$;

(5) G 是无圈的但若在 G 的任一对结点间加一边时,恰形成一圈;

(6) G 是连通的但若在 G 中任意删除一边时,恰成为两个连通支。

证　(1) $\Leftrightarrow$ (2)

显然,G 的每一对结点间有路 $\Leftrightarrow$ G 是连通的;

其次,G 的每一对结点间只有一条路 $\Leftrightarrow$ G 中无圈。证明如下:

必要性：若 G 中有圈，设 $C=(v_1,v_2,\cdots,v_p,v_1)$ 是 G 的一个初级圈，于是 $C_1=(v_1,v_2,\cdots,v_p)$ 及 $C_2=(v_1,v_p)$ 就是两条不同的从 v_1 到 v_p 的初级路，这与 G 的每对结点间只有一条路可通矛盾！故 G 中无圈。

充分性：若从 u 到 v 有两条不同的初级路：
$$C_1=(v_1,v_2,\cdots,v_p)$$
$$C_2=(u_1,u_2,\cdots,u_q)$$

设 (v_i,v_{i+1}) 与 (u_i,u_{i+1}) 是第一条不同的边，又设 v_{j_1} 与 u_{j_2} 是在 $v_i(u_i)$ 之后的第一个重合点，于是 $C=(v_i,v_{i+1},\cdots,v_{j_1},u_{j_2-1},\cdots,u_i)$ 就是 G 的一个初级圈（如图 8.82 所示）这与 G 中无圈矛盾！故 G 的每一对结点间只有一条路。

(1) $\Rightarrow$ (5)

只要证明：在树的任意一对结点间加一边时，恰形成一圈。

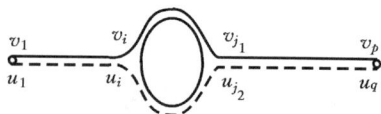

图 8.82

设 u,v 是 G 中的任意两点，由树的连通性可知：u,v 间必有一条初级路可通，若在 u,v 间增加一边，必得一初级圈。若出现的圈不止一个，则删除 u,v 间增加的那条边，此时 G 中应仍有圈存在，这又与树定义中的无圈矛盾！由此可见，u,v 间加一边时只能形成一个圈。

(5) $\Rightarrow$ (1)

只要证明 G 是连通的。

任取 $u,v\in V$，若在 u,v 间增加一边则可得一圈，这意味着 u,v 间在未增加边之前已有路可达，故 G 是连通的。

(6) $\Rightarrow$ (2)

由于 G 是连通的，所以 G 的每对结点之间有路可通，因此只需证明 G 的任意两个结点间只有一条路。

假若不然。设有任意两点 $u,v\in V,u$ 到 v 有两条不同的简单路：
$$C_1=(e_1,e_2,\cdots,e_p)$$
$$C_2=(e_1',e_2',\cdots,e_q')$$

其中必有某个 e_i 与 e_i' 不同。

将 e_i 删除，这时 u,v 间仍然有路可通，说明删除一边后不能得到两个连通支，这与(6)中给的条件矛盾！故知 G 的任意两点间只能有一条路。

(2) $\Rightarrow$ (6)

G 的每对结点间有路，说明 G 是连通的，故只需证明在 G 中任意删除一边时恰留下两个连通支。

首先,在 G 中删除一边时,一定会出现几个连通支。假如删除某边后,仍然只有一个连通支,这说明此时 G 是连通的,它意味着被删除边的两端点间一定还有路可通,这与(2)的条件"每一对结点间只有一条路"矛盾!

其次,在 G 中删除一边时,最多出现两个连通支。若多于两个,则将删除的边重新补回原图,原图中至少还有两个连通支,这与(2)的条件"每对结点间有路可通"矛盾!

(1) $\Rightarrow$ (3) $\wedge$ (4)

只需证明 $m = n - 1$。

对结点数 n 用数学归纳法。当 $n = 1$ 或 2 时,结论显然成立。假设对所有的 k,当 $k < n$ 时结论成立,要证明当 $k = n$ 时结论仍成立。

事实上,由于 G 是一棵树,所以 G 中任意两点间有且只有一条路,并且在 G 中任意删除一边时必可得到两个连通支 G_1 和 G_2。

设 G_1,G_2 分别为 (n_1,m_1) 图和 (n_2,m_2) 图,由于 $n_1 < n$ 且 $n_2 < n$,所以由归纳假设可知:$m_1 = n_1 - 1,m_2 = n_2 - 1$。

又因为 $n_1 + n_2 = n$,$m_1 + m_2 = m - 1$,所以 G 的全部边数为

$$m = m_1 + m_2 + 1 = (n_1 - 1) + (n_2 - 1) + 1 = n_1 + n_2 - 1 = n - 1$$

(3) $\Rightarrow$ (1)

只需证明 G 中无圈。

假若不然,设 G 有一初级圈 C,C 中有 p 个结点,故 C 中有 p 条边,且不在 C 上的结点有 $n - p$ 个。

由于 G 是连通的,所以不在 C 上的点必都可达 C 上的点,因此起码有 $n - p$ 条边不在 C 上。考虑 G 的边数,有:$m \geqslant p + (n - p) = n$,这与(3)中的条件 $m = n - 1$ 矛盾!故知 G 中无圈存在。

(4) $\Rightarrow$ (1)

只需证明 G 的连通支数 $k = 1$。

设 G 有 k 个连通支,它们是 $G_1,G_2,\cdots,G_k$,这些连通支分别是 (n_1,m_1) 图,(n_2,m_2) 图,$\cdots,(n_k,m_k)$ 图。

显然 $\sum_{i=1}^{k} n_i = n$,并且 $G_1,G_2,\cdots,G_k$ 都是无圈的连通图,由于 (1) $\Leftrightarrow$ (3),故由(3)知 $m_i = n_i - 1$ $(i = 1,2,\cdots,k)$。于是 G 的边数为

$$m = \sum_{i=1}^{k} m_i = \sum_{i=1}^{k} (n_i - 1) = \sum_{i=1}^{k} n_i - k = n - k$$

又由(4)知 $m = n - 1$,所以 $k = 1$,即 G 是连通的。　■

定义 8.33 设 $G = (V, E)$ 是无向图,若 G 是无圈的,则称 G 是一个森林。

可以看到:若 G 为森林,则 G 的每个连通支为一棵树。图 8.83 所示的就是一个森林。

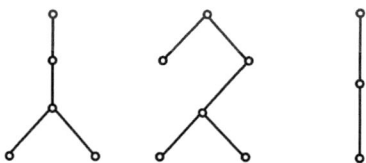

图 8.83

8.10.2 生成树

定义 8.34 设 $G = (V, E)$ 是一个无向图,$T = (V, \tilde{E})$ 是 G 的一个生成子图,若 T 是一棵树,则称 T 为 G 的一棵**生成树**。

定理 8.19 设 $G = (V, E)$ 是一个无向图,G 中有生成树的充要条件是 G 为连通图。

证 先证必要性。

由于生成树中的结点数与 G 的结点数相同,并且在生成树中任意两点间有路可通,从而在图 G 的任意两点间也有路可达,故 G 是连通图。

再证充分性。

设 G 是连通图,若 G 中无圈,则 G 就是生成树。若 G 中有圈,删除圈中的一条边得 $G' = (V, E')$,G' 当然是连通图,此时若 G' 中无圈,则 G' 就是 G 的生成树;否则继续上面的做法,直到图中无圈为止。由于 G 是有限图,总能得到一个 G 的无圈、连通的生成子图,故 G 中有生成树。 ∎

定理 8.20 设 $G = (V, E)$ 是一连通图,$|V| = n$,那末 G 的生成子图 $T = (V, \tilde{E})$ 是一生成树的充要条件是:T 连通且 $|\tilde{E}| = n - 1$。

证 必要性。

由于生成树是树,故结论成立。

充分性。

既有 T 连通且 $|\tilde{E}| = n - 1$,那末 T 是树;又因 T 是 G 的生成子图,故 T 是生成树。 ∎

由上面的定理可以看到:在无向连通图中,一定存在生成树。下面介绍两种在无向连通图 G 中寻找生成树的算法。

(1) **破圈法**:

No1 若 G 中无圈,出口;

No2　　设 C 是 G 中的一个圈,在 C 中任意删除一边 $e,G:=G\setminus\{e\}$,转向 No1。

(2) 避圈法：

设 G 的边集为 $E=\{e_1,e_2,\cdots,e_m\}$,则可通过如下过程构造生成树：

No1　　任取一边 $e,T:=\{e\}$,$i:=1$；

No2　　任取一边 e,若 $T\bigcup\{e\}$ 无圈,则 $T:=T\bigcup\{e\}$,$i:=i+1$；

No3　　若 $i=n-1$,出口；否则转向 No2。

由上面的算法可以看出,一个连通图可以有许多生成树,如图 8.84 中的 (b),(c),(d) 均为(a) 的生成树。

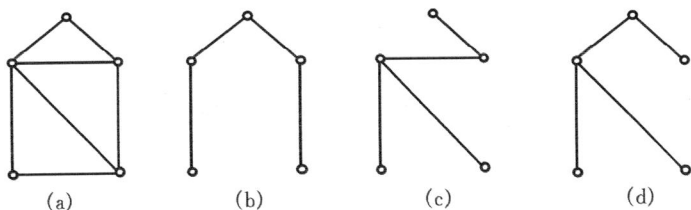

图 8.84

求一个图的生成树的问题,有其实际意义。比如要修建一个省内各县间的公路交通网,如何使用最少的资金使得任意两个县之间都有公路可通。考虑这个问题时首先应看到这个交通网至少应该构成一棵树；其次,由于各县间的自然条件不同,公路的造价也不同,因此,就经济角度来说,需要考虑建造价格最低的生成树问题,这就引出了图论中带权图的最小生成树的概念及求最小生成树的问题。

8.10.3　最小生成树

定义 8.35　设 $G=(V,E,W)$ 是一带权图,若 $T=\{e_1,e_2,\cdots,e_{n-1}\}$ 是 G 的一棵生成树,定义 $W(T)=\sum\limits_{i=1}^{n-1}W(e_i)$,若 T_0 是 G 的一棵生成树,$W(T_0)=\min\{W(T)\,|\,T$ 是 G 的生成树$\}$,称 T_0 为 G 的**最小生成树**。

下面介绍两种求最小生成树的算法。第一种算法是 Kruskal 推广了"避圈法"后提出的,称为 **Kruskal 算法**。

Kruskal 算法：

No1　　将 G 中各边按权值由小到大排队

$$e_1,e_2,\cdots,e_m(i<j\Rightarrow W(e_i)\leqslant W(e_j))$$

No2　　$i:=1$, $k:=1$, $T:=\{e_1\}$；

No3　　$k:=k+1$,若 $T\bigcup\{e_k\}$ 无圈,则 $i:=i+1$, $T:=T\bigcup\{e_k\}$,转向 No4,

否则转向 No3；

No4　若 $i = n-1$，出口；否则转向 No3。

Kruskal 算法的框图如图 8.85 所示。

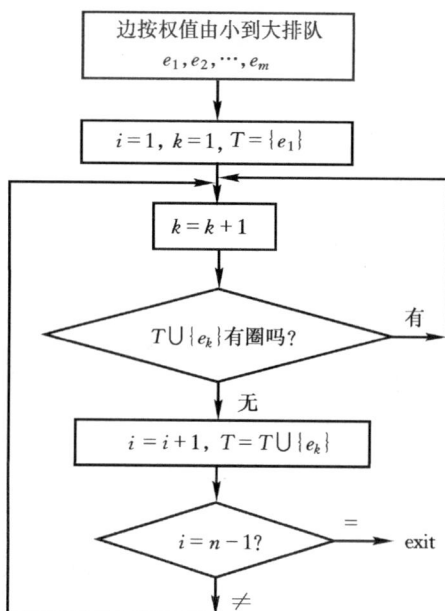

```
┌─────────────────────────┐
│   边按权值由小到大排队   │
│   e₁,e₂,…,eₘ            │
└───────────┬─────────────┘
            ↓
┌─────────────────────────┐
│  i=1, k=1, T={e₁}       │
└───────────┬─────────────┘
            ↓
      ┌──────────┐
      │  k=k+1   │
      └────┬─────┘
           ↓
      ◇ T∪{eₖ}有圈吗? ◇ ────→ 有
           │无
           ↓
┌─────────────────────────┐
│  i=i+1, T=T∪{eₖ}        │
└───────────┬─────────────┘
            ↓
      ◇  i=n-1?  ◇ ──=──→ exit
           │≠
```

图 8.85

现在证明 Kruskal 算法的正确性。

证　设利用 Kruskal 算法得到如下生成树

$$T_0 = \{e_1, e_2, \cdots, e_{n-1}\}$$

对于 G 中任意一个异于 T_0 的生成树 T，定义函数

$$f(T) = \min\{i \mid e_i \notin T\}$$

用反证法。假设 T_0 不是 G 的最小生成树，那末 G 的最小生成树都不同于 T_0，选 T 为 G 的最小生成树，并要求 $f(T)$ 尽可能大。

设 $f(T) = k$，则 $e_1, e_2, \cdots, e_{k-1}$ 同时属于 T_0 和 T，但 $e_k \notin T$，于是 $T \cup \{e_k\}$ 恰有一圈 C，显然 C 上各边不能都在 T_0 中，设 e_k' 是 C 上的一条不在 T_0 中的边。这时，$T' = (T \cup \{e_k\}) \backslash \{e_k'\}$ 是具有 $n-1$ 条边的连通图，于是 T' 是 G 的另外一棵生成树，且

$$W(T') = W(T) + W(e_k) - W(e_k')$$

注意到 Kruskal 算法的过程，e_k 是除 $e_1, e_2, \cdots, e_{k-1}$ 外具有最小权值且使得

$\{e_1,e_2,\cdots,e_{k-1},e_k\}$ 无圈的一条边；而 $\{e_1,e_2,\cdots,e_{k-1},e'_k\}$ 因是 T 的子图，也不会形成圈，所以

$$W(e'_k) \geqslant W(e_k)$$

因此 $W(T') \leqslant W(T)$。

于是 T' 也是 G 的一棵最小生成树，但 $f(T') > k = f(T)$，这与 T 的选法矛盾！之所以产生矛盾，是由于错误地假设了 T_0 不是最小生成树的缘故，由此知：T_0 必为最小生成树。∎

例 8.36　图 8.86 中的(b)~(f)表示了对(a)用 Kruskal 算法求最小生成树的过程，(f)中粗线所表示的就是(a)的最小生成树。

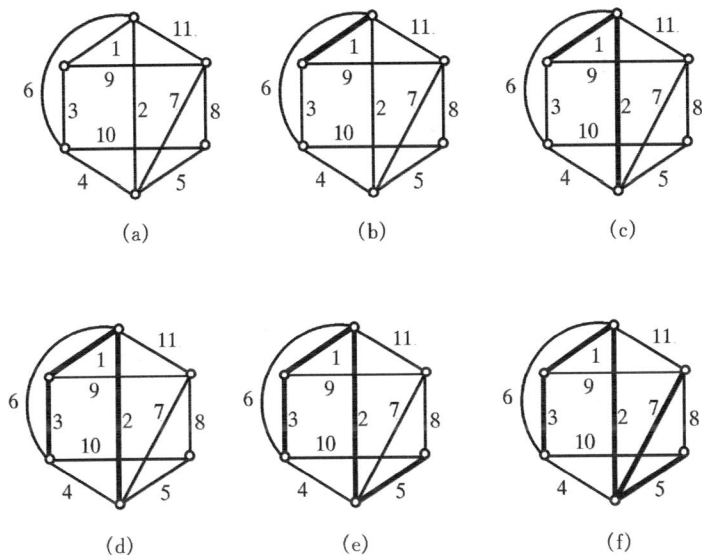

图 8.86

求最小生成树的第二种算法是山东师范学院管梅谷教授于 1975 年提出来的，称为**破圈法**。

破圈算法：

No1　$T := G$；

No2　若 G 中无圈，则 G 已是 G 的最小生成树，出口；

No3　设 C 是 G 的一个圈，选取 C 上具有权值最大的边 e，将 e 删除，即 $T := T \setminus \{e\}$ 转向 No2。

例 8.37　图 8.87 中的(b)～(g)表示了对(a)用破圈法求最小生成树的过程。

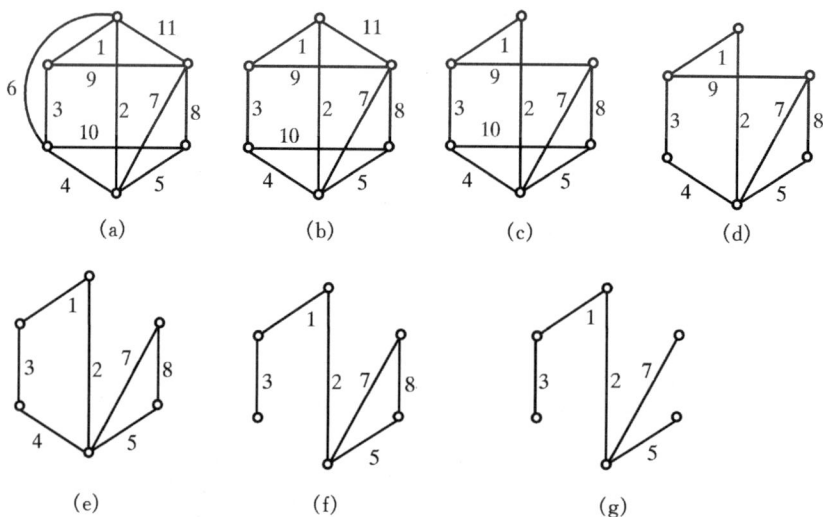

图 8.87

8.10.4　有根树

定义 8.36　设 $G = (V, E)$ 是有向图,如果

(1) G 中有一个特殊结点 r,$\overrightarrow{\deg}(r) = 0$;

(2) 对于 G 中其他结点 $v \neq r$,均有 $\overrightarrow{\deg}(v) = 1$;

(3) r 到 G 中任何结点均有路可通;

则称 G 为**有根树**。其中入度为零的结点称为**根**,出度为零的结点称为**叶子**,出度不为零的结点称为**分枝点**。

图 8.88 所示的是一棵有根树,其中 v_0 为根,v_1, v_3, v_7, v_8 为分枝点,其余结点为叶子。图中的(a)表示了自底向上的有根树,它与自然界中的树十分相似,但按图论中的习惯,更多的时候是将有根树表示成如(b)所示的自顶向下的树,又由于所有的箭头方向都是一致的,所以箭头常常省略,如(c)所示的那样。

在有根树中,结点 v 的**层次**是指从根到该结点的单向路径的长度。如在图 8.88 中,树根 v_0 的层次为 0;结点 v_1, v_2, v_3 的层次为 1;v_4, v_5, v_6, v_7, v_8 的层次为 2;而 v_9, v_{10}, v_{11} 的层次为 3。称距根最远的叶子的层数为树的**高度**,图 8.88 所示的有根树其高度为 3。

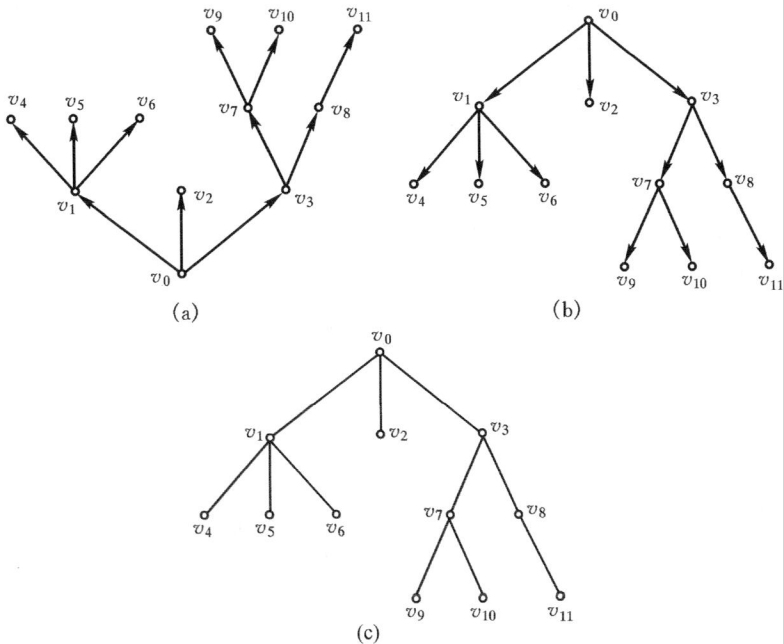

图 8.88

在有根树中,对一个非根结点 v,必有唯一的结点 u 存在,使 $(u,v)\in E$,称 u 为 v 的**父亲**,而 v 为 u 的**儿子**。若从 v 到 u 有一条路,则称 u 为 v 的**祖先**,v 为 u 的**后裔**;若 u,v 有共同的父亲,则称 u,v 为**兄弟** …… 在图 8.88 中,v_0 是 v_1,v_2,v_3 的父亲,v_1 是 v_4,v_5,v_6 的父亲,v_0 是 v_4,v_5,v_6 的祖父,v_0 是 v_9,v_{10},v_{11} 的曾祖父,v_1,v_2,v_3 是兄弟,而 v_4,v_5,v_6 与 v_7,v_8 则是堂兄弟。

定理 8.21 设 $T=(V,E)$ 是一棵有根树,r 是 T 的根,则对于 T 中任一结点 v 存在唯一的有向路从 r 到 v。

证 由有根树的定义知,r 到 v 必有路可通,故只需证明此路唯一。

记 $S_h=\{x\,|\,x\in V,d(r,x)\leqslant h\}$,用归纳法证明对于每一个小于或等于 h 的非负整数 h,由 r 到 S_h 中各点的路是唯一的。

当 $h=0$ 时,$S_h=S_0=\{r\}$,当然由 r 到 r 的路是唯一的,且路长为 0;

假设当 $h=k-1$ 时,r 到 S_{k-1} 中各点有唯一的路可通,现证明当 $h=k$ 时,r 到 S_k 中各点仍有唯一的路可通。设 $v\in S_k$ 有两种情况:$v\in S_{k-1}$ 或 $v\notin S_{k-1}$。

若 $v\in S_{k-1}$,由归纳假设,r 到 v 有唯一的路;

若 $v\notin S_{k-1}$,则 $d(r,v)=k$,于是必有一条长为 k 的路由 r 到 v,设此路为 $C=(r,u_1,u_2,\cdots,u_{k-1},v)$。由于 $\overrightarrow{\deg}(v)=1$,所以只有 $(u_{k-1},v)\in E$,即每条由 r

到 v 的路必先到 u_{k-1}。但 $u_{k-1} \in S_{k-1}$，由归纳假设，从 r 到 u_{k-1} 必有唯一的路，故 r 到 v 也只有唯一的路可通。　▌

一种特殊的有根树是二叉树及完全二叉树，它们在计算机科学中有许多重要的应用，其一般性概念是下面定义的 m 叉树及完全 m 叉树。

定义 8.37　设 T 是有根树，如果对于任一结点 v，有 $\overleftarrow{\deg}(v) \leqslant m$，则称此有根树为 **$m$ 叉树**；如果对每个结点 v，有 $\overleftarrow{\deg}(v) = m$ 或 $\overleftarrow{\deg}(v) = 0$，则称此有根树为**完全 m 叉树**。

如图 8.89(a) 所示的是三叉树，图 8.89(b) 所示的是二叉树，图 8.89(c) 所示的是完全二叉树。

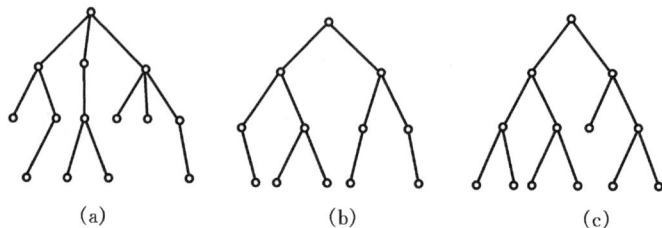

(a)　　　　　　　(b)　　　　　　　(c)

图 8.89

习 题 八

1. 从日常生活中列举出三个例子，并由这些例子自然地导出两个无向图及一个有向图。

2. 画出图 9.90 的补图。

3. 证明图 8.91 中的两图同构。

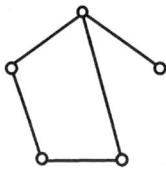　　　　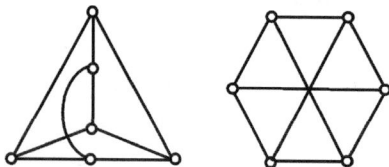

图 8.90　　　　　　　　图 8.91

4. 证明图 8.92(a)，(b) 中的两个图都是不同构的。

5. 一个图若同构于它的补图,则称此图为**自补图**。在无向简单图中:

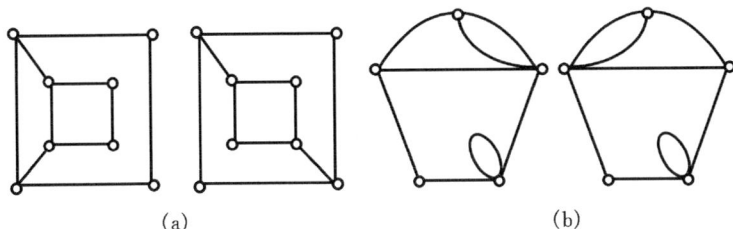

(a)   (b)

图 8.92

(1) 给出一个五个结点的自补图;   (2) 有三个或四个结点的自补图吗?为什么?

(3) 证明:若一个图为自补图,则它对应的完全图的边数必然为偶数。

6. 证明:在任何两个或两个以上人的组内,总存在两个人在组内有相同个数的朋友。

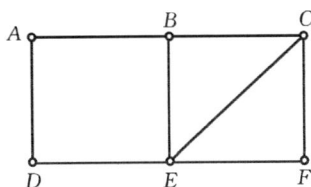

7. 设图 G 的图示如图 8.93 所示:

(1) 找出从 A 到 F 的所有初级路;

(2) 找出从 A 到 F 的所有简单路;

(3) 求由 A 到 F 的距离。

图 8.93

8. 在图 8.94 的各图中,哪些是连通图?哪些是简单图?

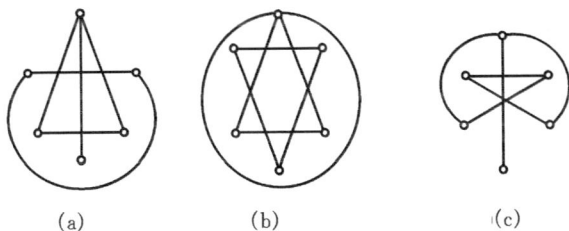

(a)   (b)   (c)

图 8.94

9. 求出所有具有四个结点的简单无向连通图。

10. 设 G 是一个简单无向图,且为 (n,m) 图,若

$$m > \frac{1}{2}(n-1)(n-2)$$

证明:G 是连通图。

11. 设 $G = (V,E)$ 是简单无向完全图,$|V| = n$。

(1) 求 G 中有多少初级圈?

(2) 设 $e \in E$, 求含有 e 的初级圈有几个?

(3) 设 $u, v \in V, u \neq v$, 求由 u 到 v 有几条初级路?

12. 试证在简单有向图中,

(1) 每个结点及每条边都属于且只属于一个弱分图;

(2) 每个结点及每条边都至少属于一个单向分图。

13. 试用有向图描述出下述问题的解法路径:某人(m) 带一条狗(d)、一只猫(c) 和一只兔子(r) 过河, 没有船, 他每次游过河时只能带一只动物, 当没有人管理时狗和兔子不能相处、猫和兔子也不能相处。在这些条件的约束下, 他怎样才能将这三只动物从北岸带往南岸?

14. 求图 8.95 中的所有强连通支、单向连通支、弱连通支。

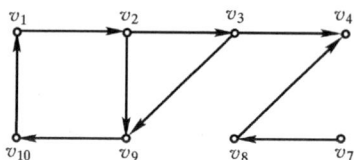

图 8.95

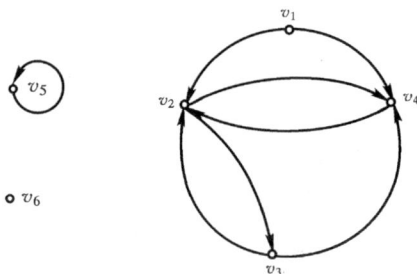

图 8.96

15. 给出有向图如 8.96 所示:

(1) 求它的邻接矩接 A;

(2) 求 A^2, A^3, A^4, 指出从 v_1 到 v_4 长度为 $1, 2, 3, 4$ 的路径各有几条?

(3) 求 $A^T, A^T A, A A^T$, 说明 $A^T A$ 和 $A A^T$ 中元素 $(2,3)$ 和 $(2,2)$ 的意义;

(4) 求 $A^{(2)}, A^{(3)}, A^{(4)}$ 及可达矩阵 R;

(5) 求出强连通支。

16. 利用 Dijkstra 算法, 求出图 8.97 中从 u 到 v 的最短路径长度和所有最短路径。

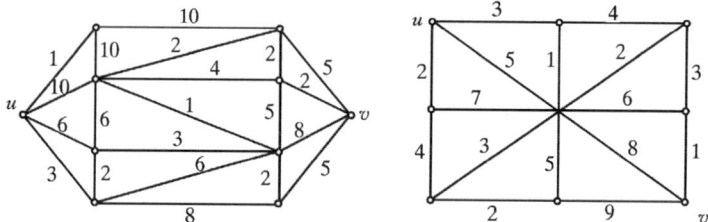

图 8.97

17. 在 Dijkstra 算法中,增加一个记忆系统,使得此算法不仅能给出从 u 到 v 的最短路的路长,而且可以给出一条最短路径。

18. 判断图 8.98 的图示能否一笔画。

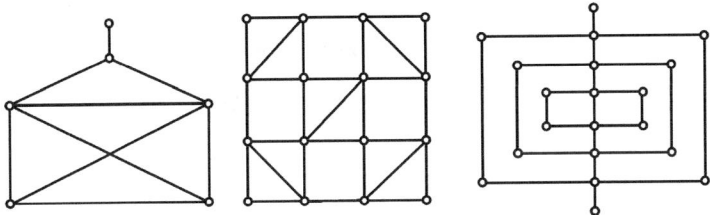

图 8.98

19. 设 G 是有向图,证明 G 是 Euler 图的充要条件是:G 是强连通的,且 G 中每一结点的入度等于出度。

20. 设 G 是连通的无向图,且有 $2k > 0$ 个奇结点。证明:在 G 中存在边不重的 k 条简单路 $C_1, C_2, C_3, \cdots, C_k$,使

$$E(G) = E(C_1) \bigcup E(C_2) \bigcup E(C_3) \bigcup \cdots \bigcup E(C_k)$$

21. 构造一个长度为 16 的 De Bruijn 序列。

22. (1) 画一个图示,使它既有一条 E -圈,又有一条 H -圈;

(2) 画一个图示,使它有一条 E -圈,但没有一条 H -圈;

(3) 画一个图示,使它没有一条 E -圈,但有一条 H -圈;

(4) 画一个图示,使它既没有一条 E -圈,又没有一条 H -圈。

23. 若 $G = (V, E)$ 有 Hamilton 路,证明对 V 中任一非空子集 S,均有 $W(G\backslash S) \leqslant |S| + 1$。

24. 证明图 8.99 的图示中(a)图没有 Hamilton 圈,(b)图没有 Hamilton 路。

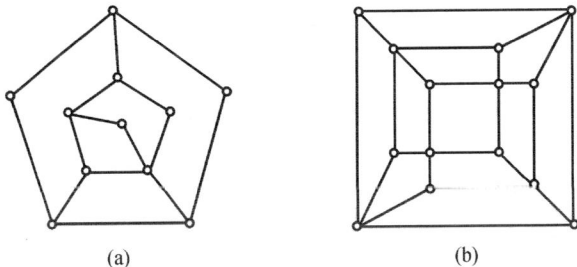

(a)   (b)

图 8.99

25. 有七位客人入席,A 只会讲英语,B 会讲汉语及英语,C 会讲英语、意大利语及俄语,D 会讲汉语及日语,E 会讲意大利语及德语,F 会讲法语、日语及俄

语,G 会讲德语和法语。问主人能否把诸位安排在一张圆桌上,使每一位客人与左右邻不用翻译便可交谈。若能安排,请给出一个方案。

26. 假设在一次集会上,任意两人合起来能够认识其余的 $n-2$ 个人。证明这 n 个人可以排成一行,使得除排头与排尾外,其余每个人都能认识自己的左右邻。

27. 如何由无向图 G 的邻接矩阵判断 G 是否为二分图?

28. 证明:如果 G 是二分图且 G 为 (n,m) 图,那么 $m \leqslant \dfrac{n^2}{4}$。

29. 设 $G = (V,E)$ 是二分图,$V = V_1 \bigcup V_2$,证明:

(1) 若 G 中有 H-圈,则 $|V_1| = |V_2|$;

(2) 若 G 中有 H-路,则 $|V_2| - 1 \leqslant |V_1| \leqslant |V_2| + 1$。

30. 在图 8.100 的图示中,是否存在 $\{v_1,v_2,v_3,v_4\}$ 到 $\{u_1,u_2,u_3,u_4,u_5\}$ 的完美匹配?若存在,请指出它的一个完美匹配。若不存在,请说明你的理由;是否存在着最大匹配?若存在,请用算法求出它的一个最大匹配。

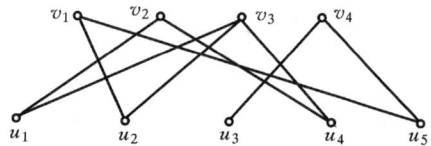

图 8.100

31. 某展览会共有 25 个展室,布置如图 8.101 所示,有阴影的展室陈列实物,无阴影的展室陈列图片,邻室之间均有门可通。有人希望每个展室都恰去一次,您能否为他设计一条路线?

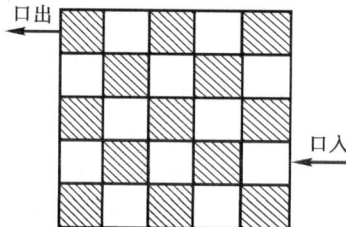

图 8.101

32. 证明:小于 30 条边的平面简单图至少有一个结点的度数小于等于 4。

33. 在由 $(r+1)^2$ 个结点构成的 r^2 个正方形网格所组成的平面图上,验证 Euler 公式的正确性。

34. 运用 Kuratowski 定理证明图 8.102 所示的图是非平面图。

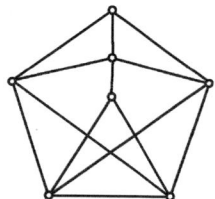

图 8.102

35. 证明树是只有一个区域的平面图。

36. 请画出具有六个结点的各种不同构的自由树。

37. 证明任意一棵树中至少有两片叶子($n \geqslant 2$)。

38. 在一棵树中,度数为 2 的结点有 n_2 个;度数为 3 的结点有 n_3 个 …… 度数为 k 的结点有 n_k 个。问它有几个度数为 1 的结点?

39. 设 $G = (V, E)$ 是连通的 (n, m) 无向图,证明 $m \geqslant n - 1$。

40. 若 $G = (V, E)$ 是 (n, m) 无向图,且 $n \leqslant m$,则 G 中必有圈。

41. 求出图 8.103 中的所有不同构的生成树。

42. 求出图 8.104 中的最小生成树。

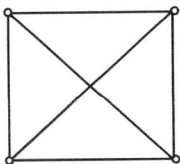

图 8.103

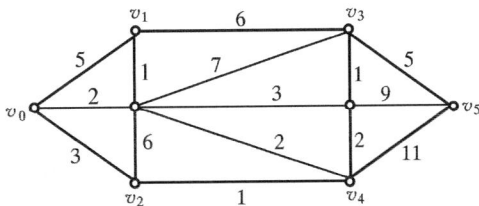

图 8.104

43. 由简单有向图的邻接矩阵如何判断它是否为有根树?若是有根树,又如何确定其树根及树叶?

44. 设 G 为有根树,证明:当把有向边视为无向边时,G 为自由树。

45. 设 $G = (V, E)$ 为有向图,若 G 在弱连通意义下无圈,证明 G 中必有入度为 0 的结点,且 G 中必有出度为 0 的结点。

46. 设 T 为二叉树,证明:

(1) T 的第 l 层上的结点总数不超过 2^l(其中 $l \geqslant 0$);

(2) 若 T 的高度为 h,则 T 至多只有 $2^{h+1} - 1$ 个结点。

47. 将图 8.105 表示成以 R 为根的自顶向下的有根树。

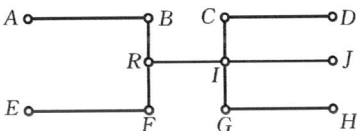

图 8.105

图论的历史

图论,是对由"点"和"线"构成的各种图,研究其中点和线关系及特性的一门学科。

图论起源于智力游戏的难题研究,如:哥尼斯堡七桥问题、迷宫问题、匿门博奕问题、棋盘上马的行走路线问题、四色猜想问题和哈密尔顿环球旅行问题等。这些问题曾吸引了很多学者的注意和兴趣,图论中不少概念的建立都与这些问题有关系。

图论的第一篇论文是欧拉(Euler)于 1736 年发表的,在欧拉的著名文章中阐述了解决哥尼斯堡七桥问题的思想,从而欧拉被誉为图论之父。

1847 年,克希霍夫(Kirchhoff)利用图论中树的有关理论来分析电网中的电流问题,得到了策动点阻抗和转移导纳的拓扑公式,这是在工程技术问题中应用图论的第一篇论文。1857 年,凯莱(Cayley)又应用树的概念,解决了异构体的计数问题。他们的研究开创了图论面向实际应用的成功先例,同时也引起更多的学者对图论的研究发生了兴趣。

1936 年,匈牙利的丹尼斯·科尼格(Deneskonig)教授写成了图论方面的第一本专著。

从 19 世纪中至今,随着科学技术的发展,特别是计算机的出现,使图论的研究取得了突飞猛进的发展,新的成果大量出现,在理论和应用上涌现出一批专家和专著,从而使图论发展成为一门专门的学科,图论的应用范围愈来愈广泛,如:在解决运筹学、控制论、网络理论、信息论、博奕论、化学、社会学、经济学、计算机科学以至生物学、心理学等各个领域的问题时,显示出越来越重要的作用。在计算机科学中的一些领域,如:语言、算法、数据库、操作系统、人工智能、网络理论、开发理论等方面图论的有关知识起着相当重要的作用。

第五部分

关于证明

第9章

证明方法与证明过程

9.1　基本概念

离散数学课程学习的一个重要目标是培养正确的思维方法，进行思维过程的训练。作为本书的结尾，对于前面几章中所使用的证明方法和证明过程作一个简单的总结。我们先给出几个相关的概念。

思维过程中包含了概念、判断和推理之间的结构与联系。

(1) 概念是思维的基本单位；

(2) 判断是根据概念对事物是否具有某种属性进行肯定或否定的回答；

(3) 推理则是由一个或几个判断得出一个新的判断的思维形式。

对于所学的概念，必须正确地掌握，否则将无法使用所学的概念进行判断。对于所作出的判断必须是准确的，不准确的判断是无用的，更不可能用于将来的推理过程中。对于所作出的推理必须是可靠的，如果推理过程不可靠，那么推理所得出的新的判断也将是不可靠的或者是无用的。因此，正确地掌握概念，准确地作出判断，可靠地进行推理是正确思维过程的三要素。

众所周知，离散数学课程中包含了大量的概念，其中包括集合、关系、函数、代数系统、格、布尔代数、图以及数理逻辑中的许多概念。在离散数学中，概念一般是用定义的方式进行描述的，每个定义叙述表达了一个或几个概念。正确掌握概念的方法是不仅要学会从正面理解和掌握概念，还要学会从反面理解和掌握概念，只有这样才能对概念有一个全面的理解和掌握。只有从两个方面以至多个方面理解和掌握所学的概念，才能在判断过程中正确地使用概念进行判断。有人在完成离散数学中的证明后总觉得不知对错与否，其原因就在于没有正确地掌握好所学的概念。

在"关系"一章中，我们给出了关系各种性质的定义，如二元关系的自反性、反自反性、对称性、反对称性和传递性。我们是用定义的形式给出这些二元关系的性质的,但在给出定义时仅是从一个方面对该性质给予了描述,而在使用定义进行判断时,可能从正面使用定义进行判断,也可能从反面使用定义进行判断,根据使用的需要进行判断方法的选择。

例 9.1　自反关系的定义为:若对于每个 $x \in X$,有 $(x,x) \in R$,则称 R 是 X 上的自反关系。反之,若存在 $x \in X$,使得 $(x,x) \notin R$,则称 R 不是 X 上的自反关系。

设 $X = \{a,b,c\}$,若 $R = \{(a,a),(a,b),(b,a),(b,b),(c,c)\}$,则由自反关系的定义知 R 是 X 上的自反关系。若 $R = \{(a,a),(a,b),(b,a),(b,b)\}$,则由自反关系的定义知 R 不是 X 上的自反关系。因为存在 $c \in X$,使得 $(c,c) \notin R$。

例 9.2　反自反关系的定义为:若对于每个 $x \in X$,有 $(x,x) \notin R$,则称 R 是 X 上的反自反关系。反之,若存在 $x \in X$,使得 $(x,x) \in R$,则称 R 不是 X 上的反自反关系。

设 $X = \{a,b,c,d\}$,若 $R = \{(a,b),(b,a)\}$,则由反自反关系的定义知 R 是 X 上的反自反关系。若 $R = \{(a,b),(b,a),(c,c)\}$,则由反自反关系的定义知 R 不是 X 上的反自反关系,因为存在 $c \in X$,使得 $(c,c) \in R$。

例 9.3　对称关系的定义为:对于任意 $x,y \in X$,若当 $(x,y) \in R$ 时,有 $(y,x) \in R$,则称 R 是 X 上的对称关系。反之,若存在 $x,y \in X$,使得 $(x,y) \in R$ 且 $(y,x) \notin R$,则称 R 不是 X 上的对称关系。

设 $X = \{a,b,c,d\}$,若 $R = \{(a,a),(a,b),(b,a)\}$,则由对称关系的定义知 R 是 X 上的对称关系。若 $R = \{(a,a),(a,b),(c,c)\}$,则由对称关系的定义知 R 不是 X 上的对称关系。因为存在 $a,b \in X$,使得 $(a,b) \in R$ 且 $(b,a) \notin R$。

例 9.4　反对称关系的定义为:对于任意 $x,y \in X$,若当 $(x,y) \in R$ 且 $(y,x) \in R$ 时,有 $x = y$,则称 R 是 X 上的反对称关系。反之,若存在 $x,y \in X$,使得 $(x,y) \in R$ 且 $(y,x) \in R$ 且 $x \neq y$,则称 R 不是 X 上的反对称关系。

设 $X = \{a,b,c,d\}$,若 $R = \{(a,a),(a,b)\}$,则由反对称关系的定义知 R 是 X 上的反对称关系。若 $R = \{(a,a),(a,b),(b,a),(c,c)\}$,则由反对称关系的定义知 R 不是 X 上的反对称关系。因为存在 $a,b \in X$,使得 $(a,b) \in R$ 且 $(b,a) \in R$ 且 $a \neq b$。

例 9.5　传递关系的定义为:对于任意 $x,y,z \in X$,若当 $(x,y) \in R$ 且 $(y,z) \in R$ 时,有 $(x,z) \in R$,则称 R 是 X 上的传递关系。反之,若存在 $x,y,z \in X$,使得 $(x,y) \in R$ 且 $(y,z) \in R$ 且 $(x,z) \notin R$,则称 R 不是 X 上的传递关系。

设 $X = \{a,b,c,d\}$,若 $R = \{(a,a),(a,b),(b,c),(a,c)\}$,则由传递关系的定义知 R 是 X 上的传递关系。若 $R = \{(a,a),(a,b),(b,c),(c,c)\}$,则由传递关系的定义知 R 不是 X 上的传递关系。因为存在 $a,b,c \in X$,使得 $(a,b) \in R$ 且

$(b,c) \in R$ 且 $(a,c) \notin R$。

由以上五例可知,概念是判断的标准,它不仅可以用于判断事物的属性成立,还可以用于判断事物的属性不成立。

在数理逻辑中对于全称量词和存在量词给予了描述。

(1) $\forall x A(x) = T$ 当且仅当对于个体域 I 中的每一个个体 x,有 $A(x) = T$。反之,$\forall x A(x) = F$ 当且仅当存在个体域 I 中的一个个体 x,使得 $A(x) = F$。

(2) $\exists x A(x) = T$ 当且仅当对于个体域 I 中的某个个体 x,有 $A(x) = T$。反之,$\exists x A(x) = F$ 当且仅当对于个体域 I 中的每一个个体 x,使得 $A(x) = F$。

在数理逻辑的谓词指派分析法中可以根据需要使用这四种说法中的某一种说法进行判断。

例 9.6　证明:$\forall x(A(x) \rightarrow B(x)) \Rightarrow \forall x A(x) \rightarrow \forall x B(x)$。

证　用指派分析法。

任取指派 $\pi = (A^0, B^0)$,若使 $\forall x A^0(x) \rightarrow \forall x B^0(x) = F$;

由 $\rightarrow$ 的定义知,$\forall x A^0(x) = T$ 且 $\forall x B^0(x) = F$;

由 $\forall$ 的定义知,对每个 x,有 $A^0(x) = T$,且存在 x_0 使 $B^0(x_0) = F$;

由 $\rightarrow$ 的定义知,对每个 x,有 $A^0(x_0) \rightarrow B^0(x_0) = F$;

由 $\forall$ 的定义知,有 $\forall x(A^0(x) \rightarrow B^0(x)) = F$;

由指派的任意性和 $\Rightarrow$ 的定义知,有

$$\forall x(A(x) \rightarrow B(x)) \Rightarrow \forall x A(x) \rightarrow \forall x B(x)$$

例 9.7　证明:$\exists x A(x) \rightarrow \exists x B(x) \Rightarrow \exists x(A(x) \rightarrow B(x))$。

证　用指派分析法。

任取指派 $\pi = (A^0, B^0)$,若使得 $\exists x(A^0(x) \rightarrow B^0(x)) = F$;

由 $\exists$ 的定义知,对每个 x,有 $A^0(x) \rightarrow B^0(x) = F$;

由 $\rightarrow$ 的定义知,对每个 x,有 $A^0(x) = T$ 且对每个 x 有 $B^0(x) = F$;

由 $\exists$ 的定义知,$\exists x A^0(x) = T$ 且 $\exists x B^0(x) = F$;

由 $\rightarrow$ 的定义知,$\exists x A^0(x) \rightarrow \exists x B^0(x) = F$;

由指派的任意性和 $\Rightarrow$ 的定义知有

$$\exists x A(x) \rightarrow \exists x B(x) \Rightarrow \exists x(A(x) \rightarrow B(x))$$

当已掌握了一批概念并学会使用这些概念进行判断之后,就可以进入由几个判断推出一个新的判断的推理过程,也即每个定理的证明过程。由于在离散数学中,推理过程与定理证明过程有着密不可分的关系,为此,我们先谈一下定理在学习中所起的作用。离散数学中的每个定理在学习的过程中将起到三方面的重要作用:

(1) **概念的复习**　由于每个定理中均含有大量的概念,因此学习定理的第

一步是概念的复习。例如在定理"双射函数 f 的逆关系 f^{-1} 是双射函数"中,所涉及到的概念有关系、逆关系、函数、单射函数、满射函数、双射函数等等。翻开书中每个定理,均有许多概念隐含在其中,因此,要学好每个定理就必须要掌握好定理中所涉及到的每一个概念。

（2）证明的过程　　所谓证明过程也即推理过程,证明过程采用各种不同的证明方法将定理中所给的条件和定理中要证明的结论联系在一起,下面将会详细描述各种证明方法在不同的定理证明过程中的应用。

（3）结论的使用　　每个定理都为我们带来一些结论。这些经过证明的结论,在以后的作业中、解题中、新的定理证明中均可使用。定理的不断增加,导致了结论的不断丰富,这使得做题和证明新的定理成为可能。因此,牢记每个定理的结论也是至关重要的。除了和定义等价的充分必要条件外,定理的结论和定义有所不同,我们知道定义是判断的标准,而定理的结论不是判断的标准。定理的结论往往带有许多的条件,因此,在使用定理的结论时,必须清楚地了解定理所要求的条件是否满足,若定理的条件不满足,则定理的结论不能使用。

其次,我们谈一下定理的证明,定理的证明涉及到三部分的内容:

（1）证明的目标　　证明的目标有两个,一个是证明定理的结论成立,一个是证明定理的结论不成立。一个定理在被证明之前只能算是一个猜想,特别是当定理的结论不知是否成立时,必须确定证明的目标,即要确定是证明该定理结论成立还是证明该定理结论不成立。由于证明定理成立可能是采用一种证明方法,而证明定理不成立可能是采用另一种证明方法,不同的证明目标将导致采用不同的证明方法,所以证明目标的确定十分重要。

（2）证明的过程　　证明的过程是将定理中的前提条件和要证明的结论联系在一起的过程。在承认所有前提条件为真的情况下,运用已有的知识和结论推断新的结论是否成立。在本书的数理逻辑部分我们已经给出了证明过程的形式化描述,何谓证明过程想必读者已经有所了解。

（3）证明的方法　　证明的目标是唯一的,证明的方法是多种多样的。下面我们将重点介绍离散数学中所常用的几种证明方法。它们分别是直接推理法、反证法、归纳法、穷举法、构造法、循环证法。并就每种证明方法举出几个例子用以表示证明方法的使用过程,最后通过举例将几种证明方法综合使用在一个定理的证明过程中,以完成本节内容的描述。

有人认为证明一个定理的结论成立,必定使用推理的方法,而证明定理的结论不成立必定使用举例方法,这种想法是不对的。例如,要证明两个代数系统 A 和 B 同构,就必须找出一个双射函数 h,使其对 A 和 B 中的每一对相应的运算满足同态公式,这种证明方法实际上是一种举例的方法。但要证明两个代数系统不同构则不可能使用举例的方法,不能说找到一个双射函数,对某对运算不满足同态公式,就称这两个代数系统不同构。而必须证明在任何情况下,不存在满足同态公式的双射函数。因此,推理的方法和举例的方法仅仅是证明中所使用的两种方法,可以用举例的方法证明定理的结论成立也可以用推理的方法证明定理的结论成立;可以用举例的方法证明定理的结论不成立也可以用推理的方法证明定理的结论不成立。根据不同的场合、不同的需要采用不同的证明方法,只有这样才能有效地解决证明的问题。需要特别指出的是所谓举例证明法的实质是构造证明法。为此,我们下面不使用举例证明法这种说法而采用构造证明法的说法。

9.2　证明方法和证明过程

9.2.1　直接推理法

直接推理法是根据已有的概念,已有的事实和已证明的定理结论,采用推理规则"若 $p \Rightarrow q$ 且 $q \Rightarrow r$,则 $p \Rightarrow r$"进行推理的方法。直接推理法的要点是仔细寻求定理中条件与结论之间的关联关系。这种关联关系往往要经过若干步的转换,即先从 p 推出 q_1,再从 q_1 推出 q_2……直到由 q_m 推出 r 为止。这时由 $\Rightarrow$ 的传递性即可知有 $p \Rightarrow r$ 成立。因此若能找出 $q_1, q_2, \cdots, q_m$ 这些中间步骤,则定理证明将不困难。

例 9.8　设 $\langle X, \oplus, \otimes \rangle$ 是代数系统, $\oplus$ 和 $\otimes$ 是 X 上的两个二元运算, e_1 和 e_2 分别是关于 $\oplus$ 和 $\otimes$ 的幺元, $\oplus$ 对 $\otimes$ 满足分配律且 $\otimes$ 对 $\oplus$ 满足分配律。证明: $\forall x \in X$,有 $x \oplus x = x$ 且 $x \otimes x = x$。

分析　由于结论由两部分组成,故先证明 $x \oplus x = x$。由条件和结论的对称性知,当证明出 $x \oplus x = x$ 后,可同理证明 $x \otimes x = x$。要证 $x \oplus x = x$,由结论知是将一个 x 分解成为两个 x 之和。由题目条件所启发必须引入分配律。由于 e_2 是关于 $\otimes$ 的幺元,故有 $x = x \otimes e_2$,另由 $\otimes$ 对 $\oplus$ 的分配律知有

$$x \otimes (e_2 \oplus e_2) = (x \otimes e_2) \oplus (x \otimes e_2) = x \oplus x$$

为此,若能证明 $e_2 = e_2 \oplus e_2$,即可证明 $x = x \oplus x$。看似 e_2 与 x 所满足的等式形式相同,但由于 e_2 是一个具体的元素,而 x 是任意的一个元素,故我们认为证明 $e_2 = e_2 \oplus e_2$ 应该比证明 $x = x \oplus x$ 要容易。分析到此已基本到位,下面用直接推理法给出该题的证明过程。

证　由条件知 e_1 和 e_2 分别是关于 $\oplus$ 和 $\otimes$ 的幺元, $\oplus$ 对 $\otimes$ 满足分配律且 $\otimes$ 对 $\oplus$ 满足分配律,于是有

$$e_2 = e_2 \oplus e_1 = e_2 \oplus (e_2 \otimes e_1)$$
$$= (e_2 \oplus e_2) \otimes (e_2 \oplus e_1)$$
$$= (e_2 \oplus e_2) \otimes e_2 = e_2 \oplus e_2$$

于是 $\forall x \in X$, 有

$$x = x \otimes e_2 = x \otimes (e_2 \oplus e_2)$$
$$= (x \otimes e_2) \oplus (x \otimes e_2) = x \oplus x$$

同理可证 $x = x \otimes x$。　　■

该证明过程分成两部分, 第一部分证明 $x = x \oplus x$, 第二部分证明 $x = x \otimes x$。

在第一部分中, 该证明过程又分成两步。第一步证明 $e_2 = e_2 \oplus e_2$, 第二步证明 $x = x \oplus x$。

第二部分同理可证, 先证 $e_1 = e_1 \otimes e_1$, 再证 $x = x \otimes x$。

以上证明充分表明了证明过程中构思的重要作用。构思的过程即是寻求条件与结论相联系的过程, 既可以从条件分析到结论, 也可以从结论反推到条件。更有甚者, 可以从条件和结论两个方向进行分析, 到中间地段汇合, 以达到分析的目标 —— 建立条件与结论之间的关联关系。

例 9.9　设 $\langle S, * \rangle$ 是半群, 若有 $a \in S$, $\forall x \in S$, $\exists u, v \in S$, 使得

$$a * u = v * a = x$$

证明: $\langle S, * \rangle$ 是含幺半群。

分析　由条件知 $\langle S, * \rangle$ 是半群, 由结论知只需证明 $\langle S, * \rangle$ 中含有幺元 e 即可。已知半群中若有幺元, 则幺元唯一, 因此可以认为幺元 e 不应随着 x 的变化而变化, 于是猜想幺元 e 与 a 可能有着密切的关系。从题目的条件分析来看幺元 e 不会直接等于 a, 但幺元应该与 a 有关系。为此证明将从 a 入手, 找出 a 与幺元之间的关系, 从而找出幺元, 即可完成证明的过程。下面使用直接推理法给出该题的证明。

证　由于 $a \in S$, 由条件知存在 $u_a, v_a \in S$, 使得

$$a * u_a = v_a * a = a$$

下面证明 u_a 是右幺元, v_a 是左幺元。

$\forall x \in S$, 由条件知 $\exists u, v \in S$, 使得

$$a * u = v * a = x$$

由于 $\langle S, * \rangle$ 是半群, $*$ 满足结合律, 于是有

$$x * u_a = (v * a) * u_a = v * (a * u_a) = v * a = x$$
$$v_a * x = v_a * (a * u) = (v_a * a) * u = a * u = x$$

由右幺元的定义知 u_a 是关于 $*$ 的右幺元, 由左幺元的定义知 v_a 是关于 $*$ 的左

幺元。

于是有

$$v_a * u_a = v_a = u_a = e$$

即〈$S, *$〉中有幺元 e。

由含幺半群的定义知〈$S, *$〉是含幺半群。 ▮

该题的证明过程分成三步：第一步找出与 a 有关的 u_a, v_a；第二步证明 u_a 是右幺元，v_a 是左幺元；第三步证明左幺元等于右幺元。通过这三步证明得到结论〈$S, *$〉是含幺半群。由此题可以看到，即使题目分析的过程不够充分，但通过分析已朝结论方向迈出一大步之后，即可着手证明的过程。在证明过程中，边证明边分析，边分析边证明，直到证明出所需要的结论。

例 9.10 设〈$S, *$〉是半群，e 是关于 $*$ 的左幺元，若 $\forall x \in S, \exists y \in S$，使得 $y * x = e$，证明：

(1) $\forall a, b \in S$，若 $a * b = a * c$，则 $b = c$；

(2) 〈$S, *$〉是群。

分析 本题的最终结果是要证明〈$S, *$〉是群。我们知道群比半群多了两个条件，若半群中有幺元且每个元素有逆元，则半群即为群。因此，要证明〈$S, *$〉是群，先要证明〈$S, *$〉中有幺元，再证〈$S, *$〉中的每个元素有逆元。注意到该题中有两问，因而先证第一问，再用第一问的结论证明第二问。事实上，我们可以猜测关于 $*$ 的左幺元 e 可能就是幺元，而关于 x 的左逆元 y 可能就是 x 的逆元。证明(2)的过程中用到(1)的结论，而(1)的结论恰好是左消去律。即在半群〈$S, *$〉中有若干"左"的性质，似乎还应有若干"右"的性质。而左右性质齐全时，所要的结论即可出现。下面用直接推理法给出本题的证明过程。

证 先证(1)成立。

由条件知，对于 $a \in S, \exists y_a \in S$，使得 $y_a * a = e$；

由条件 $a * b = a * c$ 知，有 $y_a * (a * b) = y_a * (a * c)$；

由结合律知，有 $(y_a * a) * b = (y_a * a) * c$；

由 $y_a * a = e$，得 $e * b = e * c$；由条件 e 是左幺元，故有 $b = c$。

再证(2)成立。

先证〈$S, *$〉中有幺元 e。已知 e 是关于 $*$ 的左幺元，下证 e 是关于 $*$ 的右幺元。

$\forall x \in S$，由条件知，$\exists y \in S$，使 $y * x = e$ 且 e 是左幺元，于是有

$$y * x = e = e * e = (y * x) * e = y * (x * e)$$

由(1)的结论知有 $x = x * e$。

由 x 的任意性和右幺元的定义知 e 是关于 $*$ 的右幺元，即〈$S, *$〉有幺元 e。

再证 S 中每个元素有逆元。$\forall x \in S$,已知 y 是 x 的左逆元,下证 y 是 x 的右逆元,即要证 $x * y = e$。

由条件知 $\forall x \in S, \exists y \in S$,使 $y * x = e$,于是有

$$y * (x * y) = (y * x) * y = e * y = y = y * e$$

由(1)的结论知有 $x * y = e$。

由 x 的任意性和逆元的定义知 $\langle S, * \rangle$ 中每个元素有逆元。

由群的定义知 $\langle S, * \rangle$ 是群。　　■

由此例可知,第一问结论的证明十分重要。实际上(1)的结论是在证明的过程中给了一个台阶,使得可以将一个复杂的问题分成几步完成,这样证明起来容易一些。读者不妨可以跳过第一问直接证明第二问,以体验证明中有条件借用和无条件借用之间的区别。本题的特征是只要抓住半群、群、幺元、逆元、消去律这些特征,详细加以分析,即可找出证明思路,完成证明过程。

例 9.11　设 $\langle R, \oplus, \otimes \rangle$ 是环,$\forall x \in R$,有 $x \otimes x = x$。证明:

(1) $\forall x \in R$,有 $x \oplus x = 0$(其中 0 是关于 $\oplus$ 的幺元);

(2) $\langle R, \oplus, \otimes \rangle$ 是交换环。

分析　与例 9.10 类似,先证(1),再证(2)。由条件知 $\langle R, \oplus, \otimes \rangle$ 是环,由于 $\otimes$ 对 $\oplus$ 满足分配律是环的主要特征,故在该题的证明中必将用到这一特征。为此必须在(1)和(2)的证明过程中引入 $\otimes$ 对 $\oplus$ 的分配律。下面用直接推理法给出本题的证明。

证(1)　$\forall x \in X$,由条件 $x \otimes x = x$ 知,有 $(x \oplus x) \otimes (x \oplus x) = x \oplus x$;由 $\otimes$ 对 $\oplus$ 的分配律,有

$$(x \oplus x) \otimes (x \oplus x) = (x \otimes x) \oplus (x \otimes x) \oplus (x \otimes x) \oplus (x \otimes x)$$
$$= x \oplus x \oplus x \oplus x$$

于是有 $x \oplus x \oplus x \oplus x = x \oplus x$。

由于 $\langle R, \oplus, \otimes \rangle$ 是环,故 $\oplus$ 满足消去律。于是有 $x \oplus x = 0$。即有 $x = -x$。

证(2)　要证 $\otimes$ 满足交换律,即要证 $\forall a, b \in R, a \otimes b = b \otimes a$。

$\forall a, b \in R$,由条件 $x \otimes x = x$ 知,有 $(a \oplus b) \otimes (a \oplus b) = a \oplus b$。由 $\otimes$ 对 $\oplus$ 的分配律有

$$(a \oplus b) \otimes (a \oplus b) = (a \otimes a) \oplus (a \otimes b) \oplus (b \otimes a) \oplus (b \otimes b)$$
$$= a \oplus (a \otimes b) \oplus (b \otimes a) \oplus b$$

于是有

$$a \oplus (a \otimes b) \oplus (b \otimes a) \oplus b = a \oplus b$$

由于 $\langle R, \oplus, \otimes \rangle$ 是环,故 $\oplus$ 满足消去律,于是有 $(a \otimes b) \oplus (b \otimes a) = 0$。

由(1)的结论有 $a \otimes b = -(b \otimes a) = b \otimes a$,由交换律的定义知 $\otimes$ 运算满

足交换律。

由交换环的定义知$\langle R, \oplus, \otimes \rangle$是交换环。　■

此例的证明过程告诉我们：利用题目的条件，抓住问题特征，在条件与结论之间建立关联关系，并说明每一步证明过程的理由，即可完成证明过程。

9.2.2　反证法

反证法是一种间接推理证明方法，特别是在问题的条件或结论中含有否定词时，常常使用反证法；另外，当要证明的结论中有许多种情况出现时也常使用反证法。反证法的形式描述在数理逻辑中已经介绍过了。反证法的证明过程为先假设结论不成立，然后推出矛盾，再用矛盾消去假设，即通过假设不成立的证明来说明要证的结论是成立的。使用反证法的关键是要根据所有已知的条件找出矛盾，矛盾一旦出现，所要的结论即可得到。

例 9.12　设 $\varnothing$ 是非空集合 X 上的空关系。证明：空关系 $\varnothing$ 是对称的、反对称的、传递的。

分析　题目要证空关系 $\varnothing$ 是对称的、反对称的和传递的。由于空关系中无偶对存在，因此使人感到从正面证明无从下手，其原因在于空关系这个条件中已含有否定词"空"。

证　（1）用反证法证明空关系是对称的。

假设空关系不是对称的。由对称关系的定义知存在 $x, y \in X$，有 $(x, y) \in \varnothing$，但 $(y, x) \notin \varnothing$。而 $(x, y) \in \varnothing$ 与空关系中无偶对矛盾。矛盾说明假设不真，即空关系不是不对称的，于是有空关系是对称的。

（2）用反证法证明空关系是反对称的。

假设空关系不是反对称的。由反对称关系的定义知存在 $x, y \in X$，有 $(x, y) \in \varnothing$ 且 $(y, x) \in \varnothing$，但 $x \neq y$。而 $(x, y) \in \varnothing$ 与空关系中无偶对矛盾。矛盾说明假设不真，即空关系不是不反对称的，于是有空关系是反对称的。

（3）用反证法证明空关系是传递的。

假设空关系不是传递的。由传递关系的定义知存在 $x, y, z \in X$，有 $(x, y) \in \varnothing$ 且 $(y, z) \in \varnothing$，但 $(x, z) \notin \varnothing$。而 $(x, y) \in \varnothing$ 与空关系中无偶对矛盾。矛盾说明假设不真，即空关系不是不传递的，于是有空关系是传递的。　■

例 9.13　设 R 是实数集合，＋和×是实数的加法和乘法，$X = \langle \mathbf{R}, + \rangle$，$Y = \langle \mathbf{R}, \times \rangle$。证明 Y 不是 X 的同态象。

分析　要证明 Y 是 X 的同态象，只须找出一个满射函数 $h: \mathbf{R} \rightarrow \mathbf{R}$ 且 h 对＋和×满足同态公式。但要证明 Y 不是 X 的同态象则需证明不存在满射函数 $h: \mathbf{R} \rightarrow \mathbf{R}$ 且 h 对＋和×满足同态公式。由于题目的结论中含有否定词"不"。为此采用反证法，先假设存在满射函数 $h: \mathbf{R} \rightarrow \mathbf{R}$ 且 h 对＋和×满足同态公式，然后推出矛盾,从而证明结论。

证 用反证法。假设存在满射函数 $h: \mathbf{R} \to \mathbf{R}$,且 $\forall x, y \in R$,有

$$h(x + y) = h(x) \times h(y)$$

由于 h 是满射函数,故对 $0 \in \mathbf{R}$,存在 $x_0 \in \mathbf{R}$,使得 $h(x_0) = 0$。

任取 $x \in \mathbf{R}$,由于 h 满足同态公式故有

$$h(x) = h((x - x_0) + x_0) = h(x - x_0) \times h(x_0)$$
$$= h(x - x_0) \times 0 = 0$$

这与 h 是满射函数矛盾,矛盾说明假设不真,即从 $\langle \mathbf{R}, + \rangle$ 到 $\langle \mathbf{R}, \times \rangle$ 的满同态函数不存在。由同态象的定义知 Y 不是 X 的同态象。 ∎

例 9.14 设 G 是简单无向图且 G 为 (n, m) 图,若

$$m > (n-1)(n-2)/2$$

证明:G 是连通图。

分析 要证 G 是连通图,由连通图的定义知要证 G 中任意两点之间相互可达。而题目的条件为 $m > (n-1)(n-2)/2$。此类题从正面进行推理非常困难,原因在于结论中情况非常之多,在这种情况下也常采用反证法。

证 用反证法。假设 G 是不连通的。

不妨设 G 有 k 个连通分支,分别是 $G_1, G_2, \cdots, G_k (k \geqslant 2)$;每个连通分支的结点数分别为 $n_1, n_2, \cdots, n_k$;每个连通分支的边数分别为 $m_1, m_2, \cdots, m_k$。

由于在每个连通分支中,有

$$m_i \leqslant n_i(n_i - 1)/2$$

故所有连通分支边数之和 $m = \sum\limits_{i=1}^{k} m_i \leqslant \sum\limits_{i=1}^{k} (n_i(n_i - 1)/2)$。

由于 $n_i \leqslant n - 1$,故有

$$\sum_{i=1}^{k} (n_i(n_i - 1)/2) \leqslant \frac{1}{2}(n-1) \sum_{i=1}^{k} (n_i - 1)$$
$$\leqslant \frac{1}{2}(n-1)(n-k)$$
$$\leqslant (n-1)(n-2)/2$$

于是有 $m \leqslant (n-1)(n-2)/2$,这与题目条件矛盾。矛盾说明假设不真,即 G 不是不连通的,于是有 G 是连通图。 ∎

9.2.3 归纳法

归纳法也是一种间接推理证明方法。归纳法的证明对象是含有自然数下标的命题序列。设命题序列为 $P(n), n \in \mathbf{N}$。归纳证明过程为:先证当 $n = n_0$ 时,$P(n_0)$ 成立,再证当 $n = n_0 + 1$ 时,$P(n_0 + 1)$ 成立;再证当 $n = n_0 + 2$ 时,$P(n_0$

$+2)$ 成立 …… 一直证到当 $n = k$ 时，$P(k)$ 成立。此时应找出使得从 $P(n_0)$ 到 $P(k)$ 成立的规律，然后根据该规律使用从 $P(n_0)$ 到 $P(k)$ 成立的结论，推出当 $n = k+1$ 时 $P(k+1)$ 依然成立，此时由归纳法知 $\forall n \geqslant n_0, P(n)$ 成立。

例 9.15　证明 $1+2+3+\cdots+n = n(n+1)/2$。

分析　由于题目中的 n 代表任意的自然数，因此该题为 n 的命题序列，故可使用归纳法证明。该题是典型的归纳法证明题。

证　对 n 用归纳法。

当 $n = 1$ 时，由于 $1 = 1 \times (1+1)/2 = 1$，故等式成立。该步为验证。

当 $n = 2$ 时，由于 $1+2 = 3 = 2 \times (2+1)/2 = 3$，故等式成立。该步仍为验证。

当 $n = 3$ 时，考虑到 $n = 2$ 时，有 $1+2 = 2 \times (2+1)/2$。等式两边同时 $+3$，于是有

$$1+2+3 = 2 \times (2+1)/2 + 3 = (2 \times 3 + 2 \times 3)/2$$
$$= 4 \times 3/2 = 3 \times (3+1)/2$$

故当 $n = 3$ 时等式成立。

当 $n = 4$ 时，考虑到 $n = 3$ 时，有 $1+2+3 = 3 \times (3+1)/2$。等式两边同时 $+4$，于是有

$$1+2+3+4 = 3 \times (3+1)/2 + 4 = (3 \times 4 + 2 \times 4)/2$$
$$= 5 \times 4/2 = 4 \times (4+1)/2$$

故当 $n = 4$ 时等式成立。

设当 $n = k$ 时，有 $1+2+3+\cdots+k = k \times (k+1)/2$。

当 $n = k+1$ 时，由归纳假设知当 $n = k$ 时，有

$$1+2+3+\cdots+k = k \times (k+1)/2$$

等式两端同时 $+(k+1)$，于是有

$$1+2+\cdots+k+(k+1) = k \times (k+1)/2 + (k+1)$$
$$= (k \times (k+1) + 2 \times (k+1))/2$$
$$= (k+2) \times (k+1)/2$$
$$= (k+1) \times (k+2)/2$$
$$= (k+1) \times ((k+1)+1)/2$$

由归纳法知 $\forall n \geqslant 1$，有 $1+2+\cdots+n = n(n+1)/2$。∎

例 9.16　设 A 是任意的非空有限集合，证明 A 中的元素可以排列成一个序列。

分析　由于 A 是非空有限集合，因此 A 中的元素应该可以用自然数下标序列表示，故这是一个自然数下标序列的命题，为此可采用归纳法证明之。

证 设 $|A|=n$，对 n 用归纳法。

当 $n=1$ 时，A 中有 1 个元素，即 $A=\{a\}$。由 a 可排列成一个序列，故结论成立。该步为验证。

当 $n=2$ 时，A 中有 2 个元素，即 $A=\{a_1,a_2\}$。由 a_1,a_2 可排列成一个序列，故结论成立。该步还是验证。

当 $n=3$ 时，A 中有 3 个元素。在 A 中取出一个元素 x，则 $A\backslash\{x\}$ 中有 2 个元素。由 $n=2$ 的结果知 $A\backslash\{x\}$ 中的元素可排成一个序列 a_1,a_2，将 x 加入该序列，于是 A 中的元素可排成序列 a_1,a_2,x。

当 $n=4$ 时，A 中有 4 个元素。在 A 中取出一个元素 x，则 $A\backslash\{x\}$ 中有 3 个元素，由 $n=3$ 的结果知 $A\backslash\{x\}$ 中的元素可排成一个序列 a_1,a_2,a_3，将 x 加入该序列，于是 A 中的元素可排成序列 a_1,a_2,a_3,x。

设当 $n=k$ 时，A 中的元素可排成序列 $a_1,a_2,\cdots,a_k$。

当 $n=k+1$ 时，A 中有 $k+1$ 个元素。在 A 中取出一个元素 x，则 $A\backslash\{x\}$ 中有 k 个元素，由 $n=k$ 的结果知 $A\backslash\{x\}$ 中的元素可排成一个序列 $a_1,a_2,\cdots,a_k$；将 x 加入该序列，于是 A 中的元素可排成序列 $a_1,a_2,\cdots,a_k,x$。

由归纳法知，任意的非空有限集合 A 中的元素可排成一个序列。∎

例 9.17 下面是用伪代码给出的计算 a 的平方的函数。

```
FUNCTION SQ(a)
  c = 0;
  d = 0;
WHILE (d ≠ a)
    c = c + a;
    d = d + 1;
END WHILE;
RETURN (c)
```

证明该函数是正确的，其中 a 是正整数。

分析 由于随着 a 的不同，该函数中的循环次数也将不同，为此本题也是一个与自然数下标序列有关的命题序列，在证明时采用归纳法。通过算法分析得知该函数通过 a 与自身的若干次相加得到 a 的平方值。而 d 是循环变量，用以控制 c 循环相加的次数。当循环次数加到 $d=a$ 时，循环过程结束。已知函数程序中有 $c_{k+1}=c_k+a$，$d_{k+1}=d_k+1$，$c_0=0$，$d_0=0$。下面给出本题的证明。

证 对 n 用归纳法证明 $c_n=a\times d_n$。

当 $n=1$ 时，由程序可验知 $c_1=a\times1=a\times d_1$。

当 $n=2$ 时，由 $n=1$ 时的 $c_1=a\times d_1$ 知有

$$c_2 = c_1 + a = (a \times d_1) + a = a \times (d_1 + 1) = a \times d_2$$

当 $n = 3$ 时,由 $n = 2$ 时的 $c_2 = a \times d_2$ 知有

$$c_3 = c_2 + a = (a \times d_2) + a = a \times (d_2 + 1) = a \times d_3$$

当 $n = 4$ 时,由 $n = 3$ 时的 $c_3 = a \times d_3$ 知有

$$c_4 = c_3 + a = (a \times d_3) + a = a \times (d_3 + 1) = a \times d_4$$

设当 $n = k$ 时,有 $c_k = a \times d_k$。

当 $n = k + 1$ 时,由 $n = k$ 时的 $c_k = a \times d_k$ 知有

$$c_{k+1} = c_k + a = (a \times d_k) + a = a \times (d_k + 1) = a \times d_k + 1$$

由归纳法知 $\forall n \in \mathbf{N}$,有 $c_n = a \times d_n$。

当循环结束时,有 $d = a$,故有 $c = a \times a = a^2$。

由 a^2 的定义知 $SQ(a)$ 是计算 a 的平方的函数。　　█

在程序正确性的证明中时常用到归纳法。

9.2.4　构造法

构造证明法的特征时是在证明过程中构造出所需的内容,借助这些内容用以完成证明过程。平面几何证明中添加辅助线的方法就是构造证明法中的一种。构造证明法的过程是先根据证明的需要,构造出一个对证明有利的实例,然后借助于其他证明方法完成证明。因此,构造证明法的难度在于如何构造实例。其实许多人所说的举例证明法,也就是构造证明法。

例 9.18　设 A, B, C 为三个集合,证明下式不成立。

$$(A \cup B) \times (C \cup D) = (A \times C) \cup (B \times D)$$

分析　要证明上式不成立,只要举出一例,说明以上等式不成立即可。这种举例是构造性的。倘若举例不当,则不能说明问题。因此构造举例是有目的的,即该例能够解决题目的问题。

证　用构造法,证明等式不成立。

设 $A = \{a\}$, $B = \{b\}$, $C = \{c\}$, $D = \{d\}$。

由 $\cup$ 的定义知, $A \cup B = \{a, b\}$, $C \cup D = \{c, d\}$。

由 $\times$ 的定义知, $(A \cup B) \times (C \cup D) = \{(a,c), (a,d), (b,c), (b,d)\}$;

由 $\times$ 的定义知, $A \times C = \{(a,c)\}$, $B \times D = \{(b,d)\}$;

由 $\cup$ 的定义知, $(A \times C) \cup (B \times D) = \{(a,c), (b,d)\}$;

故有 $(A \cup B) \times (C \cup D) \neq (A \times C) \cup (B \times D)$,即等式不成立。

例 9.19　设 G 是连通无向图, G 中有 $2k > 0$ 个奇结点,证明:在 G 中存在边不相重的 k 条简单路 $P_1, P_2, \cdots, P_k$,使

$$E(G) = E(P_1) \cup E(P_2) \cup \cdots \cup E(P_K)$$

分析 本题如果用直接推理法证明,情况会很复杂,要说清楚各种情况相当困难,为此,我们采用构造法证明。证明思路为先用加边的方法将该图构造成一个 Euler 图,然后将加入的边撤去,就得到所要的结果。

证 将 G 中 $2k$ 个奇结点两两配对,得到 k 对奇结点。在每一对奇结点之间加一条边,共加入 k 条边,于是构造出图 G',此时图 G' 中每个结点均为偶结点而且 G' 是连通图,由 Euler 定理知 G' 中存在一个 Euler 圈 C 经过每条边一次且仅一次。在 C 中去掉所加入的一条边,则得到一条边不重的简单路,当去掉第 2 条加入的边时,得到 2 条边不重的简单路,如此下去,当将第 k 条加入的边删去时,得到 k 条边不重的简单路。即 G 中存在边不重的 k 条简单路 $P_1, P_2, \cdots, P_k$,使 $E(G) = E(P_1) \bigcup E(P_2) \bigcup \cdots \bigcup E(P_K)$。 ∎

例 9.20 设 $\langle L, *, \oplus \rangle$ 是格,那么在 L 中存在半序关系 R。

分析 由于要证格中存在半序关系 R,证明过程为先利用格的运算性质构造出 L 上的关系 R,然后再证明 R 是 L 上的半序关系。

证 构造 L 上的关系 R 如下:

$$R = \{(a,b) \,|\, a,b \in L \wedge a \oplus b = b\}$$

由二元关系的定义知 R 是 L 上的二元关系,下证 R 是 L 上的半序关系。

(1) $\forall a \in L$,由于 $\oplus$ 满足幂等律,故有 $a \oplus a = a$,由 R 的定义知 $(a,a) \in R$。由自反关系的定义知 R 是自反的。

(2) $\forall a,b \in L$,若 $(a,b) \in R$ 且 $(b,a) \in R$,则由 R 的定义知有 $a \oplus b = b$ 且 $b \oplus a = a$。由于 $\oplus$ 满足交换律,故有 $a \oplus b = b \oplus a$,因此有 $a = b$。

由反对称关系的定义知 R 是反对称的。

(3) $\forall a,b,c \in L$,若 $(a,b) \in R$ 且 $(b,c) \in R$,则由 R 的定义知有 $a \oplus b = b$ 且 $b \oplus c = c$。由于 $\oplus$ 满足结合律,故有

$$a \oplus c = a \oplus (b \oplus c) = (a \oplus b) \oplus c = b \oplus c = c$$

由 R 的定义知 $(a,c) \in R$。

由传递关系的定义知 R 是传递的。

由半序关系的定义知 R 是 L 上的半序关系。 ∎

9.2.5 穷举法

当要证明的命题中的规律不能用同一种形式表示时,可以采用穷举法给予证明。即将所要证明的各种可能情况全部罗列出来,然后一一加以证明,这就是穷举法。若要证明的命题中有几种情况可能出现时,将每种情况罗列清楚,在每种情况下证明命题结果均能成立即可。用穷举法证明的关键是情况的罗列必须是准确的,既不能多一种情况也不能少一种情况,必须是不多不少,各种情况唯一列出,否则证明就会出错。

例9.21 设 N 是自然数集合, × 是自然数乘法, $X = \langle \mathbf{N}, \times \rangle$, $Y = \langle \{0,1\}, \times \rangle$, 证明 Y 是 X 的同态象。

分析 要证 Y 是 X 的同态象, 即要找一个满射函数 $h: N \to \{0,1\}$, 且 h 对两个运算满足同态公式。因此, 该题的证明先采用构造法构造出从 N 到 $\{0,1\}$ 的满射函数, 然后用穷举法证明在各种情况下 h 对两个二元运算均满足同态公式即可。

证 采用构造法和穷举法相结合的证明方法。

(1) 显然 X 和 Y 是两个同类型的代数系统。

(2) 构造函数 $h: \mathbf{N} \to \{0,1\}$, $h(偶数) = 0$, $h(奇数) = 1$。

对于 $0 \in \{0,1\}$, 取 $2 \in \mathbf{N}$, 由 h 的定义知有 $h(2) = 0$;

对于 $1 \in \{0,1\}$, 取 $3 \in \mathbf{N}$, 由 h 的定义知有 $h(3) = 1$。

由满射函数的定义知 h 是满射函数。

(3) $\forall a, b \in \mathbf{N}$, 分四种情况证明 h 对两个运算满足同态公式。

① 当 a 为奇数、b 为奇数时, $a \langle b$ 为奇数, 于是有
$$h(a \times b) = h(奇数) = 1 = h(a) \times h(b) = 1 \times 1 = 1$$

② 当 a 为奇数、b 为偶数时, $a \times b$ 为偶数, 于是有
$$h(a \times b) = h(偶数) = 0 = h(a) \times h \times b) = 1 \times 0 = 0$$

③ 当 a 为偶数、b 为奇数时, $a \times b$ 为偶数, 于是有
$$h(a \times b) = h(偶数) = 0 = h(a) \times h(b) = 0 \times 1 = 0$$

④ 当 a 为偶数、b 为偶数时, $a \times b$ 为偶数, 于是有
$$h(a \times b) = h(偶数) = 0 = h(a) \times h(b) = 0 \times 0 = 0$$

由于 a, b 两个元素的不同奇偶情况只有这四种, 因此, 不论在哪种情况下 h 对两个二元运算均满足同态公式。

由满同态函数的定义知 h 是从 X 到 Y 的满同态函数, 即 Y 是 X 的同态象。 ▮

例9.22 设 **Z** 是整数集合, 证明 $\langle \mathbf{Z}, \min, \max \rangle$ 是分配格。

分析 由"格与布尔代数"一章的内容知 $\langle \mathbf{Z}, \min, \max \rangle$ 是格, 要证此格是分配格, 只需证 $\forall a, b, c \in \mathbf{Z}$, 有
$$\min(a, \max(b,c)) = \max(\min(a,b), \min(a,c))$$
$$\max(a, \min(b,c)) = \min(\max(a,b), \max(a,c))$$

由于在此格上整数之间的小于等于关系是全序关系, 故对任意的 $a, b \in \mathbf{Z}$, 有 $a \leqslant b$ 或 $b \leqslant a$。因此 a, b, c 三者之间的小于等于关系共有 $3! = 6$ 种。下面采用穷举法对这 6 种情况中的每种情况证明 min 对 max 和 max 对 min 两个分配等式成立, 即可证明 $\langle \mathbf{Z}, \min, \max \rangle$ 是分配格。

证 $\forall a, b, c \in \mathbf{Z}$, 可按全序关系分成以下 6 种情况:

$$a \leqslant b \leqslant c, b \leqslant a \leqslant c, c \leqslant a \leqslant b$$
$$a \leqslant c \leqslant b, b \leqslant c \leqslant a, c \leqslant b \leqslant a$$

下面对这 6 种情况分别加以证明。

① 当 $a \leqslant b \leqslant c$ 时,有

$$\min(a, \max(b, c)) = a = \max(\min(a, b), \min(a, c)) = a$$
$$\max(a, \min(b, c)) = b = \min(\max(a, b), \max(a, c)) = b$$

② 当 $a \leqslant c \leqslant b$ 时,有

$$\min(a, \max(b, c)) = a = \max(\min(a, b), \min(a, c)) = a$$
$$\max(a, \min(b, c)) = c = \min(\max(a, b), \max(a, c)) = c$$

③ 当 $b \leqslant a \leqslant c$ 时,有

$$\min(a, \max(b, c)) = a = \max(\min(a, b), \min(a, c)) = a$$
$$\max(a, \min(b, c)) = a = \min(\max(a, b), \max(a, c)) = a$$

④ 当 $b \leqslant c \leqslant a$ 时,有

$$\min(a, \max(b, c)) = c = \max(\min(a, b), \min(a, c)) = c$$
$$\max(a, \min(b, c)) = a = \min(\max(a, b), \max(a, c)) = a$$

⑤ 当 $c \leqslant a \leqslant b$ 时,有

$$\min(a, \max(b, c)) = a = \max(\min(a, b), \min(a, c)) = a$$
$$\max(a, \min(b, c)) = a = \min(\max(a, b), \max(a, c)) = a$$

⑥ 当 $c \leqslant b \leqslant a$ 时,有

$$\min(a, \max(b, c)) = b = \max(\min(a, b), \min(a, c)) = b$$
$$\max(a, \min(b, c)) = a = \min(\max(a, b), \max(a, c)) = a$$

综上所述,不论在哪种情况下都有 min 对 max 满足分配律且 max 对 min 满足分配律。

由分配格的定义知 $\langle \mathbf{Z}, \min, \max \rangle$ 是分配格。 ∎

例 9.23 问是否存在四个元素的域。

分析 设存在四个元素的域 $\langle X, \oplus, \otimes \rangle$。由域的定义知 $\langle X, \oplus \rangle$ 应构成交换群,$\langle X \setminus \{0\}, \otimes \rangle$ 也应构成交换群,且 $\otimes$ 对 $\oplus$ 满足分配律。对于 $\langle X, \oplus \rangle$ 而言,我们知道四阶不同构的群只有两个,一个是四阶循环群,一个是 Klein - 4 群。对于 $\langle X \setminus \{0\}, \otimes \rangle$ 而言,由于去掉 $\oplus$ 的幺元 0 后,$X \setminus \{0\}$ 中只有三个元素,故 $\langle X \setminus \{0\}, \otimes \rangle$ 是三阶循环群。经过测试知道对于四阶循环群 $\langle X, \oplus \rangle$ 而言,$\otimes$ 对 $\oplus$ 不满足分配律,因此,若有四个元素的域只可能是 Klein - 4 群和 $\langle X \setminus \{0\}, \otimes \rangle$ 构成的四个元素的域。下证存在四个元素的域。证明过程为先构造一个 $\langle X, \oplus \rangle$ 交换群,再构造一个 $\langle X \setminus \{0\}, \otimes \rangle$ 交换群,然后用穷举法证明 $\otimes$ 对 $\oplus$ 满足分配律即可。

证　　采用构造法和穷举法证明存在四个元素的域。

令 $X = \{0, e, a, b\}$，定义 X 上的两个二元运算 $\oplus$ 和 $\otimes$ 如下：

$\oplus$	0	e	a	b
0	0	e	a	b
e	e	0	b	a
a	a	b	0	e
b	b	a	e	0

$\otimes$	0	e	a	b
0	0	0	0	0
e	0	e	a	b
a	0	a	b	e
b	0	b	e	a

由运算表知 $\langle X, \oplus \rangle$ 为 Klein $-$ 4 群，$\langle X \setminus \{0\}, \otimes \rangle$ 是三阶循环群。

下证 $\otimes$ 对 $\oplus$ 满足分配律。即要证 $\forall x, y, z \in X$，

$$x \otimes (y \oplus z) = (x \otimes y) \oplus (x \otimes z)$$

(1) 若 $x = 0$，则有

$0 \otimes (y \oplus z) = 0 = (0 \otimes y) \oplus (0 \otimes z) = 0 \oplus 0 = 0$；

(2) 若 $x = e$，则有

$e \otimes (y \oplus z) = y \oplus z = (e \otimes y) \oplus (e \otimes z) = y \oplus z$；

(3) 若 $y = 0$，则有

$x \otimes (0 \oplus z) = x \otimes z = (x \otimes 0) \oplus (x \otimes z) = 0 \oplus (x \otimes z) = x \otimes z$；

(4) 若 $z = 0$，则有

$x \otimes (y \oplus 0) = x \otimes y = (x \otimes y) \oplus (x \otimes 0) = (x \otimes y) \oplus 0 = x \otimes y$；

(5) 若 $y = z$，则有

$x \otimes (y \oplus y) = x \otimes 0 = 0 = (x \otimes y) \oplus (x \otimes y) = 0$；

(6) 若 $x = a$ 且 $y \neq 0$ 且 $z \neq 0$ 且 $y \neq z$，

① $a \otimes (e \oplus a) = a \otimes b = e = (a \otimes e) \oplus (a \otimes a) = a \oplus b = e$，

② $a \otimes (e \oplus b) = a \otimes a = b = (a \otimes e) \oplus (a \otimes b) = a \oplus e = b$，

③ $a \otimes (a \oplus e) = a \otimes b = e = (a \otimes a) \oplus (a \otimes e) = b \oplus a = e$，

④ $a \otimes (a \oplus b) = a \otimes e = a = (a \otimes a) \oplus (a \otimes b) = b \oplus e = a$，

⑤ $a \otimes (b \oplus e) = a \otimes a = b = (a \otimes b) \oplus (a \otimes e) = e \oplus a = b$，

⑥ $a \otimes (b \oplus a) = a \otimes e = a = (a \otimes b) \oplus (a \otimes a) = e \oplus b = e$；

(7) 若 $x = b$ 且 $y \neq 0$ 且 $z \neq 0$ 且 $y \neq z$，

① $b \otimes (e \oplus a) = b \otimes b = a = (b \otimes e) \oplus (b \otimes a) = b \oplus e = a$，

② $b \otimes (e \oplus b) = b \otimes a = e = (b \otimes e) \oplus (b \otimes b) = b \oplus a = e$，

③ $b \otimes (a \oplus e) = b \otimes b = a = (b \otimes a) \oplus (b \otimes e) = e \oplus b = a$，

④ $b \otimes (a \oplus b) = b \otimes e = b = (b \otimes a) \oplus (b \otimes b) = e \oplus a = b$，

⑤ $b \otimes (b \oplus e) = b \otimes a = e = (b \otimes b) \oplus (b \otimes e) = a \oplus b = e$，

⑥ $b \otimes (b \oplus a) = b \otimes e = b = (b \otimes b) \oplus (b \otimes a) = a \oplus e = b$。

综上所述,可知在所有情况下 $\otimes$ 对 $\oplus$ 满足分配律。

由域的定义知$\langle X, \oplus, \otimes\rangle$ 是域且$\langle X, \oplus, \otimes\rangle$ 是四个元素的域。　　■

9.2.6　循环证明法

当有两个以上的命题相互等价时,可采用循环证明法。两个命题的等价是循环证明法中最简单的一种情况。此类命题中常有"充分必要","当且仅当","必须且只须"等字样。两个命题的等价要证两次,而 n 个命题的两两等价要证 $2C_n^2$ 次。当采用循环证明法时,则只需证 n 次即可,这就大大缩减了证明的工作量。从理论上来说,n 个命题的两两等价的证明,无论从哪个命题开始,无论按何种顺序都应该能用循环证法完成证明的过程。循环证法是证明中的一种循环结构,在每一次的证明中还会用到前面所说的各种证明方法,包括直接推理法、反证法、归纳法、构造法、穷举法等等。

例 9.24　设 R 是非空集合 A 上的二元关系,证明

(1) R 是自反的当且仅当 $I_A \subseteq R$;

(2) R 是反自反的当且仅当 $I_A \cap R = \varnothing$;

(3) R 是对称的当且仅当 $R = \tilde{R}$;

(4) R 是反对称的当且仅当 $R \cap \tilde{R} \subseteq I_A$;

(5) R 是传递的当且仅当 $R \circ R \subseteq R$。

分析　本例中的五个小题恰好反映了"关系"一章中所描述的关系五种性质的充分必要条件。由于是当且仅当的关系,故对每个小题采用循环证法。即以当且仅当为分界线,先以左边为条件证明右边,用符号"$\Rightarrow$"表示;再以右边为条件证明左边,用符号"$\Leftarrow$"表示。

证(1)　"$\Rightarrow$"已知 R 是自反的,要证 $I_A \subseteq R$。

$\forall (a,a) \in I_A$,由条件 R 是自反的知有$(a,a) \in R$。

由(a,a) 的任意性和 $\subseteq$ 定义知 $I_A \subseteq R$。

"$\Leftarrow$"已知 $I_A \subseteq R$,要证 R 是自反的。

$\forall a \in A$,由 I_A 的定义知有$(a,a) \in I_A$;由条件 $I_A \subseteq R$ 知$(a,a) \in R$。

由自反关系的定义知 R 是自反的。

(2)　"$\Rightarrow$"已知 R 是反自反的,要证 $I_A \cap R = \varnothing$。

用反证法。假设 $I_A \cap R \neq \varnothing$,则存在$(a,a) \in I_A \cap R$,由$\cap$的定义知$(a,a) \in I_A$ 且$(a,a) \in R$,这与 R 是反自反的条件矛盾,矛盾说明假设不真,即有 $I_A \cap R = \varnothing$。

"$\Leftarrow$"已知 $I_A \cap R = \varnothing$,要证 R 是反自反的。

用反证法。假设 R 不是反自反的,由反自反的定义知存在 $a \in A$,使得$(a,a) \in R$;由 I_A 的定义知$(a,a) \in I_A$;由$\cap$的定义知$(a,a) \in I_A \cap R$;这与条件 $I_A \cap R = \varnothing$ 矛盾,矛盾说明假设不真,即 R 是反自反的。

（3）"⇒"已知 R 是对称的，要证 $R = \widetilde{R}$，即要证 $R \subseteq \widetilde{R}$ 且 $\widetilde{R} \subseteq R$。

$\forall (a,b) \in R$，由条件 R 是对称的知 $(b,a) \in R$；由逆关系的定义知 $(a,b) \in \widetilde{R}$；由 (a,b) 的任意性和 $\subseteq$ 的定义知 $R \subseteq \widetilde{R}$。

$\forall (b,a) \in \widetilde{R}$，由逆关系的定义知 $(a,b) \in R$；由条件 R 是对称的知 $(b,a) \in R$；由 (b,a) 的任意性和 $\subseteq$ 的定义知 $\widetilde{R} \subseteq R$。

由集合相等的定义知 $R = \widetilde{R}$。

"⇐"已知 $R = \widetilde{R}$，要证 R 是对称的。

$\forall a,b \in A$，若有 $(a,b) \in R$；由条件 $R = \widetilde{R}$ 知 $(a,b) \in \widetilde{R}$；由逆关系的定义知 $(b,a) \in R$；由对称关系的定义知 R 是对称的。

（4）"⇒"已知 R 是反对称的，要证 $R \cap \widetilde{R} \subseteq I_A$。

$\forall (a,b) \in R \cap \widetilde{R}$，由 $\cap$ 的定义知 $(a,b) \in R$ 且 $(a,b) \in \widetilde{R}$，由逆关系的定义知 $(a,b) \in R$ 且 $(b,a) \in R$；由条件 R 是反对称的知 $a = b$；由 I_A 的定义知 $(a,b) \in I_A$。

由 (a,b) 的任意性和 $\subseteq$ 的定义知 $R \cap \widetilde{R} \subseteq I_A$。

"⇐"已知 $R \cap \widetilde{R} \subseteq I_A$，要证 R 是反对称的。

$\forall a,b \in A$，若有 $(a,b) \in R$ 且 $(b,a) \in R$；由逆关系的定义知 $(a,b) \in R$ 且 $(a,b) \in \widetilde{R}$；由 $\cap$ 的定义知 $(a,b) \in R \cap \widetilde{R}$；由条件 $R \cap \widetilde{R} \subseteq I_A$ 知 $(a,b) \in I_A$；由 I_A 的定义知 $a = b$。

由反对称关系的定义知 R 是反对称的。

（5）"⇒"已知 R 是传递的，要证 $R \circ R \subseteq R$。

$\forall (a,c) \in R \circ R$，由复合关系的定义知存在 $b \in A$，使得 $(a,b) \in R$ 且 $(b,c) \in R$；由条件 R 是传递的知 $(a,c) \in R$。

由 (a,c) 的任意性和 $\subseteq$ 的定义知 $R \circ R \subseteq R$。

"⇐"已知 $R \circ R \subseteq R$，要证 R 是传递的。

$\forall a,b,c \in A$，若 $(a,b) \in R$ 且 $(b,c) \in R$；由复合关系的定义知 $(a,c) \in R \circ R$；由条件 $R \circ R \subseteq R$ 知 $(a,c) \in R$。

由传递关系的定义知 R 是传递的。　　▌

例 9.25　设 A,B 是集合 X 的子集，则以下三种说法是等价的：

（1）$A \subseteq B$；　（2）$A' \cup B = X$；　（3）$A \cap B' = \varnothing$。

分析　本例要证明三个公式等价，可采用循环证法证明之。即从（1）证到（2），从（2）证到（3），再从（3）证到（1）即可。在证明过程中将用到"集合"一章的知识内容。

证　采用循环法证（1）⇒（2）⇒（3）⇒（1）。

（1）⇒（2）已知 $A \subseteq B$，要证 $A' \cup B = X$

由条件 $A \subseteq B$ 知 $A \cap B = A$；等式两端并上 A'，于是有 $A' \cup (A \cap B) = A' \cup A$；

由并、交、补运算的性质有 $(A' \cup A) \cap (A' \cup B) = X$;由补集和全集的性质有 $A' \cup B = X$。

(2)⇒(3) 已知 $A' \cup B = X$,要证 $A \cap B' = \varnothing$。

由条件知 $A' \cup B = X$;对等式两端求补,于是有 $(A' \cup B)' = X'$;由补集的性质和 De Morgan 定律有 $A \cap B' = \varnothing$。

(3)⇒(1) 已知 $A \cap B' = \varnothing$,要证 $A \subseteq B$。

由条件知 $A \cap B' = \varnothing$;等式两端并上 B,于是有 $B \cup (A \cap B') = B \cup \varnothing$;由并、交、补的性质知有 $(B \cup A) \cap (B \cup B') = B$;由补集和全集的性质知有 $A \cup B = B$,即有 $A \subseteq B$。 ▋

例 9.26 设 $G = (V, E)$ 是无向图,$|V| = n$,$|E| = m$,则下面六种说法是等价的。

(1) G 是树(连通且无圈);

(2) G 无圈且 $m = n - 1$;

(3) G 连通且 $m = n - 1$;

(4) G 无圈且若给 G 中任一对结点间加一条边,则 G 中恰有一圈;

(5) G 连通且若在 G 中删去任一边,则 G 成为两个连通分图;

(6) G 中任一对结点间有且只有一条路可达。

分析 在该题的证明过程中使用了多种证明方法。首先采取了循环证法,即证明顺序为(1) ⇒ (2) ⇒ (3) ⇒ (4) ⇒ (5) ⇒ (6) ⇒ (1)。这种证明方法最大限度地减少了证明的工作量,并且使得证明过程十分清晰。

在(1)⇒(2) 的证明中采用的是归纳法,对结点数 n 使用归纳法。

在(2)⇒(3) 的证明中采用的是反证法,假设 G 不连通,然后推出矛盾。

在(3)⇒(4) 的证明中,在证明"G 无圈"时采用的是归纳法;在证明"若给 G 中任一对结点间加一条边,则 G 中恰有一圈"时采用的是反证法。

在(4)⇒(5) 的证明中,在证明"G 连通"时采用的是反证法;在证明"若在 G 中删去任一边,则 G 成为两个连通分图"时采用的是直接推理法。

在(5)⇒(6) 的证明中,采用的是反证法。

在(6)⇒(1) 的证明中,在证明"G 连通"时采用的是直接推理法;在证明"G 无圈"时采用的是反证法。

由此可见,直接推理法、反证法、归纳法的使用频率是相当高的。

证 由于是六个命题相互等价,故采用循环证法。

(1)⇒(2) 由条件知 G 无圈,下证 $m = n - 1$。

对 n 用归纳法证。

当 $n = 1$ 时,由于树中连通且无圈,故有 $m = 0 = 1 - 1$,结论成立。

设当 $n=k$ 时,有 $m=k-1$ 成立。

当 $n=k+1$ 时,由于 G 是树,故 G 中有悬挂点;删去悬挂点 v 和与之关联的悬挂边 e,得到 G',此时 $n=k$;由归纳假设知 G' 中有 $k-1$ 条边,即 $m'=k-1$;再将删去的悬挂点 v 和悬挂边 e 加入,得 $m=(k+1)-1$。

由归纳法知对任意的 n,有 $m=n-1$。

故有 G 无圈且 $m=n-1$。

(2)$\Rightarrow$(3)　由条件知 $m=n-1$,下证 G 连通。

用反证法。

假设 G 不连通,则 G 有 k 个连通分支,$G_1,G_2,\cdots,G_k(k\geqslant 2)$,其中每个连通分支的结点数分别为 $n_1,n_2,\cdots,n_k$,边数分别为 $m_1,m_2,\cdots,m_k$ 且 $\sum\limits_{i=1}^{k}n_i=n$,$\sum\limits_{i=1}^{k}m_i=m$。由于每个连通分支连通且无圈,故有 $m_i=n_i-1$;于是有

$$m=\sum_{i=1}^{k}m_i=\sum_{i=1}^{k}(n_i-1)=n-k<n-1$$

这与条件 $m=n-1$ 矛盾。矛盾说明假设不真,即 G 连通。

故有 G 连通且 $m=n-1$。

(3)$\Rightarrow$(4)　先证 G 无圈。

对 n 用归纳法。

当 $n=1$ 时,由条件知 $m=1-1=0$,故 G 中无圈。

设当 $n=k$ 时,G 中无圈。

当 $n=k+1$ 时,由于 $m=n-1$,故 G 中有悬挂点;否则每个结点度数 $\geqslant 2$,则 $m\geqslant n$,与条件矛盾。删去一个悬挂点和与之关联的悬挂边,得到 k 个结点的图 G';由归纳假设知 G' 无圈;将删去的悬挂点与悬挂边加入,G 中仍无圈;由归纳法知 G 中无圈。

再证若给 G 中任一对结点间加一条边,则 G 中恰有一圈。

由条件知 G 是连通的,故任取两点 u,v,从 u 到 v 有路可达。若加入一边 $\{u,v\}$,则 G 中至少有一圈。若加入 $\{u,v\}$ 后 G 中有两个圈,则从 u 到 v 有两条路存在;即 G 中原来就有圈,这与 G 中无圈矛盾;矛盾说明加入 $\{u,v\}$ 后至多只有一圈,故 G 中恰有一圈。

故有 G 无圈且若给 G 中任一对结点间加一条边,则 G 中恰有一圈。

(4)$\Rightarrow$(5)　先证 G 连通,用反证法。

假设 G 不连通,则存在两结点 u,v 且 u,v 间无路可达,加入一边 $\{u,v\}$,则 G 中仍无圈,与条件矛盾;矛盾说明假设不真,即 G 连通。

由于 G 无圈且连通，故 G 中每条边均为割边；当删去任一边时，G 成为两个连通分图。故有 G 连通且在 G 中删去任一边，则 G 成为两个连通分图。

(5)$\Rightarrow$(6)　先证任一对结点间有路可达。

由于 G 连通，由连通的定义知任一对结点间有路可达。

再证任一对结点间只有一条路可达。

假设某对结点间有两条路可达，则 G 中有圈；删去圈中一边，G 仍连通；这与条件矛盾，故每对结点间只有一条路可达。

故有每对结点间有且只有一条路可达。

(6)$\Rightarrow$(1)　先证 G 连通。

由条件及连通性的定义知 G 连通。

再证 G 中无圈，用反证法。

假设 G 中有圈，则圈上两点之间有两条路可达，与条件矛盾；故 G 中无圈。

故有 G 连通且 G 无圈，由树的定义知 G 是树。　　　❚

参考文献

1 王遇科. 离散数学基础. 第 1 版. 北京:国防工业出版社,1982

2 方世昌. 离散数学. 第 1 版. 西安:西安电子科技大学出版社,1985

3 陈进元,屈婉玲. 离散数学. 第 1 版. 北京:北京大学出版社,1987

4 张禾瑞. 近世代数基础. 第 2 版. 北京:人民教育出版社,1979

5 吴品三. 近世代数. 第 1 版. 北京:人民教育出版社,1979

6 〔英〕R. L. 古德斯坦因. 布尔代数. 刘文,李忠侯,译. 第 1 版. 北京:科学出版社,1975

7 莫绍揆,徐永森,沈百英. 数理逻辑. 第 1 版. 北京:高等教育出版社,1984

8 胡世华,陆钟万. 数理逻辑基础. 第 1 版. 北京:科学出版社,1982

9 Liu C L. Elements of Discrete Mathematics. 2nd ed. New York:McGraw-Hill, 1985

10 Tremblay J P, Manohar R. Discrete Mathematical Structures With Applica-tions to Computer Science. New York:McGraw-Hill, 1975

11 Bondy J A, Murty U S R. Graph Theory With Applications. London:The MacMillan Press Ltd. , 1976